DAS LEHRBUCH DER BIOLOGIE

KOLORIEREN • BESCHRIFTEN • BESTIMMEN

René Fester Kratz, Ph.D.

Everett Community College,
Everett, Washington

Librero

Titel der Originalausgabe: *The Biology Student's Self-test Colouring Book*

© 2019 Librero IBP (für die deutschsprachige Ausgabe)
Postbus 72, 5330 AB Kerkdriel, Niederlande

Ursprünglich herausgegeben 2019 von The Bright Press, einem Imprint von The Quarto Group
Copyright © 2019 Quarto Publishing plc

Verleger: Mark Searle
Kreativdirektor: James Evans
Verantwortliche Redakteurin: Jacqui Sayers
Redaktion und Design: D & N Publishing, Baydon, Wiltshire, UK
Illustration: Medical Artist Ltd (*www.medical-artist.com*)

Übersetzung aus dem Englischen:
Daniela Kosic, Wien
Redaktion und Satz der deutschen Ausgabe:
Print Company Verlagsges.m.b.H., Wien

Printed in China

ISBN: 978-94-6359-266-6

DAS LEHRBUCH DER
BIOLOGIE

KOLORIEREN • BESCHRIFTEN • BESTIMMEN

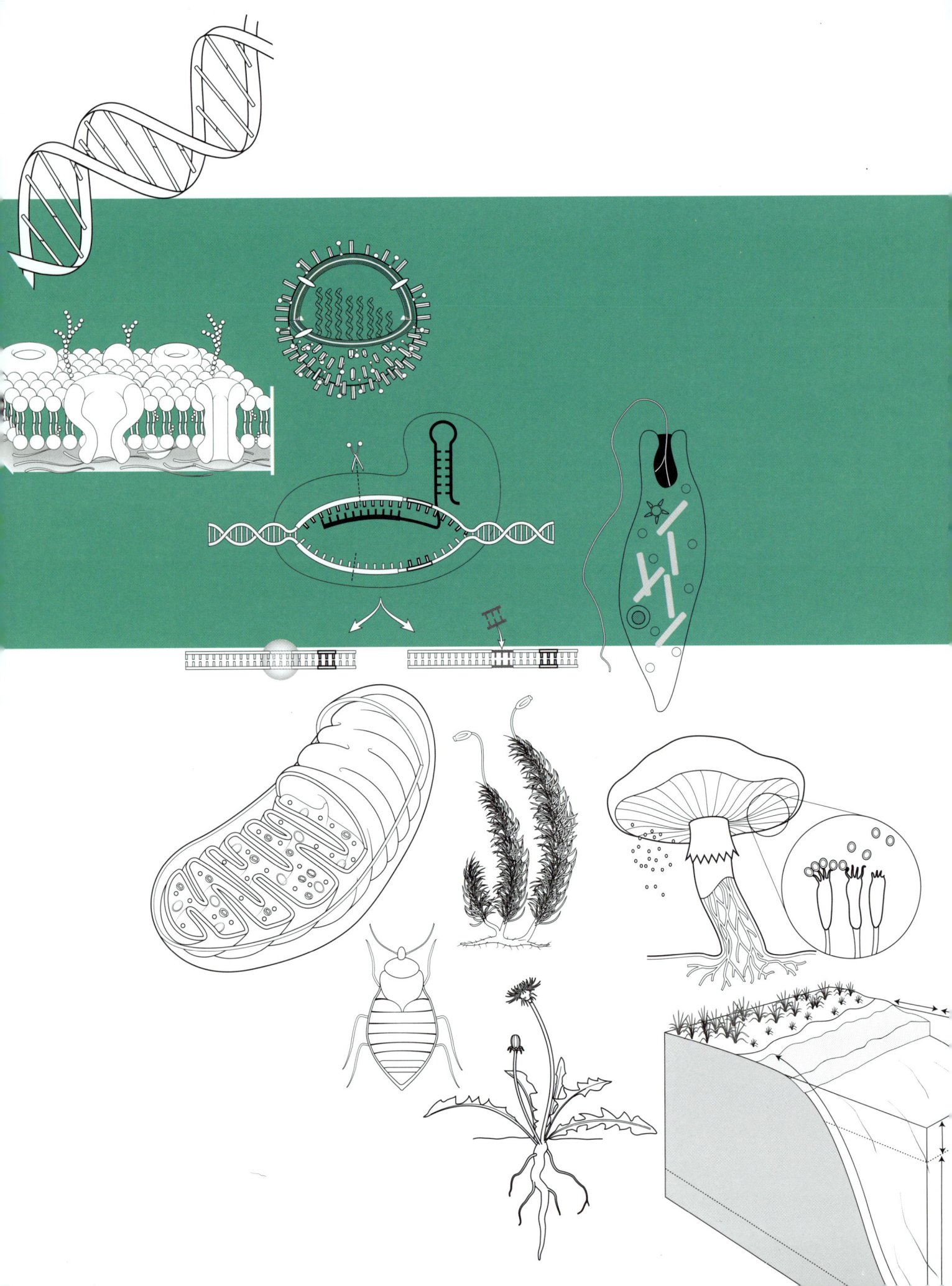

Inhalt

Einleitung

Von Bakterien bis hin zum Kanadareiher (*Ardea herodias*) und von den australischen Kookaburras bis hin zu Komodowaranen (*Varanus komodoensis*) sind Lebewesen in allen Ecken und Winkeln der Erde zu finden. Dieser Raum des Lebens, die sogenannte Biosphäre, reicht 64 Kilometer hoch in die Atmosphäre und 19 Kilometer tief in die Erdkruste. Die Menschen sind Teil dieses komplexen Lebensnetzes und interagieren direkt oder indirekt mit anderen Spezies, um die Ressourcen zu teilen, die wir alle zum Leben brauchen. Zu verstehen, was jede Spezies braucht, wie sie sich weiterentwickelt und mit anderen Spezies interagiert, ist alles Teil der Biologie. Über Biologie zu lernen kann uns dabei helfen, unsere eigene Spezies und unseren Platz in der Welt besser zu verstehen.

Eine solides Grundwissen in den biologischen Wissenschaften ist essenziell für eine Karriere im Gesundheitswesen oder Umweltmanagement. Sich mit Biologie zu befassen führt auch zu einer größeren Wertschätzung der Natur sowie zu einem besseren Verständnis von komplexen Themen wie Biodiversität und Klimawandel. Weshalb auch immer Sie dieses Buch lesen, es bietet Ihnen ein aktives Lernerlebnis und hilft Ihnen, dieses Gebiet zu meistern, von zellulären Prozessen bis hin zu ökologischen Zusammenhängen auf der globalen Ebene. Auf jeder Seite können Sie sich selbst prüfen, indem Sie Strukturen benennen und wichtige Elemente, die von Abbildung zu Abbildung ähnlich sind, farblich markieren. Grafische Darstellungen selbst zu beschriften hilft Ihnen dabei, sich Details besser zu merken, als wenn Sie sie einfach in einem Lehrbuch wiederholen. Diese einzigartige Verknüpfung von Händen, Augen und Geist macht dieses Ausmalbuch der Biologie zu einem hilfreichen Lernwerkzeug. Es ist für all jene, die nach einer neuen Herangehensweise an das Lernen und die Erweiterung ihrer Kenntnisse in diesem Gebiet suchen.

Wie dieses Buch aufgebaut ist

Dieses Buch enthält mehr als 200 klar gestaltete computergenerierte Grafiken und ist in 15 umfangreiche Kapitel unterteilt. Es deckt die wichtigsten Konzepte der Biologie ab – von Zellen und DNA bis hin zu Ökologie und Evolution. Es stellt die wichtigsten Gruppen von Organismen und Grundlagen der Pflanzen- und Tierphysiologie vor. Außerdem bietet dieses Buch einen Einblick in die Anatomie und Physiologie des Menschen. Mit diesem Buch eignen Sie sich ein breites Wissen über die wichtigsten Konzepte der Biologie an und eine Wertschätzung der Vielfalt des Lebens auf der Erde an.

Zu diesem Buch

Dieses Buch ist so gestaltet, dass es Schülern, Studenten und Fachleuten dabei hilft, wichtige biologische Strukturen und Prozesse zu benennen. Die farbigen Bezugslinien unterstützen den Prozess, indem sie genau auf das jeweilige Merkmal deuten. Durch das Ausmalen und Benennen können Sie Ihr Wissen über die wesentlichen Elemente jedes

Prozesses und die strukturellen Einzelheiten jedes Organismus überprüfen. Zum Ausmalen verwenden Sie am besten Buntstifte oder Kugelschreiber (keine Filzstifte) in verschiedenen Farben. Sie sollten für ähnliche Strukturen dieselbe Farbe verwenden, damit Ihnen alle fertig ausgemalten Abbildungen später als visuelle Referenzen dienen können. Im

Abschnitt zur menschlichen Anatomie und Physiologie können Sie lymphatische Organe gemäß der konventionellen Farbgebung grün, Nerven gelb, Arterien rot und Venen blau ausmalen. Durch das Beschriften der farbigen Bezugslinien, die auf einzelne Teile der Abbildung deuten, können Sie Ihr Wissen mithilfe der Antworten am unteren Seitenrand prüfen.

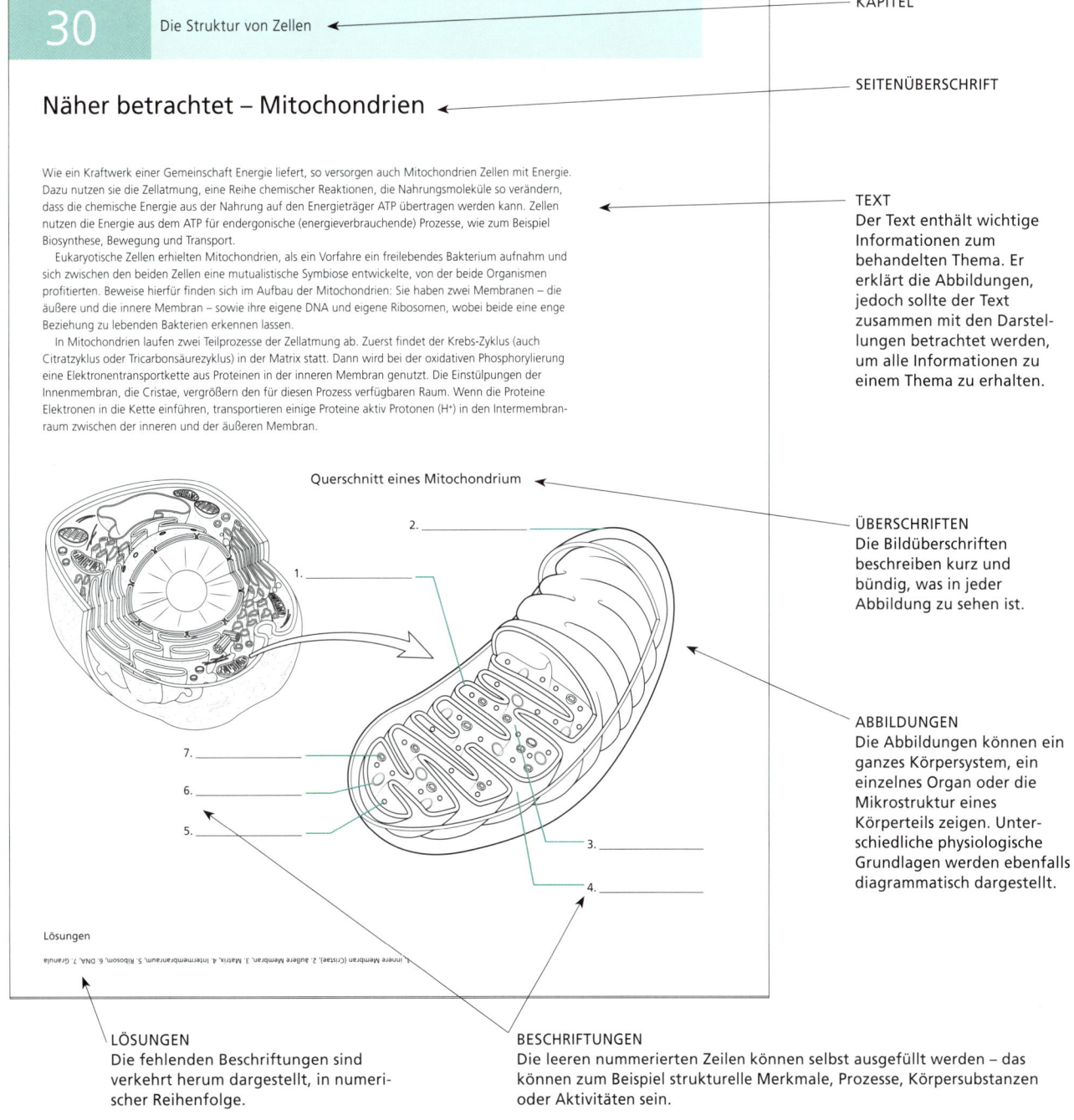

KAPITEL

SEITENÜBERSCHRIFT

TEXT
Der Text enthält wichtige Informationen zum behandelten Thema. Er erklärt die Abbildungen, jedoch sollte der Text zusammen mit den Darstellungen betrachtet werden, um alle Informationen zu einem Thema zu erhalten.

ÜBERSCHRIFTEN
Die Bildüberschriften beschreiben kurz und bündig, was in jeder Abbildung zu sehen ist.

ABBILDUNGEN
Die Abbildungen können ein ganzes Körpersystem, ein einzelnes Organ oder die Mikrostruktur eines Körperteils zeigen. Unterschiedliche physiologische Grundlagen werden ebenfalls diagrammatisch dargestellt.

LÖSUNGEN
Die fehlenden Beschriftungen sind verkehrt herum dargestellt, in numerischer Reihenfolge.

BESCHRIFTUNGEN
Die leeren nummerierten Zeilen können selbst ausgefüllt werden – das können zum Beispiel strukturelle Merkmale, Prozesse, Körpersubstanzen oder Aktivitäten sein.

Eigenschaften von Lebewesen

Alle lebenden (biotischen) und nicht lebenden (abiotischen) Dinge bestehen aus denselben chemischen Elementen und doch haben Lebewesen viele einzigartige Merkmale. Biologen verbrachten viel Zeit mit der Beschreibung dieser Eigenschaften und versuchten zu bestimmen, welche das Leben am präzisesten definieren. Es gibt mehrere Versionen dieser Liste, aber sie alle haben gewisse Merkmale gemeinsam. Vereinzelt können abiotische Dinge einige dieser Merkmale aufweisen, aber nur Lebewesen weisen sie alle auf.

Was macht Lebewesen so einzigartig? Biologen sind sich einig, dass alle Lebewesen aus Zellen bestehen, wachsen können und sich vermehren, sei es sexuell oder asexuell. Indem sie eine Kopie ihres genetischen Materials in Form von Zellen an ihre Nachkommen weitergeben, vererben Eltern ihre Eigenschaften weiter. Gelegentlich kommt es durch Mutationen zu Veränderungen, die Individuen und in weiterer Folge Populationen von Organismen erlauben, sich über einen längeren Evolutionszeitraum hinweg an Umweltveränderungen anzupassen. Um zu überleben, müssen Lebewesen auf Signale aus ihrer Umgebung reagieren und ihr inneres Gleichgewicht (Homöostase) bewahren. Alle Organismen brauchen Energie, um zu wachsen, sich zu bewegen, sich fortzupflanzen und ihren Aufbau zu erhalten. Lebewesen tauschen mit ihrer Umgebung außerdem Stoffe aus, nehmen Stoffe wie Nahrung auf und geben Abfall ab.

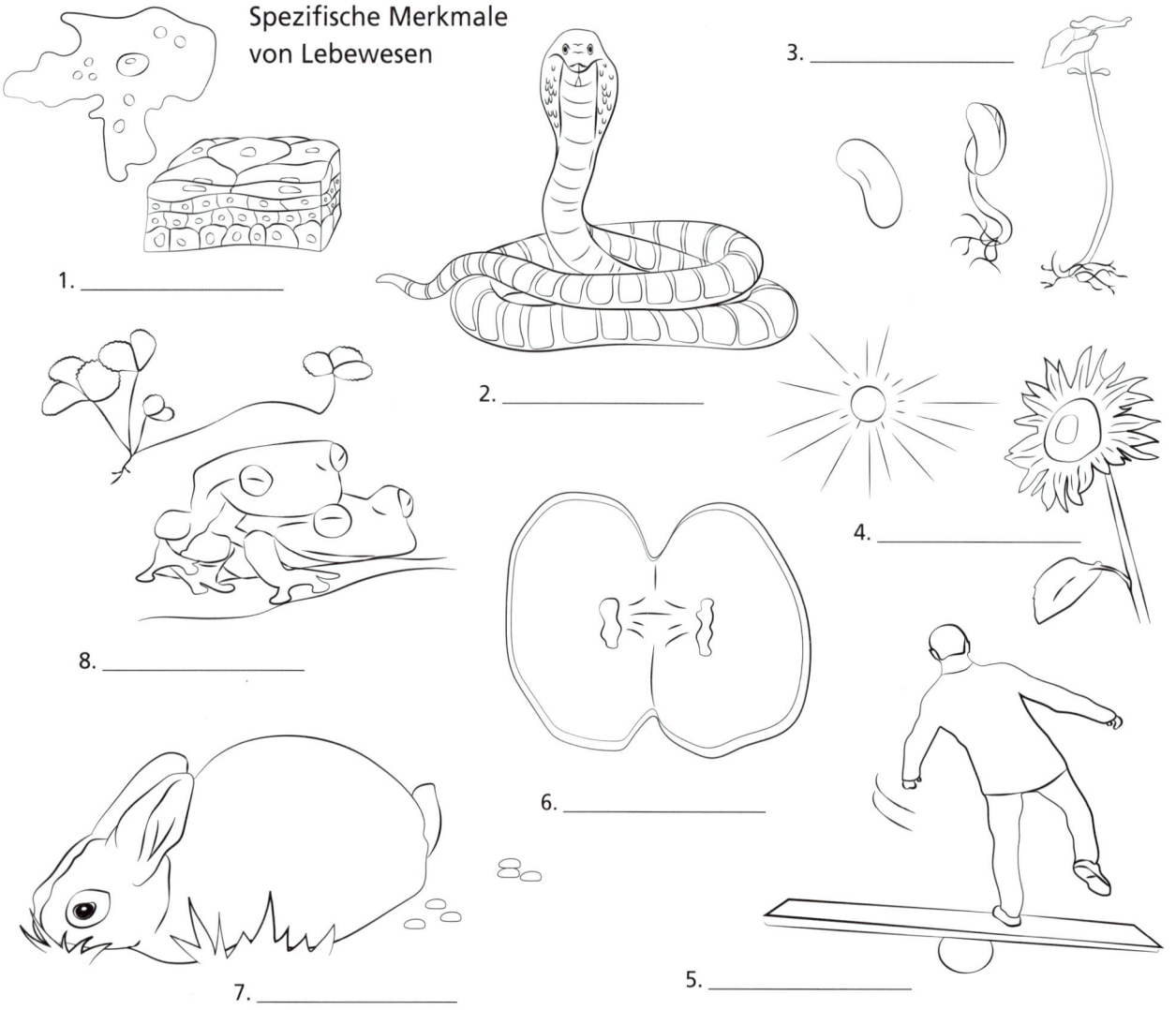

Spezifische Merkmale von Lebewesen

1. _____

2. _____

3. _____

4. _____

5. _____

6. _____

7. _____

8. _____

Organisation von Lebewesen

Biologen untersuchen das Leben auf unterschiedlichen Organisationsebenen. Sie bezeichnen jedes Lebewesen als Organismus; einige Organismen wie Bakterien sind nicht größer als eine Zelle, während andere wie Pflanzen oder Tiere aus Billionen oder Trillionen von Zellen bestehen. Zell- und Molekularbiologen betrachten die kleinste Einheit des Lebens, die Zelle, sowie nicht lebende Atome und Moleküle, aus denen die Zelle besteht. An der Anatomie oder Physiologie interessierte Biologen untersuchen, wie sich verschiedene Zelltypen zu Gewebe verbinden und wie Gewebeschichten einen Organismus bilden. Organe formen Organsysteme, die zusammen die Physiologie vielzelliger Organismen regulieren.

Umweltwissenschaftler und Ökologen untersuchen, wie Organismen miteinander und mit ihrer Umwelt interagieren Eine Gruppe von Organismen derselben Art, die am selben Ort lebt, ist eine Population. Mehre im selben Gebiet lebende Populationen stellen eine Gemeinschaft dar. Gemeinschaften, die in einer Wechselwirkung mit ihrer physischen Umwelt stehen, bilden Ökosysteme, von denen das größte die Biosphäre ist. Die Biosphäre erstreckt sich hinauf in die Atmosphäre und hinunter in den Erdboden und bildet einen Raum des Lebens, der die gesamte Erdoberfläche umgibt, was uns unter all den bisher entdeckten Planeten einzigartig macht.

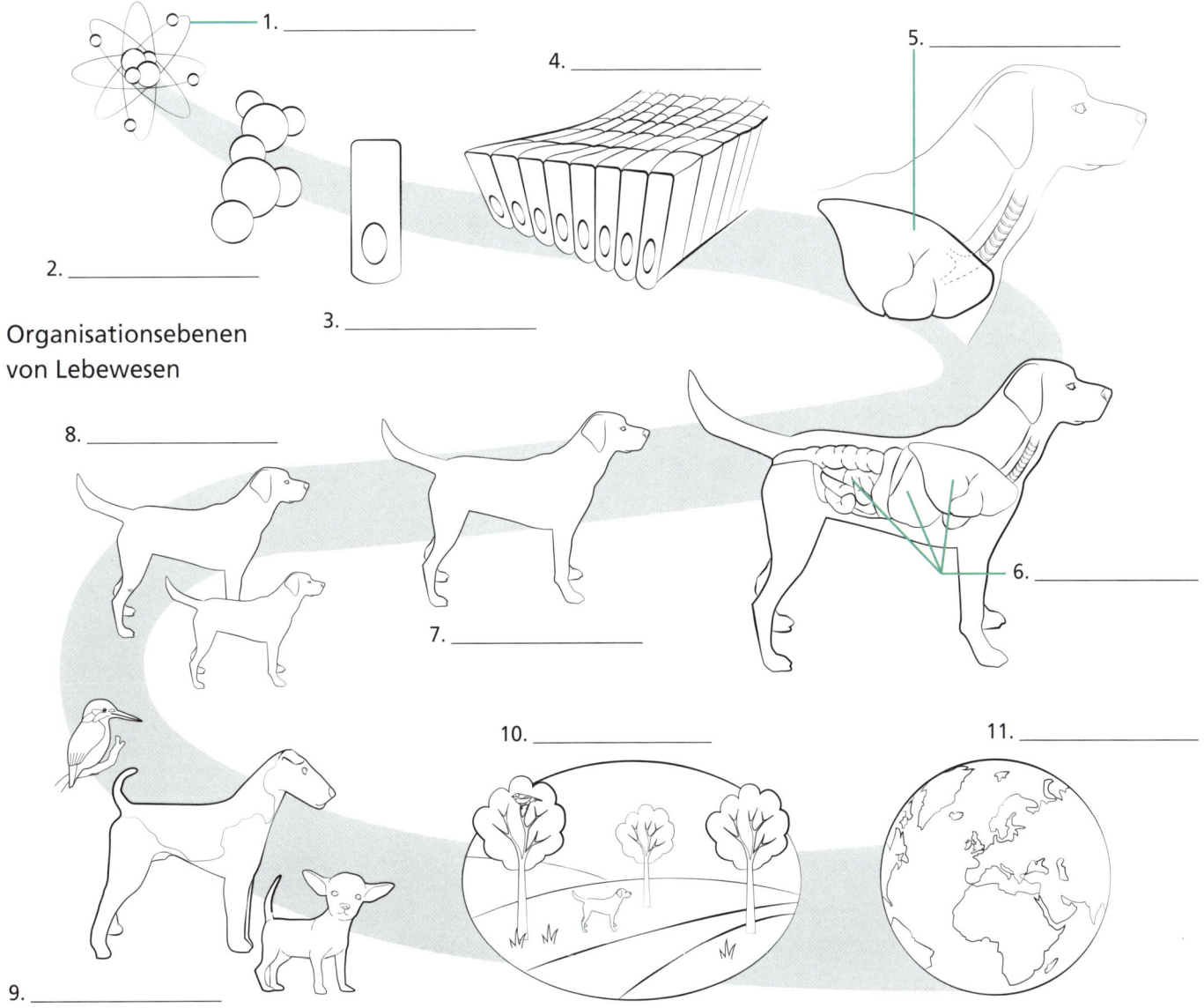

1. _____

2. _____

3. _____

4. _____

5. _____

6. _____

7. _____

8. _____

9. _____

10. _____

11. _____

Organisationsebenen von Lebewesen

Lösungen

1. Atom, 2. Molekül, 3. Zelle, 4. Gewebe, 5. Organ, 6. Organsystem, 7. Organismus, 8. Population, 9. Gemeinschaft, 10. Ökosystem, 11. Biosphäre

Fluss genetischer Information

Desoxyribonukleinsäure (DNA) enthält Anweisungen, die Organismen brauchen, um alle für die Struktur und Funktion der Zellen nötigen Moleküle herzustellen und zu kontrollieren. Die Informationen sind in einem chemischen Muster von Desoxyribonukleotiden codiert, das aus vier verschiedenen Nukleinbasen bestehen: Adenin (A), Guanin (G), Thymin (T) und Cytosin. Diese Nukleotide verbinden sich zu langen Ketten; aus der Reihenfolge der Basen in den Ketten ergibt sich der chemische Code in der DNA. Um ein komplettes DNA-Molekül zu bilden, müssen sich zwei Partnerstränge mit komplementären Codes zu der bekannten DNA-Doppelhelix verbinden. Wenn sich Zellen vermehren, machen sie mithilfe der DNA-Replikation Kopien ihrer Chromosomen, damit jede neu entstandene Zelle alle Anweisungen erhält. Die DNA-Replikation ist semikonservativ, was bedeutet, dass die Zellen jeden Strang der Doppelhelix als Vorlage für einen neuen Partnerstrang verwenden und DNA-Moleküle herstellen, die halb original und halb neu sind.

Wenn Zellen zur Ausführung bestimmter Funktionen Moleküle wie Enzyme oder Ribonukleinsäure (RNA) benötigen, kopieren sie mithilfe von Transkription den relevanten Code aus ihrer DNA in ein komplementäres Molekül der Boten-RNA (mRNA). Wie auch die DNA codiert die RNA Informationen in ein chemisches Muster aus vier sich abwechselnden Ribonukleotiden, jedoch enthält sie anstelle von Thymin (T) die Nukleinbase Uracil (U). Durch Transkription werden verschiedene Arten von RNA hergestellt, darunter auch mRNA, Transfer-RNA (tRNA) und ribosomale RNA (rRNA).

Zellen verwenden den Code in der mRNA als Vorlage für die Herstellung der Polypeptidketten, die für alle Proteine notwendig sind, so auch für Enzyme. Der Code wird in Einheiten von drei Nukleotiden übersetzt, die Codone genannt werden und je eine Aminosäure darstellen. tRNA-Moleküle liefern die Aminosäuren und nutzen ihre Anticodone, um sich mit den Codonen in der mRNA zu verbinden und jede Aminosäure in der Polypeptidkette richtig zu platzieren. Translation findet an den Ribosomen statt, die aus rRNA und Proteinen bestehen.

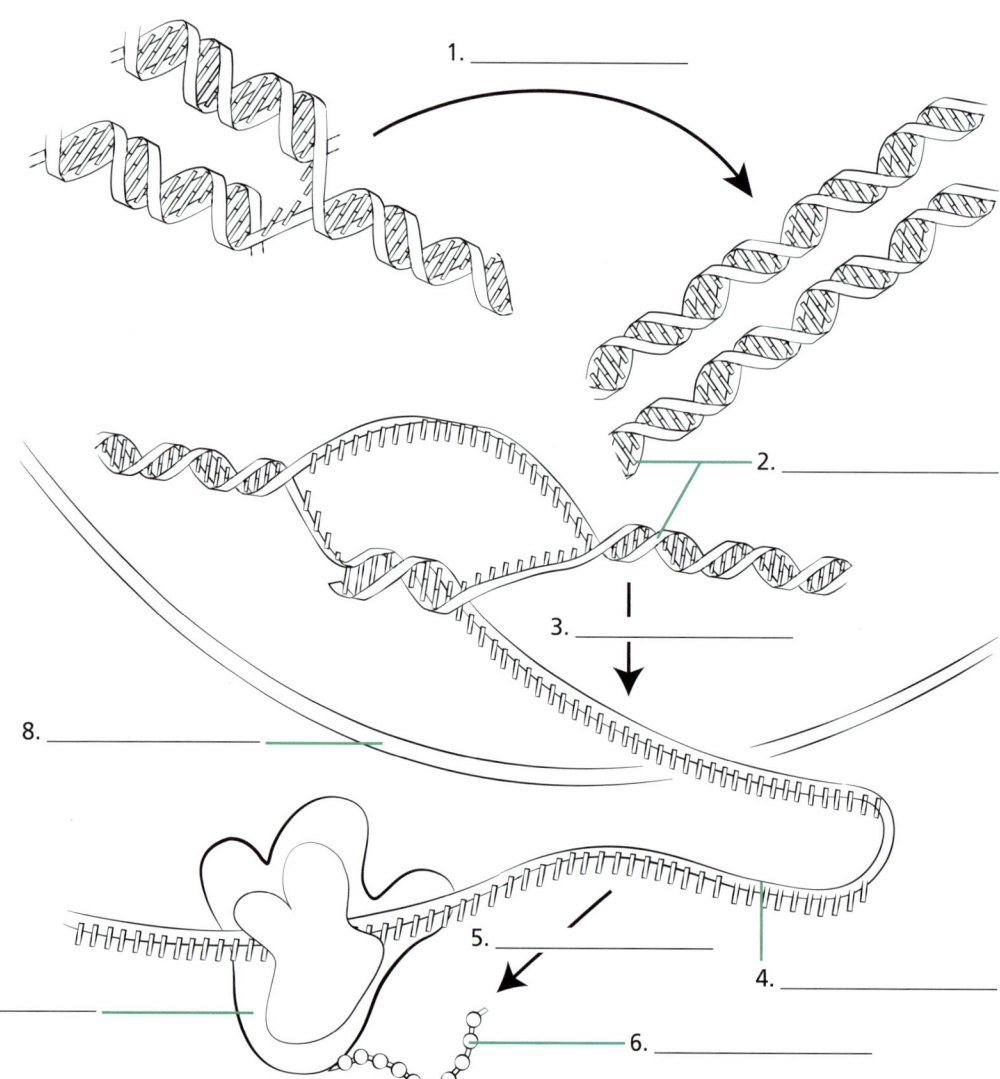

1. _____

2. _____

3. _____

8. _____

Fuss genetischer Information

5. _____

4. _____

7. _____

6. _____

Lösungen

Der Baum der Lebens

Biologen vergleichen den Aufbau, die Chemie und das genetische Material von Lebewesen, um die Beziehung zwischen einzelnen Organismen im Laufe der Evolution zu untersuchen. Diese Beziehungen können durch phylogenetische Bäume dargestellt werden, in denen Verbindungen die gemeinsamen Vorfahren und die Länge der Zweige die Zeit seit der evolutionären Divergenz repräsentieren. Dieses Klassifizierungssystem geht auf den schwedischen Naturforscher Carl von Linné (1707-1778) zurück, der Organismen in hierarchische Beziehungskategorien ordnete und ein binäres System zur Benennung von Spezies entwickelte, das noch heute verwendet wird.

In den 1970ern veränderte sich das moderne Verständnis von Phylogenie, als der Mikrobiologe Carl Woese (1928-2012) die rRNA-Sequenzen unterschiedlicher Organismen miteinander verglich. Woese zeigte, dass Prokaryoten in zwei Gruppen unterteilt werden können, statt sie in einer Gruppe zusammenzufassen, wie ausgehend von ihrer Zellstruktur angenommen worden war. Deshalb werden in der heutigen Biologie drei große Zweige auf dem Baum des Lebens anerkannt: die Domänen Archaea, Eukaryota und Bacteria. Innerhalb dieser Domänen gibt es die Unterkategorien Reich, Stamm, Klasse, Ordnung, Familie, Gattung und Spezies. Die wissenschaftliche Bezeichnung für eine Spezies besteht aus der Gattung und einem Beinamen (Name der Spezies) und muss kursiv geschrieben oder unterstrichen werden. Zum Beispiel werden Menschen als *Homo sapiens* und Tiger als *Panthera tigris* bezeichnet.

Evolutionäre Beziehungen des Lebens und das Klassifizierungssystem

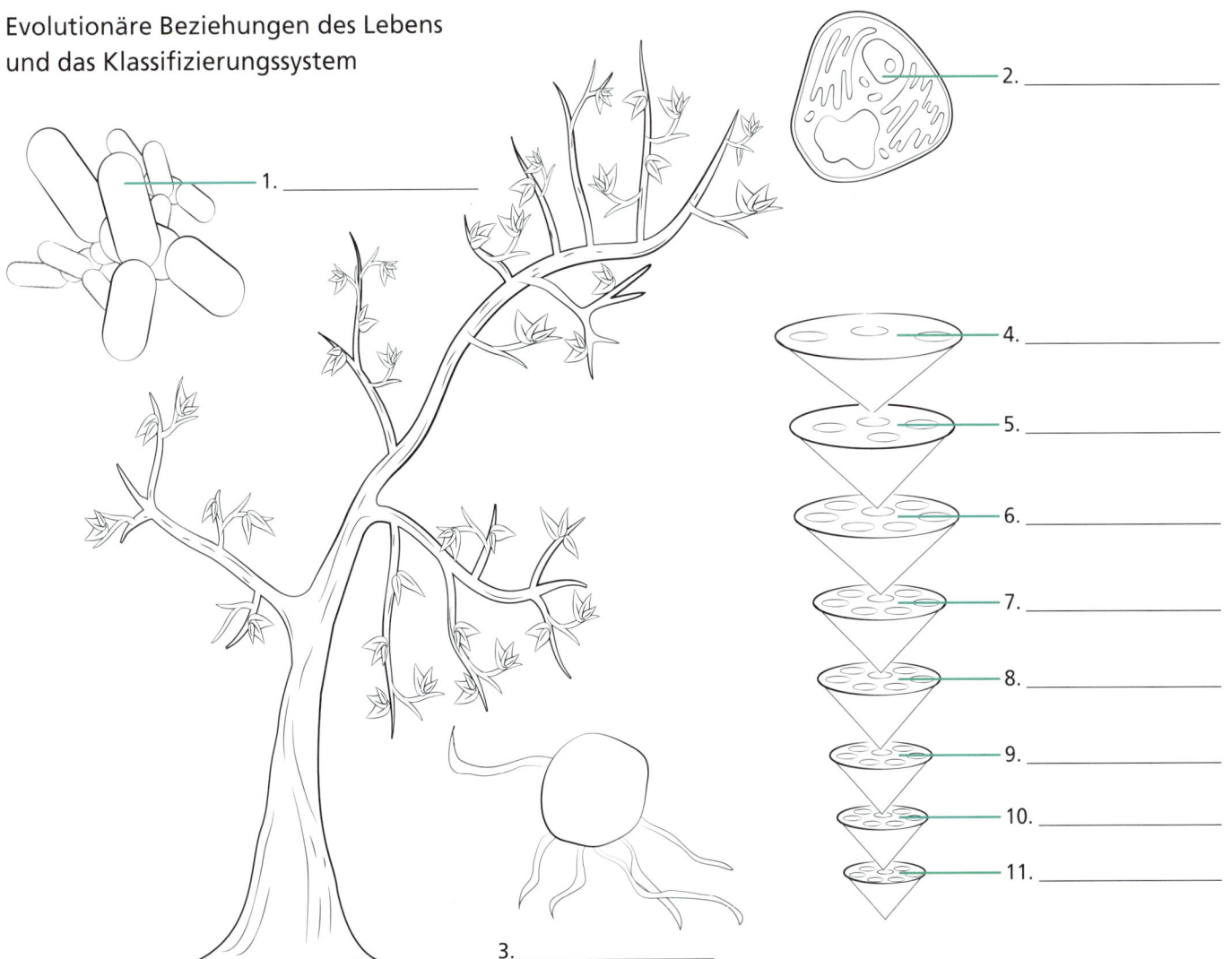

1. _____
2. _____
3. _____
4. _____
5. _____
6. _____
7. _____
8. _____
9. _____
10. _____
11. _____

Lösungen

Der wissenschaftliche Prozess

Die Wissenschaft ist ein Prozess zur Sammlung von Informationen über die natürliche Welt. Wissenschaftler beobachten die Welt mit ihren fünf Sinnen, können diese aber durch Hilfsmittel wie Teleskope, Mikroskope oder Sensoren erweitern. Wissenschaftler stellen Fragen zu ihren Beobachtungen und versuchen Gesetze und Prozesse in der natürlichen Welt durch abwechselnde Beobachtung und Überprüfung zu verstehen. Sie schlagen Erklärungen für ihre Beobachtungen vor, sogenannte Hypothesen, machen dann Vorhersagen und führen Versuche zur Überprüfung dieses gedanklichen Modells durch. Sie sammeln die Ergebnisse ihrer Experimente oder auch Daten, analysieren sie und ziehen Schlussfolgerungen darüber, ob ihre Hypothese korrekt war oder überarbeitet werden muss.

Wissenschaftler teilen ihre Arbeit mit anderen Wissenschaftlern aus aller Welt, vergleichen Ergebnisse und arbeiten zusammen an neuen Versuchen. Forschungsarbeiten werden bei Fachzeitschriften zur Veröffentlichung eingereicht. Damit diese in einer hochwertigen Fachzeitschrift veröffentlicht werden, müssen sie ein Peer-Review bestehen, ein von anderen Forschern aus demselben Fachgebiet durchgeführtes kritisches Überprüfungsverfahren. Mit der Zeit werden aus den Arbeiten mehrerer Forscher wissenschaftliche Theorien. Im Gegensatz zu Hypothesen, die als vorsichtige Erklärungen anzusehen sind, werden Theorien von Beweisen aus verschiedenen Quellen gestützt. Obwohl sich Theorien mit dem Erhalt neuer Informationen ändern können, gelten sie als sehr wahrscheinliche Erklärungen.

Der wissenschaftliche Prozess

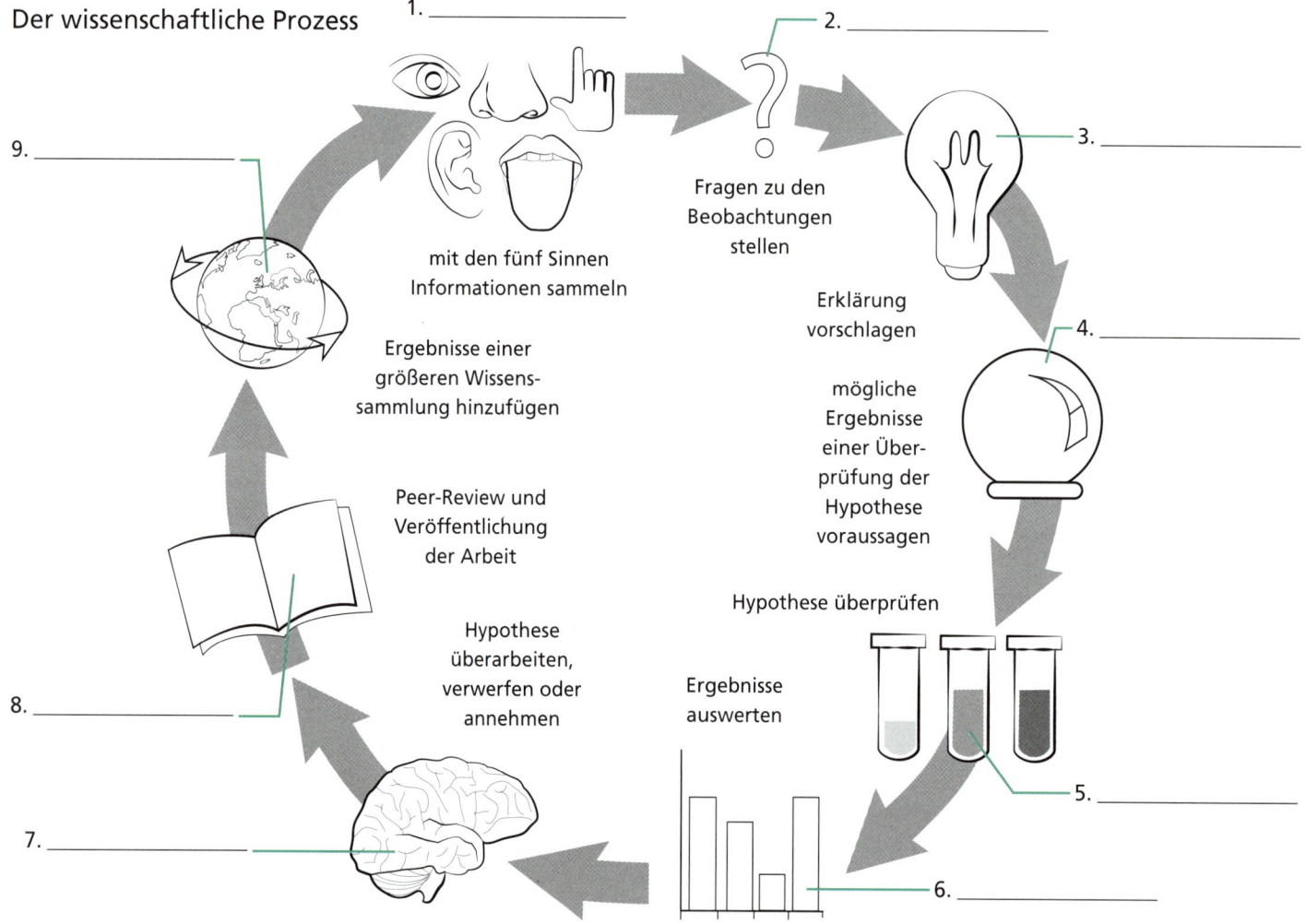

1. _____

2. _____

3. _____

4. _____

5. _____

6. _____

7. _____

8. _____

9. _____

Fragen zu den Beobachtungen stellen

Erklärung vorschlagen

mögliche Ergebnisse einer Überprüfung der Hypothese voraussagen

Hypothese überprüfen

Ergebnisse auswerten

Hypothese überarbeiten, verwerfen oder annehmen

Peer-Review und Veröffentlichung der Arbeit

Ergebnisse einer größeren Wissenssammlung hinzufügen

mit den fünf Sinnen Informationen sammeln

Lösungen

Durchführung eines kontrollierten Experiments

In der Wissenschaft sind kontrollierte Experimente ein wichtiges Werkzeug zur Überprüfung von Hypothesen. Diese Experimente sind genau geplant, sodass die Bedingungen für alle Probanden gleich sind, mit Ausnahme des zu überprüfenden Faktors. Diese Faktoren werden Variablen genannt, da sie veränderbar sind. Alle Faktoren, die bei allen Probandengruppen gleich sind, werden kontrollierte Variablen (dürfen sich nicht unterscheiden) genannt und alle absichtlich veränderten Faktoren werden unabhängige Variablen genannt. Wissenschaftler beobachten die während des Experiments auftretenden Veränderungen und sammeln dazu Daten. Diese gemessenen Veränderungen werden als abhängige Variablen bezeichnet. Die unabhängige Variable wird manchmal auch experimentelle oder manipulierte Variable genannt und eine andere Bezeichnung für die abhängige Variable ist erklärende Variable.

Zusätzlich zur Verwendung präziser Benennungen für Variablen, gibt es in der Wissenschaft auch Namen für die Probandengruppen in einem Experiment. Die Versuchsgruppe oder auch Experimentalgruppe ist jene Gruppe von Probanden, die der unabhängigen Variable oder unterschiedlichen Veränderungen dieser Variable ausgesetzt ist. Eine Kontrollgruppe ist eine Gruppe von Probanden, die genau gleich wie die Versuchsgruppe gehalten wird und sich lediglich in der unabhängigen Variable unterscheidet. Kontrollgruppen werden oft natürlichen Bedingungen ausgesetzt, um einen Vergleich mit den Auswirkungen der unabhängigen Variable und den damit zusammenhängenden veränderten Bedingungen zu ermöglichen.

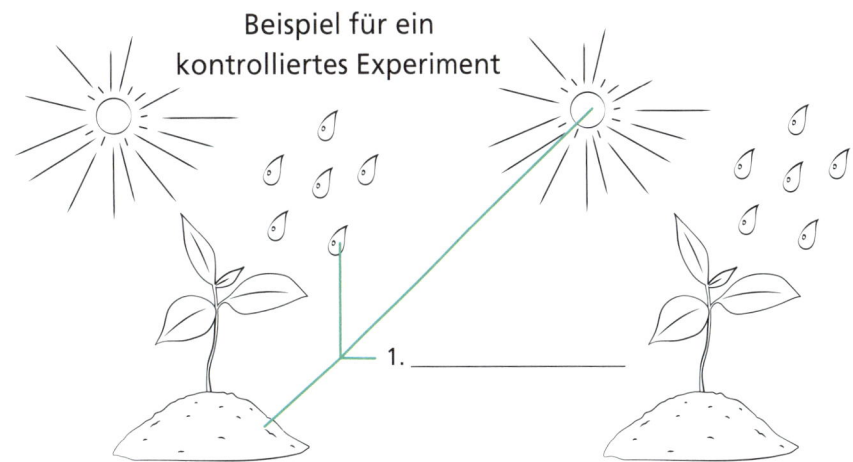

Beispiel für ein kontrolliertes Experiment

1. _____

zwei Pflanzengruppen werden unter identischen Bedingungen eingepflanzt

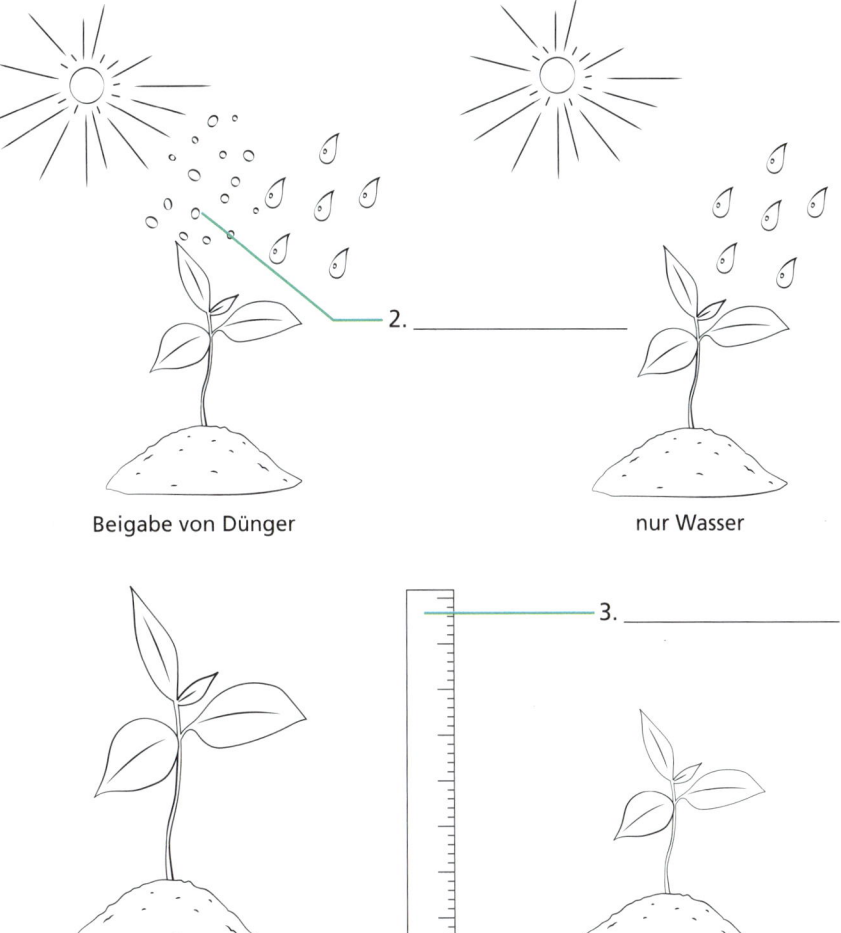

2. _____

Beigabe von Dünger   nur Wasser

3. _____

4. _____   Messung des Pflanzenwachstums   5. _____

Lösungen

Atome und Moleküle

Bohrsches Atommodell

Kugel-Stab-Modell

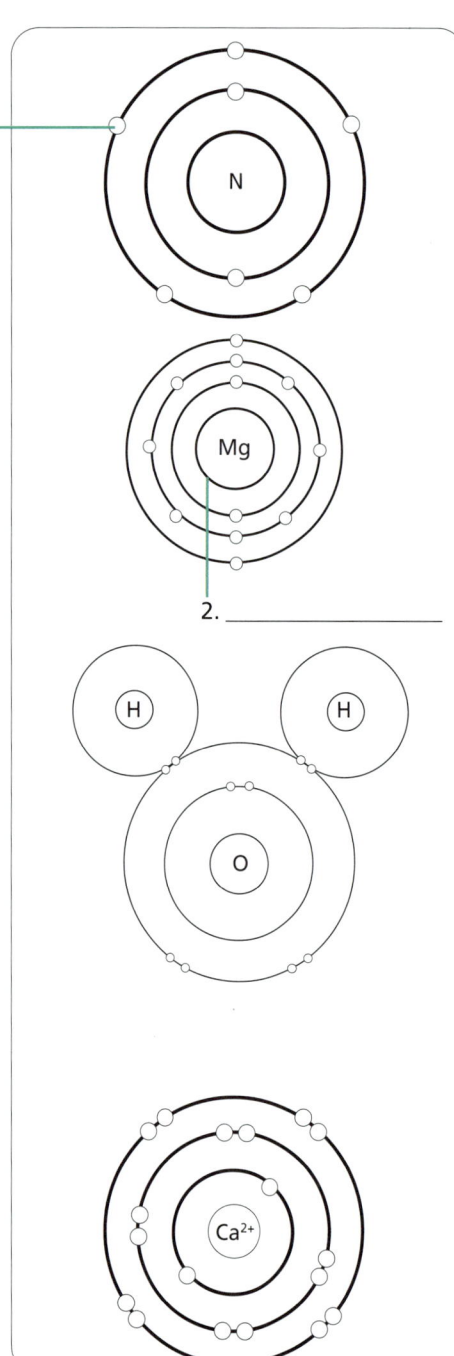

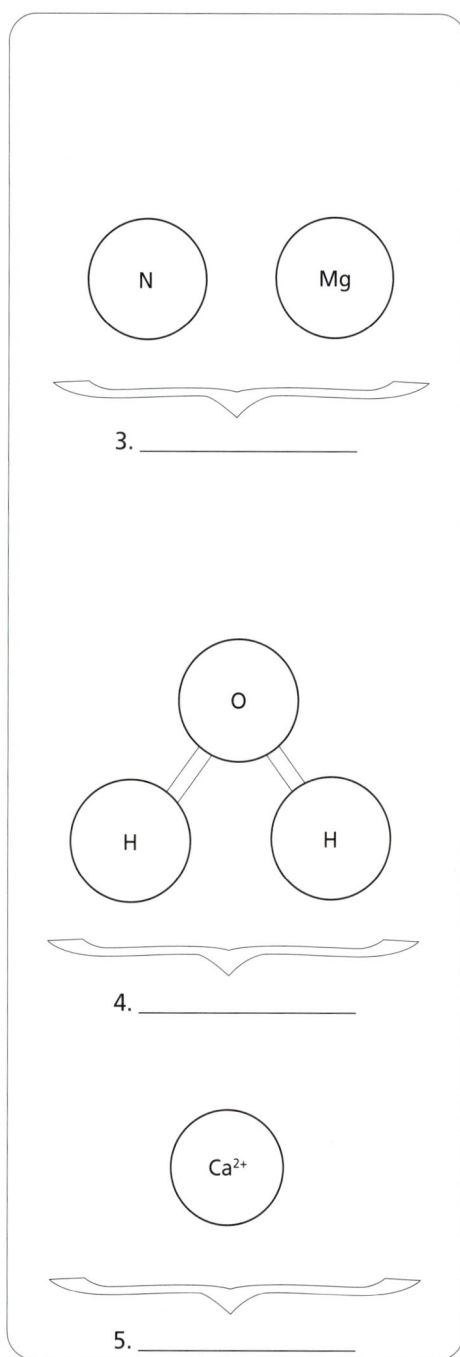

1. _____

2. _____

3. _____

4. _____

5. _____

Atome sind die kleinste Einheit der Materie. Sie bestimmen die Eigenschaften von Elementen. Jedes Atom besteht aus kleineren Teilchen. Protonen und Neutronen bilden das Zentrum des Atoms, auch Atomkern genannt. Jedes Teilchen hat eine Masse von 1. Protonen haben eine positive Ladung, während Neutronen keine Ladung haben. Elektronen sind negativ geladene Teilchen, die den Atomkern umkreisen. Elektronen haben eine so kleine Masse, dass sie nicht viel zur Masse des Atoms beitragen. Jedes Atom hat gleich viele Elektronen wie Protonen, sodass sich die positiven und negativen Ladungen ausgleichen und das Atom keine Nettoladung hat.

Elektronen umkreisen den Atomkern in den sogenannten Elektronenschalen, von denen jede eine bestimmte Anzahl an Elektronen enthält. Ist die äußerste Elektronenschale eines Atoms nicht voll, wird es mit anderen Atomen so reagieren, dass seine äußere Schale aufgefüllt wird. Eine Art der Reaktion ist, wenn Atome sich verbinden und Moleküle, Einheiten aus zwei oder mehr Atomen, bilden. Eine weitere Möglichkeit ist, dass das Atom Elektronen anderer Atome aufnimmt. Ein Atom, das Elektronen erhält, wird zu einem negativ geladenen Ion, während ein Atom, das Elektronen verliert, positiv geladen ist.

Chemische Bindungen

Chemische Bindungen sind anziehende Wechselwirkungen, die Atome und chemische Gruppen zusammenhalten. Ionen mit entgegengesetzten Ladungen sind durch Ionenbindungen miteinander verbunden. Bei trockenen Stoffen wie Tafelsalz sind die Ionenbindungen sehr stark, in einem wässrigen Zellmilieu sind sie hingegen sehr schwach.

Wenn Atome Elektronen miteinander teilen, formen sie kovalente Bindungen. Kovalente Bindungen sind starke Bindungen, die das Kohlenstoffgerüst der Moleküle von Zellen zusammenhalten. Jedes geteilte Elektronenpaar ist eine kovalente Bindung. Einige Atome teilen sich mehr als nur ein Elektronenpaar und bilden kovalente Doppel- oder Dreifachbindungen. Wenn Atome Elektronen gleichmäßig zwischen einander teilen, ist die elektronische Ladung um die Bindung herum neutral und die chemische Gruppe ist apolar. Einige Atome ziehen Elektronen stärker an sich als andere, was zu einer ungleichen Verteilung und einer polaren kovalenten Bindung führt. Bei polaren kovalenten Bindungen ist die Ladung um die Bindung herum ungleich verteilt.

Polare kovalente Bindungen schaffen Bedingungen, in denen Wasserstoffbrückenbindungen, schwache elektrische Wechselwirkungen zwischen Gruppen mit einer positiven Ladung und jenen mit einer negativen Ladung, möglich sind. Viele der einzigartigen Eigenschaften des Wasser, wie zum Beispiel Oberflächenspannung und Kohäsion, sind auf Wasserstoffbrückenbindungen zwischen einzelnen Wassermolekülen zurückzuführen.

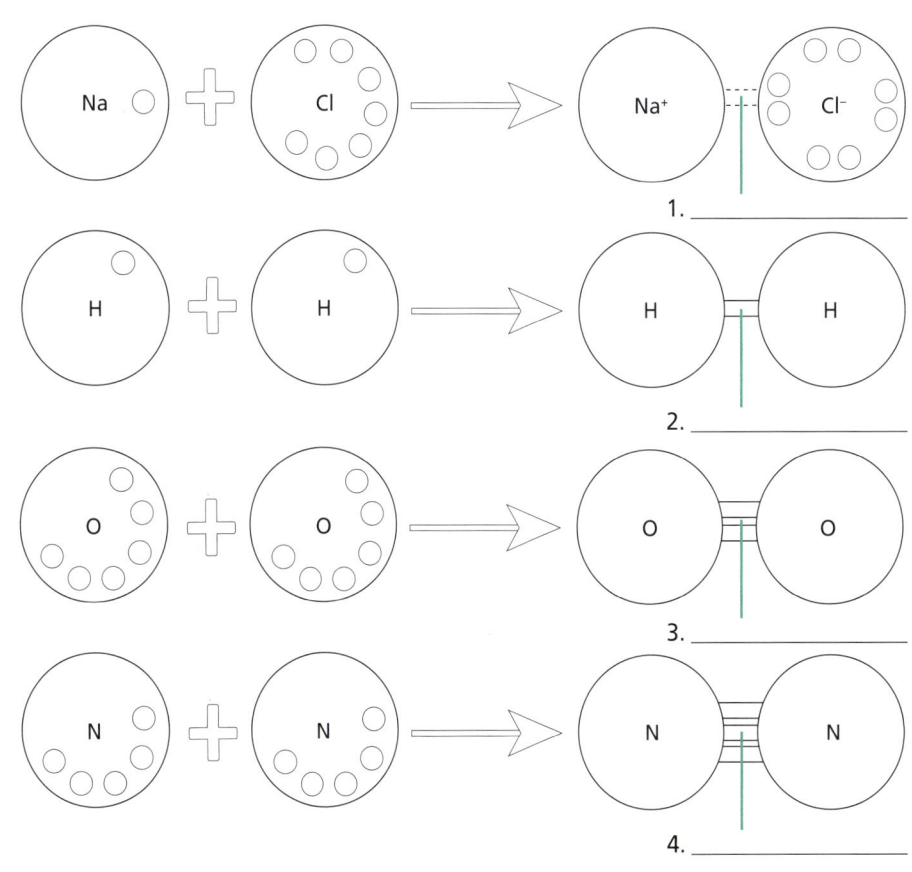

1. _____

2. _____

3. _____

4. _____

Chemische Verbindungsarten, die Atome und Moleküle zusammenhalten

5. _____

6. _____

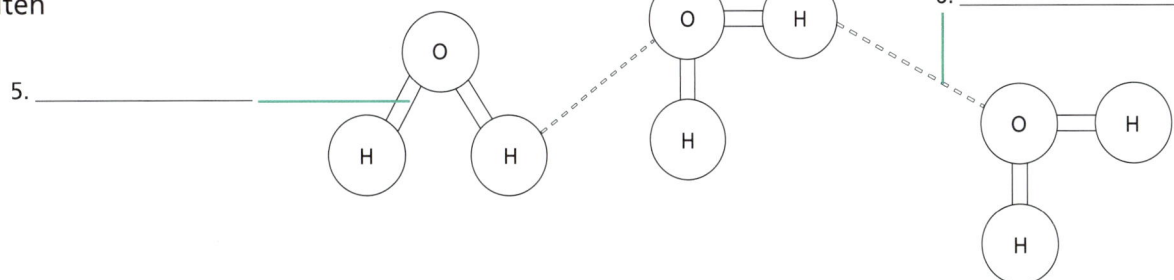

Lösungen

Funktionelle Gruppen

Die Zellstruktur besteht aus großen Molekülen, sogenannten Makromolekülen. Sie haben ein Gerüst, das hauptsächlich aus Kohlenstoffatomen besteht. Was die einzigartigen Eigenschaften einer jeden Art von Makromolekül ausmacht, ist die kleine chemische Gruppe, die an diesem Gerüst hängt. Durch diese funktionellen Gruppen können Moleküle identifiziert und ihre Eigenschaften bestimmt werden.

Proteine enthalten viele Amino- und Carboxylgruppen. Aminogruppen bestehen aus einem Stickstoff- und zwei Wasserstoffatomen. Carboxylgruppen enthalten ein Kohlenstoffatom, zwei Sauerstoffatome und ein Wasserstoffatom. Das Kohlenstoffatom ist durch eine Doppelbindung mit einem der Sauerstoffatome und durch eine Einfachbindung mit einer Hydroxylgruppe verbunden. Hydroxylgruppen bestehen aus einem Sauerstoff- und einem Wasserstoffatom. Proteine können zudem Thiolgruppen enthalten, die aus einem Schwefelatom bestehen, das an ein Wasserstoffatom gebunden ist.

Zucker enthalten Carbonyl- und Hydroxylgruppen. Carbonylgruppen bestehen aus einem Kohlenstoffatom, das durch eine Doppelbindung mit einem Sauerstoffatom verbunden ist. Ist das Kohlenstoffatom zudem an mindestens ein Wasserstoffatom gebunden, ist das Molekül ein Aldehyd. Wenn nicht, dann ist es ein Keton.

Nukleinsäuren und Phospholipide enthalten Phosphatgruppen, die aus vier Sauerstoffatomen bestehen, die an ein zentrales Phosphoratom gebunden sind. Sie tragen eine negative elektrische Ladung.

Funktionelle Gruppe	Strukturformel	Kugel-Stab-Modell

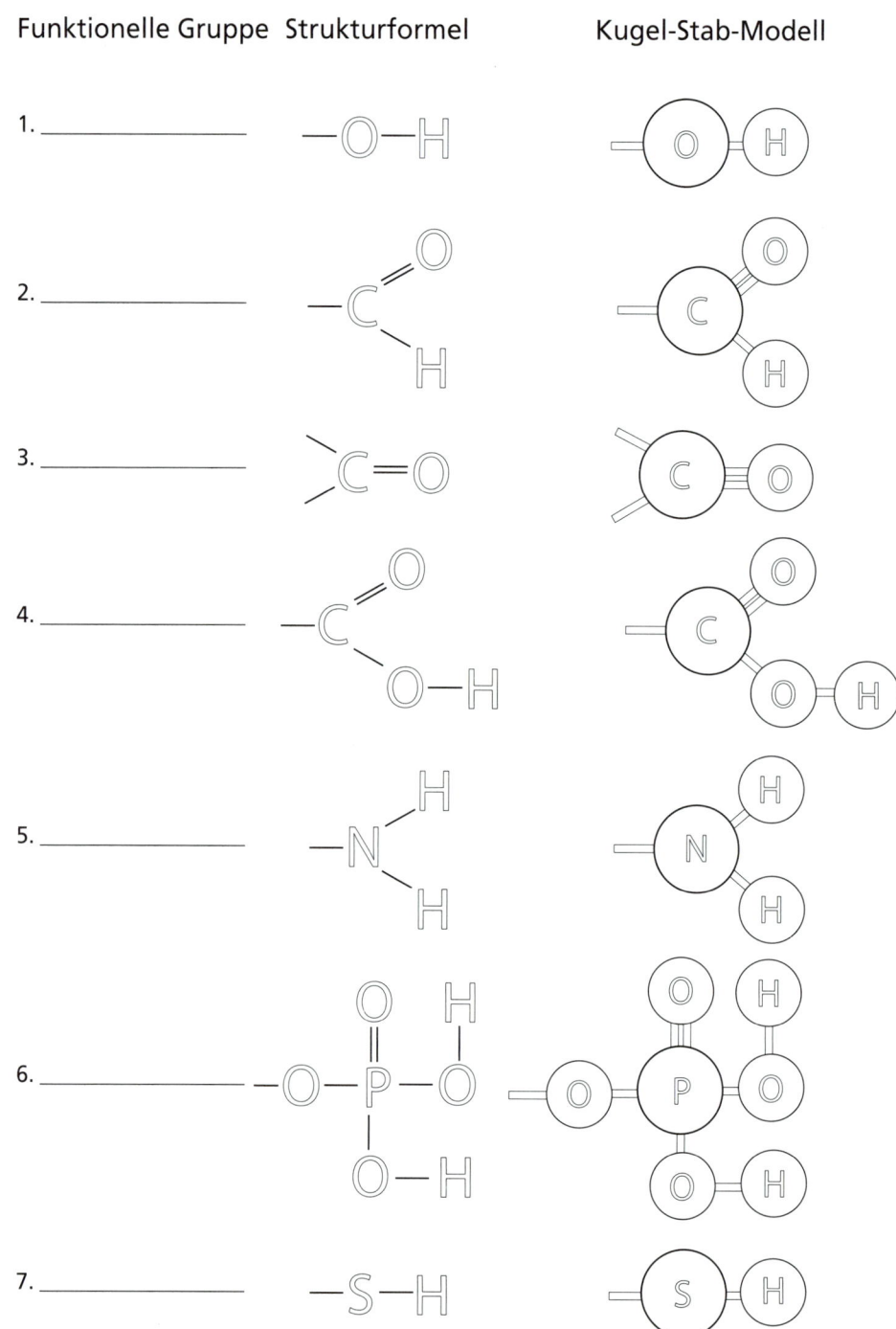

1. _____

2. _____

3. _____

4. _____

5. _____

6. _____

7. _____

Monomere und Polymere

Drei der vier Gruppen von Makromolekülen, aus denen die primäre Zellstruktur besteht, enthalten Polymere – langkettige Moleküle, die aus sich wiederholenden Untereinheiten, sogenannten Monomeren, bestehen. Monomere unterscheiden sich je nach Gruppe, jedoch werden sie immer durch denselben Mechanismus aufgebaut und wieder abgebaut.

Zellen verbinden Monomere durch Kondensationsreaktionen miteinander. Bei einer Kondensationsreaktion wird ein Monomer an ein sich bildendes Polymer angefügt und ein Wassermolekül freigesetzt. Das Wassermolekül wird gebildet, wenn sich eine Hydroxylgruppe aus dem eintretenden Monomer mit einem Wasserstoffatom aus dem Polymer verbindet. Diese verbinden sich zur selben Zeit, wenn zwischen einem Atom im Monomer und einem Atom im Polymer eine kovalente Bindung entsteht.

Zellen spalten außerdem Polymere, um aus einem Polymer ein Monomer zu erzeugen. Dieser Prozess, Hydrolyse genannt, ist im Grunde genommen eine umgekehrte Kondensation: ein Wasserstoffmolekül tritt in die Reaktion ein und das Monomer verlässt die Kette. Bei einer Hydrolyse wird das Wasserstoffmolekül aufgespalten und die Bindung zwischen dem Monomer und dem Rest der Kette aufgelöst. Ein Wasserstoffatom wird an das Polymer und die restliche Hydroxylgruppe an das freigesetzte Monomer angefügt.

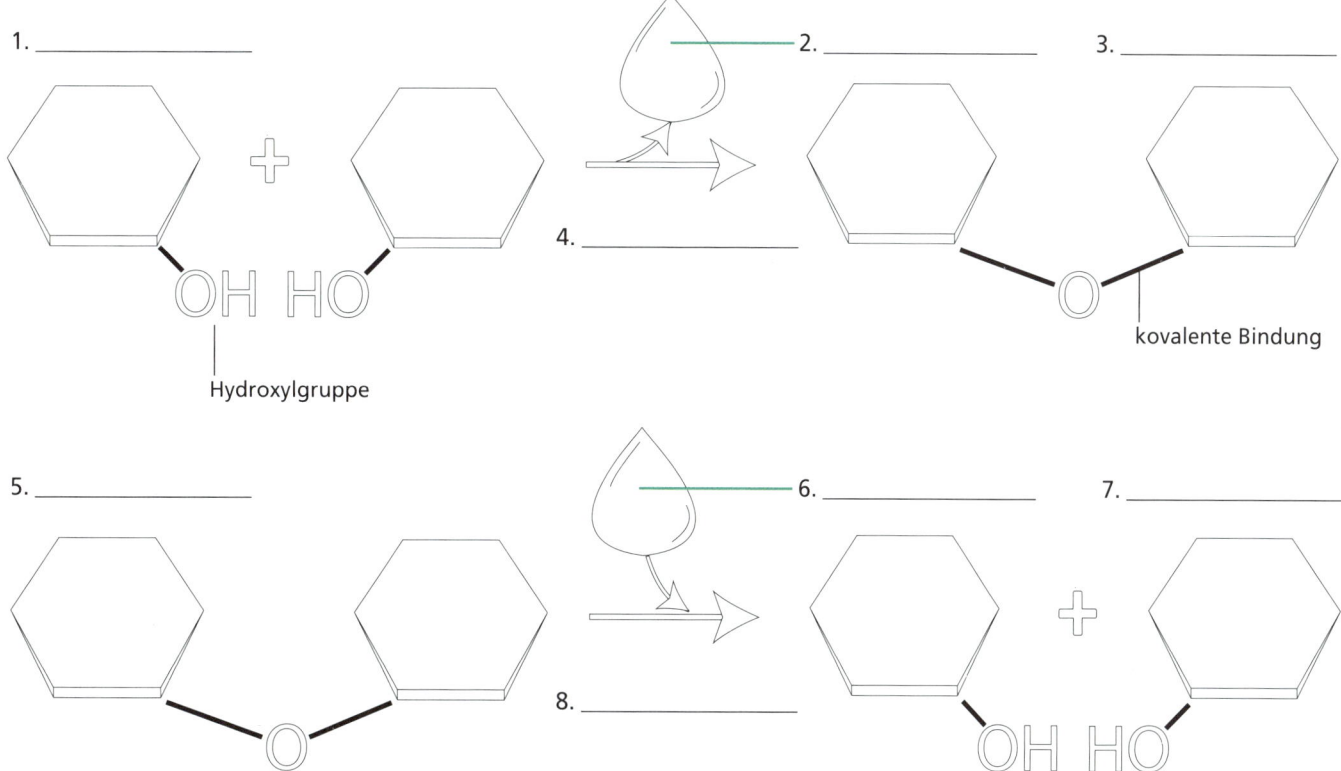

1. _____

2. _____

3. _____

4. _____

Hydroxylgruppe

kovalente Bindung

5. _____

6. _____

7. _____

8. _____

Kondensation und Hydrolyse

1. Monomer, 2. Wasser, 3. Dimer, 4. Kondensation, 5. Dimer, 6. Wasser, 7. Monomer, 8. Hydrolyse

Kohlenhydrate

Kohlenhydrate sind eine wichtige Energiequelle für Zellen und können außerdem für die strukturelle Stabilisierung und die Zellkommunikation wichtig sein. Kohlenstoff-, Wasserstoff- und Sauerstoffatome verbinden sich zu einem Kohlenhydratmolekül. In ihrer kleinsten Form sind Kohlenhydrate Monosaccharide, auch Einfachzucker genannt. Drei bis sieben Kohlenstoffatome bilden das Kohlenstoffgerüst des Moleküls und, zusätzlich zum Wasserstoffatom, ist eine Hydroxylgruppe an jedes Kohlenstoffatom angehängt, bis auf eins, das an einer Carbonylgruppe hängt. Im Wasser bilden Monosaccharide meistens Heterocyclen (Ringstrukturen).

Zwei Monosaccharide können durch Kondensation miteinander verbunden werden und so Disaccharide bilden. Es können sich sogar mehrere Monosaccharide miteinander verknüpfen und lange Ketten, sogenannte Polysaccharide, oder komplexe Kohlenhydrate formen. Glucosemoleküle binden auf unterschiedliche Arten und bilden drei Polysaccharide, die in Zellen eine wichtige Rolle spielen: Stärke, Cellulose und Glykogen. Pflanzen erzeugen Stärke, um Energie und Stoffe zu speichern, und viele Organismen – so auch Menschen – benötigen diese Stärke als Nahrungsquelle. Neben Ketten kann sich Stärke auch zu einer Spiralstruktur anordnen. Pflanzen erzeugen Cellulose, um ihren Zellwänden Struktur zu verleihen. Wegen der Art, wie sich Glucosemoleküle miteinander zu Cellulose verbinden, können Menschen sie nicht verdauen, obwohl sie in unserem Verdauungssystem als Ballaststoff immer noch eine wichtige Rolle spielt. Tiere verbinden Glucose zu Glykogen und speichern es dann in den Muskelzellen und der Leber als kurzfristige Energiereserven.

Arten von Kohlenhydraten

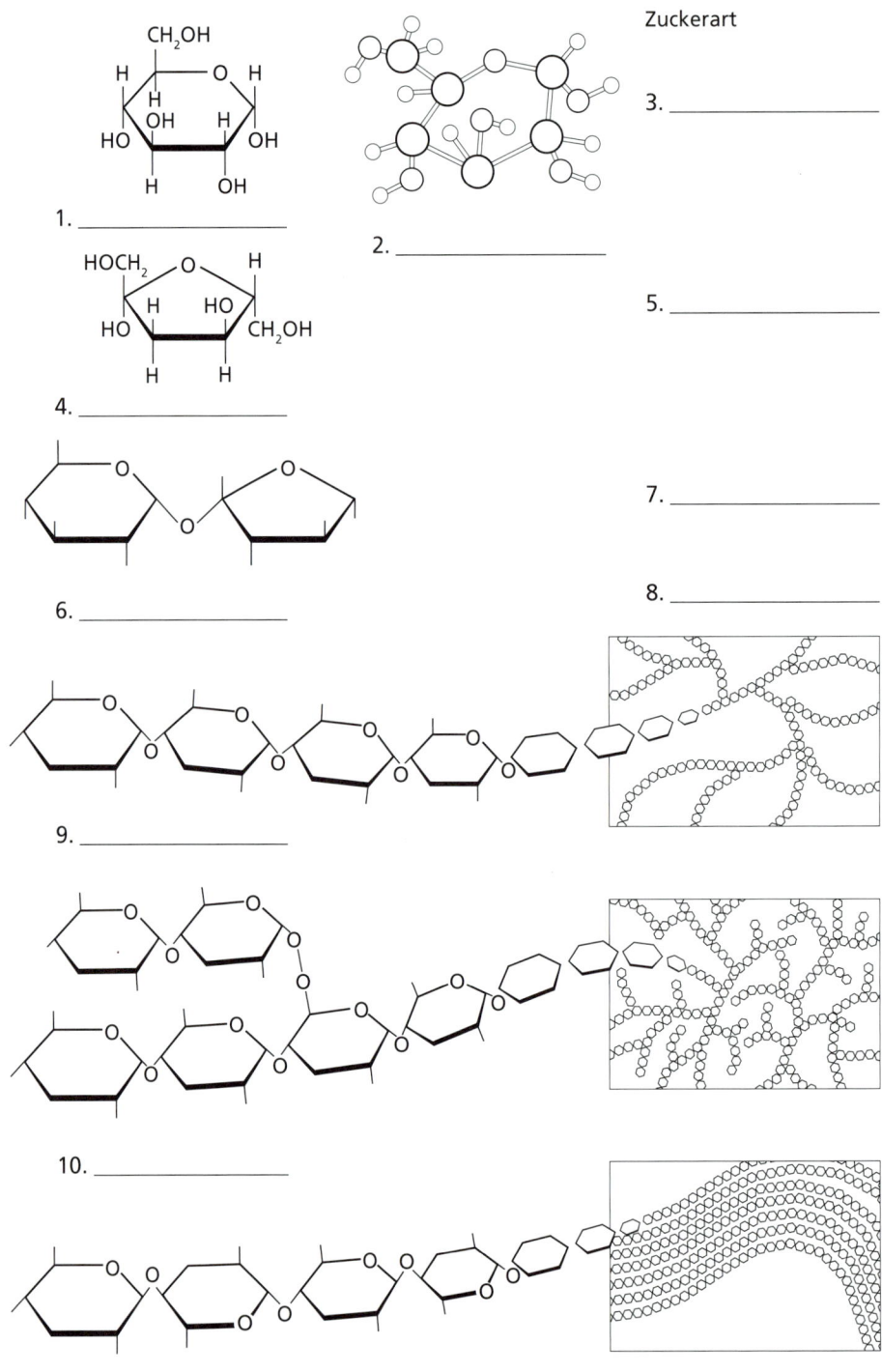

Zuckerart

1. _____

2. _____

3. _____

4. _____

5. _____

6. _____

7. _____

8. _____

9. _____

10. _____

11. _____

Lipide

Lipide (Fette) sind eine vielfältige Gruppe von Molekülen, die eine Gemeinsamkeit haben: sie sind hydrophob, was bedeutet, dass sie sich nicht gut in Wasser lösen. Viele Organismen speichern Energie- und Stoffreserven als Lipide wie Fette oder Öle. Bei Tieren dienen Fette auch zum Schutz der Organe. Einige Organismen produzieren Lipide, zum Beispiel Wachse, um bestimmte strukturelle Elemente vor Wasser zu schützen.

Kohlenstoff- und Wasserstoffatome verbinden sich in vielfältigen Anordnungen und bilden so das Kohlenstoffgerüst der Lipide. Fette und Öle sind Triglyceride, die aus der Kondensation eines Glycerinmoleküls und drei Fettsäuren entstehen. Gesättigte Fettsäuren, wie die in tierischen Fetten, haben nur kovalente Einzelbindungen zwischen ihren Kohlenstoffatomen. Ungesättigte Fettsäuren, wie die in Pflanzen- und Fischöl, haben kovalente Doppelbindungen. Da sie gerade sind, lassen sich gesättigte Fettsäuren dicht zusammenpacken und verfestigen sich bei Zimmertemperatur, während ungesättigte Öle wegen ihrer gekrümmten Struktur lose und flüssig sind.

Phospholipide sind ein Hauptbestandteil der Plasmamembranen von Zellen. Strukturell ähneln sie den Triglyceriden und sie entstehen durch die Kondensation eines Glycerinmoleküls, zweier Fettsäureketten und einer phosphathaltigen Kopfgruppe. Die Kopfgruppe enthält positive und negative Ladungen, wodurch der Kopf hydrophil ist und somit von Wasser angezogen wird. Insgesamt haben Phospholipide aufgrund ihres hydrophilen Kopfs und hydrophoben Schwanzes eine Doppelnatur.

Steroide sind Lipide, die aus vier miteinander verbundenen Ringen bestehen. Ein Beispiel ist Cholesterin, ein wichtiger Bestandteil der Plasmamembran tierischer Zellen. Einige Vitamine und wichtige Hormone sind ebenfalls Steroide.

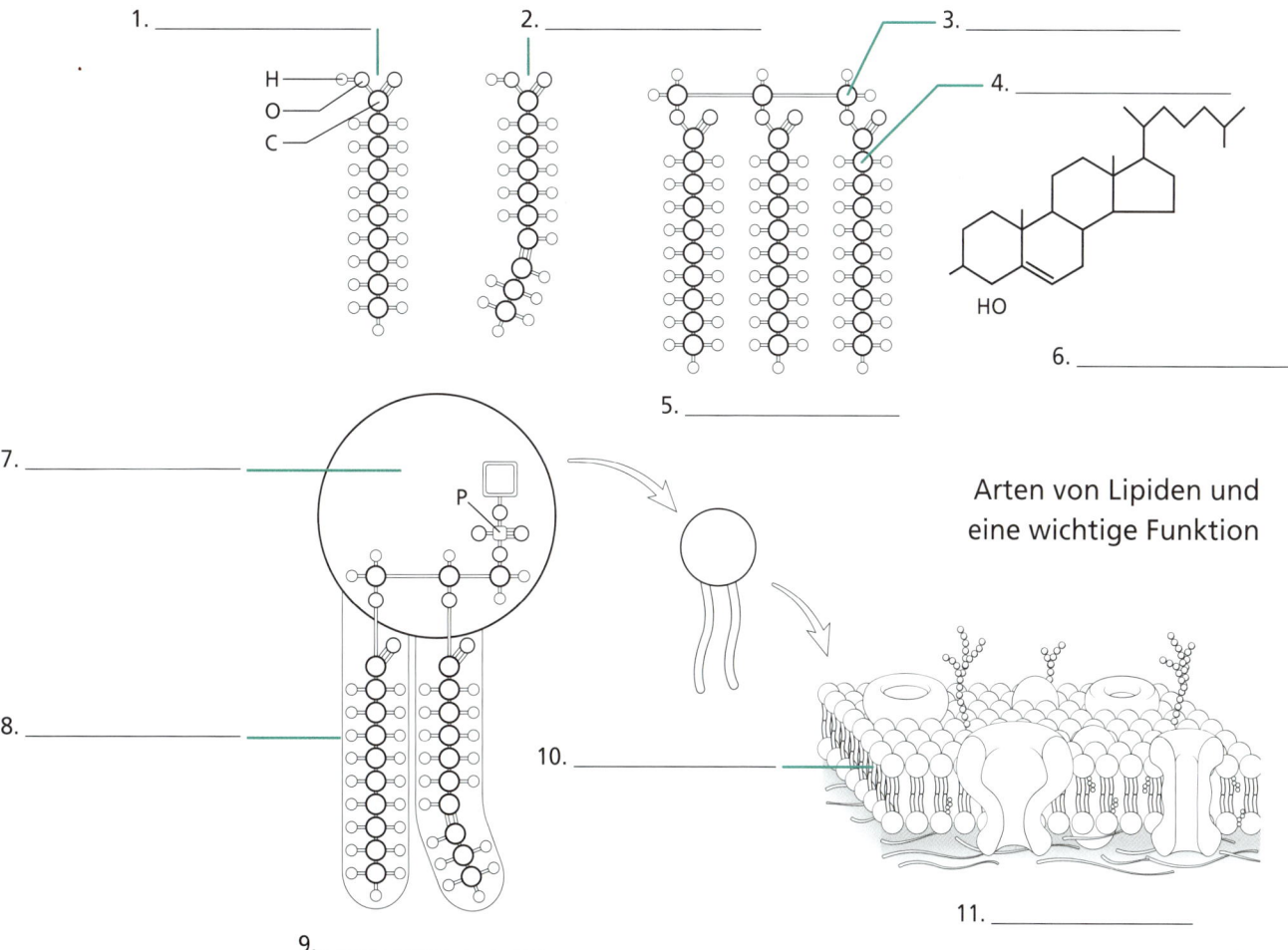

1. _____

2. _____

3. _____

4. _____

5. _____

6. _____

7. _____

8. _____

9. _____

10. _____

11. _____

Arten von Lipiden und eine wichtige Funktion

Lösungen

Proteine

Proteine erfüllen in Zellen viele wichtige Funktionen. Sie dienen als Enzyme und beschleunigen chemische Reaktionen. Cytoskelettproteine verleihen Zellen ihre Struktur und ermöglichen eine Bewegung des Materials in ihrem Inneren. Die Bewegung von Cytoskelettproteinen erlaubt es Muskelzellen, sich zusammenzuziehen, und Spermien, zu schwimmen. Abwehrproteine, die Antikörper genannt werden, schützen den Organismus vor Infektionen. Proteine können auch an der Kommunikation zwischen Zellen beteiligt sein, indem sie entweder als Signalrezeptoren oder, wie zum Beispiel das Proteinhormon Insulin, selbst als Signal dienen. Zudem regulieren Proteine die Genexpression und spielen damit sowohl in der Entwicklung als auch in der Aufrechterhaltung der Homöostase eine wichtige Rolle.

Das Monomer der Proteine ist die Aminosäure. Aminosäuren verbinden sich durch Kondensation und bilden Peptidketten, die von kovalenten Bindungen, sogenannten Peptidbindungen, zusammengehalten werden. In Zellen gibt es zwanzig verschiedene Aminosäuren, von denen jede dieselbe Grundstruktur aufweist; ein zentrales Kohlenstoffatom, an dem eine Aminogruppe und eine Carboxylgruppe hängt. An das zentrale Kohlenstoffatom ist zudem eine variable Gruppe angehängt, die auch R-Gruppe oder Seitengruppe genannt wird und durch die sich die 20 Aminosäuren voneinander unterscheiden. Die Eigenschaften der 20 Aminosäuren variieren abhängig von der funktionellen Gruppe in ihrer R-Gruppe: R-Gruppen können hydrophil, hydrophob, polar, apolar, sauer oder basisch sein. Aminosäuren verbinden sich zu Ketten, die Polypeptide genannt werden. Die Eigenschaften der Aminosäuren in der Polypeptidkette beeinflussen, wie sie sich faltet und funktioniert.

Arten von Aminosäuren

1. _____   2. _____

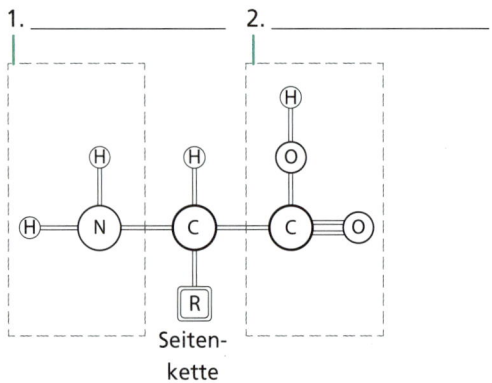

Seitenkette

3. _____

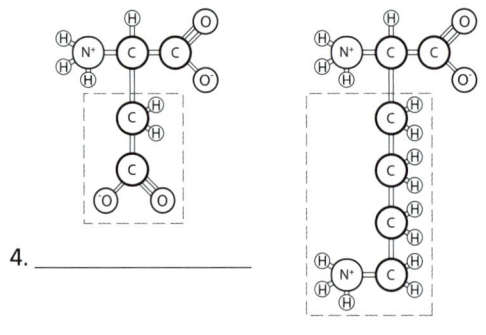

4. _____

5. _____

6. _____

7. _____

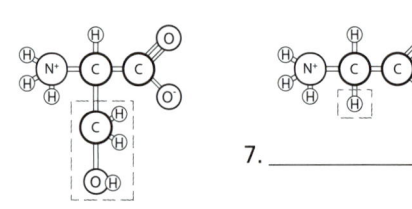

Polypeptid

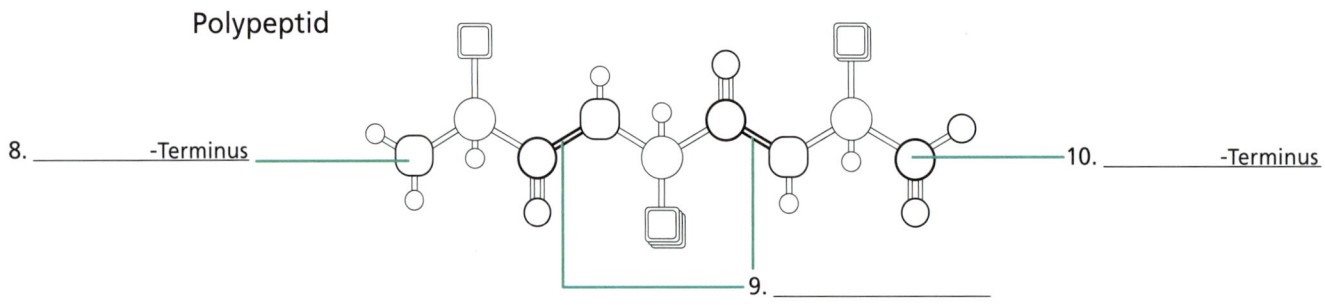

8. _____ -Terminus

9. _____

10. _____ -Terminus

1. Aminogruppe, 2. Carboxylgruppe, 3. Aminosäure, 4. enthält Carboxylgruppe (sauer), 5. enthält Aminogruppe (basisch), 6. enthält Hydroxylgruppe (polar), 7. apolar, 8. Amino-, 9. Polypeptidbindungen, 10. Carboxy--

Näher betrachtet – Proteinstruktur

Eine oder mehrere Proteinketten falten sich zu einem funktionsfähigen Protein. Jedes Protein hat eine bestimmte Form, die für seine Funktion wesentlich ist. Im Grunde bestimmt die Anzahl und die Zusammensetzung der Aminosäuren in einer Polypeptidkette, wie sie sich faltet. Wechselwirkungen zwischen den chemischen Gruppen der Aminosäuren lösen unterschiedliche Faltungen aus und können auch mehrere Polypeptidketten binden. Wenn Proteine denaturieren (sich entfalten), funktionieren sie nicht mehr und können sterben.

Die Elemente der Proteinstruktur werden in vier Ebenen eingeteilt. Die Primärstruktur eines Proteins ist die Aminosäuresequenz der Polypeptidkette, die von Peptidbindungen zusammengehalten wird. Wasserstoffbrücken-bindungen zwischen R-Gruppen können lokalisierte Faltungen auslösen, die α-Helix oder β-Strang genannt werden und die Sekundärstruktur eines Proteins darstellen. Weitere Wechselwirkungen zwischen R-Gruppen, unter anderem Ionenbindungen, kovalente Bindungen und apolare Wechselwirkungen, bedingen die einzigartige Form beziehungsweise Konformation der Polypeptidkette. Diese dreidimensionale Form ist die Tertiärstruktur des Proteins. Verbinden sich mindestens zwei Polypeptidketten zu einem funktionellen Protein, haben Proteine eine Quartärstruktur, die ebenso von den Wechselwirkungen zwischen den R-Gruppen zusammengehalten wird.

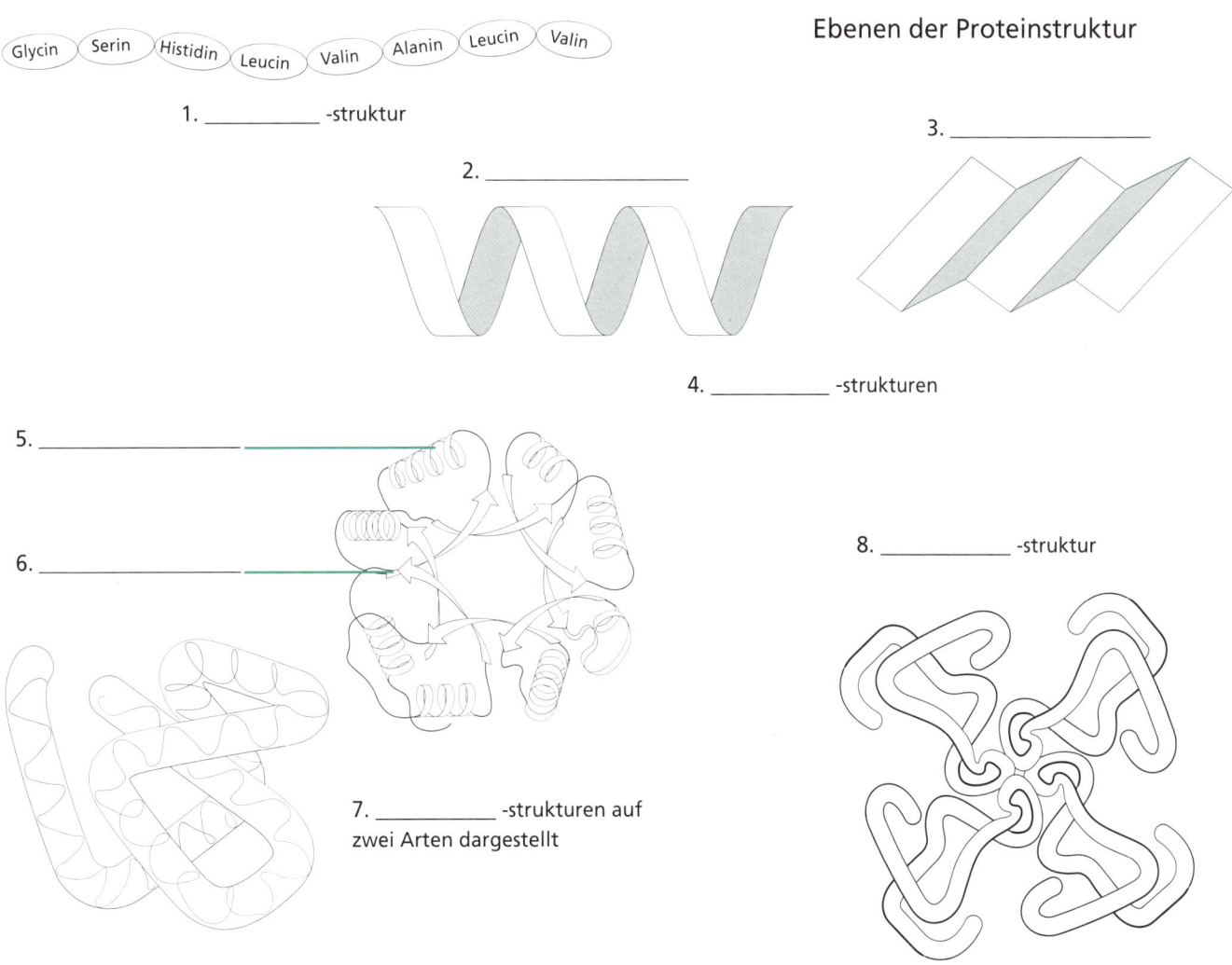

Glycin Serin Histidin Leucin Valin Alanin Leucin Valin

1. _____ -struktur

Ebenen der Proteinstruktur

2. _____

3. _____

4. _____ -strukturen

5. _____

6. _____

7. _____ -strukturen auf zwei Arten dargestellt

8. _____ -struktur

Lösungen

1. Primär-, 2. α-Helix, 3. β-Faltblatt, 4. Sekundär-, 5. α-Helix, 6. β-Faltblatt, 7. Tertiär-, 8. Quartär-

Nukleinsäuren

Nukleinsäuren sind die Informationsmoleküle der Zellen: so wie Informationen auf dem Computer in einem numerischen Code von Bits gespeichert werden können, speichern Zellen Informationen im chemischen Code der Nukleinsäuren. Chromosomen bestehen aus DNA, die alle nötigen Informationen zur Struktur und Funktion der Zellen enthält. Wenn sich Zellen und Organismen vermehren, übertragen sie Informationen, indem sie eine Kopie ihrer DNA an ihre Nachkommen weitergeben. Ribonukleinsäure-Moleküle (RNA-Moleküle) erfüllen in Zellen viele Funktionen. Zum Beispiel arbeiten die Boten-RNA (mRNA), die Transfer-RNA (tRNA) und die ribosomale RNA zusammen, um anhand der Informationen in der DNA Proteine herzustellen.

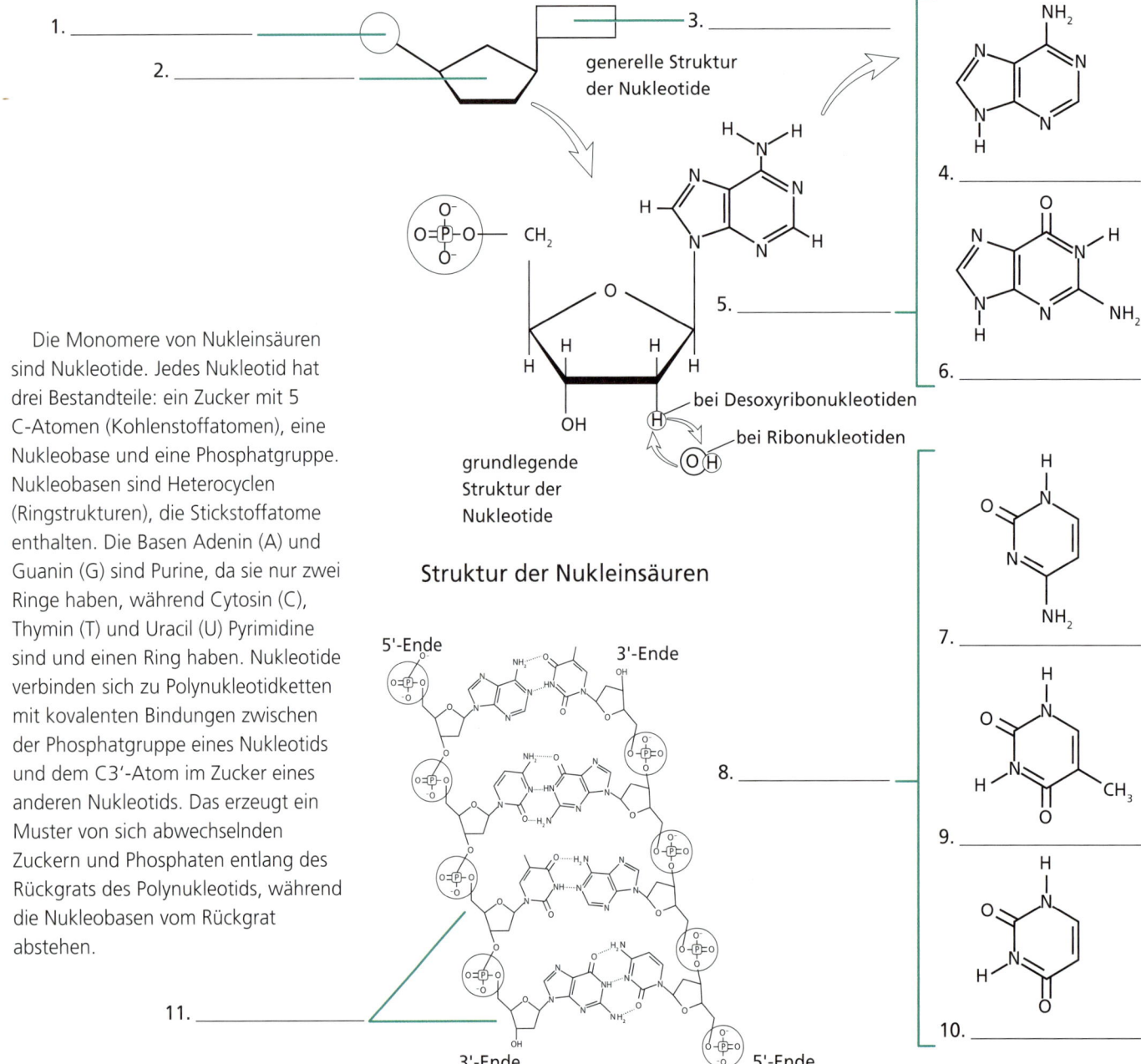

1. _____
2. _____
3. _____

generelle Struktur
der Nukleotide

4. _____

5. _____

6. _____

grundlegende
Struktur der
Nukleotide

bei Desoxyribonukleotiden
bei Ribonukleotiden

Die Monomere von Nukleinsäuren sind Nukleotide. Jedes Nukleotid hat drei Bestandteile: ein Zucker mit 5 C-Atomen (Kohlenstoffatomen), eine Nukleobase und eine Phosphatgruppe. Nukleobasen sind Heterocyclen (Ringstrukturen), die Stickstoffatome enthalten. Die Basen Adenin (A) und Guanin (G) sind Purine, da sie nur zwei Ringe haben, während Cytosin (C), Thymin (T) und Uracil (U) Pyrimidine sind und einen Ring haben. Nukleotide verbinden sich zu Polynukleotidketten mit kovalenten Bindungen zwischen der Phosphatgruppe eines Nukleotids und dem C3'-Atom im Zucker eines anderen Nukleotids. Das erzeugt ein Muster von sich abwechselnden Zuckern und Phosphaten entlang des Rückgrats des Polynukleotids, während die Nukleobasen vom Rückgrat abstehen.

Struktur der Nukleinsäuren

5'-Ende
3'-Ende

3'-Ende
5'-Ende

7. _____

8. _____

9. _____

10. _____

11. _____

1. Phosphatgruppe, 2. Zucker mit 5 C-Atomen, 3. Nukleobase, 4. Adenin (A), 5. Purine, 6. Guanin (G), 7. Cytosin (C), 8. Pyrimidine, 9. Thymin (T), 10. Uracil (U), 11. DNA-Fragment oder -Abschnitt

Näher betrachtet – DNA und RNA

Die DNA hat die bekannte Form einer Doppelhelix, die aus zwei in sich verschlungenen Polynukleotidsträngen besteht. Die beiden Stränge sind durch zwei Wasserstoffbrückenbindungen zwischen ihren Nukleobasen miteinander verbunden. Sie können sich die Struktur der DNA als verdrehte Leiter vorstellen, wobei das Zucker-Phosphat-Rückgrat der beiden Stränge die Seitenholme und die Basenpaare die Sprossen darstellen. DNA-Nukleotide enthalten die Nukleobasen A, G, C und T, die eine spezielle Beziehung zueinander haben. Aufgrund ihrer chemischen Struktur bindet sich A nur mit T und G nur mit C. Solche Paarungen werden auch Basenpaare

genannt. Der Zucker in der DNA ist die Desoxyribose, die nur ein Sauerstoffatom weniger als der Zucker Ribose hat.

RNA-Moleküle sind einzelsträngig, da sie keinen Partnerstrang haben. Stattdessen falten sich RNA-Moleküle meistens und bilden interne Wasserstoffbrückenbindungen, die ihre dreidimensionalen Form bewahren. Die Basen der RNA sind A, G, C und U und der Zucker ist Ribose. Wie bei der DNA bilden ihre Basen entsprechend ihrer Wasserstoffbrückenbindungsstellen bestimmte Paare: A mit U und G mit C.

RNA   DNA

1. _____

2. _____

3. _____

4. _____

6. _____   5. _____

Aufbau der DNA und RNA

RNA

A   7. _____

G   8. _____

C   9. _____

U   10. _____

11. _____

DNA

A

G

C

T   13. _____

12. _____

Lösungen

Die prokaryotische Zelle

Alle Bakterien und Archaeen haben Zellen mit einer prokaryotischen Struktur. Diese Zellen haben drei Hauptmerkmale, die sie von eukaryotischen Zellen (S. 25) unterscheiden: sie sind zehn Mal kleiner als eukaryotische Zellen, speichern ihre DNA nicht in einem membrangebundenen Zellkern und haben keine membrangebundenen Organellen

Prokaryotische Zellen haben viele gemeinsame strukturelle Elemente, aber die Kombination dieser Elemente kann sich bei bestimmten Zellen unterscheiden, abhängig von der Art des Organismus und den Wachstumsbedingungen. Alle prokaryotischen Zellen – eigentlich alle Zellen – haben eine äußere Begrenzung, die Plasmamembran oder Zellmembran genannt wird. Einige prokaryotische Zellen und auch die meisten Bakterien haben eine zusätzliche verstärkende Schicht auf der Plasmamembran, die Zellwand.

An der Außenfläche der Prokaryoten befinden sich die Glykokalyx, eine klebrige Schicht, die der Anheftung und dem Schutz dient; kleine Proteinanhängsel, sogenannte Pili oder Fimbrien (Einzahl: Pilus und Fimbria), die zur Anheftung und Fortbewegung genutzt werden; und längere Proteinanhängsel, die Flagellen (Einzahl: Flagellum) genannt werden und wie ein Propeller wirken, der die Prokaryoten antreibt. Im Inneren der prokaryotischen Zelle befindet sich das Chromosom der Zelle im sogenannten Nukleoid, zusammen mit kleinen DNA-Stücken, den Plasmiden. Zu finden sind auch kleine Ribosomen, die Zellen zur Herstellung von Proteinen nutzen. Zusammen bilden die zähe Flüssigkeit und die inneren Teile der Zelle das Cytoplasma.

v

0.5–10 µm

1. _____

2. _____

3. _____

4. _____

5. _____

6. _____

7. _____

8. _____

Schematische Darstellung einer prokaryotischen Zelle

Lösungen

Die eukaryotische Zelle

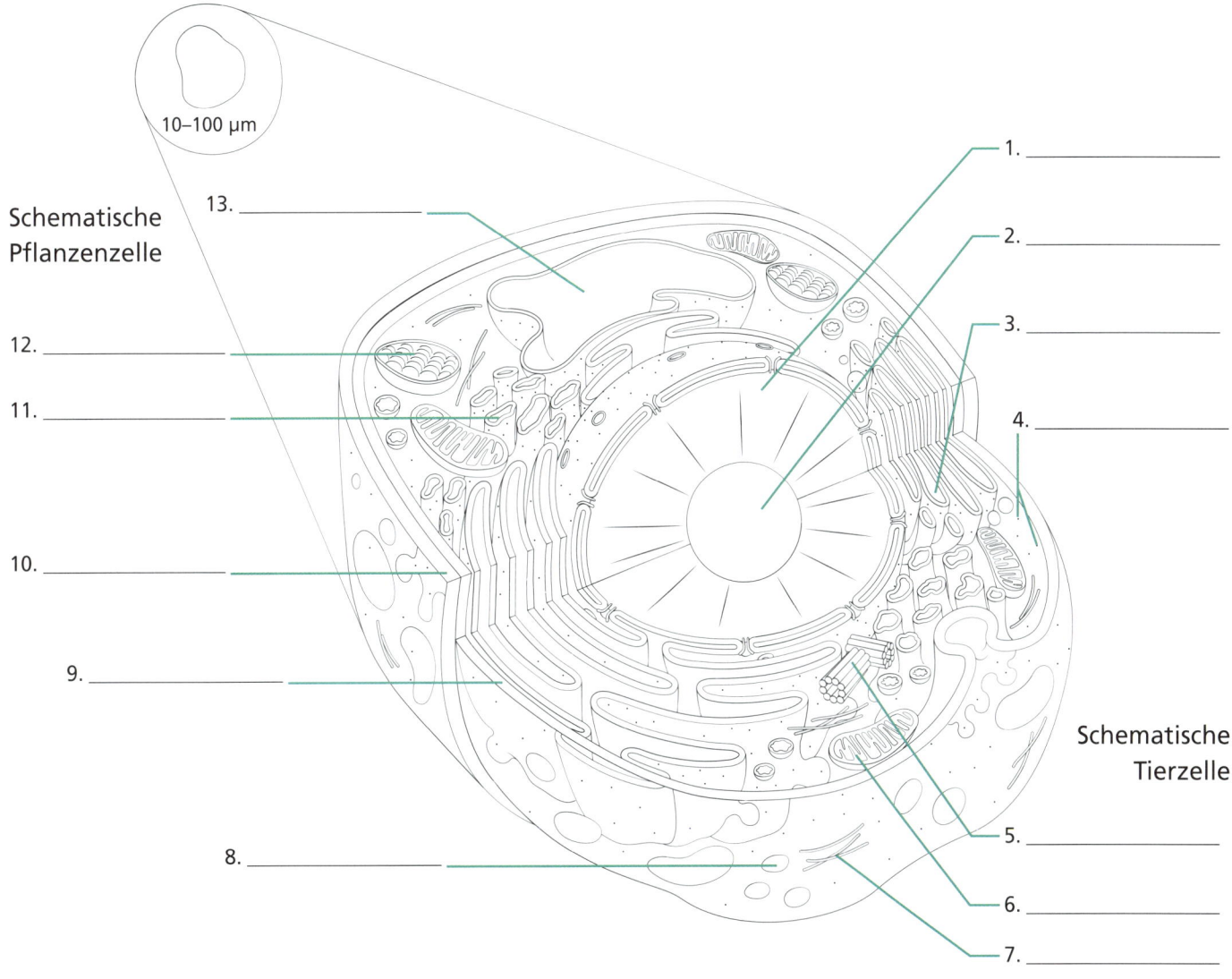

Schematische Pflanzenzelle

10–100 μm

Schematische Tierzelle

1. _____
2. _____
3. _____
4. _____
5. _____
6. _____
7. _____
8. _____
9. _____
10. _____
11. _____
12. _____
13. _____

Die Zellen von Menschen, Tieren, Pflanzen, Pilzen und anderen Mikroorganismen sind eukaryotische Zellen. Ein Merkmal von eukaryotischen Zellen ist, dass sich ihre DNA in einem membrangebundenen Zellkern befindet. Zudem haben eukaryotische Zellen viele innere Membranen, die innerhalb der Zellen Kammern bilden, so auch zusätzliche membrangebundene Organellen. Eukaryotische Zellen variieren in ihrer Größe (10-100 μm), jedoch sind sie für gewöhnlich größer als prokaryotische Zellen.

Alle eukaryotischen Zellen haben eine Plasmamembran, Ribosomen und Cytoplasma. Nahezu alle haben Mitochondrien – Organellen zur Umwandlung von Nahrungsenergie in eine Form, die von Zellen genutzt werden kann (ein Molekül namens Adenosintriphosphat, abgekürzt ATP). Fast alle haben ein Membransystem zur Herstellung und zum Transport von Molekülen – das Endomembransystem. Dieses besteht aus dem rauen endoplasmatischen Reticulum (RER) zur Herstellung von Proteinen; dem glatten endoplasmatischen Reticulum (GER) zur Herstellung von Lipiden; dem Golgi-Apparat zur Modifizierung und Übertragung von Molekülen; und kleinen Sphären, sogenannten Vesikeln, die Substanzen in der Zelle transportieren. Protein-Mikrotubuli und -Filamente, die als Cytoskelett bezeichnet werden, verstärken die Zellmembran und bilden Bahnen, die eine Fortbewegung der Vesikel ermöglichen.

Lösungen

Plasmamembran

Alle Zellen haben eine Membran, die das Cytoplasma von seiner Umgebung trennt. Proteine und Lipide, zum Beispiel Phospolipide, machen je fast die Hälfte der Membran aus. Phosholipide bilden eine Doppelschicht, wobei ihre hydrophilen Köpfe nach außen und ihre hydrophoben Schwänze nach innen zeigen. Integrale Proteine erstrecken sich durch die gesamte Breite der Membran, während periphere Proteine mit der Oberfläche assoziiert sind. Kohlenhydrate hängen sich an die Außenseite der Zelle, um Glykolipide zu bilden, und andere Lipide fügen sich zwischen die Phospholipide ein. Bei Tierzellen, wie die unten abgebildete, ist Cholesterin ein wichtiger Bestandteil der Membran.

  Die Plasmamembran erhält die Homöostase aufrecht, indem sie die in die Zelle eintretenden und aus ihr austretenden Substanzen kontrolliert. Obwohl kleine apolare Moleküle eindringen können, ist das hydrophobe Zentrum der Doppelschicht eine effektive Barriere für hydrophile und große Moleküle. Diese Moleküle benötigen die Hilfe von integralen Proteinen, um die Membran zu durchdringen. Kanalproteine sind integrale Proteine, durch deren Zentrum ein Kanal verläuft. Transportproteine nehmen auf der einen Seite der Membran Moleküle auf und verändern ihre Form, um die Moleküle auf die andere Seite zu bringen. Beide Proteinarten sind geschlossen, außer sie erhalten ein Signal, um sich zu öffnen. Kohlenhydrate sind für die Zellkommuni- kation wichtig und Lipide sowie Cholesterin spielen für die Membranstabilität eine wichtige Rolle.

Zelle

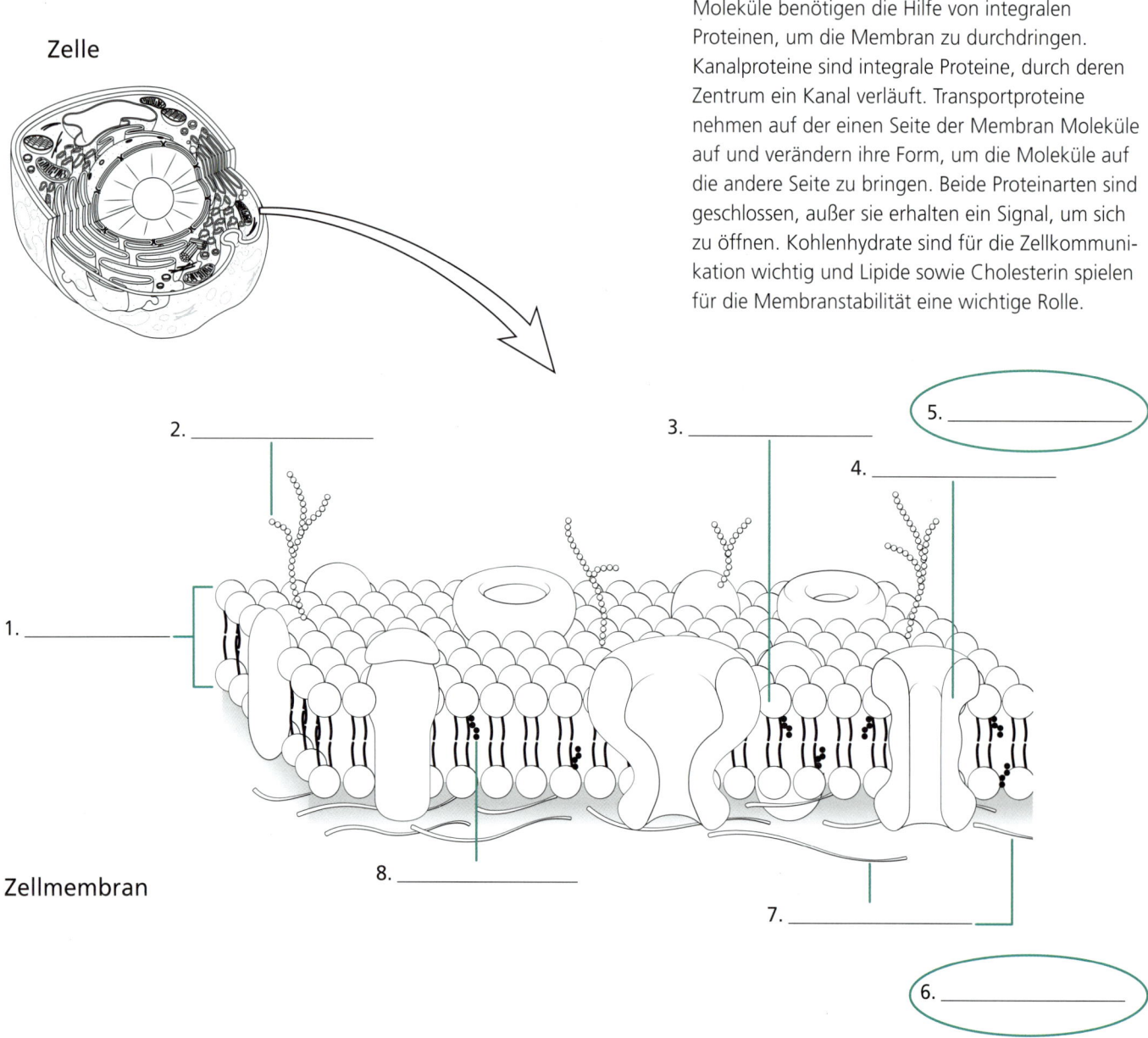

Zellmembran

Membrantransport

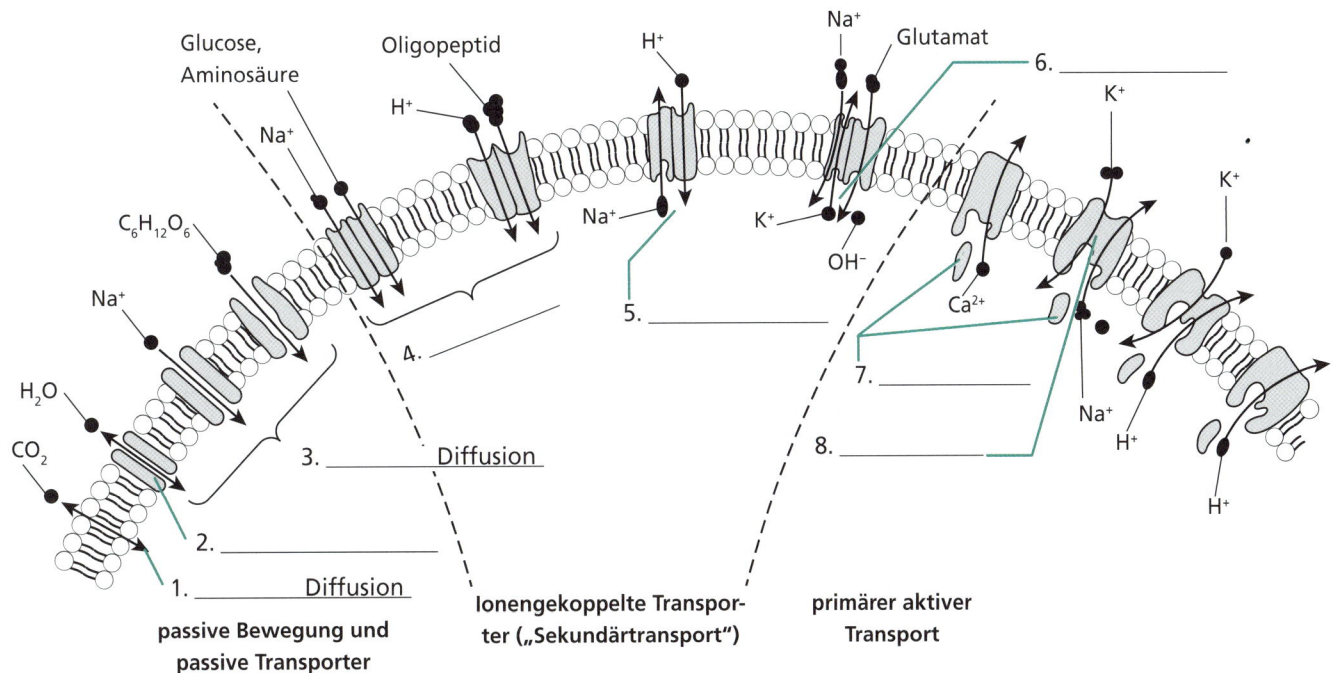

Glucose, Aminosäure
Oligopeptid
H^+
Na^+
Glutamat
Na^+
K^+
K^+

6. _____

H^+
Na^+
$C_6H_{12}O_6$
Na^+
Na^+
K^+
OH^-
Ca^{2+}
Na^+
H^+
H^+

H_2O
CO_2

5. _____

4. _____

7. _____

8. _____

3. _____ Diffusion

2. _____

1. _____ Diffusion

passive Bewegung und passive Transporter

Ionengekoppelte Transporter („Sekundärtransport")

primärer aktiver Transport

In der Plasmamembran werden Substanzen in die und aus der Zelle transportiert. Die Zelle muss keine Energie liefern, wenn Moleküle durch Diffusion passiv von Regionen, in denen sie konzentriert sind, in Regionen, in denen sie weniger konzentriert sind, transportiert werden. Will die Zelle jedoch ein Molekül konzentrieren, muss sie für den aktiven Transport dieses Moleküls von einer niedrigen in eine hohe Konzentration Energie liefern.

Diffusion findet auf mehrere Arten statt. Kleine und apolare Moleküle können die Phospholipidbarriere durch einfache Diffusion direkt überwinden. Polare oder große Moleküle überwinden diese durch erleichterte Diffusion mithilfe eines Kanalproteins. Obwohl Wassermoleküle polar sind, können sie die Membran durch eine einfache Diffusion, die sogenannte Osmose, durchqueren. Zellen, die große Wassermengen bewegen, tun dies für gewöhnlich durch erleichterte Diffusion mithilfe des Proteins Aquaporin.

Sehr große Moleküle dringen mithilfe von Endocytose oder Exocytose durch die Membran. Bei der Endocytose zieht sich die Membran zusammen und formt einen Vesikel, das Moleküle in die Zelle bringt. Das Binden eines Signalmoleküls kann eine rezeptorvermittelte Endocytose auslösen. Bei einer Exocytose wandert Zellmaterial in einem Vesikel zur Zellmembran, die dann verschmelzen, wodurch das Material aus der Zelle transportiert werden kann.

Vesikulärer Transport (Cytose)

9. _____

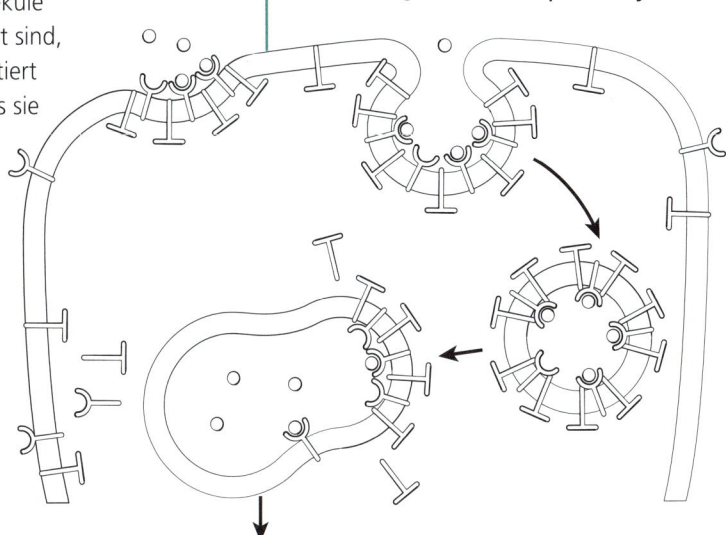

10. _____

11. _____

12. _____

Lösungen

1. einfache, 2. Aquaporin, 3. erleichterte, 4. Symport, 5. Symport, 6. Symport + Antiport, 7. Antiport, 8. P-ATPase, 9. Zellmembran, 10. Clathrinhülle, 11. Rezeptor, 12. Ligandenmolekül

Näher betrachtet – Der Zellkern

Der Zellkern (Nucleus) ist von einer Kernhülle umgeben, einer Doppelmembran, die das Innere des Zellkerns vom Cytoplasma der Zelle trennt. Der Zellkern enthält das genetische Material der Zelle in Form von DNA. Jeder DNA-Strang umschließt Proteine und ergibt so ein Chromosom. Wenn gerade keine Zellteilung stattfindet, sind die Chromosomen lose im Zellkern verteilt und bilden ein Material, das Chromatin genannt wird. Wenn sich Zellen für eine Teilung bereit machen, verdichten sich die Chromosomen und bilden individuelle Einheiten.

Zellen nutzen die in ihrer DNA codierten Informationen, um Moleküle wie RNA oder Proteine herzustellen. Ribosomale RNA (rRNA) verbindet sich im Zellkern mit Proteinen zu den Untereinheiten der Ribosomen. Die Bildung der Untereinheiten findet in einer dichten Region des Zellkerns statt, dem sogenannten Nucleolus (Plural: Nucleoli), der als dunkel gefärbte Region zu sehen ist.

Um für die Zellen zu arbeiten, müssen ribosomale Untereinheiten und andere Arten von RNA vom Zellkern in das Cytoplasma transportiert werden. Sogenannte Kernporenproteine verbinden sich zu strukturellen Elementen, die die Kernhülle umspannen und Kernporen bilden, kleine Kanäle, die einen Transport der Moleküle zwischen Zellkern und Cytoplasma ermöglichen.

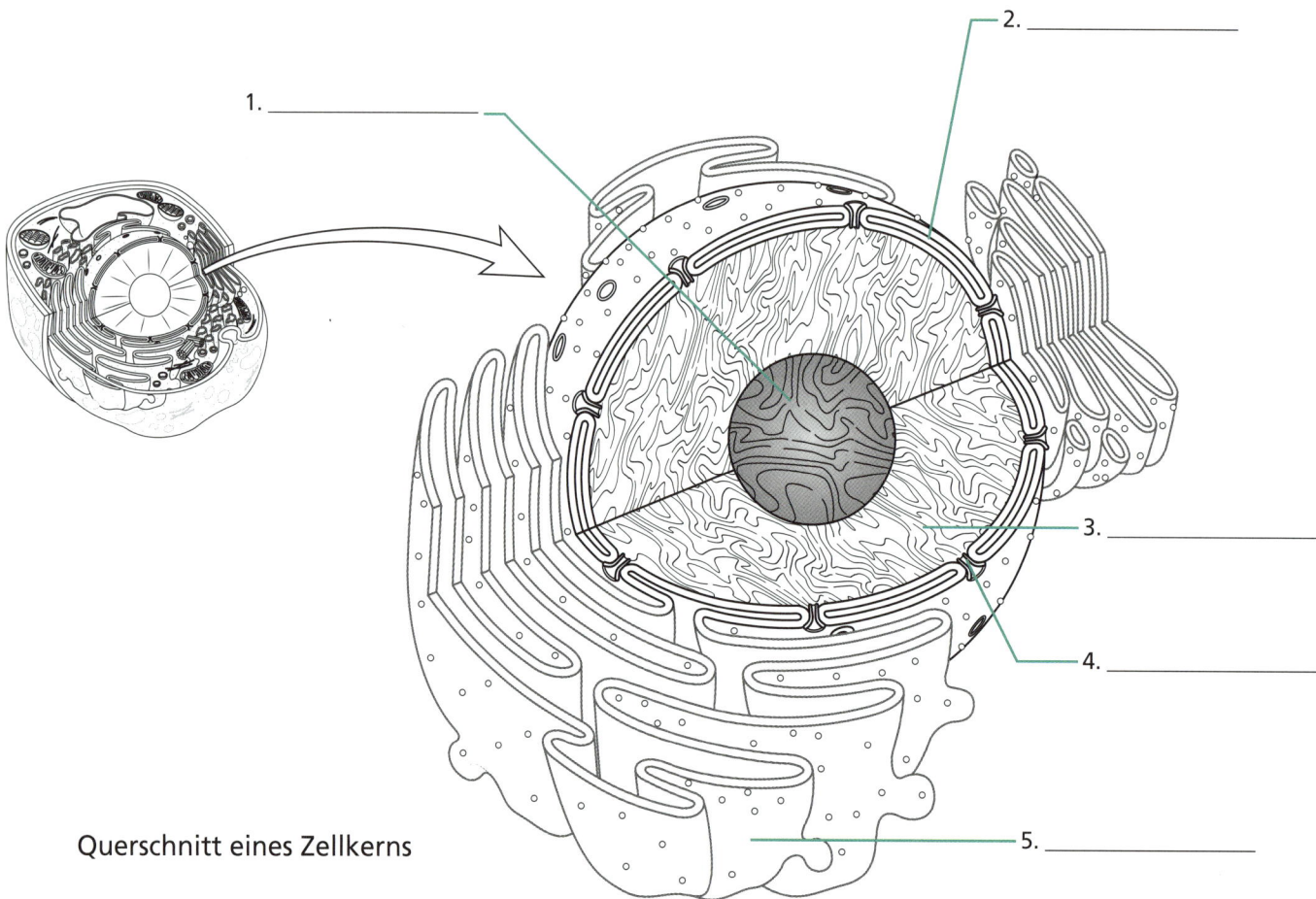

1. _____

2. _____

3. _____

4. _____

5. _____

Querschnitt eines Zellkerns

Lösungen

Das Endomembransystem

Das Endomembransystem besteht aus dem endoplasmatischen Reticulum (ER), dem Golgi-Apparat, Transportvesikeln und Lysosomen. Diese strukturellen Elemente arbeiten zusammen, um Zellkomponenten herzustellen und sie an ihren Zielort zu verschiffen, aber auch, um alte Zellkomponenten aufzuspalten und wiederzuverwerten. Die Herstellung beginnt bei dem ER, das an der Kernhülle hängt. Ribosomen hängen sich an das raue ER (RER), wo sie Proteine synthetisieren, die später Teil der Membran werden oder aus der Zelle transportiert werden. Das glatte ER (GER) besteht Röhren und hat keine Ribosomen. Die Membran des ER kann sich abschnüren und so Transportvesikel bilden, die neue Proteine und Lipide an ihren Zielort tragen.

Transportvesikel aus dem ER können zum Golgi-Apparat wandern, einem abgeflachten Membranstapel, der an der Produktion neuer Proteine beteiligt ist. Vesikel aus dem ER verschmelzen mit der nächsten Membran des Golgi (*cis*-Seite) und setzen Lipide und Proteine in der Golgi-Membran ab. Enzyme modifizieren die Proteine, während sie sich durch den Membranstapel bewegen, bis sie die vom Golgi am weitesten entfernte Seite erreichen (*trans*-Seite). Die Golgi-Membran schnürt sich dann ab, um einen neuen Vesikel zu bilden, das dann an seinen Zielort befördert wird. Enthält das Vesikel hydrolytische Enzyme, kann es mit einem anderen Vesikel zu einem Lysosom verschmelzen, das unerwünschtes Material abbaut.

Querschnitt des Endomembransystems

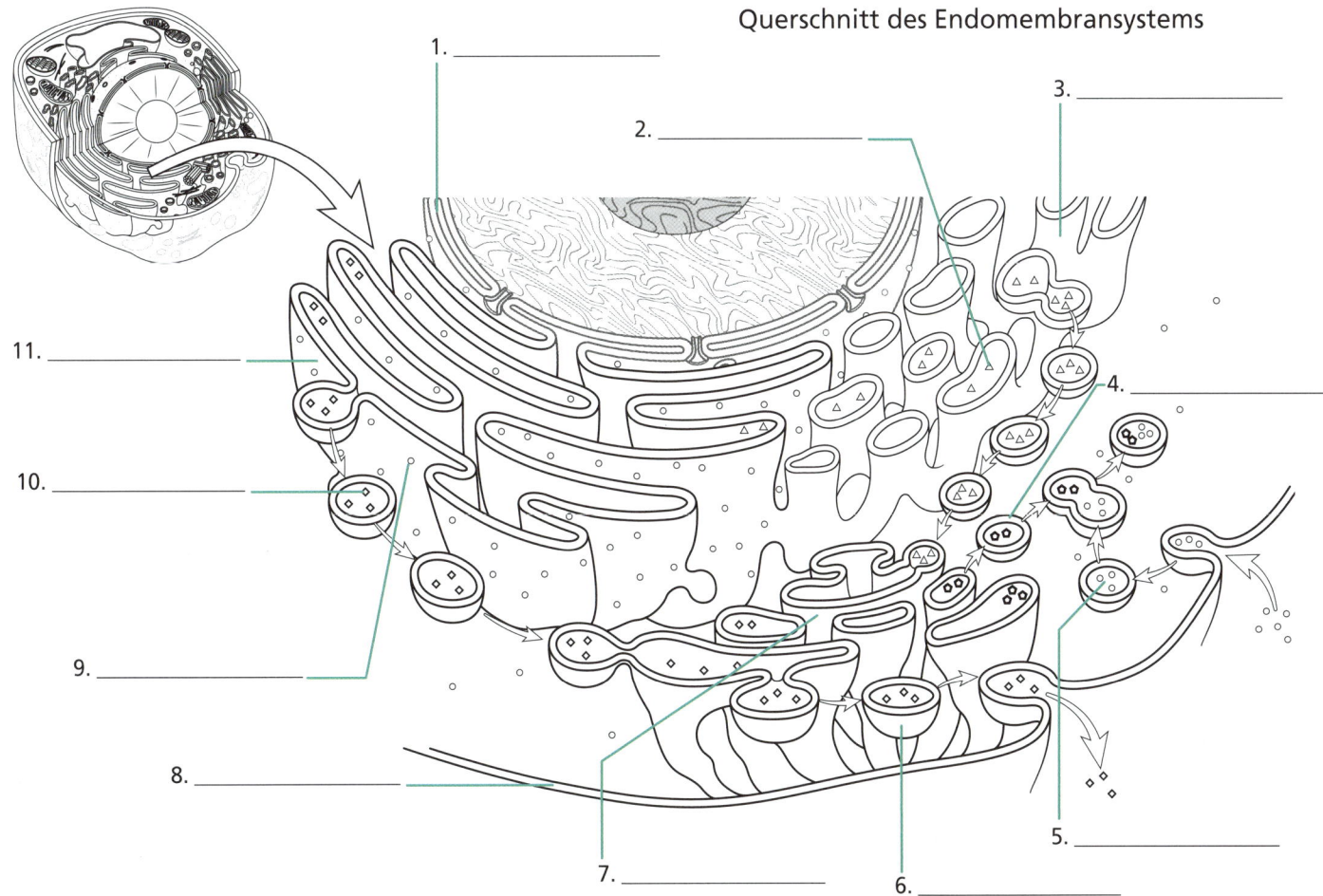

1. _____

2. _____

3. _____

4. _____

5. _____

6. _____

7. _____

8. _____

9. _____

10. _____

11. _____

Näher betrachtet – Mitochondrien

Wie ein Kraftwerk einer Gemeinschaft Energie liefert, so versorgen auch Mitochondrien Zellen mit Energie. Dazu nutzen sie die Zellatmung, eine Reihe chemischer Reaktionen, die Nahrungsmoleküle so verändern, dass die chemische Energie aus der Nahrung auf den Energieträger ATP übertragen werden kann. Zellen nutzen die Energie aus dem ATP für endergonische (energieverbrauchende) Prozesse, wie zum Beispiel Biosynthese, Bewegung und Transport.

   Eukaryotische Zellen erhielten Mitochondrien, als ein Vorfahre ein freilebendes Bakterium aufnahm und sich zwischen den beiden Zellen eine mutualistische Symbiose entwickelte, von der beide Organismen profitierten. Beweise hierfür finden sich im Aufbau der Mitochondrien: Sie haben zwei Membranen – die äußere und die innere Membran – sowie ihre eigene DNA und eigene Ribosomen, wobei beide eine enge Beziehung zu lebenden Bakterien erkennen lassen.

   In Mitochondrien laufen zwei Teilprozesse der Zellatmung ab. Zuerst findet der Krebs-Zyklus (auch Citratzyklus oder Tricarbonsäurezyklus) in der Matrix statt. Dann wird bei der oxidativen Phosphorylierung eine Elektronentransportkette aus Proteinen in der inneren Membran genutzt. Die Einstülpungen der Innenmembran, die Cristae, vergrößern den für diesen Prozess verfügbaren Raum. Wenn die Proteine Elektronen in die Kette einführen, transportieren einige Proteine aktiv Protonen (H+) in den Intermembranraum zwischen der inneren und der äußeren Membran.

Querschnitt eines Mitochondrium

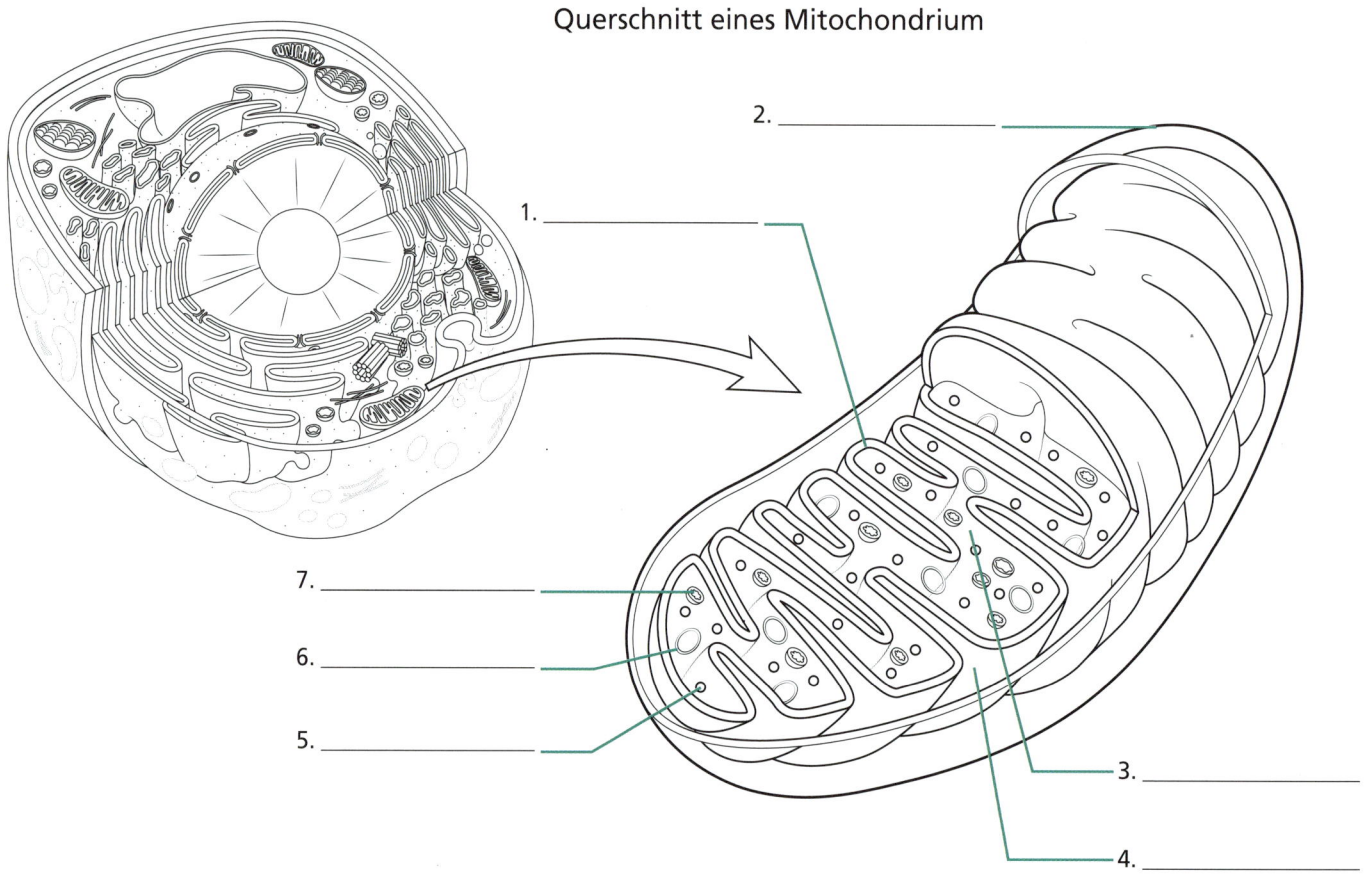

1. _____

2. _____

3. _____

4. _____

5. _____

6. _____

7. _____

Lösungen: 1. innere Membran (Cristae), 2. äußere Membran, 3. Matrix, 4. Intermembranraum, 5. Ribosom, 6. DNA, 7. Granula

Näher betrachtet – Chloroplasten

Chloroplasten fangen Sonnenenergie ein und nutzen es, um aus Kohlenstoffdioxid (CO_2) und Wasser (H_2O) Nahrungsmoleküle wie Glucose ($C_6H_{12}O_6$) herzustellen. Wie auch Mitochondrien entstanden Chloroplasten aus einer Symbiose zwischen den Vorfahren der eukaryotischen Zellen und frei lebenden photosynthetischen Bakterien. Die äußere und die innere Membran, die die Hülle der Chloroplasten bilden, entstanden wahrscheinlich dadurch, dass frühe Eukaryoten diese Bakterien in einem Vesikel in die Zelle brachten und aufnahmen. Neben den beiden Membranen enthalten Chloroplasten auch prokaryotische Ribosomen und DNA, die von ihrer früheren Eigenständigkeit zeugen.

Die Photosynthese verläuft in zwei Phasen, die je in einem anderen Teil des Chloroplasten stattfinden. Bei der Lichtreaktion, die in der Thylakoidmembran (eine Kammer im Inneren des Chloroplasten) abläuft, arbeiten das Chlorophyll und eine Elektronentransportkette zusammen, um Sonnenenergie einzufangen und auf den Energieträger ATP zu übertragen. Gleichzeitig nimmt die Kette Elektronen aus dem Wasser und überträgt sie auf das Chlorophyll, dann auf die Kette und schließlich auf den Elektronenüberträger Nicotinamid-Adenin-Dinukleotid-Phosphat (NADPH) . Bei diesem Prozess transportieren einige Proteine aktiv Protonen (H^+) in die Thylakoide.

Das aus der Lichtreaktion entstandene ATP und NADPH werden in das Innere (Stroma) des Chloroplasten transportiert, wo sie am Calvin-Zyklus, einer Reihe von Reaktionen, bei denen aus Kohlenstoffdioxid Glucose hergestellt wird, beteiligt sind. Pflanzen verbinden Glucosemoleküle zu langen Stärkeketten, die im Chloroplasten als Stärkekörner gespeichert werden können.

Querschnitt eines Chloroplasten

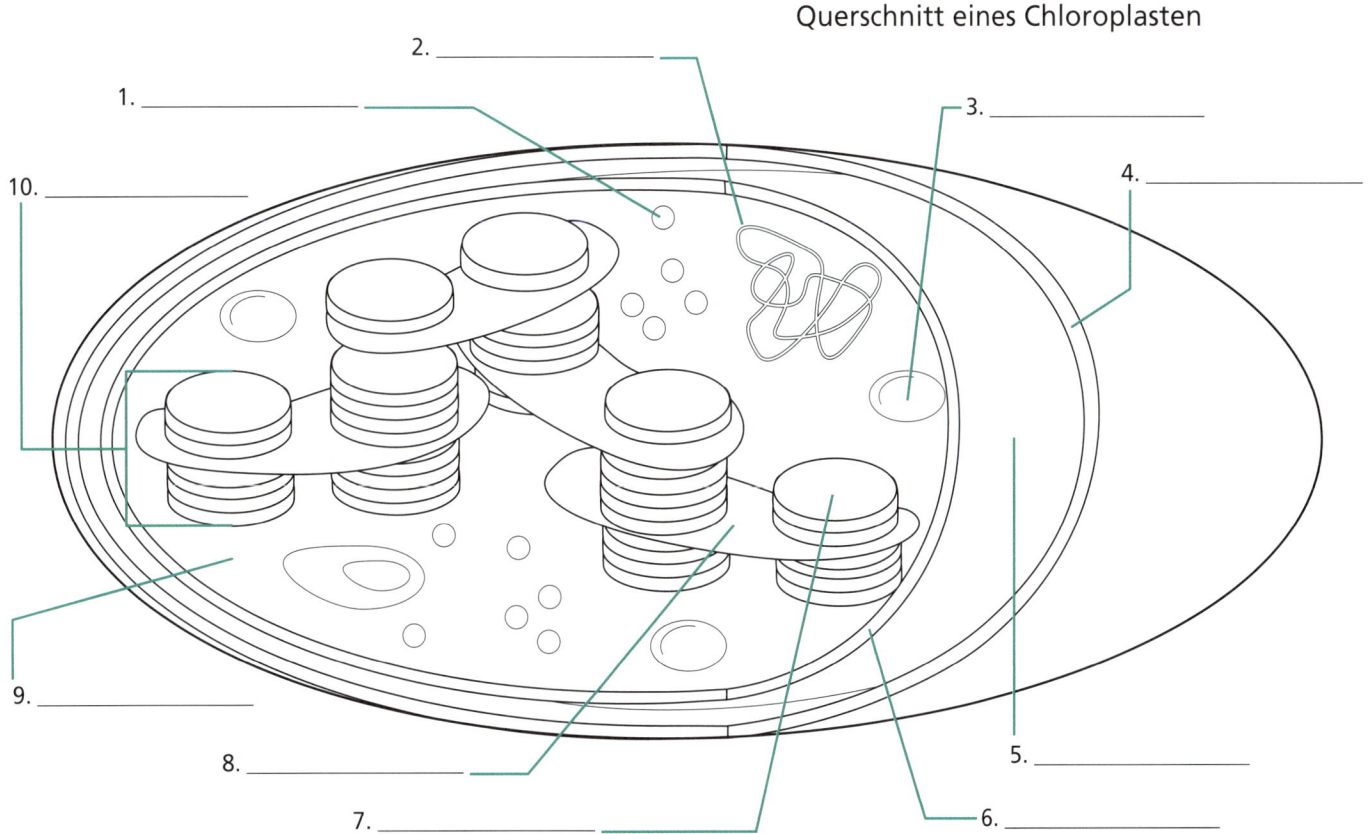

1. _____
2. _____
3. _____
4. _____
5. _____
6. _____
7. _____
8. _____
9. _____
10. _____

Näher betrachtet – Das Cytoskelett

Das Cytoskelett ist ein dynamisches System aus Proteinfilamenten, das zelluläre Strukturen festigt und Zellmotilität (Beweglichkeit) ermöglicht. Obwohl diese Proteine in Abbildungen von Zellen aus Gründen der Einfachheit oft ausgelassen werden, zeigt sich bei der Einfärbung echter Zellen zur Sichtbarmachung von Cytoskelettproteinen ein Netzwerk aus Fasern, das sich durch die Zelle erstreckt. Cytoskelettproteine werden je nach ihrem Durchmesser in drei Gruppen unterteilt.

Mikrofilamente, die aus dem Protein Actin bestehen und deshalb auch Actinfilamente genannt werden, sind die dünnsten Cytoskelettproteine (3-7 nm). Sie stützen Zellfortsätze wie die Mikrovilli der Epithelzellen und die Filopodien der Nervenzellen. Durch den Auf- und Abbau von Mikrofilamenten wird die Plasmamembran erweitert und so die Pseudopodien der Amöben und Phagozyten gebildet. Actin nutzt das Motorprotein Myosin für die Kontraktion von Muskelzellen sowie für die Bildung des kontraktilen Rings während der Zellteilung.

Intermediärfilamente bestehen aus vielen verschiedenen Proteinen und haben einen Durchmesser von ungefähr 10 nm. Sie stärken zelluläre Strukturen wie die Kernhülle, die langen Axone der Nervenzellen und die Plasmamembran. Mikrotubuli, die aus dem Protein Tubulin bestehen, sind die dicksten Cytoskelettproteine (20-25 nm). Sie bilden den Spindelapparat, der Chromosomen während der Zellteilung bewegt und mithilfe von Motorproteinen das Schlagen der Zilien und eukaryotischen Flagellen steuert. Um Stoffe der Zelle zu bewegen, hängen sich Motorproteine an Vesikel und Organellen und „gehen" dann entlang der Mikrotubuli.

Aufbau und Anordnung der Cytoskelettproteine in einer Zelle

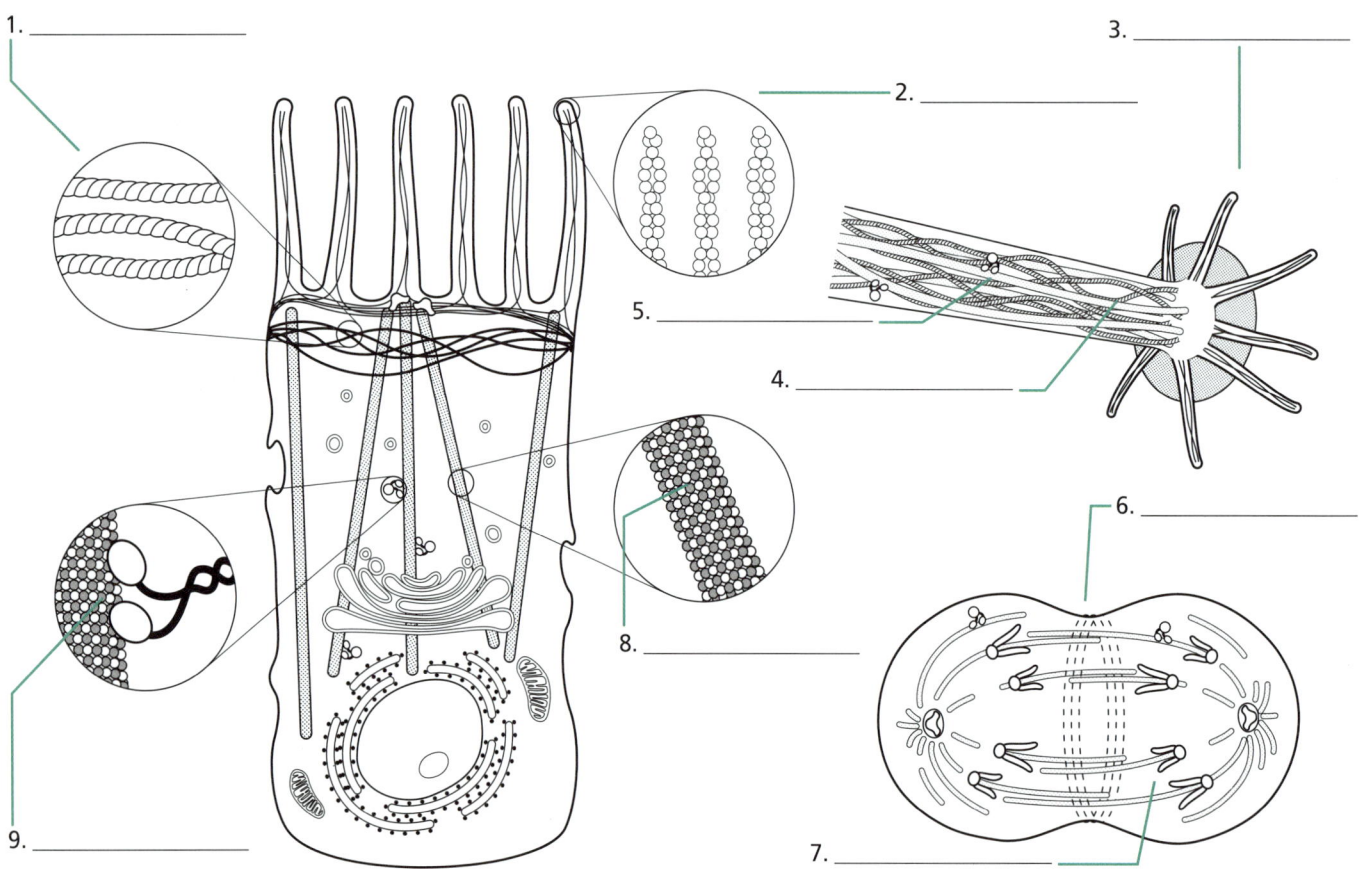

1. _____
2. _____
3. _____
4. _____
5. _____
6. _____
7. _____
8. _____
9. _____

Der Aufbau von Viren

Viren sind kleine Partikel und bestehen hauptsächlich aus Nukleinsäuren, die von einer Proteinhülle, dem Kapsid, umgeben sind. Sie sind so klein (10-330 nm), dass sie nur unter einem Elektronenmikroskop sichtbar sind. Sie bestehen nicht aus Zellen, weshalb ihnen die strukturellen Komponenten von eukaryotischen und prokaryotischen Zellen fehlen; sie haben keine Plasmamembran, Ribosomen oder Organellen. Der Grund, weshalb sich Viren ohne die strukturellen Elemente für eine Proteinsynthese oder Energieübertragung vermehren können, ist einfach; sie befallen Zellen und nutzen ihr Material und ihre Prozesse, um sich fortzupflanzen. Einige Viren vermehren sich unmittelbar nach dem Angriff auf eine Wirtszelle, andere gehen in eine Ruhephase über. Bei Bakteriophagen, den Viren, die Bakterien attackieren, werden die beiden Fortpflanzungszyklen lytischer und lysogener Zyklus genannt.

Viren können nach ihrer Form unterteilt werden. Bei symmetrischen Viren umgibt ein polyedrischer Kapsid die Nukleinsäure. Bei helikalen Viren ist das Kapsid lang und schlauchförmig. Einige Tierviren sind von einer Virushülle umgeben, die entsteht, indem die Plasmamembran der Wirtszelle durch Virusproteine verändert wird. Sie scheinen wegen ihrer Hülle kugelförmig, aber darunter könnte sich ein polyedrischer oder helikal Kapsid befinden. Einige Viren haben Oberflächenproteine, Spikes genannt, mit denen sie sich an die Wirtszelle zu lagern. Viren wie Bakteriophagen haben verschiedene Proteinfortsätze, die ihnen eine komplexe Struktur verleihen.

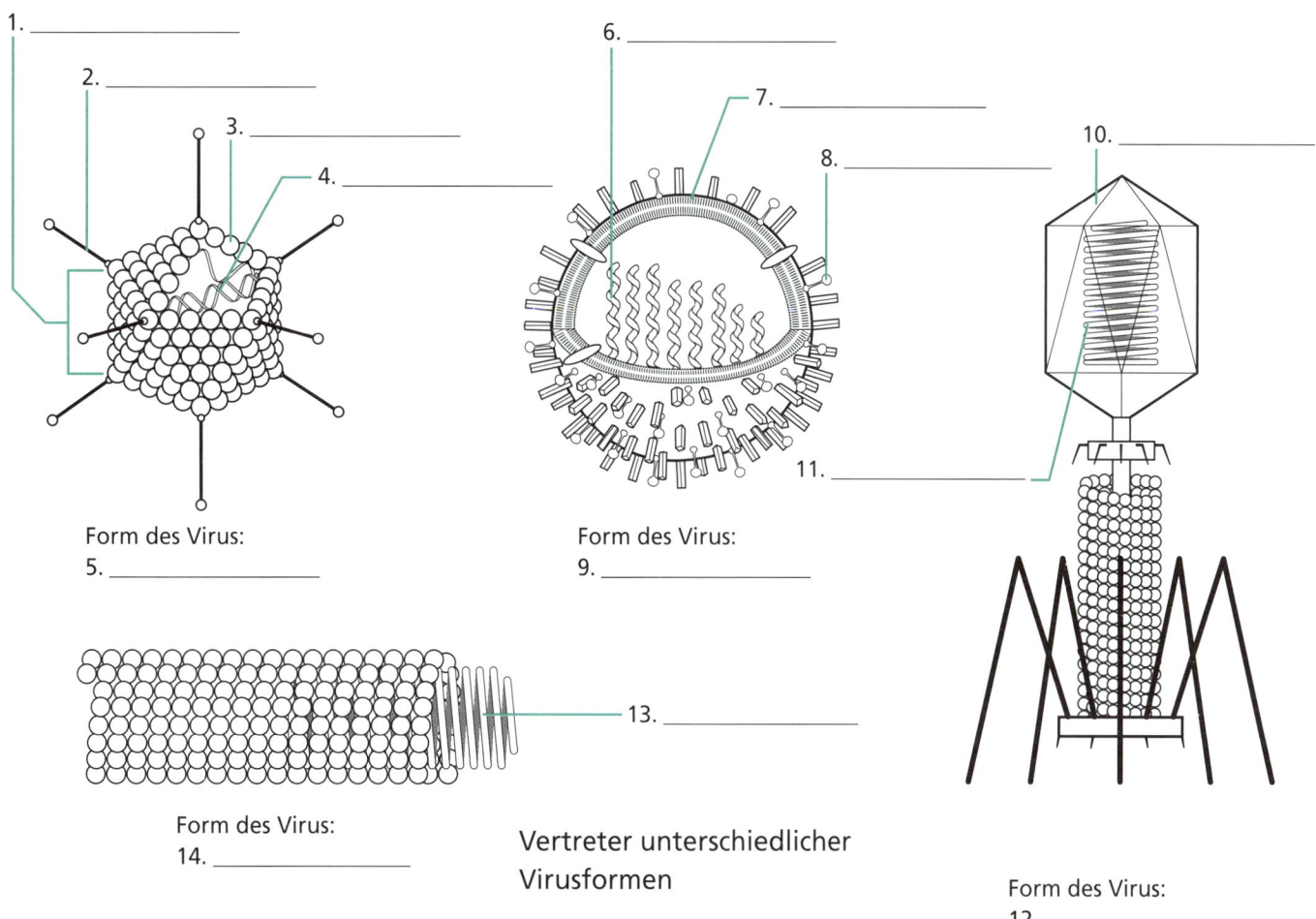

1. _____

2. _____

3. _____

4. _____

Form des Virus:
5. _____

6. _____

7. _____

8. _____

10. _____

11. _____

Form des Virus:
9. _____

Form des Virus:
14. _____

13. _____

Vertreter unterschiedlicher Virusformen

Form des Virus:
12. _____

Lösungen

Der lytische Zyklus von Bakteriophagen

Während des lytischen Fortpflanzungszyklus der Bakteriophagen greift ein Virus eine Bakterienzelle an und veranlasst die Zelle zur Produktion weiter Viruspartikel, wonach die Wirtszelle lysiert oder zerreißt und die Partikel freigesetzt werden. Dieser Zyklus hat fünf wichtige Phasen: Anlagerung, Eindringen, Biosynthese, Reifung und Freisetzung. Der Virus lagert sich an den Wirt, wenn sich eines seiner Proteine an ein Protein des Wirts bindet. Die Anlagerung ist an bestimmte Bedingungen geknüpft: Der Virus kann eine Zelle nur infizieren, wenn er den richtigen „Schlüssel" hat, um das „Schloss" an der Zelle zu knacken. Der Virus dringt in den Wirt ein, indem er sein genetisches Material in die Zelle einführt. Bakteriophagen zerstören nach dem Eindringen oft die DNA des Wirts. Die Biosynthese bezieht sich auf die Produktion neuer Viruskomponenten, unter anderem von Kopien des viralen genetischen Materials und neuer Kapsidproteine. Das Genom des Virus steuert die Produktion, aber die Ribosomen, die Energie und das Baumaterial stammen von der Wirtszelle. Die neuen Virenkomponenten verbinden sich während der Reifung zu ganzen Viruspartikeln. Schließlich lysiert die Wirtszelle während der Freisetzung und die neuen Viren brechen aus, um neue Wirtszellen zu suchen.

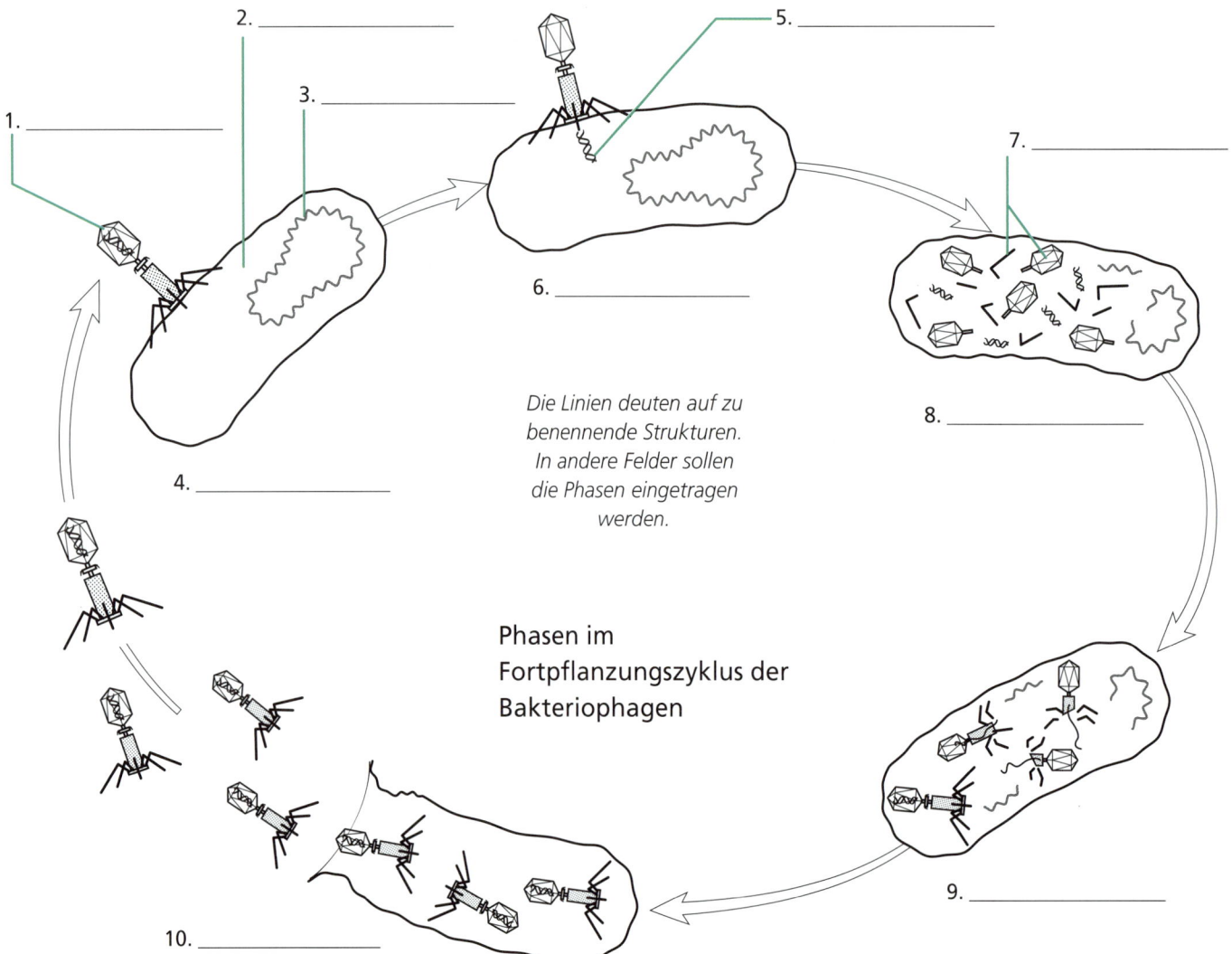

1. _____

2. _____

3. _____

4. _____

5. _____

6. _____

7. _____

8. _____

9. _____

10. _____

Die Linien deuten auf zu benennende Strukturen. In andere Felder sollen die Phasen eingetragen werden.

Phasen im Fortpflanzungszyklus der Bakteriophagen

Der lysogene Zyklus von Bakteriophagen

Temperente (gemäßigte) Bakteriophagen können zwischen dem lytischen Vermehrungszyklus und dem lysogenen Zyklus, während dem sie eine Zeit lang im Inneren der Wirtszelle inaktiv sind, wechseln. Wie auch beim lytischen Zyklus lagern sich die Bakteriophagen an den Wirt und dringen in ihn ein. Statt jedoch die Wirtszelle sofort zu übernehmen und neue Viruspartikel zu erzeugen, nutzen sie die genetische Rekombination, um eine Kopie ihres Erbguts in die DNA des Wirts einzugliedern. Die lysogenisierte Wirtszelle lebt weiter, ist funktionsfähig und kann aufgrund der viralen DNA vielleicht sogar neue Proteine herstellen. Bei jeder Zellteilung kopiert die Wirtszelle die inaktive virale DNA, auch Prophage genannt, zusammen mit ihrer eigenen DNA und bringt so infizierte Zellen hervor. Umweltveränderungen können Veränderungen in der Wirtszelle auslösen und so zu einer Freisetzung des Prophagen aus der bakteriellen DNA führen. Der Prophage wird aktiv, kehrt in die lytische Phase zurück und vollendet die Biosynthese, Reifung und Freisetzung.

Phasen im lysogenen Zyklus der Bakteriophagen

Die Linien deuten auf zu benennende Strukturen. In andere Felder sollen die Phasen eingetragen werden.

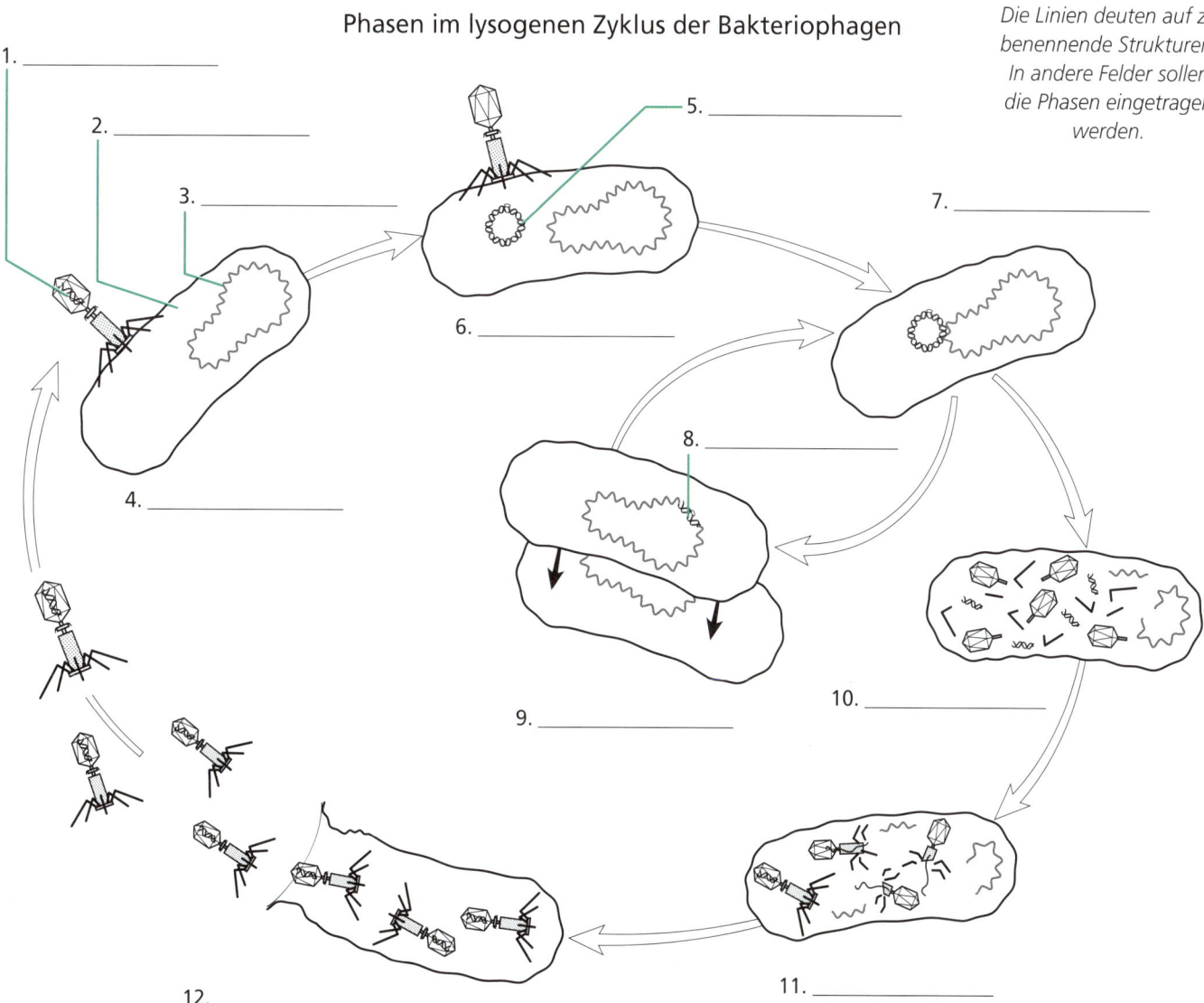

1. _____
2. _____
3. _____
4. _____
5. _____
6. _____
7. _____
8. _____
9. _____
10. _____
11. _____
12. _____

Lösungen

Der Vermehrungszyklus von HIV-Viren

Der Humane Immundefizienz-Virus (HIV) heften sich an Zellen im menschlichen Immunsystem mit dem Oberflächenprotein CD4. Proteine an der Oberfläche des Virus binden zuerst an das CD4 und dann an ein zweites Protein, den sogenannten Korezeptor. Danach dringt der Virus durch Fusion in die Wirtszelle ein: Die Virushülle verschmilzt mit der Plasmamembran des Wirts und das virale RNA-Genom sowie einige Enzyme dringen in die Wirtszelle ein. Das virale Enzym reverse Transkriptase kopiert die DNA aus der viralen RNA. Die virale DNA durchdringt die Kernhülle und wird in das Genom der Wirtszelle integriert.

Wenn die Bedingungen im Wirt für die Vermehrung des Virus förderlich sind, leitet die virale DNA die Synthese neuer viraler RNA und Proteine ein. Einige Virusproteine wandern zur Plasmamembran des Wirts, die dann zur neuen Virushülle wird. Das Virusgenom und andere Proteine sammeln sich in der Nähe der modifizierten Plasmamembran und beginnen durch Knospung aus der Zelle zu treten, indem das virale Kapsid von der Hülle umschlossen wird. Virale Enzyme beenden den Reifungsprozess mit dem Austritt der Viruspartikel aus der Zelle. Auch wenn der Virus latent (ruhend) wird, kopiert die Wirtszelle bei jeder Zellteilung das virale Erbgut zusammen mit seinem eigenen.

Phasen der Infektion einer Zelle durch den HIV-Virus

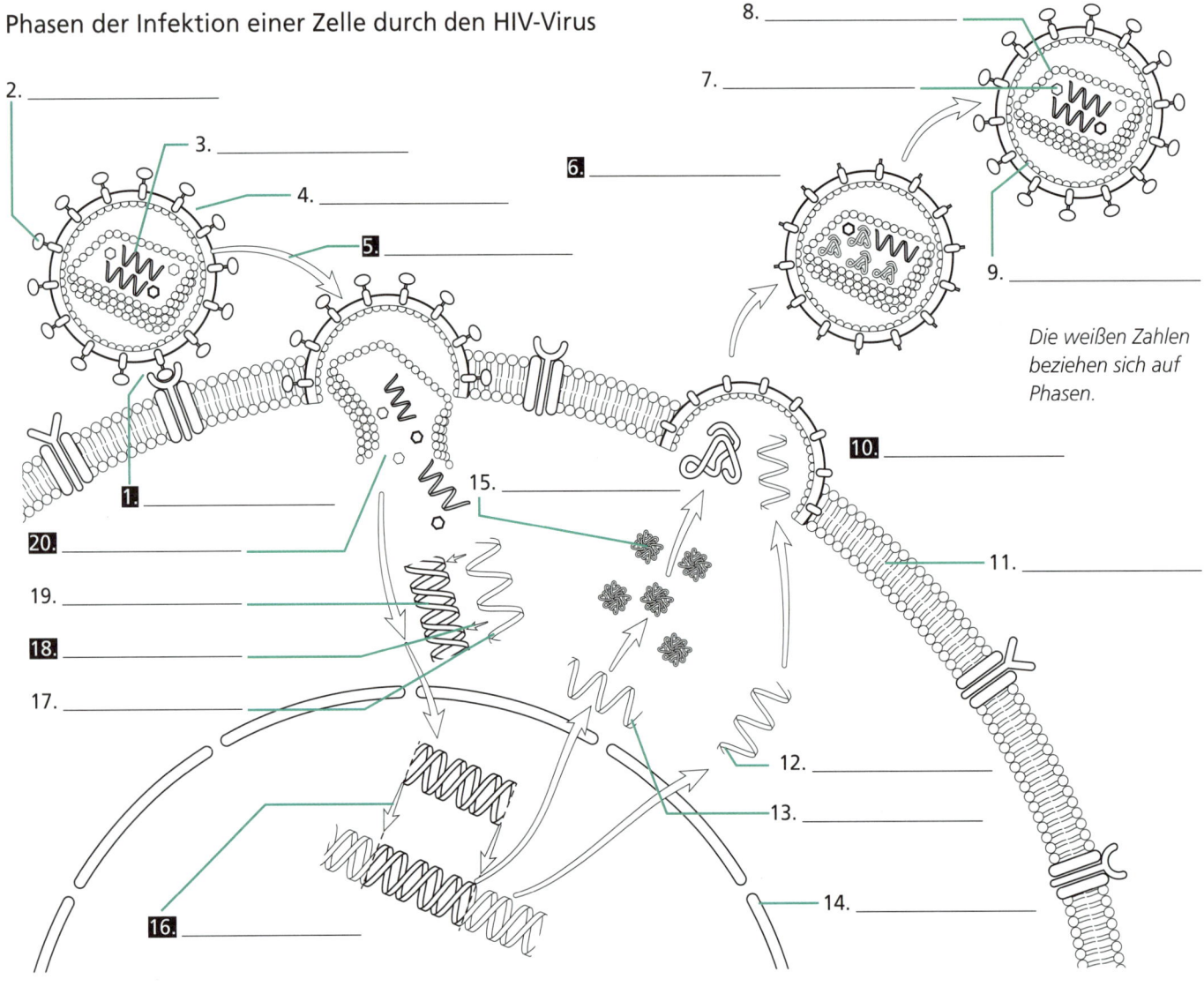

2. _____
3. _____
4. _____
5. _____
8. _____
7. _____
6. _____
9. _____

Die weißen Zahlen beziehen sich auf Phasen.

1. _____
20. _____
19. _____
18. _____
17. _____
16. _____
15. _____
10. _____
11. _____
12. _____
13. _____
14. _____

Lösungen

Zellenergie

Um zu leben, benötigen alle Lebewesen Energie. So erhalten sie ihre Struktur und Homöostase aufrecht. Einige Organismen können Energie aus ihrer Umgebung einfangen und in chemische Energie umwandeln, die sie in Kohlenhydratmolekülen speichern. Diese Arten von Organismen werden als autotroph bezeichnet, was „sich selbst ernährend" bedeutet. Pflanzen sind autotrophe Organismen, die durch den Prozess der Photosynthese Kohlenhydrate herstellen: sie nutzen Lichtenergie, um die Atome in Kohlenstoffdioxid und in Wassermolekülen umzuordnen und so Kohlenhydrate wie den Zucker Glucose herzustellen. Bei Eukaryoten findet die Photosynthese in Chloroplasten statt.

Die weißen Zahlen beziehen sich auf Prozesse.

Der Energiezyklus

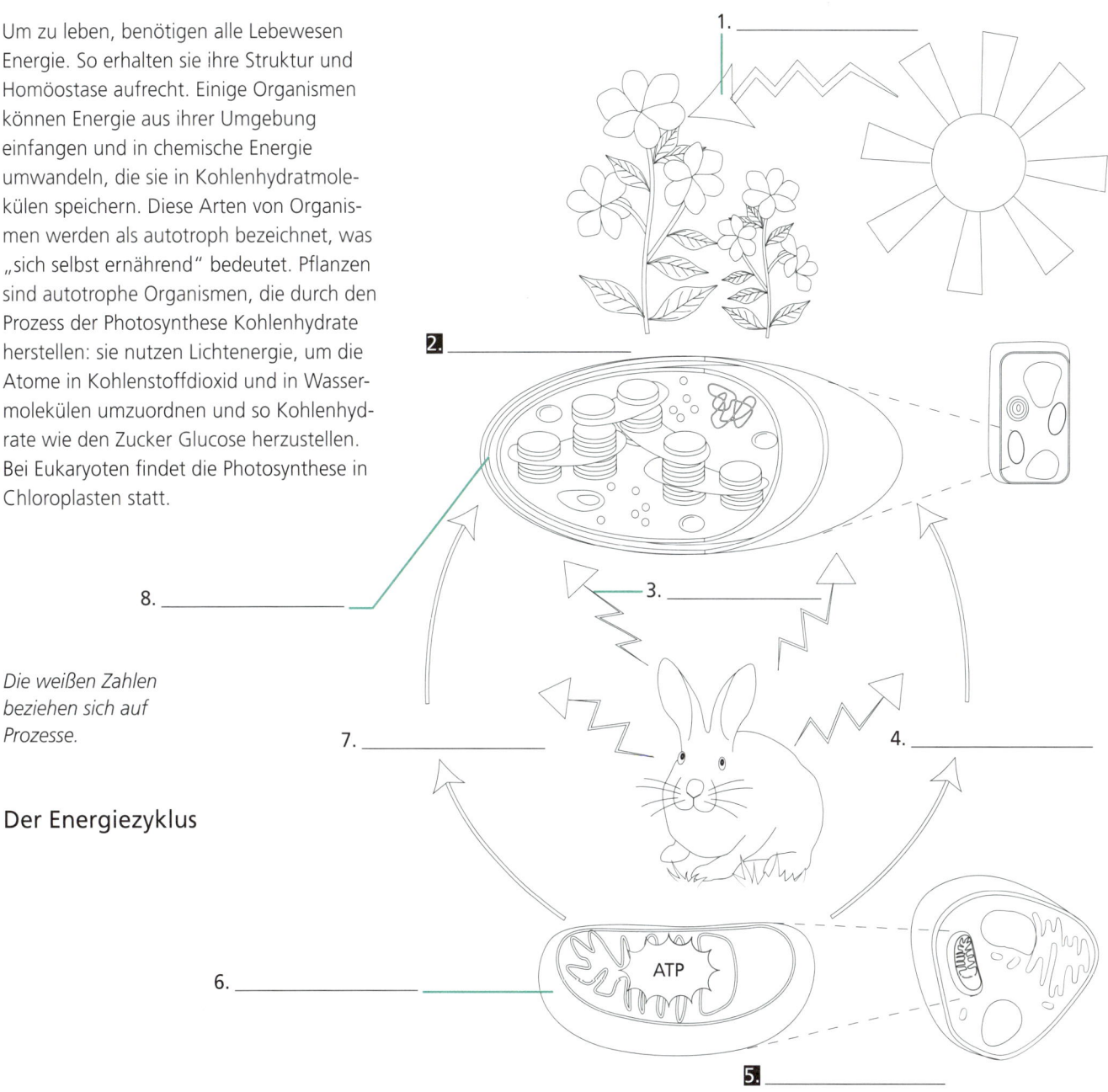

1. _____

2. _____

3. _____

4. _____

5. _____

6. _____

7. _____

8. _____

ATP

Lebewesen, die Nahrung nicht selbst herstellen können, sind auf organische Moleküle angewiesen, die von autotrophen Organismen erzeugt wurden, und werden als heterotroph („sich von anderen ernährend") bezeichnet, da sie andere Lebewesen essen müssen, um Energie zu erhalten. Heterotrophe Organismen ernähren sich entweder direkt von autotrophen Organismen, zum Beispiel Pflanzen, oder sie essen andere heterotrophe Lebewesen. Beide übertragen die Energie aus Nahrungsmolekülen auf den Energieträger Adenosintriphosphat (ATP). Eukaryoten übertragen durch Zellatmung, die hauptsächlich in den Mitochondrien stattfindet, Nahrungsenergie auf ATP. Das ATP kann dann genutzt werden, um Energie auf energieverbrauchende Prozesse zu übertragen, zum Beispiel Biosynthese (Aufbau von Molekülen), Transport, Bewegung, Reparatur und Fortpflanzung.

Lösungen

1. Lichtenergie, 2. Photosynthese, 3. Wärmeenergie, 4. Glucose und Sauerstoff, 5. Zellatmung, 6. Mitochondrium, 7. Kohlenstoffdioxid und Wasser, 8. Chloroplast

Der ADP/ATP-Zyklus

Zellen nutzen ATP als Energiequelle für endergonische (energieverbrauchende) Prozesse. Wie alle Moleküle speichert ATP chemische Energie durch die Anordnung seiner Atome. ATP ist aufgrund seiner drei negativ geladenen Phosphatgruppen, die durch kovalente Bindungen in einer Reihe zusammengehalten werden, ein nützlicher Energieträger. Gleiche Ladungen stoßen sich ab, somit ist die Anordnung dieser drei Gruppen eine potenzielle Energiequelle. Zellen gewinnen aus ATP Energie, indem eine der Phosphatgruppen auf ein anderes Molekül übertragen wird. Der Rest des ATP-Moleküls, Adenosindiphosphat oder auch ADP genannt, ist energieärmer als ATP.

So wie das Entfernen von Phosphat aus ATP der Zelle Energie liefert, wird für die Übertragung von Phosphat auf ADP (Phosphorylierung) Energie aus der Zelle benötigt. Um die Menge an verfügbarem ATP aufrechtzuerhalten, müssen Zellen Energie aus einer anderen Quelle übertragen, um das ADP zu phosphorylieren. Zellen nutzen die Energie aus exergonischen (energieliefernden) Prozessen, zum Beispiel Nahrungszersetzung, um ATP aus ADP und anorganischem Phosphat herzustellen. Insgesamt gibt es in Zellen einen konstanten Energiezyklus; Zellen leisten Arbeit, beispielsweise Biosynthese, Bewegung oder Reparatur, indem sie Energie aus dem ATP auf diese endergonischen Prozesse übertragen, und nutzen dann Energie aus exergonischen Prozessen, um aus ADP und Phosphat wieder ATP herzustellen.

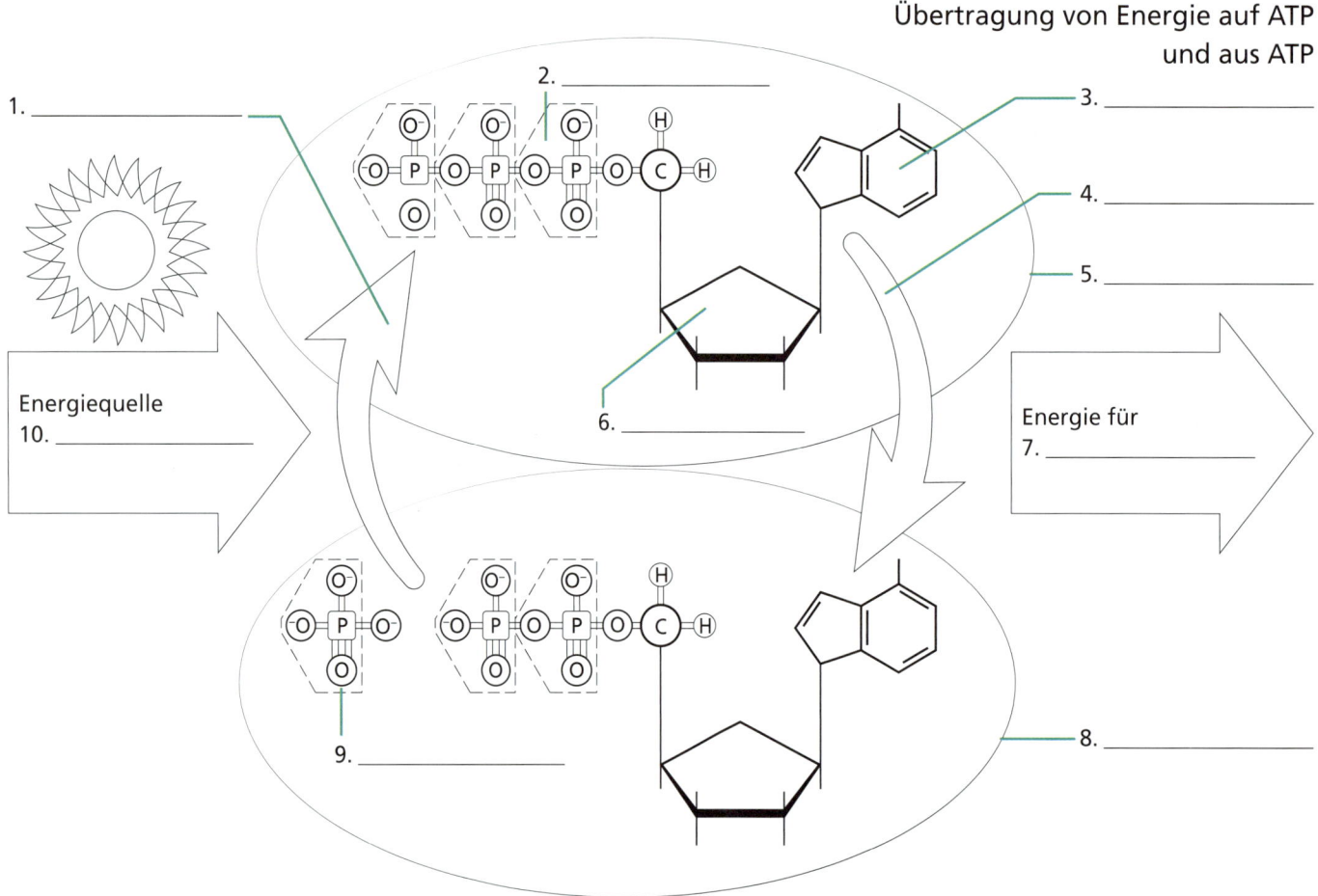

Übertragung von Energie auf ATP und aus ATP

1. _____
2. _____
3. _____
4. _____
5. _____
6. _____
7. _____
8. _____
9. _____
Energiequelle
10. _____
Energie für
7. _____

Redoxreaktionen

„Redox" ist ein vereinfachter Ausdruck für „Reduktions-/Oxidationsreaktionen". Redoxreaktionen umfassen die Übertragung eines Elektrons von einem Molekül auf ein anderes. Die Bezeichnung Oxidation drückt aus, dass ein Molekül ein Elektron abgibt, und Reduktion bedeutet, dass ein Molekül Elektronen aufnimmt. (Auf den ersten Blick erscheint es nicht logisch, den Erhalt eines Elektrons als Reduktion zu bezeichnen, aber es gibt viele Eselsbrücken, um sich das zu merken, zum Beispiel „In Oxford sind die Elektronen fort"). Der Ausdruck Redoxreaktion wird verwendet, da Oxidation und Reduktion in Zellen immer zeitgleich ablaufen: verliert ein Molekül Elektronen, gehen diese Elektronen auf ein anderes Molekül über.

Eine Redoxreaktion mit NAD$^+$/NADH + H$^+$

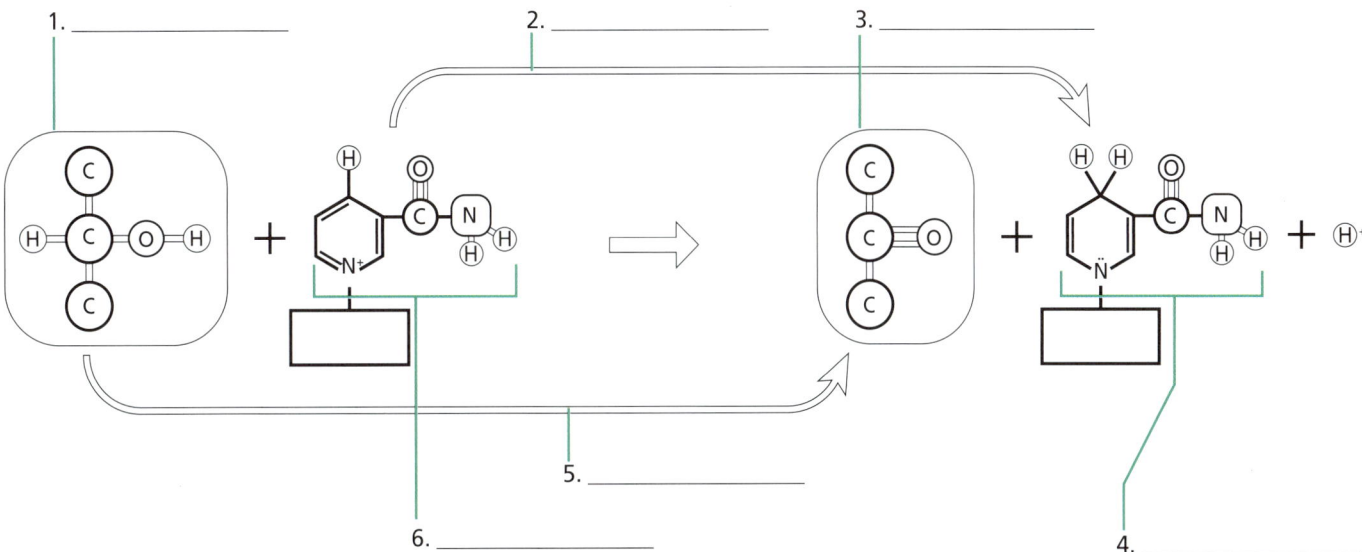

1. _____   2. _____   3. _____

5. _____

6. _____   4. _____

Zellen nutzen oft elektronenübertragende Moleküle, um Elektronen von einer Reihe von Reaktionen auf eine andere zu übertragen. Einer der wichtigsten Elektronenüberträger in Zellen ist Nicotinamid-Adenin-Dinukleotid. Dieses Molekül kann zwei Formen annehmen, je nachdem ob es oxidiert oder reduziert ist: NAD$^+$ ist die oxidierte Form, während NADH die reduzierte Form ist. Zellen oxidieren organische Moleküle, indem sie ein Paar Wasserstoffatome (jedes Wasserstoffatom hat ein Elektron und ein Proton) auf NAD$^+$ übertragen. Das NAD$^+$ nimmt beide Elektronen und ein Proton aus dem Paar auf und wird in das reduzierte NADH + H$^+$ umgewandelt (das H$^+$ bezieht sich hier auf das Proton, das nicht aufgenommen wurde). Das NADH kann sich nun in der Zelle bewegen und Elektronen für unterschiedliche Reaktionen liefern. Zellen übertragen bei Reaktionen ständig Elektronen, wodurch ein Zyklus entsteht, bei dem NAD$^+$ in NADH + H$^+$ und NADH + H$^+$ wieder in NAD$^+$ umgewandelt wird.

Lösungen

Stoffwechselwege

Mit Stoffwechsel (Metabolismus) sind alle von Zellen ausgeführten chemischen Reaktionen gemeint. Bei chemische Reaktionen wird die Molekülstruktur verändert, wodurch neue Moleküle entstehen und die Energie verändert wird. Bei einer Reaktion werden die vor der Reaktion vorhandenen Moleküle als Edukte bezeichnet; die aus einer Reaktion entstandenen Moleküle sind die Produkte. Zellen führen in jedem einzelnen Moment tausende Reaktionen aus und die Produkte einer Reaktion können zu den Edukten einer anderen Reaktion werden. Biologen verdeutlichen dies, indem sie miteinander verbundene Reaktionen in Ketten von Reaktionen zusammenfassen, die sie Stoffwechselwege nennen. Das erste Molekül in dieser Abfolge ist das Edukt, das letzte Molekül ist das Produkt und alle Moleküle dazwischen sind Zwischenprodukte. Stoffwechselwege können linear sein oder ein einzelnes Zwischenprodukt kann als Ausgangspunkt für zwei verschiedene Wege dienen und so einen verzweigten Weg bilden. Manchmal entsteht bei einem Stoffwechselweg das Ausgangsmolekül neu, wodurch sich ein zyklischer Pfad ergibt.

Um das Leben aufrechtzuerhalten, muss der Zellstoffwechsel schnell ablaufen und genau kontrolliert werden. Dies wird durch Enzyme sichergestellt. Diese Proteine dienen als Katalysatoren, die chemische Reaktionen beschleunigen. Jede Reaktion in einem Stoffwechselweg benötigt ein spezielles Enzym, damit die Reaktion stattfinden kann. Da die Reaktion ohne ihr Enzym nicht stattfinden kann, können Zellen den Stoffwechselweg steuern, indem sie die Schüsselenzyme darin kontrollieren. Bei der Beschreibung von enzymkatalysierten Reaktionen werden Edukte als Substrate bezeichnet.

1. _____

2. _____

3. _____

4. _____

5. _____

6. _____

Merkmale von Stoffwechselwegen

Aufbau von Enzymen

Die meisten Enzyme sind Proteine. Durch die Faltung der Polypeptidkette erhält das Enzym seine einzigartige Form. Ein Teil dieser Form hat Taschen, die anderen Molekülen als Bindungsstellen dienen. Das aktive Zentrum ist die Bindungsstelle für die Substrate der Reaktion, die das Enzym katalysiert. Eine weitere Stelle zur Bindung von regulatorischen Molekülen ist das allosterische Zentrum.

Das aktive Zentrum schafft die nötigen Bedingungen für eine chemische Reaktion. Wenn das Substrat an das aktive Zentrum bindet, verschiebt sich das Enzym ein wenig. So entsteht eine ideale Passform, die induzierte Passform (Induced-Fit). Funktionelle Gruppen aus der Polypeptidkette des Enzyms bedecken das aktive Zentrum. Diese Gruppen interagieren mit den Gruppen auf dem Substrat und begünstigen so die Reaktion. Nach der Reaktion setzt das Enzym das Produkt frei und kehrt in seine Anfangsform zurück. Generell werden Enzyme bei der Reaktion nicht aufgebraucht oder permanent verändert und sie können die Katalyse mehrmals wiederholen.

Einige Enzyme brauchen zur Katalyse von Reaktionen Partnermoleküle, sogenannte Cofaktoren oder Coenzyme. Cofaktoren sind anorganisch, während Coenzyme organisch sind. Bei diesen Enzymen werden die Polypeptide allein Apoenzyme genannt. Werden die benötigten Cofaktoren oder Coenzyme angehängt und so die funktionelle Gruppe gebildet, wird dieses Molekül Holoenzym genannt.

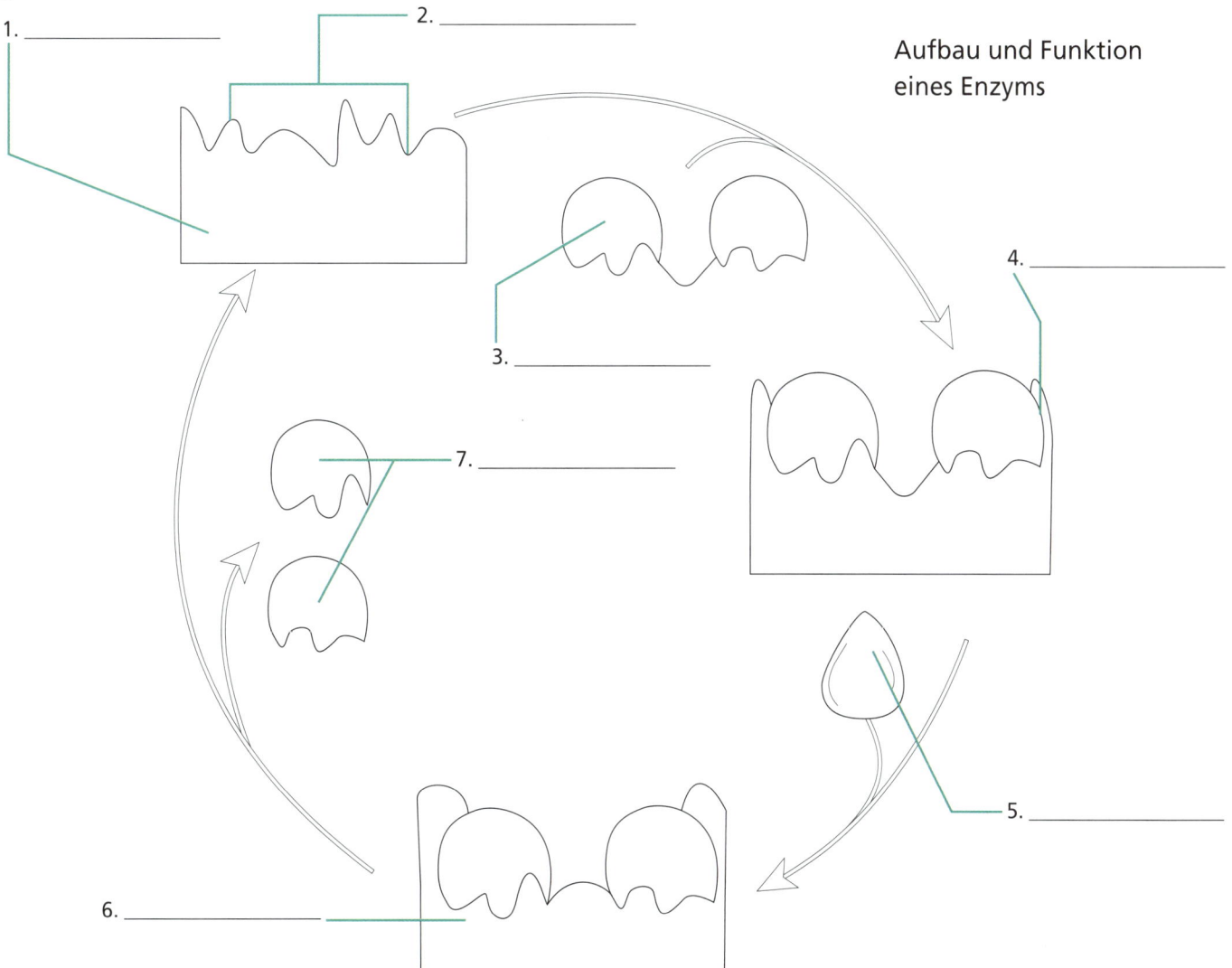

1. _____

2. _____

3. _____

4. _____

5. _____

6. _____

7. _____

Aufbau und Funktion eines Enzyms

Lösungen

Enzymregulation

Zellen steuern ihren Stoffwechsel, indem sie ihre Enzyme regulieren. Unter anderem können Enzyme durch ihre allosterische Zentren reguliert werden. Wenn Moleküle an das allosterische Zentrum binden, verändern die Enzyme ihre Form und ändern damit ihr aktives Zentrum. Wenn ein allosterischer Aktivator bindet, verändert sich das aktive Zentrum so, dass die enzymatische Katalyse der Reaktion gefördert wird. Ein allosterischer Inhibitor hat den gegenteiligen Effekt: das aktive Zentrum verändert sich so, dass es nicht länger an das Substrat bindet, und die chemische Reaktion wird verhindert. Die allosterische Hemmung von Enzymen wird auch nicht kompetitive Hemmung genannt, da die regulatorischen Moleküle nicht mit dem Substrat um das aktive Zentrum konkurrieren.

Eine Endprodukthemmung, auch Feedback-Hemmung genannt, ist eine einfache und praktische Art der allosterischen Regulation. Zellen nutzen diese Art der Regulation, um viele wichtige Stoffwechselwege zu steuern. Das Endprodukt des Stoffwechselwegs dient als dann als allosterischer Inhibitor des Schlüsselenzyms im Weg. Dieses Enzym katalysiert für gewöhnlich eine der frühen Reaktionen im Stoffwechselweg und ist manchmal an einer Reaktion in einem wichtigen Knotenpunkt des Wegs beteiligt. Dann wird das Endprodukt selbst aktiv und schließt den Stoffwechselweg, sodass die Zelle ihre Ressourcen zu anderen Prozessen leiten kann.

Hemmung und Aktivierung allosterischer Enzyme

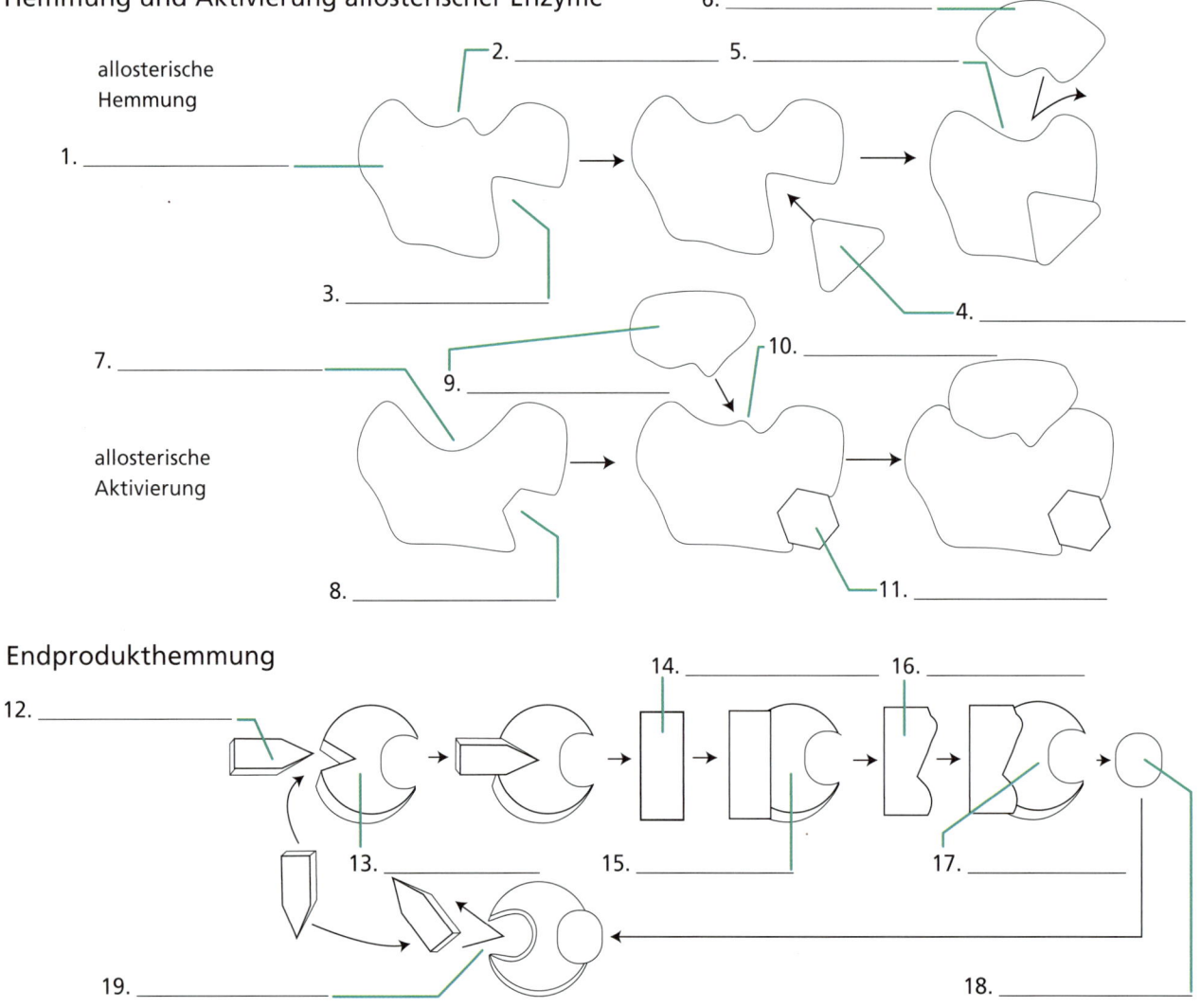

6. _____

2. _____ 5. _____

allosterische
Hemmung

1. _____

3. _____

4. _____

7. _____

9. _____ 10. _____

allosterische
Aktivierung

8. _____ 11. _____

Endprodukthemmung

12. _____

14. _____ 16. _____

13. _____ 15. _____ 17. _____

19. _____ 18. _____

Lösungen

Zellatmung

Die Zellatmung ist für viele Lebewesen essenziell, da sie diesen Stoffwechselweg zur Übertragung von Nahrungsenergie auf den Energieträger ATP nutzen. Alle Nahrungsmoleküle können an jedem beliebigen Punkt in diesen Stoffwechselweg eintreten, jedoch wird der Weg von Biologen für gewöhnlich mit der Glucose beginnend untersucht. Bei der Zellatmung oxidieren Zellen Glucose und übertragen dann die Elektronen auf Sauerstoff, wobei der Sauerstoff zu Wasser reduziert wird. Bei der Oxidation von Glucose entsteht außerdem Kohlenstoffdioxid. Obwohl der Stoffwechselweg aus vielen kleinen Reaktionen besteht, lässt sich der Prozess wie folgt zusammenfassen:

$$C_6H_{12}O_6 + 6O_2 \longrightarrow 6CO_2 + 6H_2O$$

Die Zellatmung wird in drei Prozesse unterteilt: Glykolyse, Krebs-Zyklus und oxidative Phosphorylierung. Bei Eukaryoten findet die Glykolyse im Cytoplasma statt, während der Krebs-Zyklus und die oxidative Phosphorylierung im Mitochondrium stattfinden. Bei der Glykolyse und beim Krebs-Zyklus übertragen einige Reaktionen Energie, um ATP zu erzeugen, während andere Reaktionen Elektronen auf Elektronenüberträger wie NAD+ oder Flavinadenindinukleotid (FAD) übertragen. Bei der oxidativen Phosphorylierung übertragen Zellen die Elektronen auf eine Elektronentransportkette, wodurch Energie aus den Nahrungsmolekülen auf ATP übertragen wird. Wenn ein Glucosemolekül durch Zellatmung komplett oxidiert ist, erhält die Zelle zwischen 36 und 38 Moleküle ATP.

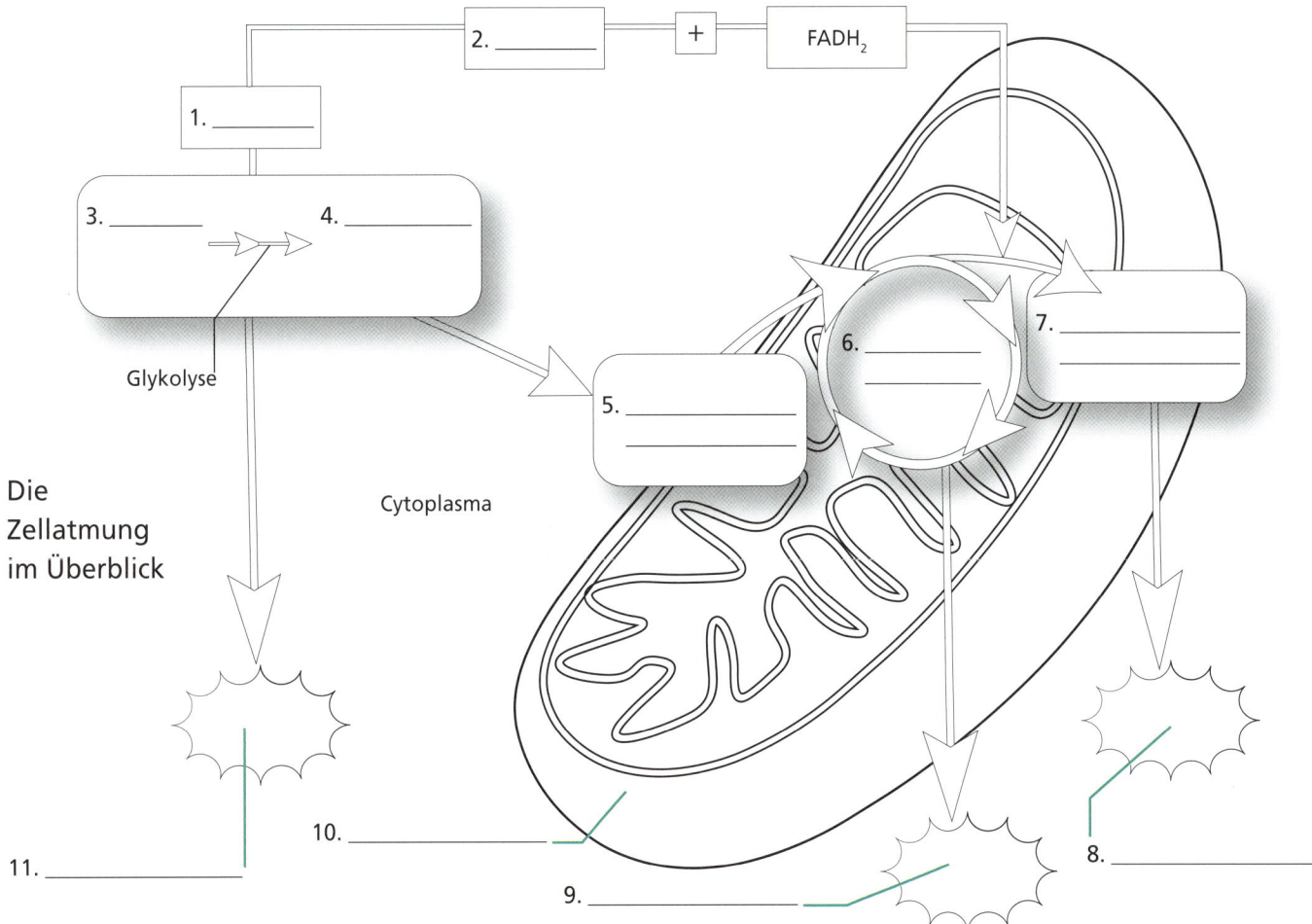

Die
Zellatmung
im Überblick

Lösungen

Näher betrachtet – Die Glykolyse

Glykolyse bedeutet wörtlich „Auflösung (Lysis) von Glucose". Die zehn Reaktionen der Glykolyse spalten letztendlich Glucose, die sechs Kohlenstoffatome hat, in zwei Moleküle Pyruvat. Während dieses Prozesses speichern Zellen Energie in ATP und Elektronen in NADH. In der ersten Hälfte der Glykolyse wird Energie aus zwei Molekülen ATP benötigt, aber in der zweiten Hälfte entsteht genug Energie zur Produktion von vier Molekülen ATP, wodurch die Zelle schlussendlich zwei Moleküle ATP erhält.

Im ersten Teil der Glykolyse werden die Atome in der Glucose umgeordnet und Energie aus ATP auf die Moleküle übertragen. Zuerst übertragen Zellen eine Phosphatgruppe aus dem ATP auf die Glucose, wodurch Glucose-6-phosphat entsteht. Bei der zweiten Reaktion werden die Atome umgeordnet und Fructose-6-phosphat hergestellt. Die dritte Reaktion phosphoryliert das Fructose-6-phosphat zu Fructose-1,6-bisphosphat. Dieses Zwischenprodukt hat zwei Phosphatgruppen und mehr gespeicherte Energie als die ursprüngliche Glucose.

Im ersten Teil der Glykolyse wird das Kohlenstoffrückgrat in zwei Moleküle mit drei Kohlenstoffatomen gespalten und Energie sowie Elektronen übertragen, um ATP und NADH zu bilden. Zuerst spalten Zellen das Fructose-6-phosphat in ein Molekül Glycerinaldehyd-3-phosphat (G3P) und ein Molekül Dihydroxyacetonphosphat (DHAP). Bei der zweiten Reaktion werden die Atome im DHAP umgeordnet, um ein weiteres G3P-Molekül zu erzeugen. Danach oxidieren Zellen die G3P-Moleküle und übertragen Elektronen auf das NAD^+, um $NADH + H^+$ zu bilden. Zellen nutzen einen Teil der Energie aus dieser Reaktion, um anorganisches Phosphat auf die Zwischenprodukte zu übertragen, wodurch zwei

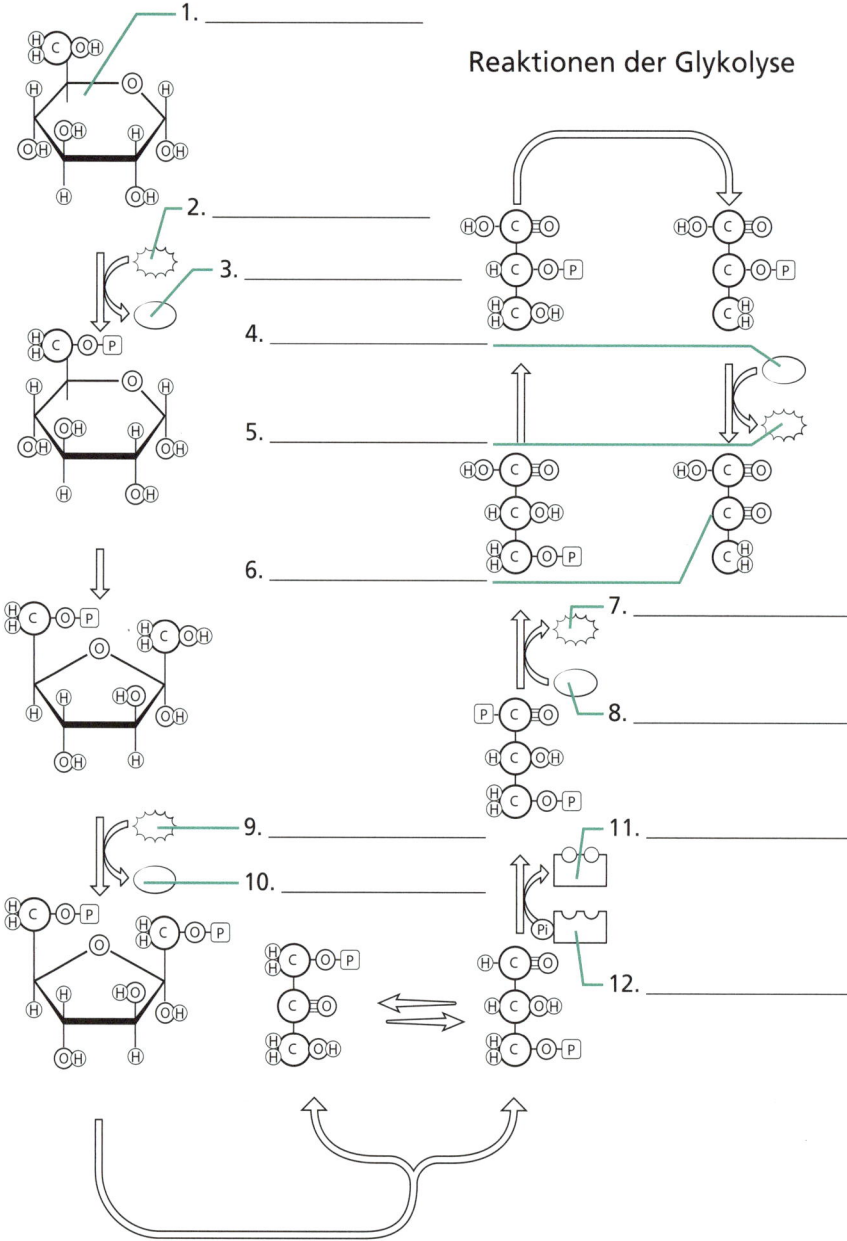

Reaktionen der Glykolyse

1. _____

2. _____

3. _____

4. _____

5. _____

6. _____

7. _____

8. _____

9. _____

10. _____

11. _____

12. _____

Moleküle 1,3-Biphosphatglycerat entstehen. Zellen sammeln Energie, indem sie eine Phosphatgruppe aus jedem Zwischenprodukt auf ADP übertragen und so 3-Phosphoglycerat herstellen. Danach ordnen sie die Atome im Zwischenprodukt um und erzeugen so 2-Phosphoglycerat. Zellen entfernen aus diesem Zwischenprodukt ein Wassermolekül, um Phosphoenolpyruvat (PEP) herzustellen. Bei der abschließenden Reaktion übertragen Zellen ein Phosphat aus jedem PEP auf ADP, wodurch ATP gebildet wird und zwei Moleküle des Endproduktes, Pyruvat, entstehen. Für jedes Glucosemolekül, das durch Glykolyse gespalten wird, erhalten die Zellen zwei Moleküle NADH, zwei Moleküle ATP und zwei Moleküle Pyruvat.

Lösungen

Näher betrachtet – Der Krebs-Zyklus

Beim Krebs-Zyklus oder auch Citratzyklus wird die Kohlenhydratoxidation fortgesetzt, um für die Zelle mehr ATP sowie reduzierte Elektronenüberträger zu erzeugen. Vor dem Krebs-Zyklus oxidieren Zellen Pyruvate und übertragen Elektronen auf NAD$^+$. Bei diesen Reaktionen wird zudem Kohlenstoff aus einem Zwischenprodukt entfernt (Decarboxylierung), wobei ein Kohlenstoffdioxidmolekül freigesetzt wird, und das Coenzym A (CoA) an das Kohlenstoffrückgrat angehängt. Schließlich wird Pyruvat (drei Kohlenstoffatome oder C-Atome) durch Pyruvatoxidation in Acetyl-CoA (zwei C-Atome) umgewandelt, das nun in den Krebs-Zyklus eintreten kann.

Die Hauptfunktion des Krebs-Zyklus ist die Oxidation von Nahrungsmolekülen, sodass Energie und Elektronen gespeichert und später von der Zelle genutzt werden können. Die erste Reaktion verbindet Acetyl-CoA mit Oxalacetat (vier C-Atome), wodurch Citrat (sechs C-Atome) entsteht und CoA freigesetzt wird. Die nächste Reaktion ordnet die Atome im Citrat um, wodurch Isocitrat entsteht. Durch die Oxidation und Decarboxylierung des Citrats entstehen NADH, Kohlenstoffdioxid und α-Ketoglutarat (fünf C-Atome). Eine weitere Oxidation und Decarboxylierung folgt, wobei NADH, Kohlenstoffdioxid und Succinyl-CoA (vier C-Atome) entstehen. Danach wird Energie übertragen, zuerst auf den Energieträger Guanosintriphosphat (GTP) und dann auf ATP. Durch diese Reaktion entsteht Succinat (vier C-Atome) und CoA wird freigesetzt. Durch die Oxidation von Succinat entsteht Fumarat (vier C-Atome) und es werden Elektronen auf FAD übertragen. Die Addition von Wasser wandelt Fumarat in Malat (vier C-Atome) um. Eine letzte Oxidation wandelt Malat wieder in Oxalacetat, das Ausgangsmolekül des Zyklus, um und überträgt Elektronen auf NAD$^+$.

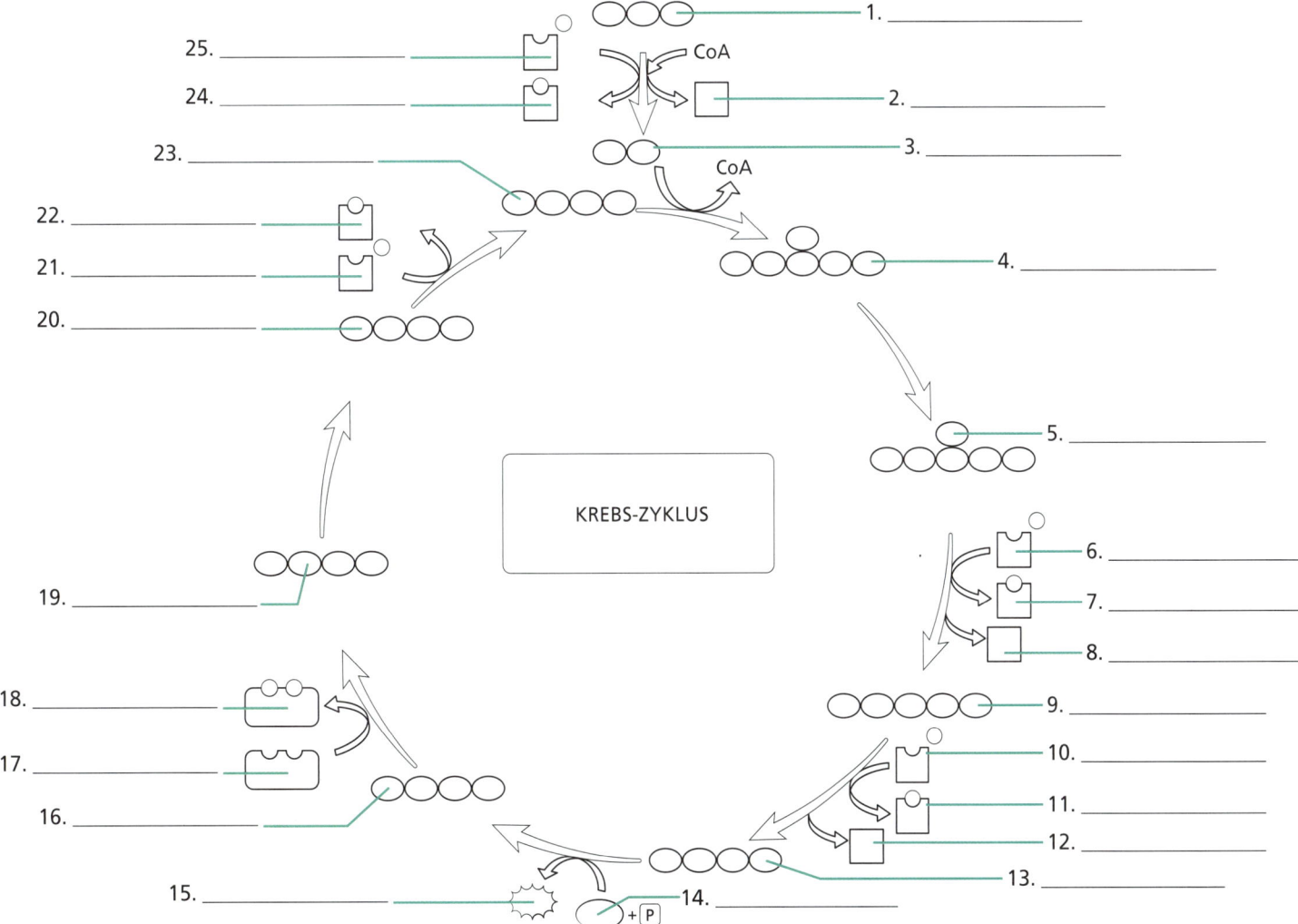

KREBS-ZYKLUS

1. _____
2. _____
3. _____
4. _____
5. _____
6. _____
7. _____
8. _____
9. _____
10. _____
11. _____
12. _____
13. _____
14. _____
15. _____
16. _____
17. _____
18. _____
19. _____
20. _____
21. _____
22. _____
23. _____
24. _____
25. _____

CoA

CoA

Lösungen

1. Pyruvat, 2. CO$_2$, 3. Acetyl-CoA, 4. Citrat, 5. Isocitrat, 6. NAD$^+$, 7. NADH, 8. CO$_2$, 9. α-Ketoglutarat, 10. NAD$^+$, 11. NADH, 12. CO$_2$, 13. Succinyl-CoA, 14. ADP, 15. ATP, 16. Succinat, 17. FAD, 18. FADH$_2$, 19. Fumarat, 20. Malat, 21. NAD$^+$, 22. NADH, 23. Oxalacetat, 24. NADH, 25. NAD$^+$

Näher betrachtet – Die oxidative Phosphorylierung

Der Prozess der oxidativen Phosphorylierung wird von vielen Zellen zur Produktion von ATP genutzt. Hierfür wird eine Gruppe spezieller Membranproteine benötigt, die sich an Redoxreaktionen beteiligen, um Elektronen von einem Protein zum nächsten zu bewegen, wodurch eine Elektronentransportkette entsteht. NADH und $FADH_2$ liefern der Kette Elektronen. Während der aeroben Atmung überträgt das letzte Protein in der Kette die Elektronen auf Sauerstoff. Während die Proteine in der Elektronentransportkette Elektronen bewegen, übertragen sie auch Energie und ermöglichen Zellen schließlich die Produktion von ATP.

Durch die Energie aus der Bewegung der Elektronen können Proteine Protonen (H^+) aktiv von einer Seite der Membran auf die andere transportieren und so Protonen konzentrieren. Wie das Wasser in Speicherkraftwerken stellt auch die Protonenkonzentration auf der einen Seite der Membran eine potenzielle Energiequelle für Zellen dar. Wenn Zellen die Protonen durch die Membran zurück diffundieren lassen, können sie diesen Fluss nutzen, um zum Beispiel ATP herzustellen.

Bei der oxidativen Phosphorylierung wird das Protein ATP-Synthase benötigt, das ATP-Moleküle aus ADP und Phosphat synthetisieren kann. Die ATP-Synthase enthält einen Protonenkanal, der es Protonen ermöglicht, durch die Membran zu diffundieren (einzudringen). Die Diffusion der Protonen (Chemiosmose) bewirkt, dass sich eine Untereinheit des Proteins dreht, wodurch das Protein in weiterer Folge Energie in die Produktion von ATP übertragen kann.

Zellatmung in einem Mitochondrium

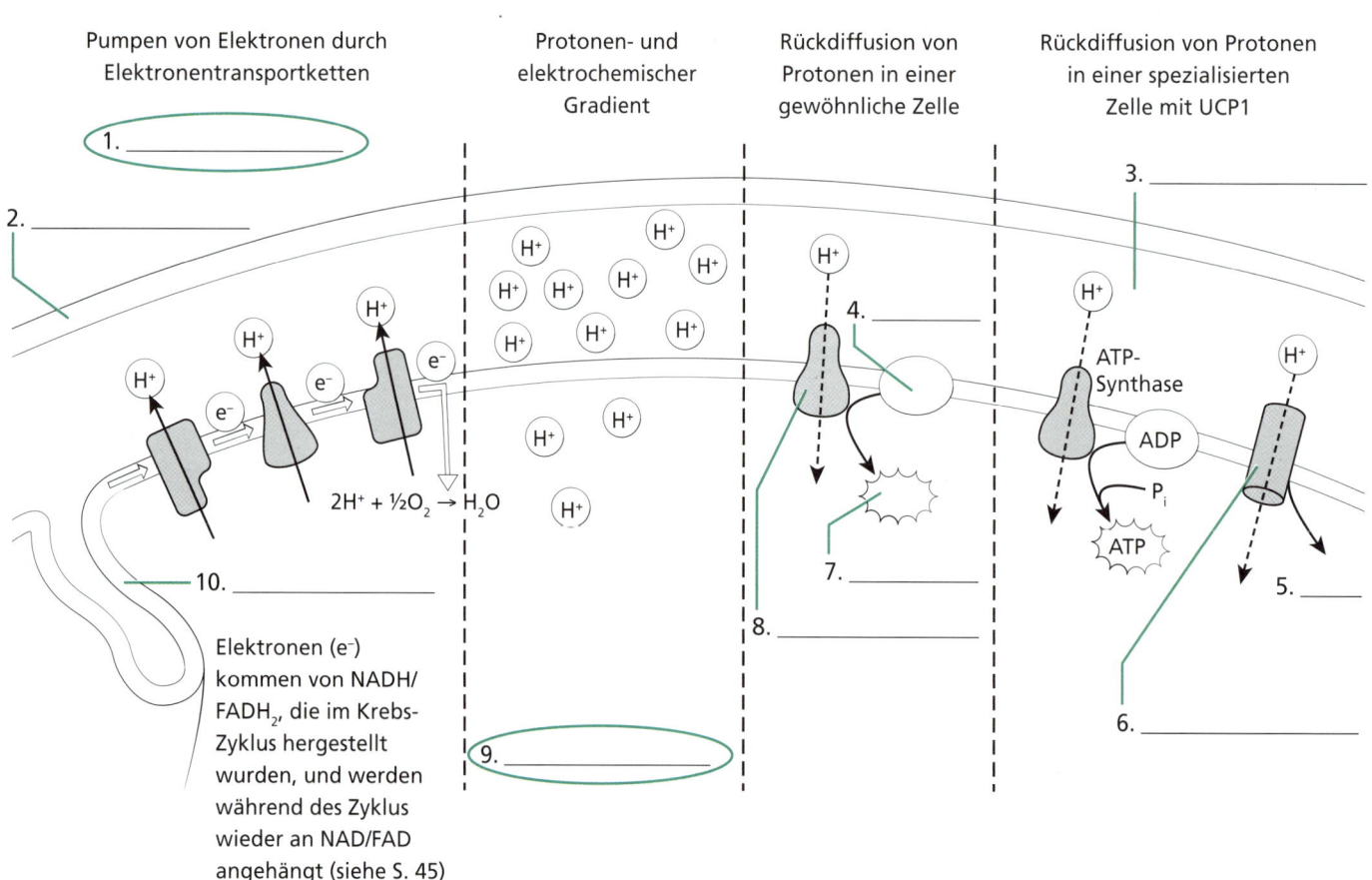

Pumpen von Elektronen durch Elektronentransportketten

Protonen- und elektrochemischer Gradient

Rückdiffusion von Protonen in einer gewöhnliche Zelle

Rückdiffusion von Protonen in einer spezialisierten Zelle mit UCP1

1. _____

2. _____

3. _____

4. _____

5. _____

6. _____

7. _____

8. _____

9. _____

10. _____

$2H^+ + \frac{1}{2}O_2 \rightarrow H_2O$

ATP-Synthase

ADP

P_i

ATP

Elektronen (e^-) kommen von NADH/$FADH_2$, die im Krebs-Zyklus hergestellt wurden, und werden während des Zyklus wieder an NAD/FAD angehängt (siehe S. 45)

Lösungen

Fermentation

Durch Fermentation (Gärung) können Zellen ATP ohne eine Elektronentransportkette herstellen. Bei der Glykolyse entstehen für jedes Glucosemolekül zwei Moleküle ATP, so können Zellen durch die Wiederholung dieses Prozesses genug Energie erhalten. Jedoch werden bei jeder Glykolyse Elektronen auf NAD^+ übertragen, das so in NADH umgewandelt wird. Um die Glykolyse zu wiederholen, müssen Elektronen vom NADH auf ein anderes Molekül übertragen werden, damit wieder NAD^+ entsteht. Bei einer Elektronentransportkette wird NADH ständig wiederverwertet. Haben Zellen hingegen zu wenig Sauerstoff oder keine Elektronentransportkette, können sie ihren Energiebedarf durch Fermentation decken. Da Fermentation keinen Sauerstoff benötigt, handelt es sich um einen anaeroben Prozess.

Die Fermentation ist eine Glykolyse mit einem zusätzlichen Wiederverwertungsschritt, der als Gärungsschritt bezeichnet wird. Die einfachste Form der Fermentation ist die Milchsäuregärung. Nach der Glykolyse werden Elektronen von NADH auf Pyruvat übertragen. So oxidiert NADH zu NAD^+ und Pyruvat wird zu Milchsäure reduziert. Die Milchsäuregärung wird beispielsweise von menschlichen Muskelzellen und den Milchsäurebakterien in Milchprodukten genutzt.

Die alkoholische Gärung ist komplexer. Nach der Glykolyse werden Pyruvate decarboxyliert, um Kohlenstoffdioxid und Acetaldehyd herzustellen. Danach werden Elektronen von NADH auf das Acetaldehyd übertragen, wodurch das NADH zu NAD+ oxidiert und das Acetaldehyd zu Ethanol reduziert wird. Hefen führen diese Art der Fermentation aus, weshalb Bier und Wein Ethanol (Alkohol) enthalten. Durch das bei der Decarboxylierung hergestellte Kohlenstoffdioxid entstehen im Bier Blasen und der Brotteig wächst.

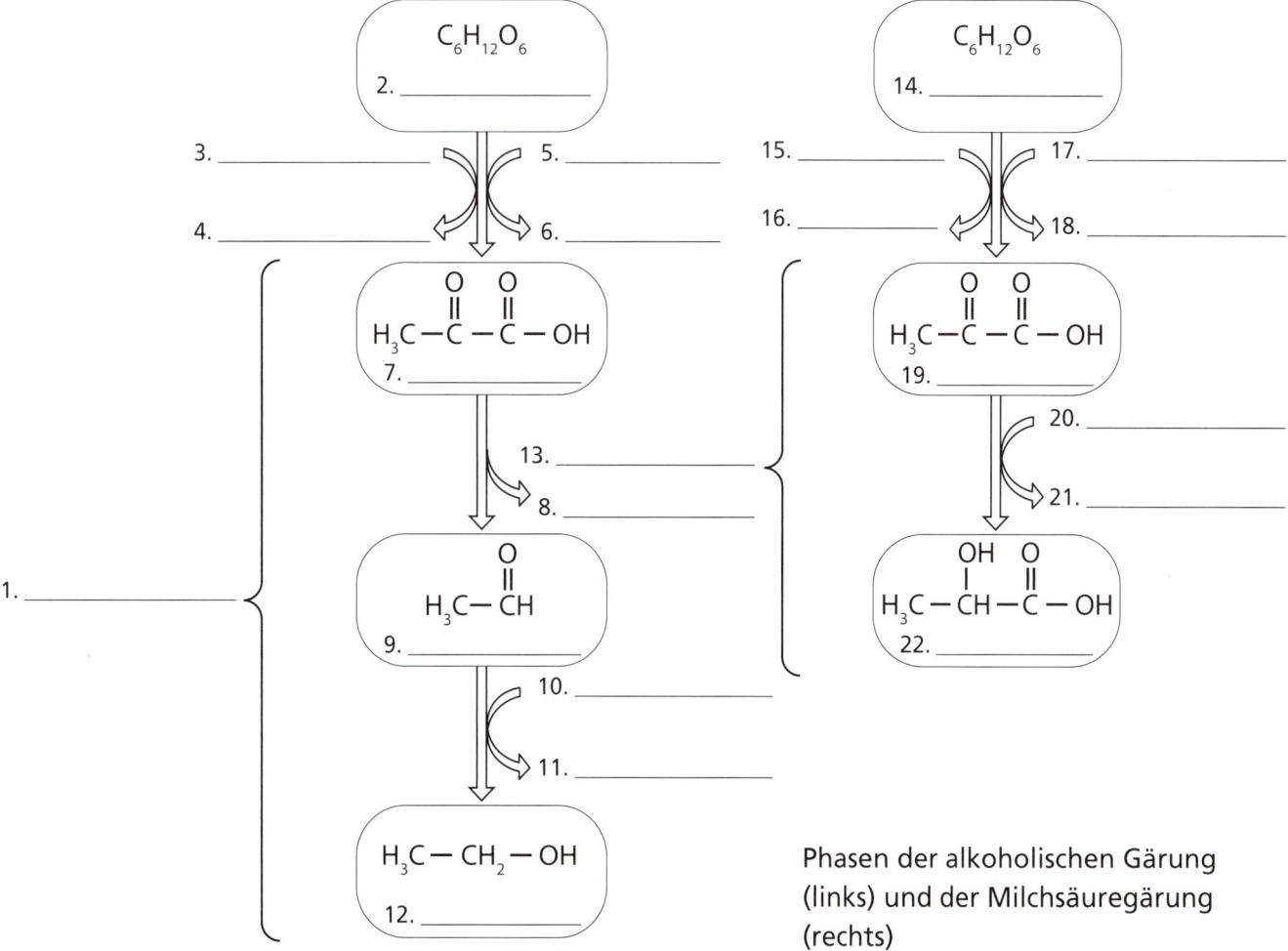

Phasen der alkoholischen Gärung (links) und der Milchsäuregärung (rechts)

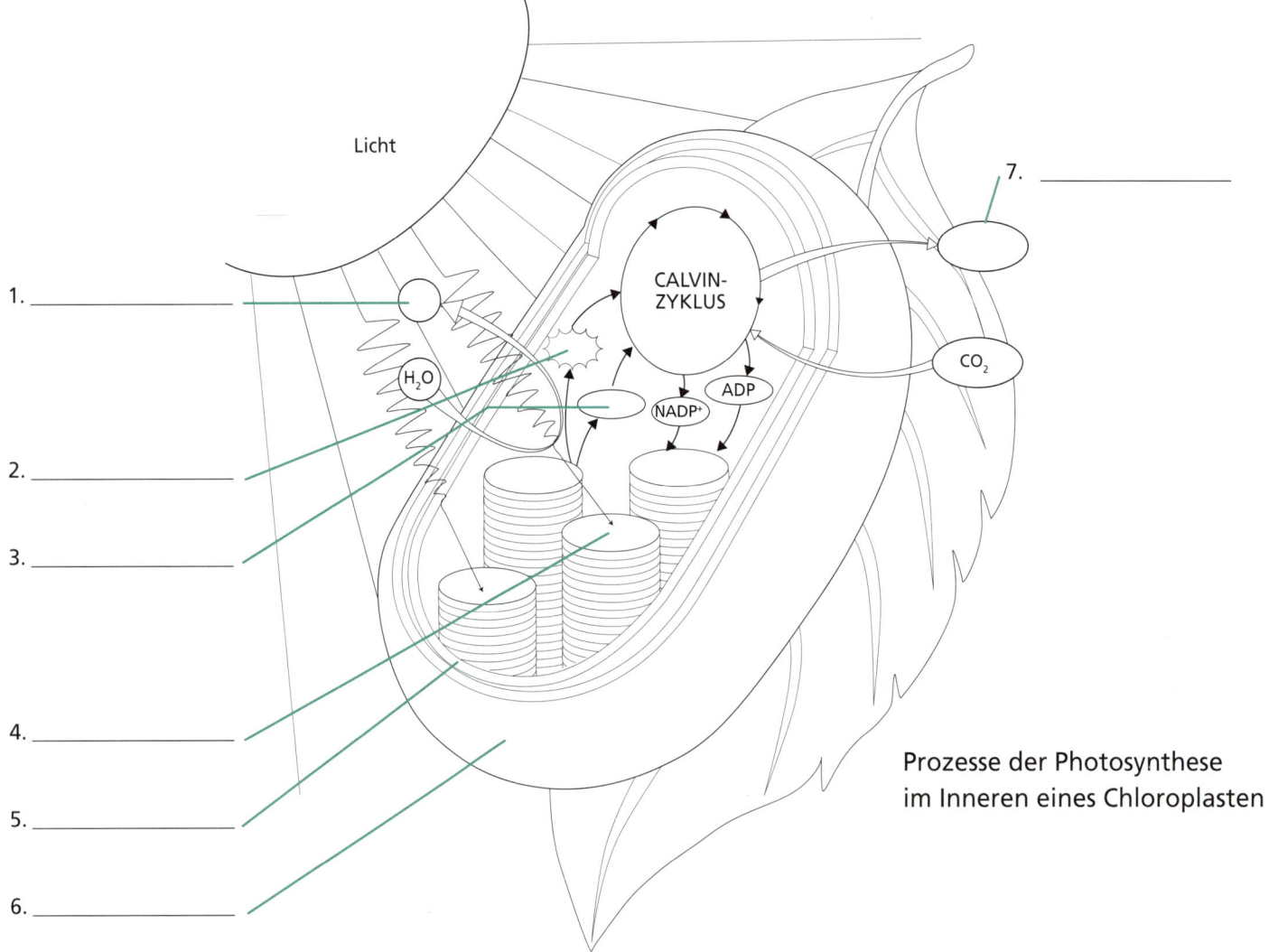

Photosynthese

Licht

1. _____

2. _____

3. _____

4. _____

5. _____

6. _____

7. _____

H_2O

CALVIN-ZYKLUS

NADP⁺

ADP

CO_2

Prozesse der Photosynthese
im Inneren eines Chloroplasten

Bei der Photosynthese wird Sonnenlicht genutzt, um anorganische Stoffe aus der Umgebung in organische Stoffe in Form von Zucker umzuwandeln. Dieser Prozess kann in zwei Teile unterteilt werden: lichtabhängige Reaktionen, bei denen Sonnenenergie eingefangen wird, und lichtunabhängige Reaktionen (Calvin-Zyklus genannt), bei denen die eingefangene Energie gespeichert wird, um Kohlenstoffdioxid (CO_2) und Wasser (H_2O) in Zucker wie Glucose ($C_6H_{12}O_6$) umzuwandeln.

Bei lichtabhängigen Reaktionen wird Lichtenergie von Farbstoffen in der Thylakoidmembran, deren Thylakoide im Inneren des Chloroplasten in Granastapeln angeordnet sind, eingefangen. Diese Energie hilft dem Chloroplasten, Wassermoleküle zu spalten, und wird dann auf das energiereiche Molekül ATP übertragen. Das Molekül Nicotinamid-Adenin-Dinukleotid-Phosphat (NADP⁺), in seiner reduzierten Form NADPH, trägt die Wasserstoffatome aus den Wassermolekülen und die Sauerstoffatome verlassen den Chloroplasten und werden als Nebenprodukt ausgestoßen.

Bei den lichtunabhängigen Reaktionen nutzen die Chloroplasten die in ATP gespeicherte Energie, um CO_2-Moleküle aus der Umwelt umzuwandeln. NADPH liefert Wasserstoffatome, wodurch kohlenstoffhaltige Moleküle zu Zucker reduziert werden, der letztendlich nahezu allen Lebewesen als Energiequelle und Substanz dient. Photosynthetische Organismen wie Pflanzen nutzen den hergestellten Zucker für sich selbst; alle anderen Organismen müssen entweder die Pflanze oder etwas, das eine Pflanze gegessen hat, essen.

Lösungen

Näher betrachtet – Lichtreaktionen

Bei den Lichtreaktionen (Photophosphorylierung) der Photosynthese wandeln Zellen Lichtenergie in chemische Energie um, die in ATP gespeichert wird, und übertragen Elektronen von anorganischen Molekülen wie Wasser auf den Elektronenüberträger NADPH.

Photosynthetische Zellen nutzen eine Elektronentransportkette, um Lichtenergie in chemische Energie umzuwandeln. Lichtabsorbierende Farbstoffe wie Chlorophyll befinden sich in derselben Membran wie die Kette. Das Chlorophyll absorbiert Lichtenergie, wodurch seine Elektronen angeregt werden und auf Proteine in der Kette übertragen werden können. Die Lichtenergie ermöglicht es Zellen außerdem, Moleküle wie Wasser zu spalten und Elektronen aufzunehmen, um die durch das Chlorophyll verlorengegangenen zu ersetzen. Durch die Spaltung von Wasser entsteht als Nebenprodukt Sauerstoff.

Die Elektronentransportkette der Lichtreaktionen funktioniert ähnlich wie die der oxidativen Phosphorylierung. Proteine beteiligen sich an Redoxreaktionen, um Elektronen durch die Kette zu transportieren, bis sie den letzten Elektronenakzeptor NADPH erreichen. Der Elektronenfluss ermöglicht den aktiven Transport von Protonen durch die Membran. Diese diffundieren dann durch ATP-Synthase zurück, sodass die Zelle ATP herstellen kann.

Bei Eukaryoten finden Lichtreaktionen in der Thylakoidmembran der Chloroplasten statt. Die Kette fängt Lichtenergie an zwei Punkten ein: Photosystem II absorbiert Energie am Anfang der Kette und Photosystem I absorbiert Energie in der Mitte der Kette. Während des Elektronenflusses werden Protonen in die Mitte der Thylakoide transportiert. ATP und NADPH bewegen sich in das Stroma des Chloroplasten, wo sie sich an lichtunabhängigen Reaktionen (siehe S. 50) beteiligen.

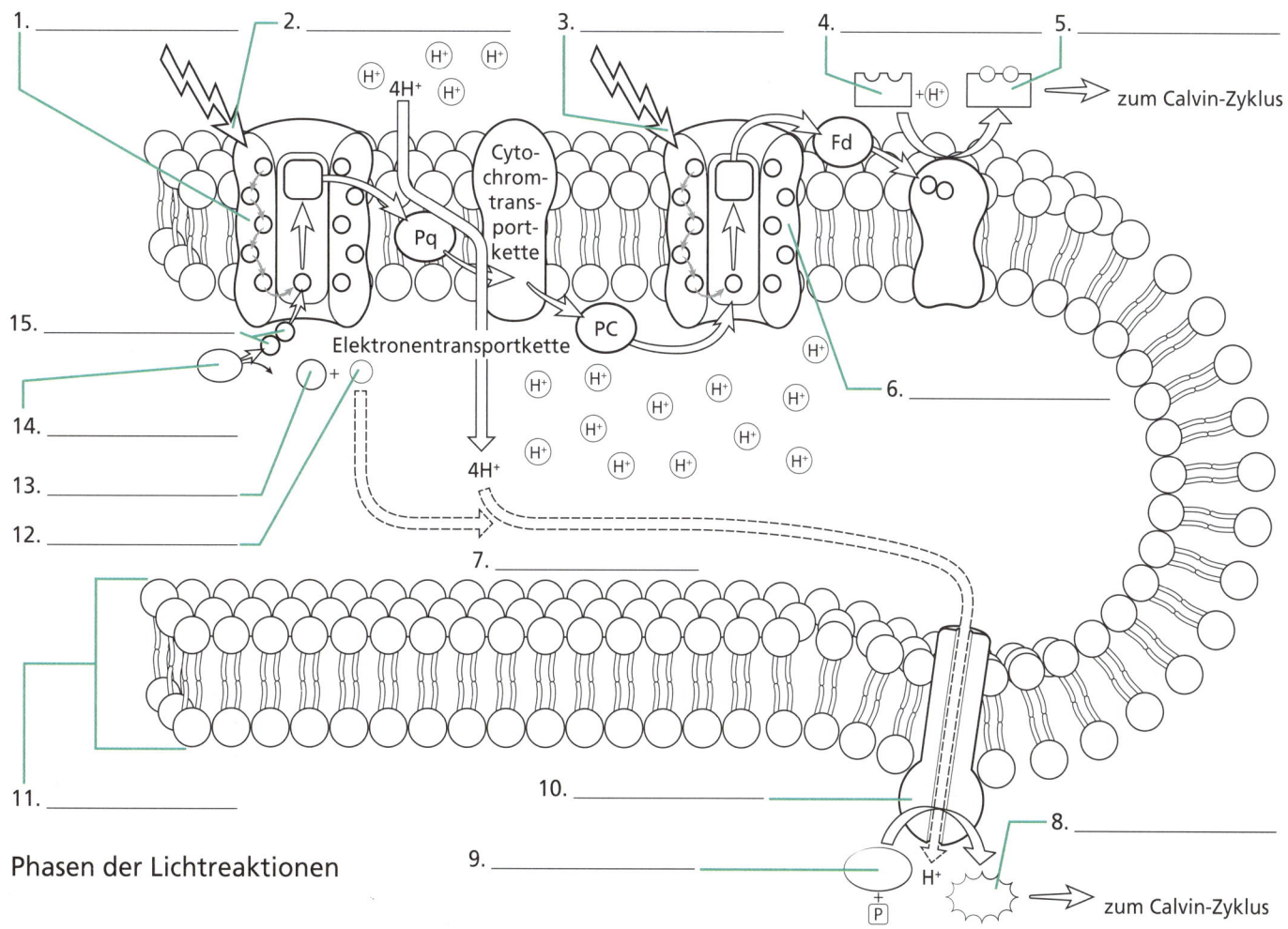

Phasen der Lichtreaktionen

Lösungen

1. Photosystem II, 2. Licht, 3. Licht, 4. NADP⁺, 5. NADPH, 6. Photosystem I, 7. Thylakoidlumen (Innenraum), 8. ATP, 9. ADP, 10. ATP-Synthase, 11. Thylakoidmembran, 12. 2H⁺, 13. ½O₂, 14. H₂O, 15. e⁻

Näher betrachtet – Lichtunabhängige Reaktionen

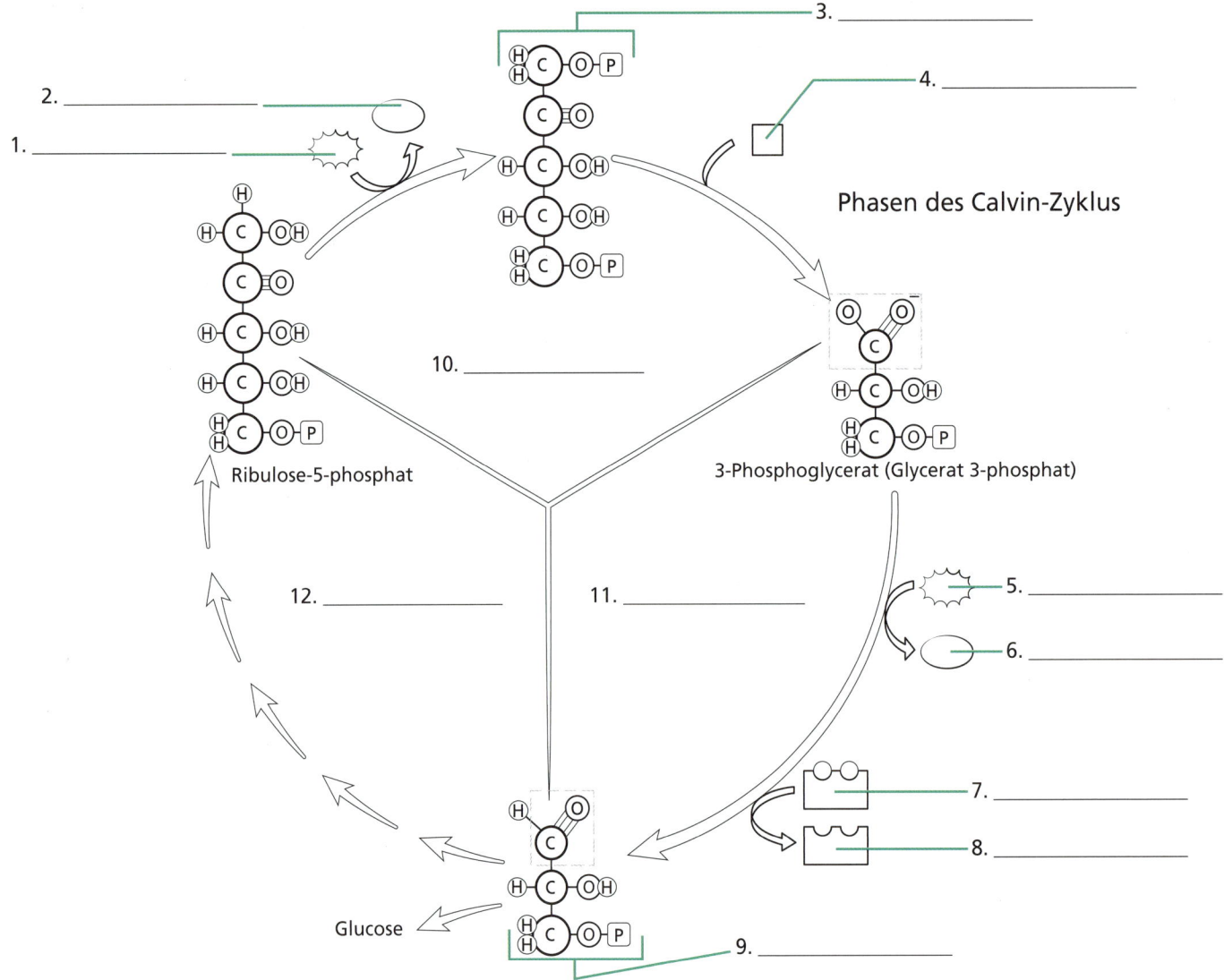

3. _____

4. _____

2. _____

1. _____

Phasen des Calvin-Zyklus

Ribulose-5-phosphat

3-Phosphoglycerat (Glycerat 3-phosphat)

10. _____

5. _____

6. _____

12. _____

11. _____

7. _____

8. _____

Glucose

9. _____

Bei lichtunabhängigen Reaktionen (Calvin-Zyklus) nutzen Zellen Energie aus ATP und Elektronen aus NADPH, um Kohlenstoffdioxid zu Zucker wie Glucose zu reduzieren. Bei Eukaryoten findet dieser Prozess im Stroma des Chloroplasten statt. Der erste Schritt dieses Zyklus ist das Einfangen (Fixierung) von Kohlenstoffdioxid aus der Umwelt. Das Enzym Ribulose-1,5-biphosphat-carboxylase/oxygenase (RuBisCO) bindet Kohlenstoffdioxid und überträgt es auf den Zucker Ribulose-1,5-Biphosphat (fünf C-Atome). Durch die Addition des Kohlenstoffdioxids an diesen Zucker entsteht ein instabiles Zwischenprodukt (sechs C-Atome), das sich sofort in zwei Moleküle 3-Phosphoglycerat (PGA) spaltet. Die Zelle nutzt NADPH und Energie aus ATP, um das PGA zu G3P zu reduzieren. Zellen können G3P-Moleküle verbinden, um Glucose zu erzeugen, und Glucose verbinden, um Stärke zur Speicherung herzustellen.

Um den Zyklus zurückzusetzen und zu wiederholen, ordnen Zellen die Atome in einigen G3P-Molekülen um, sodass der Anfangszucker Ribulose-1,5-biphosphat entsteht. Dazu wird Energie aus ATP benötigt. Während des Reduktionsschrittes des Calvin-Zyklus werden NADPH und ATP wieder zu NADP+ und ADP umgewandelt. Diese Moleküle können nun in Lichtreaktionen wiederverwendet werden. Obwohl lichtunabhängige Reaktionen nicht direkt Licht brauchen, benötigen sie die Produkte der Lichtreaktionen (NADPH und ATP). Wenn somit photosynthetische Zellen kein Licht erhalten, wird dieser Prozess und damit auch die Lichtreaktionen beendet.

Lösungen

1. ATP, 2. ADP, 3. Ribulose-1,5-bisphosphat, 4. CO₂, 5. ATP, 6. ADP, 7. NADPH, 8. NADP⁺, 9. Glycerinaldehyd-3-phosphat (G3P), 10. Kohlenstofffixierung, 11. Reduktion, 12. Regeneration

Zellverbindungen

Die Zellen mehrzelliger Organismen verbinden sich zu Gewebe und Organen. Einige Zellen sind durch klebrige extrazelluläre Kohlenhydrate indirekt miteinander verbunden, so wie auch klebriger Mörtel Ziegelsteine miteinander verbindet. Bei Pflanzen sind die primären Zellwände benachbarter Zellen durch eine Schicht, die sogenannte Mittellamelle, verbunden. Tierische Zellen produzieren eine klebrige Matrix, die extrazelluläre Matrix (EZM), und können auch direkt durch Proteine in ihrer Zellmembran verbunden sein.

Epithelien dienen bei Tieren als wichtiges Grenzgewebe. Tierzellen sind durch Proteinreihen zusammengeheftet, die die Plasmamembranen benachbarter Zellen miteinander verbinden. Tight Junctions bringen die Zellen dicht zusammen und bilden so eine wasserdichte Versiegelung, die ein Eindringen von Stoffen durch die Epithelien verhindert. Tight Junctions sind jedoch nicht besonders stark, weshalb Epithelzellen und Muskelzellen mit ihren Nachbarn durch nietenähnliche Desmosomen verbunden sind. Desmosomen bestehen aus Ankerproteinen unter der Plasmamembran jeder Zelle, die sie sowohl mit Cytoskelettproteinen im Inneren der Zelle als auch mit Membranproteinen, die Verbindungen zwischen den Außenflächen benachbarter Zellen schaffen, verbinden.

Einige Zellverbindungen ermöglichen eine direkte Kommunikation vom Cytoplasma einer Zelle zur nächsten. Bei Pflanzen bilden Lücken in der Zellwand Kanäle, die von einer Membran umgeben sind und Plasmodesmen genannt werden. Zwischen benachbarten Zellen kann es 100 bis 100.000 Plasmodesmen geben. Bei Tieren können Proteine in den Membranen benachbarter Zellen Ringe bilden, wodurch Proteinkanäle, sogenannte Gap Junctions, entstehen, die Zellen direkt miteinander verbinden. Sowohl Plasmodesmen als auch Gap Junctions ermöglichen eine schnelle Kommunikation zwischen benachbarten Zellen.

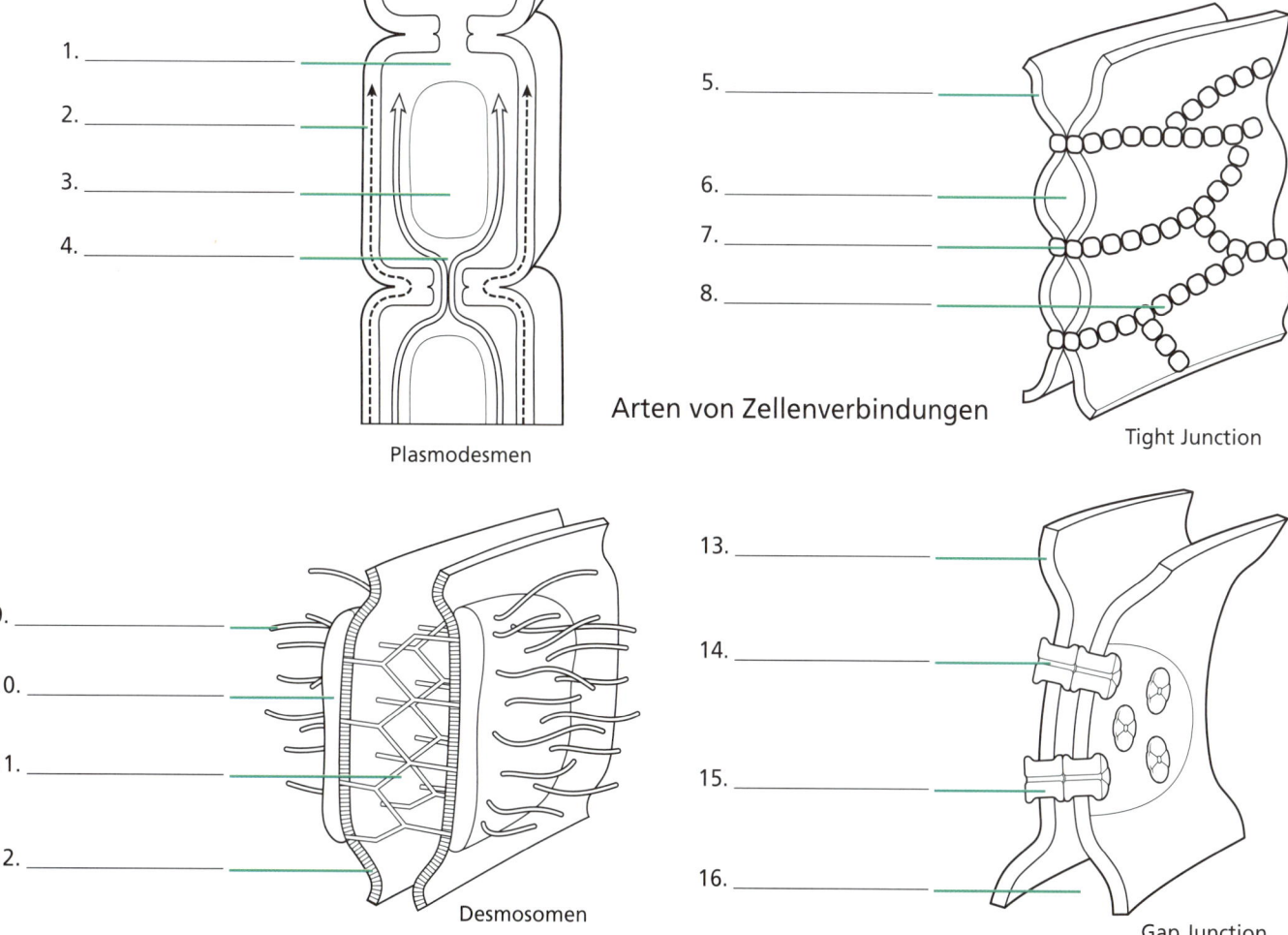

1. _____

2. _____

3. _____

4. _____

Plasmodesmen

5. _____

6. _____

7. _____

8. _____

Arten von Zellenverbindungen

Tight Junction

9. _____

10. _____

11. _____

12. _____

Desmosomen

13. _____

14. _____

15. _____

16. _____

Gap Junction

Lösungen

1. Cytoplasma, 2. Zellwand, 3. Vakuole, 4. Plasmodesmen, 5. Plasmamembran, 6. Zellzwischenraum, 7. Tight-Junction-Proteine, 8. Tight Junction, 9. Cytoskelettfilamente, 10. cytoplasmatische Plaque, 11. verbindende Filamente, 12. Plasmamembran, 13. Plasmamembran, 14. hydrophiler Kanal, 15. Connexon, 16. Zellzwischenraum

Zellkommunikation

Zellen können mithilfe von Hormonen oder anderen Signalmolekülen, die Liganden genannt werden und sich an Rezeptoren binden, mit entfernten Zellen kommunizieren. Signalmoleküle lösen mit unterschiedlichen Methoden verschiedene Zellreaktionen aus. Einige Liganden binden an ligandengesteuerte Ionenkanäle, wodurch diese sich öffnen und schließen. Andere Liganden nutzen G-Proteine, um ihre Signale durch die Plasmamembran und an sekundäre Botenstoffe weiterzugeben (Signaltransduktion).

Bei einer anderen Art der Signaltransduktion binden sich Liganden an einen enzymgekoppelten Rezeptor auf der Membran, der einen enzymatischen Teil im Zellinneren hat. Die Ligandenbindung regt die Enzymaktivität an und löst die Übertragung von Phosphatgruppen aus ATP oder Guanosintriphosphat (GTP) auf den Rezeptor und andere Proteine wie Kinasen aus. Phosphorylierte Kinasen werden aktiv und phosphorylieren weitere Kinasen. So entsteht eine Kettenreaktion, bei der Signale durch die Zelle gesendet werden.

Letztlich können hydrophobe Signalmoleküle wie Steroidhormone durch die Plasmamembran diffundieren und sich an ihre Rezeptoren im Cytoplasma oder Zellkern binden. Durch die Ligandenbindung wird die Konformation der Rezeptoren verändert, wodurch sie nun DNA binden können. Der Liganden-Rezeptor-Komplex diffundiert in den Zellkern, wo er eine Veränderung in der Genexpression auslöst.

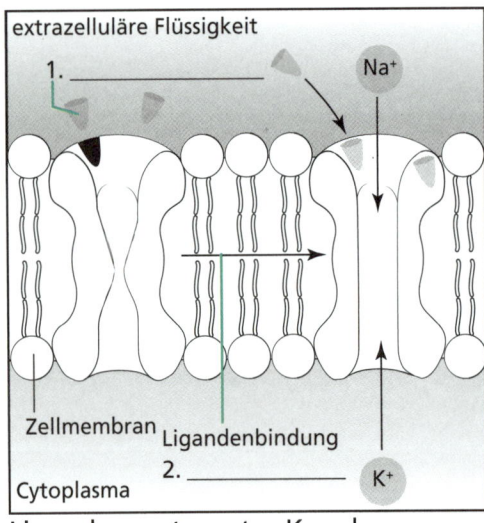

Ligandengesteuerter Kanal

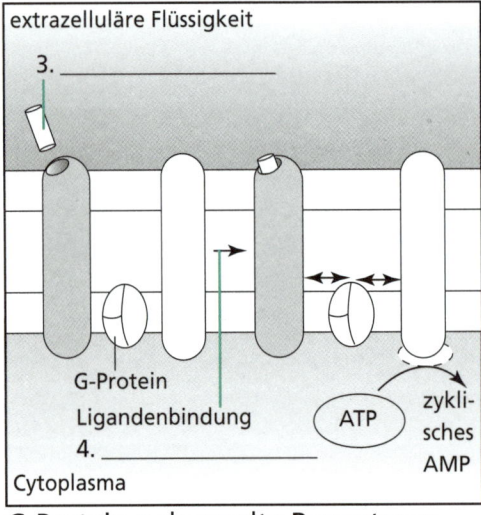

G-Protein-gekoppelte Rezeptoren

Bei den Zahlen 2, 4, 6 und 8 sollen die Auswirkungen der Ligandenbindung eingetragen werden.

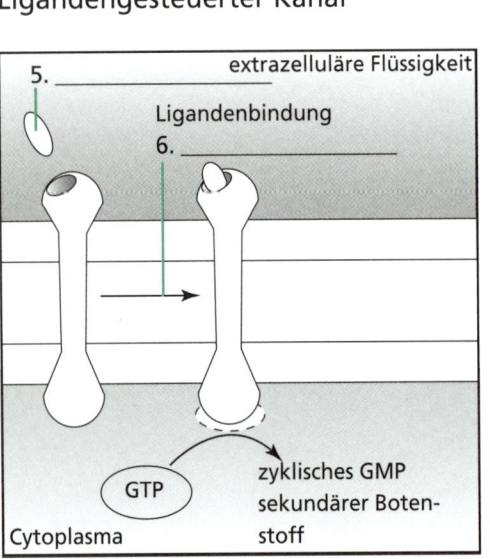

Enzymgekoppelter Rezeptor

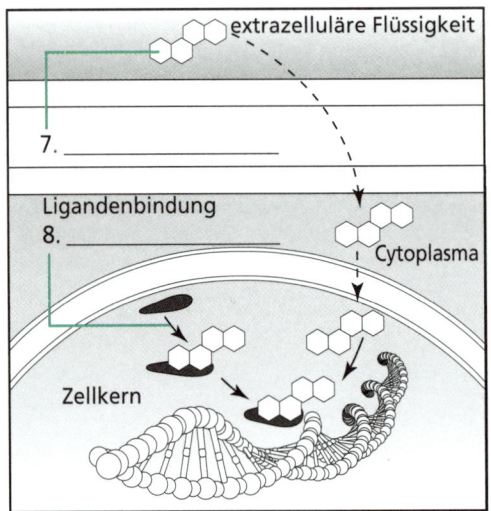

Intrazellulärer Rezeptor

Lösungen

Der Zellzyklus

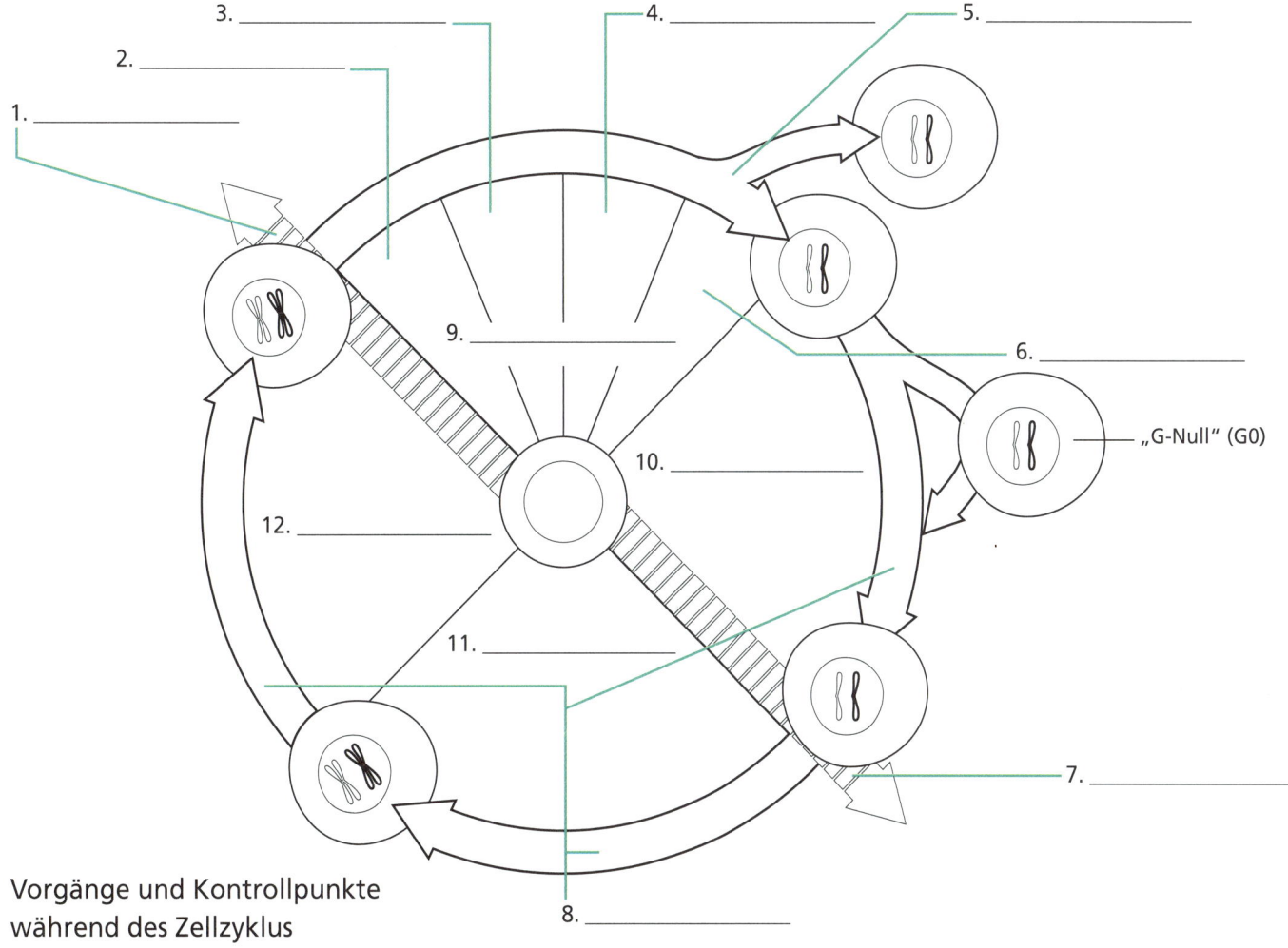

3. _____

2. _____

1. _____

4. _____

5. _____

9. _____

6. _____

„G-Null" (G0)

10. _____

12. _____

11. _____

7. _____

8. _____

Vorgänge und Kontrollpunkte während des Zellzyklus

Viele eukaryotische Zellen können sich durch Zellteilung vermehren. Wissenschaftler definierten eine Reihe von Vorgängen, den Zellzyklus, der im Laufe des Lebens einer Zelle stattfindet, während sie zwischen den Phasen der Teilung und Nichtteilung wechselt. Zellen verbringen den Großteil ihres Lebens in der Interphase, der Nichtteilungsphase, die in Gap 1 (G1), Synthese (S), Gap 2 (G2) und die Ruhephase G-Null (G0) unterteilt wird. Zellen in der G0-Phase sind lebendig und funktionsfähig, wachsen jedoch nicht oder bereiten sich auf eine Teilung vor. Zellen in der G1-Phase wachsen und kopieren ihre Organellen. Wenn sie ein Signal zur Zellteilung erhalten, gehen sie in die S-Phase über und kopieren ihre Chromosomen. Nach Vollendung der DNA-Synthese gehen die Zellen in die G2-Phase über und überprüfen die Kopien der DNA. Aus der G2-Phase gehen sie in die M-Phase über, um sich entweder mitotisch oder meiotisch zu teilen.

Zellen nutzen vier Kontrollpunkte, um einen fehlerlosen Ablauf der Zellteilung zu gewährleisten. Gegen Ende der G1-Phase stoppen die Zellen und überprüfen, ob sie groß genug sind, genügend Nährstoffe haben, ihre DNA unbeschädigt ist und sie ein Signal zur Teilung erhalten haben. Während des G2-Kontrollpunktes stellen Proteine sicher, dass alle Chromosomen richtig kopiert und nicht beschädigt wurden. Zellen in der M-Phase überqueren zwei weitere Kontrollpunkte: einen in der Metaphase, der sicherstellt, dass alle Chromosomen mit der Spindel verbunden sind, und einen in der späten Anaphase, bei dem kontrolliert wird, ob alle Chromosomen korrekt getrennt wurden. Zellen, die nicht durch diese Kontrollpunkte kommen, könnten in einer der Zellzyklusphasen steckenbleiben, wodurch schließlich eine Apoptose (programmierter Zelltod) eingeleitet wird.

Lösungen

1. G2-Kontrollpunkt, 2. Prophase, 3. Metaphase, 4. Anaphase, 5. Cytokinese (Zellteilung), 6. Telophase, 7. G1-Kontrollpunkt, 8. Interphase, 9. Mitose (M-Phase), 10. Gap 1 (G1), 11. Synthese (S), 12. Gap 2 (G2)

Asexuelle Fortpflanzung

Die asexuelle Fortpflanzung ermöglicht es Organismen, Nachkommen zu zeugen, die mit ihnen genetisch identisch sind. Ein Vorteil dieser Art der Vermehrung ist, dass Organismen keinen Partner suchen müssen, was bei einer breiten Streuung der Individuen wertvoll ist. Zudem ist es so wahrscheinlich, dass Organismen, die in ihrem derzeitigen Lebensraum erfolgreich sind, ebenso erfolgreiche Nachkommen haben werden.

Viele Lebewesen vermehren sich asexuell: Bakterien, Archaeen, Protisten, Pilze, Pflanzen und sogar Tiere. Die Zellen von Bakterien und Archaeen teilen sich durch eine einfache Zweiteilung. Die Zellen wachsen, kopieren ihre Chromosomen und teilen sich in zwei. Eukaryoten nutzen eine komplexere Art der Zellteilung, die Mitose, um eine korrekte Trennung ihrer Chromosomen sicherzustellen.

Im alltäglichen Leben können viele Beispiele für die asexuelle Fortpflanzung beobachtet werden. Wenn Hefe zur Herstellung von Bier oder Brot genutzt wird, ernährt sich die Hefe vom Zucker und vermehrt sich asexuell in der Nahrung. Schimmel auf Brot oder Käse kann asexuell Sporen produzieren, die sich in der Küche verteilen und auf dem Essen landen, wodurch der Schimmel von Neuem wächst. Einige Hauspflanzen und Erdbeeren erzeugen durch asexuelle Vermehrung Pflänzchen, während sich andere Pflanzen durch Zwiebeln, Knollen und Sprossen asexuell vermehren. Sogar einige Tiere, zum Beispiel Quallen und Anemonen, wachsen und teilen sich dann asexuell in zwei neue Individuen. Bei all diesen Lebewesen ist die asexuelle Fortpflanzung eine einfache und effiziente Methode zur Zeugung von Nachkommen.

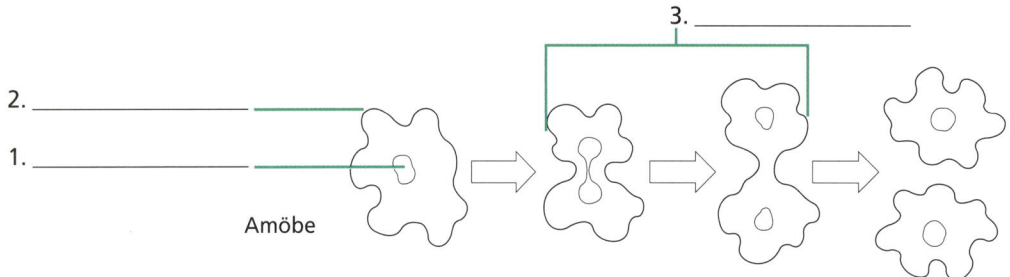

3. _____

2. _____

1. _____

Amöbe

Beispiele für die asexuelle Fortpflanzung

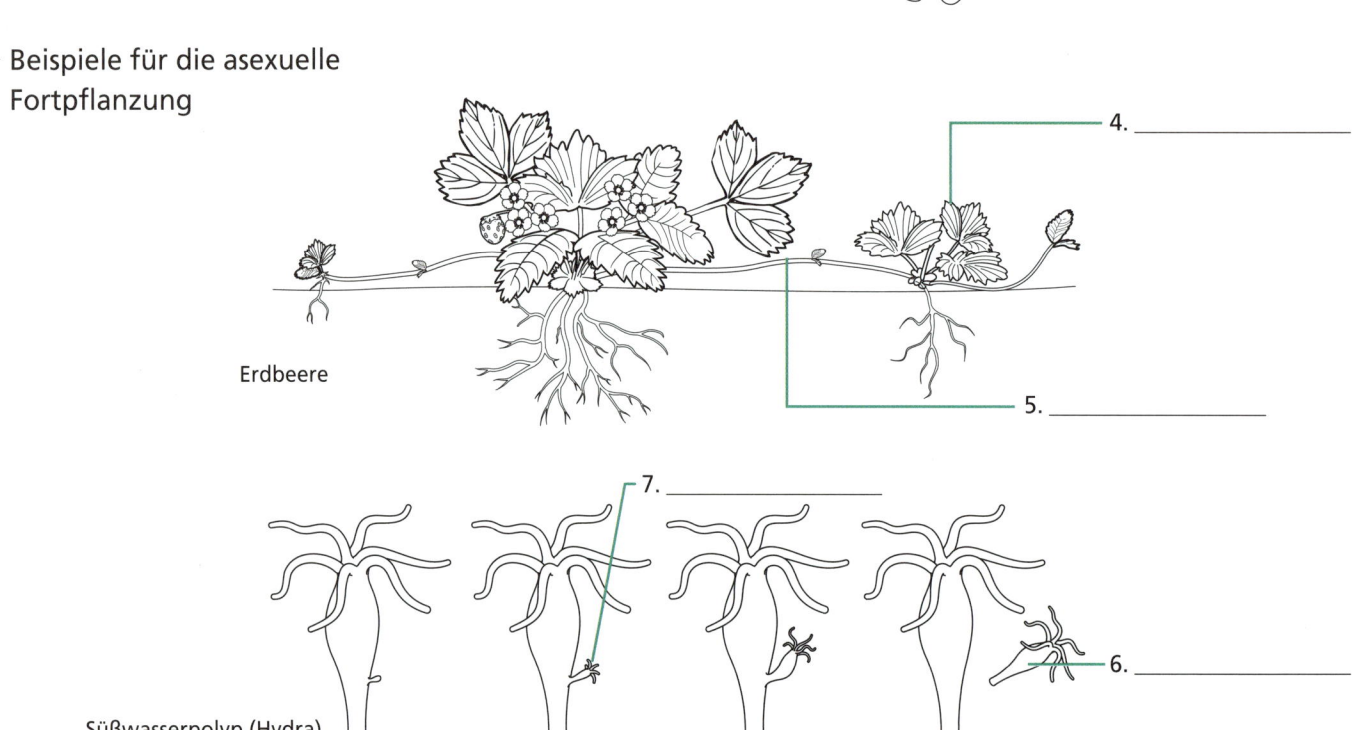

Erdbeere

4. _____

5. _____

7. _____

6. _____

Süßwasserpolyp (Hydra)

Lösungen

Chromosomenaufbau

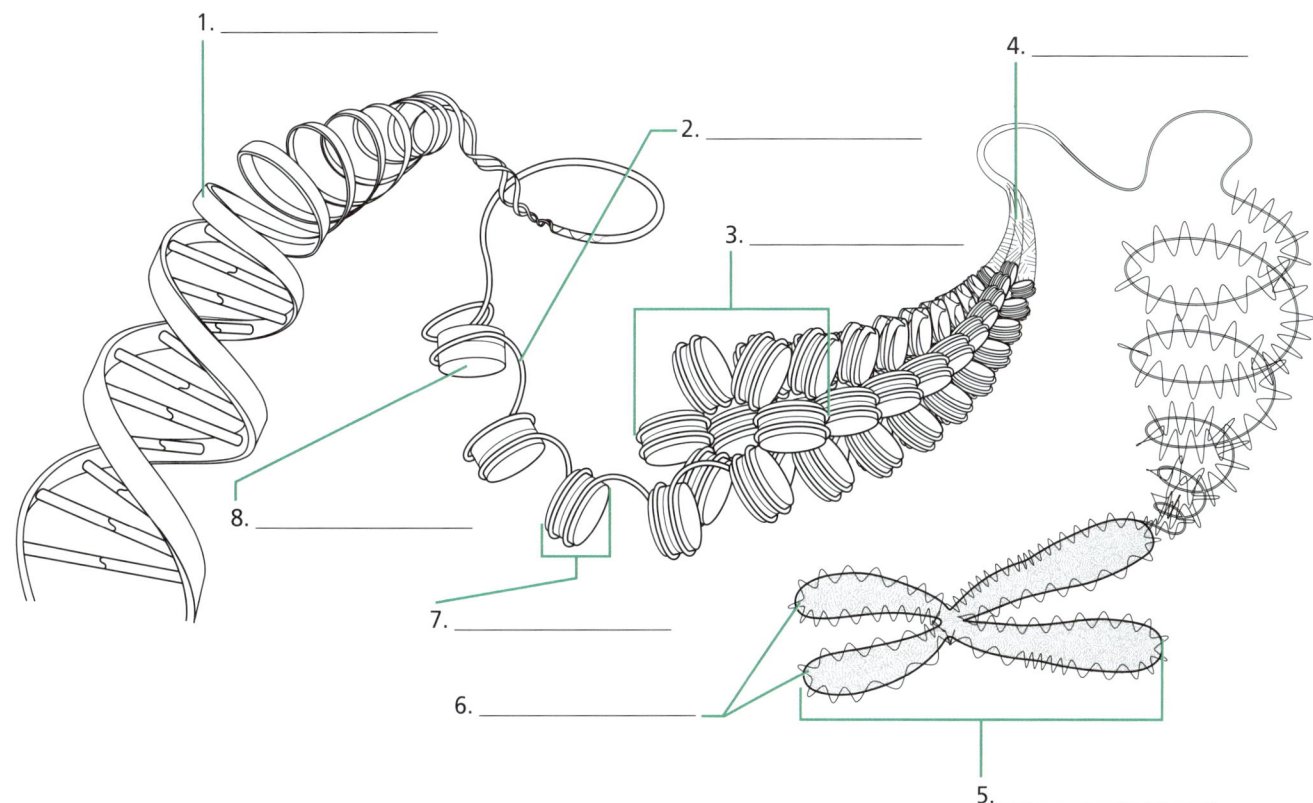

1. _____
2. _____
3. _____
4. _____
5. _____
6. _____
7. _____
8. _____

Die Stufen des Chromosomenaufbaus

Chromosomen sind einzelne DNA-Moleküle, die um Proteine gewickelt sind. Bei Eukaryoten wickelt sich die negativ geladene DNA hauptsächlich um positiv geladene Proteine, die Histone genannt werden. Ein DNA-Strang wickelt sich zweimal um einen Klumpen aus acht Histonen und wird von einem Histon namens H1 an seinem Platz gehalten. Nach einem kurzen Abschnitt von verbindender DNA (Linker-DNA) windet sich der Strang wieder herum und bildet eine Form, die als „Perlen auf einer Schnur" beschrieben wird. Jede „Perle" mit der um sie gewickelten DNA wird als Nukleosom bezeichnet.

Eine weitere Verpackungsebene der Chromosomen ist nötig, damit die gesamte DNA im Zellkern Platz hat. Durch ein Zusammenspiel der H1-Proteine aus unterschiedlichen Nukleosomen werden die Chromosomen zu Fibern mit einem Durchmesser von 30 nm verdichtet. Diese Fibern werden dann auf Gerüstproteine gewickelt, die das Chromosom ordnen und im Zellkern an seinem Platz halten.

Selbst in dieser Verpackungsebene sind die Chromosomen während der Interphase im Zellkern verteilt und kaum als dünne Fäden, die Chromatin genannt werden, sichtbar. Wenn Zellen in die M-Phase übergehen, werden die 30-nm-Fibern sowie die Gerüstproteine gewunden und noch einmal gefaltet, um die Chromosomen zu verdichten, sodass sie während der Zellteilung geordnet werden können. Durch die Kondensierung sind die Chromosomen unter einem Lichtmikroskop als einzelne Strukturen aus Paaren von Schwesterchromatiden zu sehen.

Lösungen

Mitose

Eukaryotische Zellen teilen sich im Zuge der asexuellen Vermehrung, des Wachstums und der Reparatur. Ein kontrollierter Zellteilungsprozess, die Mitose, stellt sicher, dass die neuen Zellen Kopien aller Chromosomen erhalten. Zellen bereiten sich in der Interphase auf die Mitose vor. Erhält eine Zelle ein Signal zur Teilung, geht sie vor der Mitose von der G1- in die S- und G2-Phase über.

Die Mitose hat fünf Phasen. Während der Prophase verdichten Zellen ihre Chromosomen (Kondensation). Ein Netzwerk aus Mikrotubuli, der Spindelapparat, formt sich und die Kernmembran wird abgebaut. In der Prometaphase heften sich die Chromosomen an die Mikrotubuli. Die Mikrotubuli dehnen und verkürzen sich und ziehen an den Chromosomen, bis sie in der Metaphase alle in der Mitte der Zelle aufgereiht sind. In der Anaphase trennen sich die Schwesterchromosomen voneinander und werden von den Mikrotubuli zu den entgegengesetzten Zellpolen gezogen. Die Telophase beendet die Mitose, indem die Prozesse der Prophase rückgängig gemacht werden. Nach oder während der Telophase teilt sich das Cytoplasma durch Cytokinese. Bei Tierzellen zieht sich ein Band aus Mikrofilamenten um die Mitte der Zelle zusammen und teilt sie so. Bei Pflanzenzellen liefern Mikrotubuli Vesikel mit Membran- und Wandmaterial in die Mitte der Zelle, um eine Zellplatte zu bilden, die schließlich zu den Zellmembranen und -wänden der neuen Zellen wird.

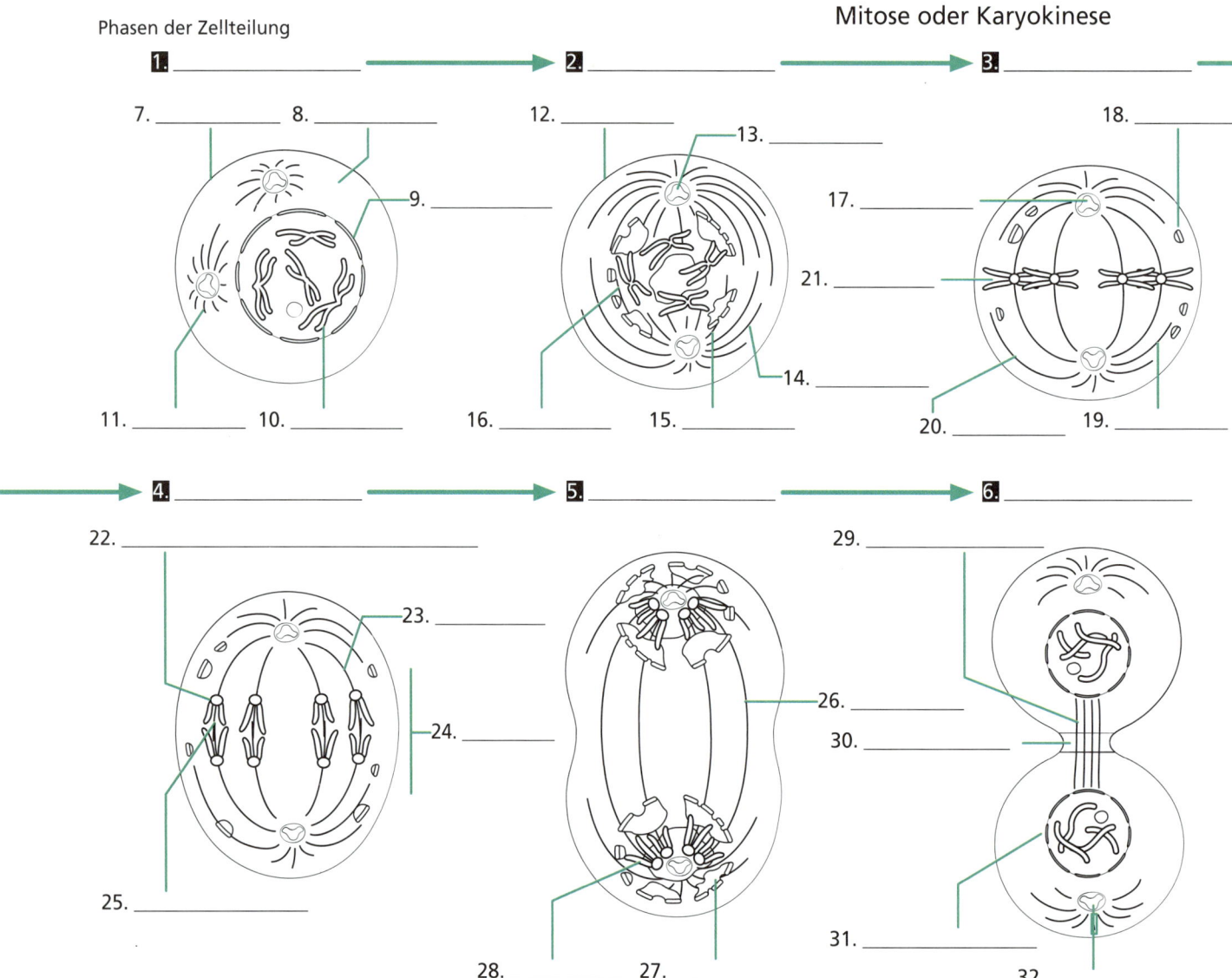

Phasen der Zellteilung

Mitose oder Karyokinese

1. _____
2. _____
3. _____

7. _____ 8. _____
9. _____
11. _____ 10. _____

12. _____
13. _____
17. _____
21. _____
14. _____
16. _____ 15. _____

18. _____
20. _____ 19. _____

4. _____
5. _____
6. _____

22. _____
23. _____
24. _____
25. _____

26. _____
30. _____
28. _____ 27. _____

29. _____
31. _____
32. _____

Krebs

Krebs entsteht durch eine Anhäufung von Mutationen, die die Zellteilung und das Verhalten der Zellen beeinflussen. Die Krankheit beginnt als einzelne Zelle, in der eine Mutation ein Gen beeinflusst, das die Zellteilung reguliert, was dazu führt, dass sich die Zelle öfter als andere Zellen vermehrt und zu wuchern beginnt. Eine ähnliche Mutation in einem Nachkommen derselben Zelle verstärkt den Effekt und führt zur Entstehung einer präkanzerogenen Masse, die gutartiger (benigner) Tumor oder Polyp genannt wird. Während die präkanzerogenen Zellen immer mehr Mutationen anhäufen, verändern sich ihre Eigenschafen, sodass sie ihrem Ursprungsgewebe nicht mehr ähneln und durch den Körper wandern können. Diese Zellen sind bösartig und können Metastasen bilden, beziehungsweise den Krebs im ganzen Körper ausbreiten. Da für die Entstehung von Krebs in derselben Zelle mehrere Mutationen auftreten müssen, entwickelt sich die Krankheit für gewöhnlich im Laufe mehrerer Jahre und tritt bei älteren Organismen häufiger auf.

Die Zahlen 1-4 beziehen sich auf Arten von Genmutationen und die Zahlen 5-9 auf Arten des Zellwachstums.

Phasen bei der Umwandlung einer gewöhnlichen Zelle in eine Krebszelle

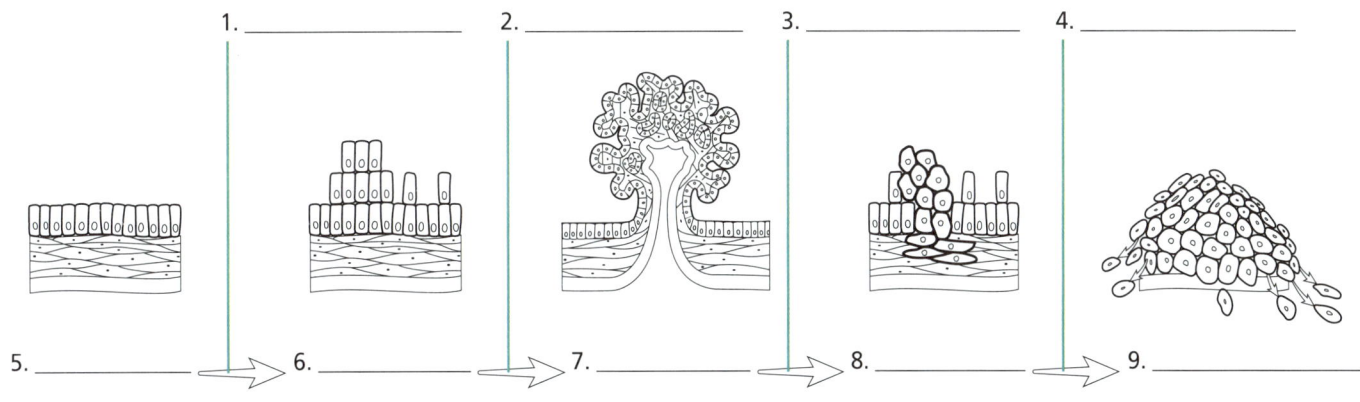

1. _____ 2. _____ 3. _____ 4. _____

5. _____ 6. _____ 7. _____ 8. _____ 9. _____

Die mit Krebs verbundenen Mutationen treten in bestimmten Arten von Genen auf, die normalerweise die Zellteilung steuern. Protoonkogene, zum Beispiel *Ras*, stellen Proteine her, die die Zellteilung anregen. Mutierte *Ras*-Proteine können zu einer übermäßigen Stimulation der Teilung führen. Tumorsuppressorgene wie *APC* oder *p53* halten die Zellteilung für gewöhnlich an, sodass andere Proteine Fehler beheben können. Wenn sie nicht richtig funktionieren, setzen die beschädigten Zellen ihre Teilung fort, wodurch Zellen mit veränderten Eigenschaften entstehen. Gewöhnliche Gene, die mit Zelltod verbunden sind, produzieren Proteine, die entweder eine Apoptose auslösen oder das Leben der Zellen durch die Reparatur der Chromosomenenden (Telomere) verlängern. Mutationen in diesen Genen können eine Krebszelle unsterblich machen.

Lösungen

Sexuelle Fortpflanzung

Viele Arten von Organismen pflanzen sich sexuell fort, zum Beispiel Protisten, Pilze und Tiere. Bei der sexuellen Fortpflanzung nutzen Eltern eine besondere Art der Zellteilung, die sogenannte Meiose, um Gameten wie Spermien und Eizellen herzustellen. Gameten sind haploid (n) und besitzen somit die Hälfte des Erbguts ihrer Eltern. Bei der Befruchtung verschmelzen zwei Gameten zu einer Zygote, der ersten Zelle eines neuen Organismus. Die Zygote ist diploid (2n) und hat somit dieselbe Anzahl an Chromosomen wie ihre Eltern. Bei mehrzelligen Organismen teilt sich die Zygote durch Mitose, um die neuen Zellen des Organismus zu produzieren. Danach folgt eine Spezialisierung (Differenzierung) der neuen Zellen, sodass im Laufe der Entwicklung die einzelnen Gewebearten entstehen.

Die sexuelle Vermehrung ist wichtig, da sie bei den Nachkommen zu neuen Merkmalen führt. Wenn die Population genetisch identisch ist und sich die Umweltbedingungen verändern, sodass sie sich negativ auf diese Population auswirken, ist die Überlebenschance dieser Individuen sehr gering. Durch die sexuelle Fortpflanzung stellt jedoch jeder Nachkomme eine einzigartige Kombination von Genen und damit der Eigenschaften der Eltern dar. Wenn eine genetisch vielfältige Population mit ungünstigen Bedingungen konfrontiert wird, ist die Wahrscheinlichkeit gegeben, dass einige Individuen Merkmale haben, durch die sie überleben und die Spezies weiterführen können.

Hauptphasen im menschlichen Lebenszyklus

Bei den Zahlen 1, 2, 4, und 7 ist auch die Anzahl der Chromosomen einzutragen.

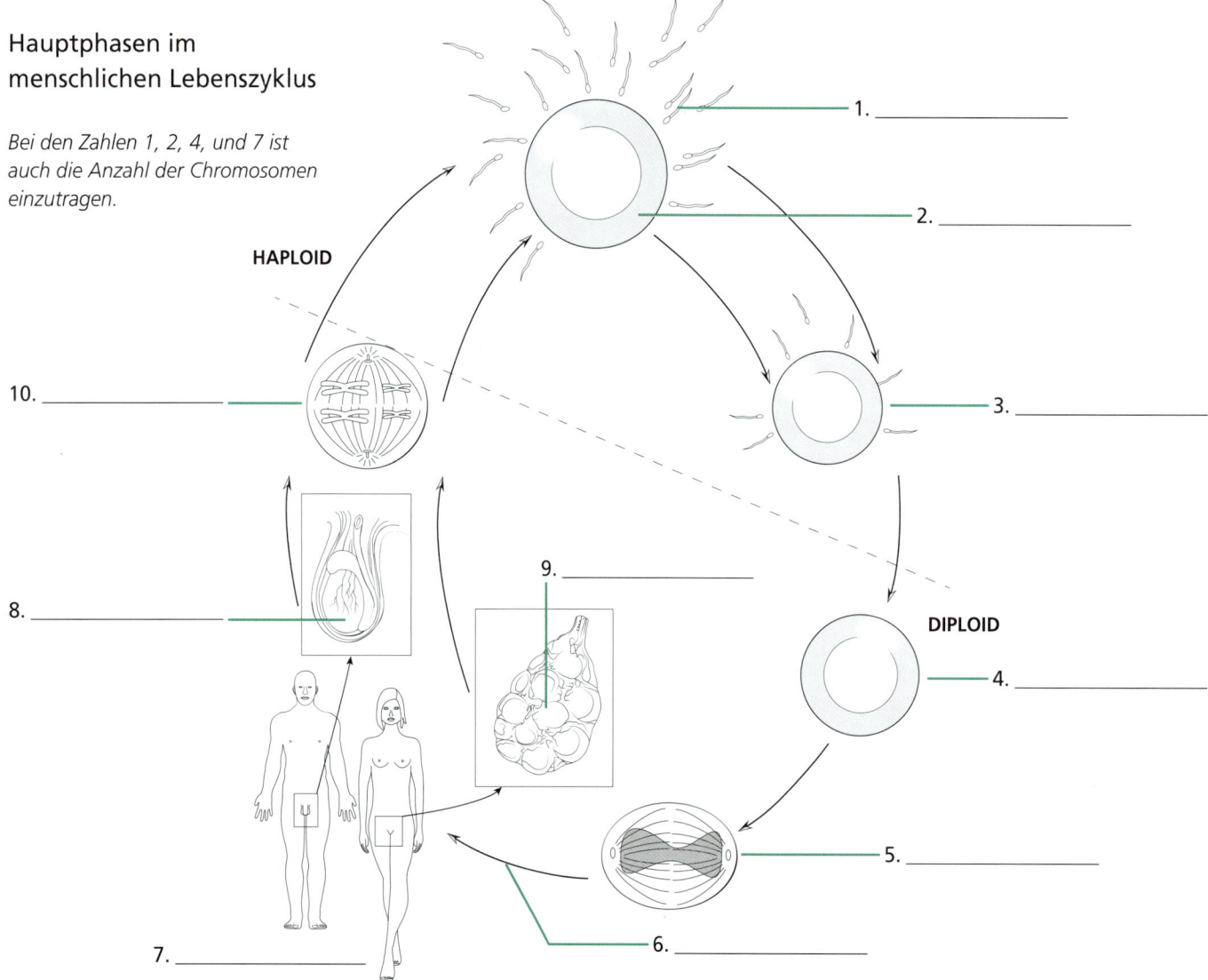

HAPLOID

DIPLOID

1. _____

2. _____

3. _____

4. _____

5. _____

6. _____

7. _____

8. _____

9. _____

10. _____

Lösungen

Die Meiose im Überblick

Die Meiose ist eine besondere Art der Zellteilung, die bei sich sexuell fortpflanzenden Spezies auftritt. Die Zellen, bei denen die Meiose auftritt, sind diploid (2n), was bedeutet, dass sie zwei komplette Chromosomensätze haben. Der Zweck der Meiose besteht darin, die Chromosomen in einer Zelle zu ordnen und sie zu trennen, sodass die daraus entstandenen Gameten je die Hälfte des Erbguts der Ursprungszelle besitzen. Die Meiose läuft sehr genau ab, damit jeder Gamet nicht nur eine zufällige Menge an DNA erhält, sondern einen kompletten Chromosomensatz, der je ein Chromosom aus der Elternzelle enthält. Anders ausgedrückt kommt es bei der Meiose zu einer Reduktion der Chromosomenanzahl von einer diploiden (2n) zu einer haploiden (n).

Zellen, die ein Signal zur Einleitung der Meiose erhalten, folgen demselben Zellzyklus wie Zellen, die in die Mitose eintreten. Sie gehen von der G1- in die S-Phase über und kopieren all ihre Chromosomen. Jedes identische Paar von Schwesterchromosomen bleibt miteinander verbunden. Nach der G2-Phase treten die Zellen in die Meiose ein. Bei der Meiose finden zwei Runden der Kernteilung statt, die Meiose I und die Meiose II. Während der Meiose I ordnen die Zellen alle Chromosomen. Die passenden Paare, sogenannte homologe Chromosomen, werden aneinander gelagert und bilden Tetraden. Während die homologen Paare miteinander verbunden sind, nutzen sie das Crossing-over zum Austausch von Teilen der DNA. Die Teilung in der Meiose I trennt die homologen Chromosomen, wodurch zwei haploide Zellen entstehen, die noch immer replizierte Chromosomen enthalten. Im zweiten Teilungsschritt, der Meiose II, werden die Schwesterchromatiden getrennt, sodass letztendlich vier haploide Gameten mit nicht replizierten Chromosomen entstehen.

Phasen der Meiose

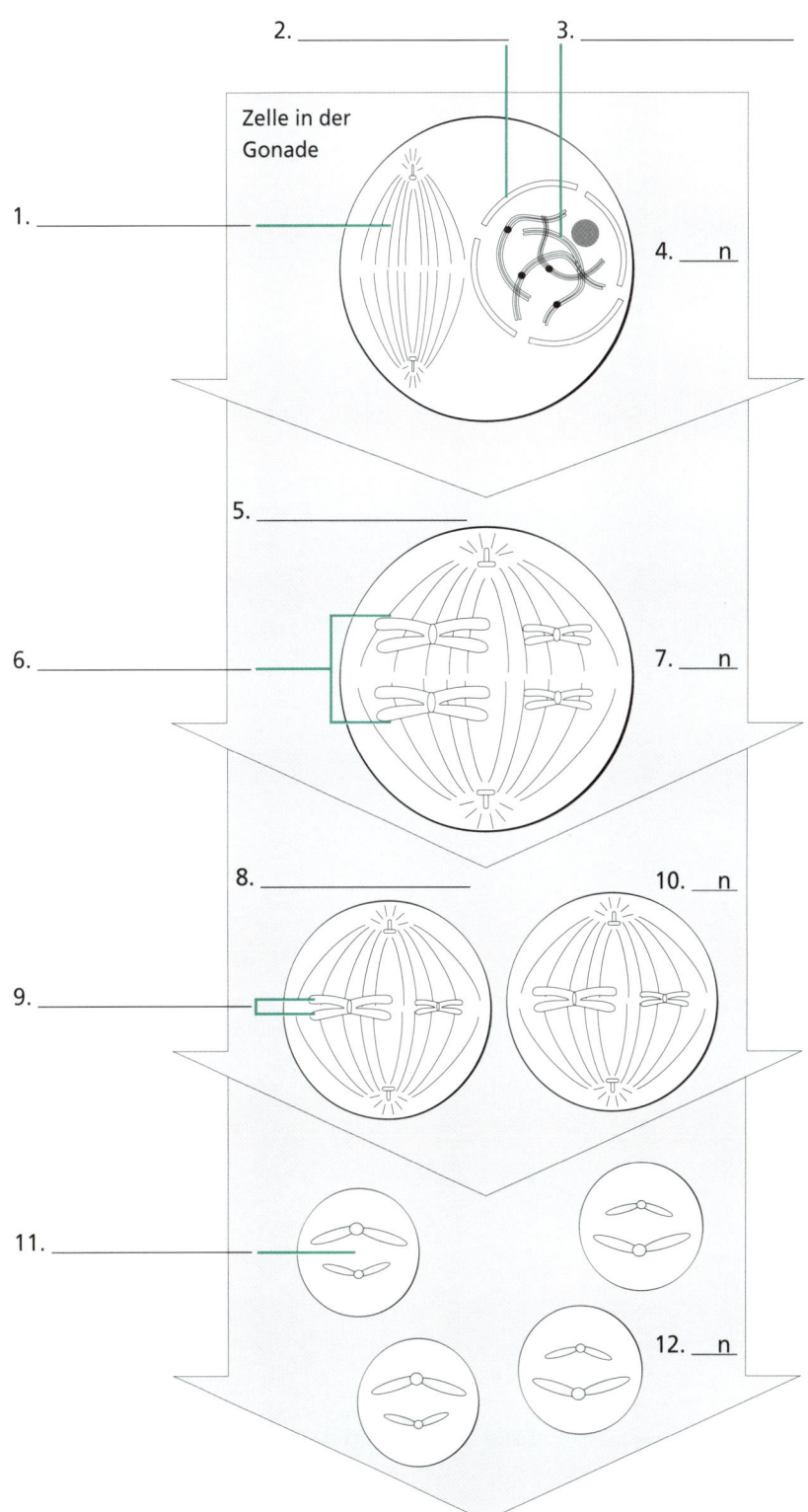

Zelle in der Gonade

2. _____ 3. _____

1. _____

4. ___ n

5. _____

6. _____ 7. ___ n

8. _____ 10. ___ n

9. _____

11. _____ 12. ___ n

Näher betrachtet – Die Meiose I

Wie die Mitose wird auch die Meiose I anhand bestimmter Vorgänge in einzelne Phasen unterteilt. Während der Prophase I bereiten sich die Zellen auf die Zellteilung vor, indem sie die Chromosomen verdichten und den Spindelapparat bilden. Die Kernmembran löst sich auf, damit sich die Spindel durch Kinetochorproteine mit den Chromosomen verbinden kann. Der markanteste Prozess während der Prophase I ist die Paarung der Chromosomen, die von Verbindungsproteinen zusammengehalten werden. Dieser Vorgang ist essenziell, denn er erlaubt den Zellen die Anordnung aller Paare in Vorbereitung auf ihre Sortierung. Während der Paarung der homologen Chromosomen findet ein Crossing-over statt.

Nachdem die Homologen mit der Spindel verbunden wurden, dehnen und verkürzen sich die Mikrotubuli, um die Chromosomen in die Mitte der Zelle zu ziehen. Wissenschaftler definieren die Metaphase I als den Moment, in dem sich die homologen Paare in der Mitte der Zelle aufreihen. Während der Anaphase I trennen sich die homologen Paare und die Spindel zieht einen Teil jedes Paares zu den entgegengesetzten Polen der Zelle. In der Telophase I wird die Kernmembran wieder aufgebaut, die Spindel zerfällt und die Chromosomen dekondensieren. Abhängig von der Spezies kann eine Cytokinese stattfinden, bei der sich die Zelle in zwei Zellen teilt. Obwohl diese Zellen replizierte Chromosomen mit Schwesterchromatiden enthalten, sind sie haploid, da sie nur eines von jedem homologen Paar enthalten - mit anderen Worten je eine Art von Chromosom in der Zelle.

Vorgänge während der Meiose I

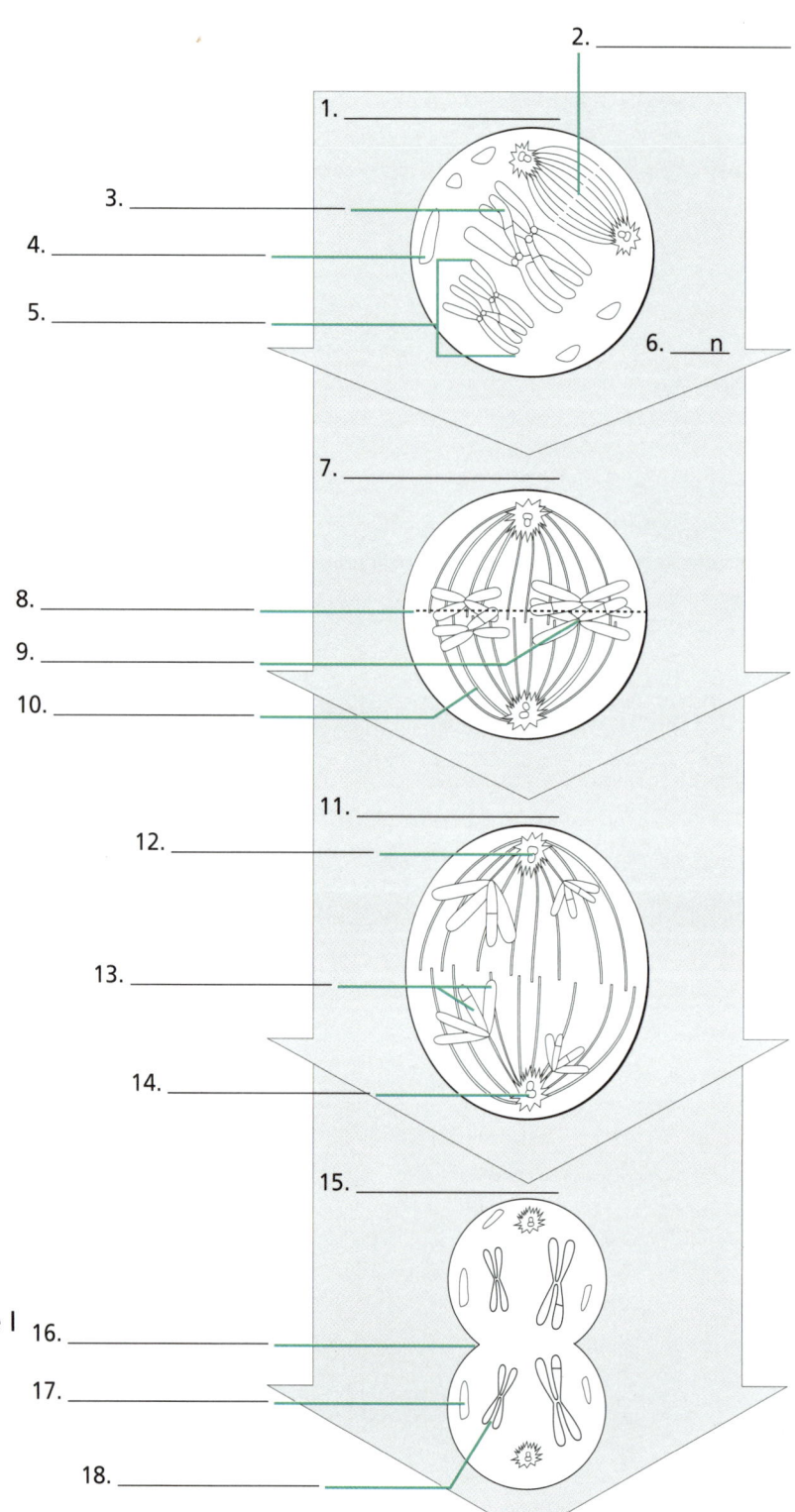

1. _____
2. _____
3. _____
4. _____
5. _____
6. ___ n
7. _____
8. _____
9. _____
10. _____
11. _____
12. _____
13. _____
14. _____
15. _____
16. _____
17. _____
18. _____

1. Prophase I, 2. Spindelapparat, 3. Crossing-over, 4. Fragment der Zellkernhülle, 5. homologes Paar (Tetrade), 6. 2, 7. Metaphase I, 8. Metaphasenplatte, 9. Centromer, 10. Mikrotubulus, 11. Anaphase I, 12. Centriol, 13. Schwesterchromatiden, 14. Centrosom (MTOC), 15. Telophase I/Cytokinese, 16. Teilungsfurche, 17. Fragment der Zellkernhülle, 18. repliziertes Chromosom

Näher betrachtet – Die Meiose II

Die Meiose II beginnt mit zwei haploiden Zellen, die replizierte Chromosomen enthalten. Die Schwesterchromatiden werden getrennt, sodass vier haploide Gameten mit unreplizierten Chromosomen entstehen. In der Prophase II bereiten sich die Zellen auf die Kernteilung vor, indem die Chromosomen kondensieren und der Spindelapparat geformt wird. Die Kernhülle zerfällt, sodass sich die Mikrotubuli an die replizierten Chromosomen heften können. Die Mikrotubuli bewegen die Chromosomen, sodass sie in der Mitte der Zelle aufgereiht werden, wodurch die Metaphase II eingeleitet wird.

Vorgänge während der Meiose II

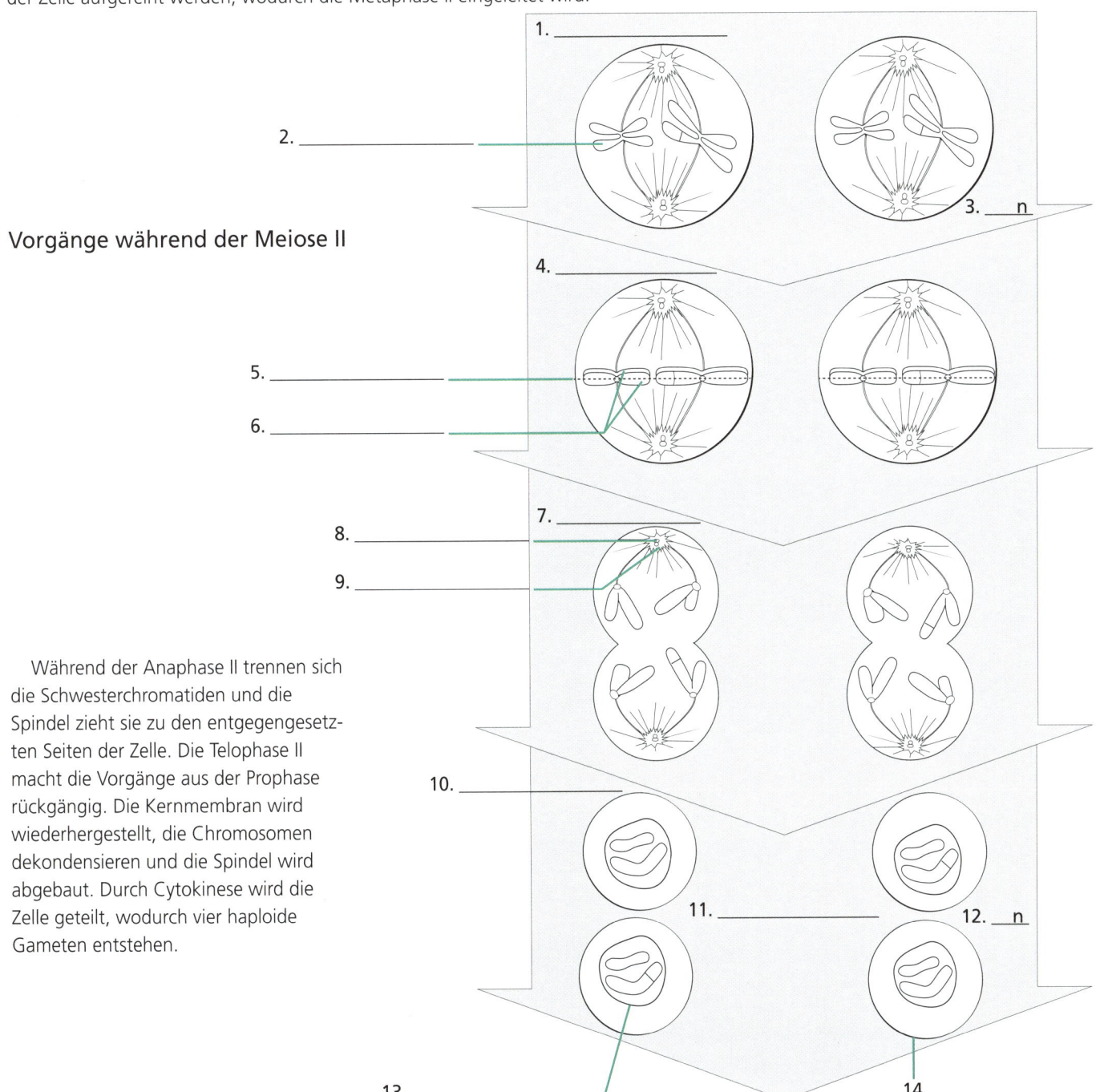

1. _____
2. _____
3. ___ n
4. _____
5. _____
6. _____
7. _____
8. _____
9. _____
10. _____
11. _____
12. ___ n
13. _____
14. _____

Während der Anaphase II trennen sich die Schwesterchromatiden und die Spindel zieht sie zu den entgegengesetzten Seiten der Zelle. Die Telophase II macht die Vorgänge aus der Prophase rückgängig. Die Kernmembran wird wiederhergestellt, die Chromosomen dekondensieren und die Spindel wird abgebaut. Durch Cytokinese wird die Zelle geteilt, wodurch vier haploide Gameten entstehen.

Lösungen

Näher betrachtet – Das Crossing-over

Die wichtigsten Vorgänge während der Prophase I der Meiose ist die Paarung der homologen Chromosomen und das Crossing-over, das zwischen ihnen stattfindet. Zu Beginn der Prophase I lagern sich die homologen Chromosomenpaare aneinander und werden durch ein Netzwerk aus Proteinen, dem sogenannten synaptonemalen Komplex, zusammengehalten. Kleine Brüche in der DNA können zu Punkten des genetischen Austausches zwischen Nichtschwesterchromatiden führen. Dieser präzise Austausch findet an mehreren Punkten entlang der Chromosomen statt, wobei die DNA aus demselben Chromosomenabschnitt ausgetauscht wird und Chromatiden mit einer Mischung von Genen aus beiden Homologen entstehen. Wenn der synaptonemale Komplex in der späten Prophase I zerfällt, sind die Verbindungspunkte zwischen den Homologen als Chiasmen noch immer sichtbar.

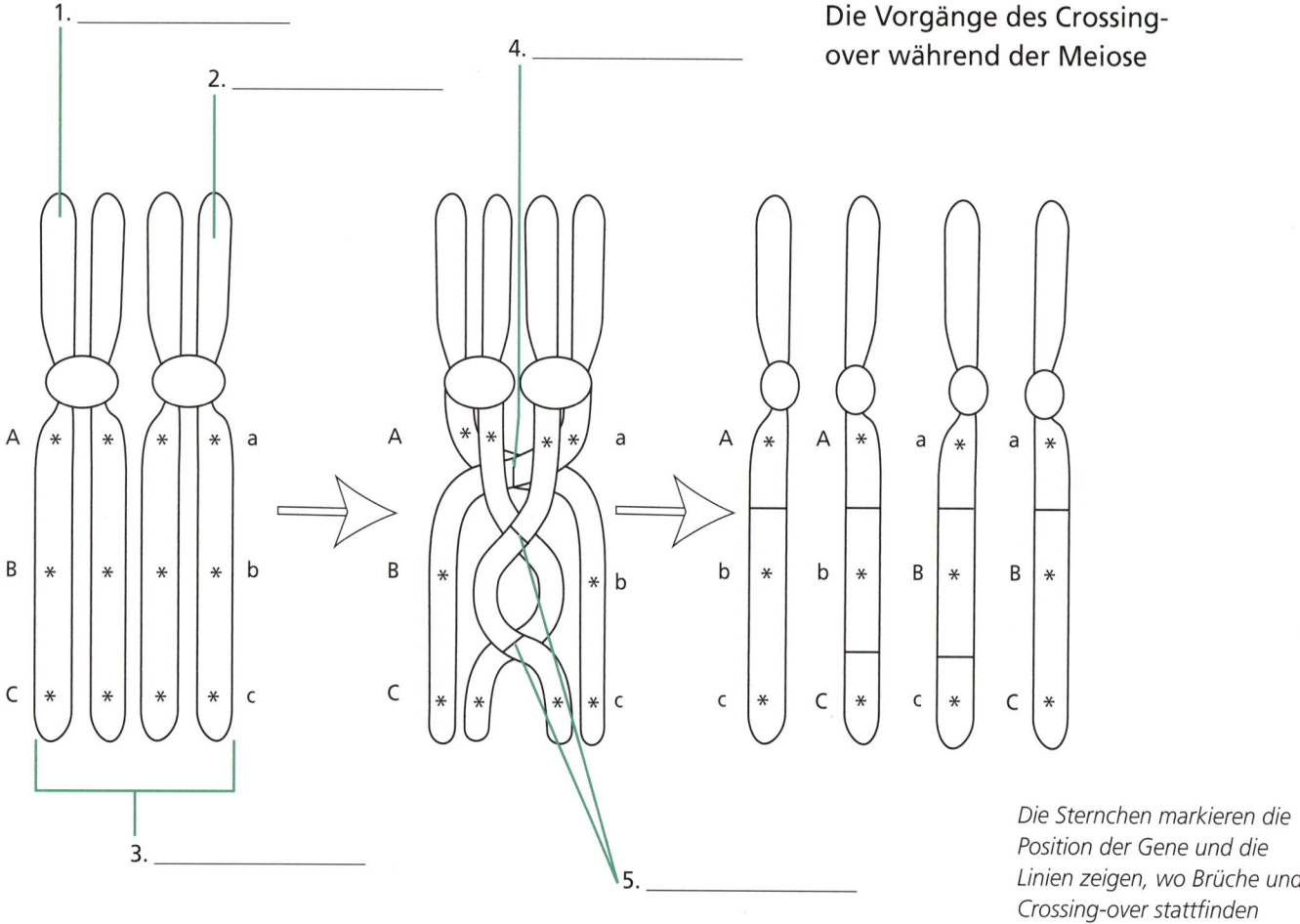

Die Vorgänge des Crossing-over während der Meiose

1. _____

2. _____

4. _____

3. _____

5. _____

Die Sternchen markieren die Position der Gene und die Linien zeigen, wo Brüche und Crossing-over stattfinden

Der Vorteil des Crossing-over liegt darin, dass die genetische Variabilität unter den Nachkommen von sich sexuell fortpflanzenden Organismen erhöht wird. So erhalten Gameten von ihren Eltern nicht nur eine einzigartige Kombination von Chromosomen, sondern die Chromosomen selbst können eine einzigartige Mischung von Allelen aus den beiden Homologen der Eltern enthalten. Die Erhöhung der genetischen Variabilität führt zu einer größeren Vielfalt unter den Nachkommen, wodurch auch die Wahrscheinlichkeit, dass einige Nachkommen bis zur Geschlechtsreife überleben, größer wird.

Lösungen

1. mütterliches Chromosom, 2. väterliches Chromosom, 3. homologe Chromosomen (Tetrade), 4. Chiasma, 5. Chiasma

Non-Disjunction

Mit Non-Disjunction (engl. für „Nicht-Trennung") ist eine Fehlsegregation gemeint. Genauer beschreibt dieser Begriff eine fehlge-schlagene Trennung von Chromosomen während der Zellteilung. Das wirkt sich insbesondere während der Meiose aus, wo durch eine Fehlsegregation Gameten mit einer falschen Anzahl an Chromosomen entstehen können. Sind diese Gameten an der Befruch-tung beteiligt, kann daraus ein aneuploider Organismus entstehen, der in all seinen Zellen eine falsche Chromosomenanzahl hat. Dieser Organismus ist entweder nicht lebensfähig oder weist Entwicklungsstörungen auf.

Eine Non-Disjunction kann in beiden Meioseschritten auftreten. Tritt sie in der Meiose I auf, bewegen sich beide Teile des homolo-gen Paares in der Anaphase I zum selben Pol. Läuft die restliche Meiose normal ab, trennen sich die Schwesterchromatiden in der Anaphase II. Daraus entstehen dann zwei Gameten mit einem zusätzlichen Chromosom und zwei Gameten mit einem fehlenden Chromosom. Tritt die Non-Disjunction in der Meiose II auf, bewegen sich beide Schwesterchromatiden eines Chromosoms in der Anaphase II zum selben Pol. In diesem Fall sind zwei der vier Gameten gewöhnlich, ein weiterer hat ein zusätzliches Chromosom und einem fehlt ein Chromosom.

Eine der häufigsten Auswirkungen einer Non-Disjunction beim Menschen ist Trisomie 21, die zum Down-Syndrom führt. Menschen mit drei Kopien des Chromosoms 21 können an Entwicklungsstörungen und einem erhöhten Risiko für bestimmte Krankheiten leiden. Mit zunehmendem Alter der Mutter steigt das Risiko, Eier mit der falschen Chromosomenanzahl zu produzieren. Somit haben ältere Mütter ein erhöhtes Risiko, Kinder mit Trisome 21 zu bekommen.

Auswirkungen einer Non-Disjunction in Meiose I und II

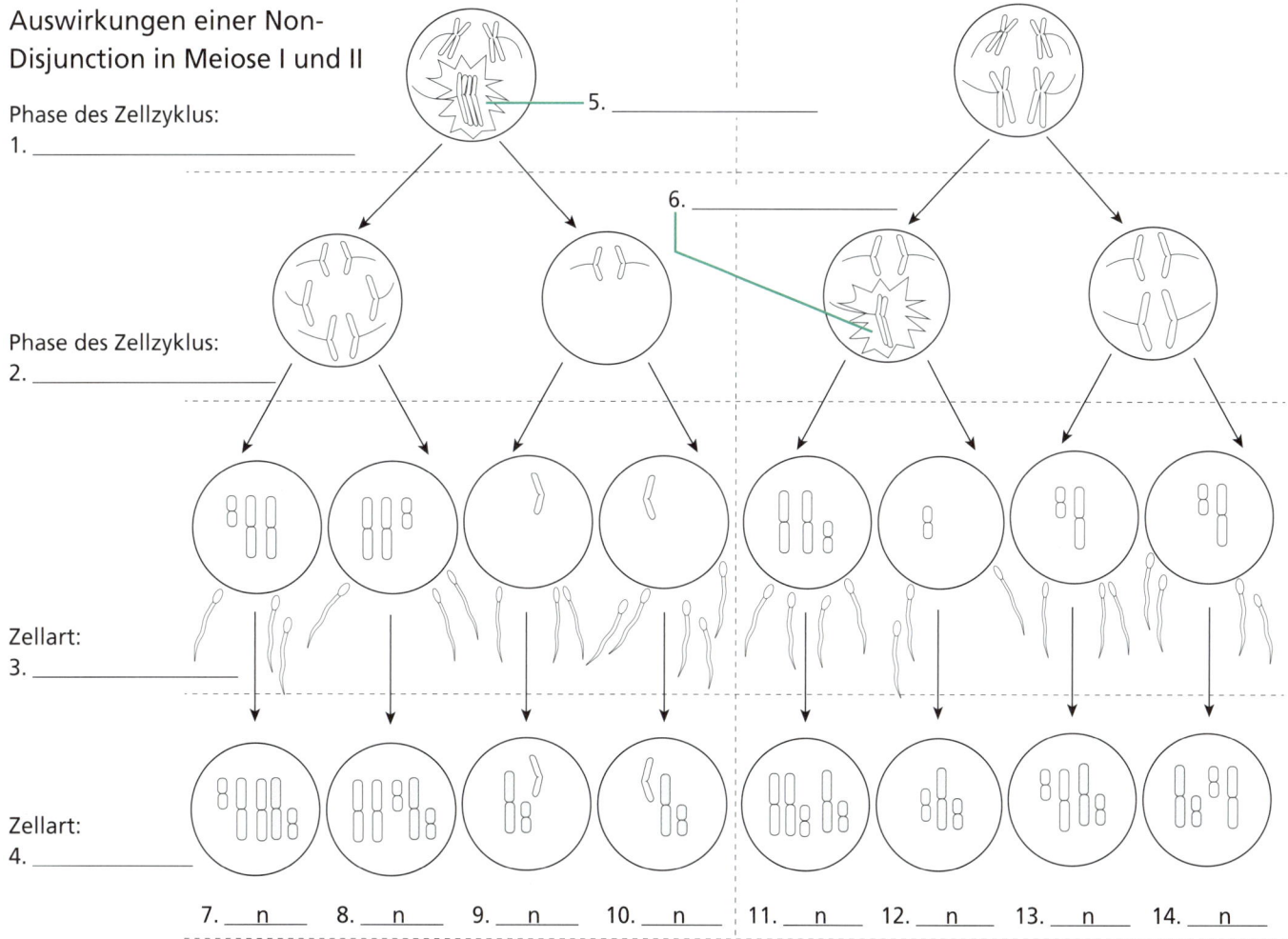

Phase des Zellzyklus:
1. _____

5. _____

6. _____

Phase des Zellzyklus:
2. _____

Zellart:
3. _____

Zellart:
4. _____

7. __n__ 8. __n__ 9. __n__ 10. __n__ 11. __n__ 12. __n__ 13. __n__ 14. __n__

Lösungen

Die Spaltungsregel

Man ahnte wahrscheinlich bereits seit jeher, dass Kinder Merkmale ihrer Eltern erben, doch niemand konnte wirklich erklären, wie diese Vererbung funktioniert, bis der österreichische Mönch Gregor Mendel diese Frage in der Mitte des 19. Jahrhunderts beantwortete. Vor Mendel hatte man angenommen, dass sich die elterlichen Eigenschaften in den Nachkommen miteinander vermischten.

Mendels Arbeit war einzigartig, nicht nur führte er sorgfältig geplante Kreuzungsexperimente an Erbsen durch, sondern er wendete auch Mathematik an, um die von ihm beobachteten Muster vorauszusagen und zu verstehen. Er begann mit reinerbigen Pflanzen, den sogenannten Parentalgenerationen (P), zum Beispiel eine Linie, die immer nur violette Blüten hervorbrachte, und eine Linie, die immer nur weiße Blüten hervorbrachte. Er kreuzte diese beiden Linien, um eine erste Generation (F1) zu zeugen, die violette Blüten hatte. Danach kreuzte er Mitglieder der F1-Generation miteinander, wodurch eine zweite Generation (F2) entstand. In der F2-Generation fand er sowohl Pflanzen mit violetten als auch Pflanzen mit weißen Blüten vor, in einem Verhältnis von drei violetten Pflanzen zu einer weißen Pflanze (3:1).Da das Merkmal der weißen Blüten in der F2-Generation wieder auftrat, schloss Mendel daraus, dass die Theorie der Mischvererbung falsch sein musste. Stattdessen dachte er, dass es einen bestimmten Faktor geben musste, der die Farbe der Blüten bestimmte, sich in der F1-Generation jedoch nicht manifestierte.

Mendel überprüfte seine Theorie weiter und bestätigte seine Spaltungsregel, laut welcher Individuen zwei Kopien jedes Gens haben, aber nur ein Allel für jedes Gen an die Gameten weitergeben. Obwohl Meiose und Chromosomen zu Mendels Zeiten noch nicht entdeckt worden sind, wissen wir nun, dass die Segregation der Allele in der Anaphase I der Meiose stattfindet, wenn sich die homologen Paare trennen.

Wie die Segregation von Allelen während der Meiose die Gene der Nachkommen beeinflusst

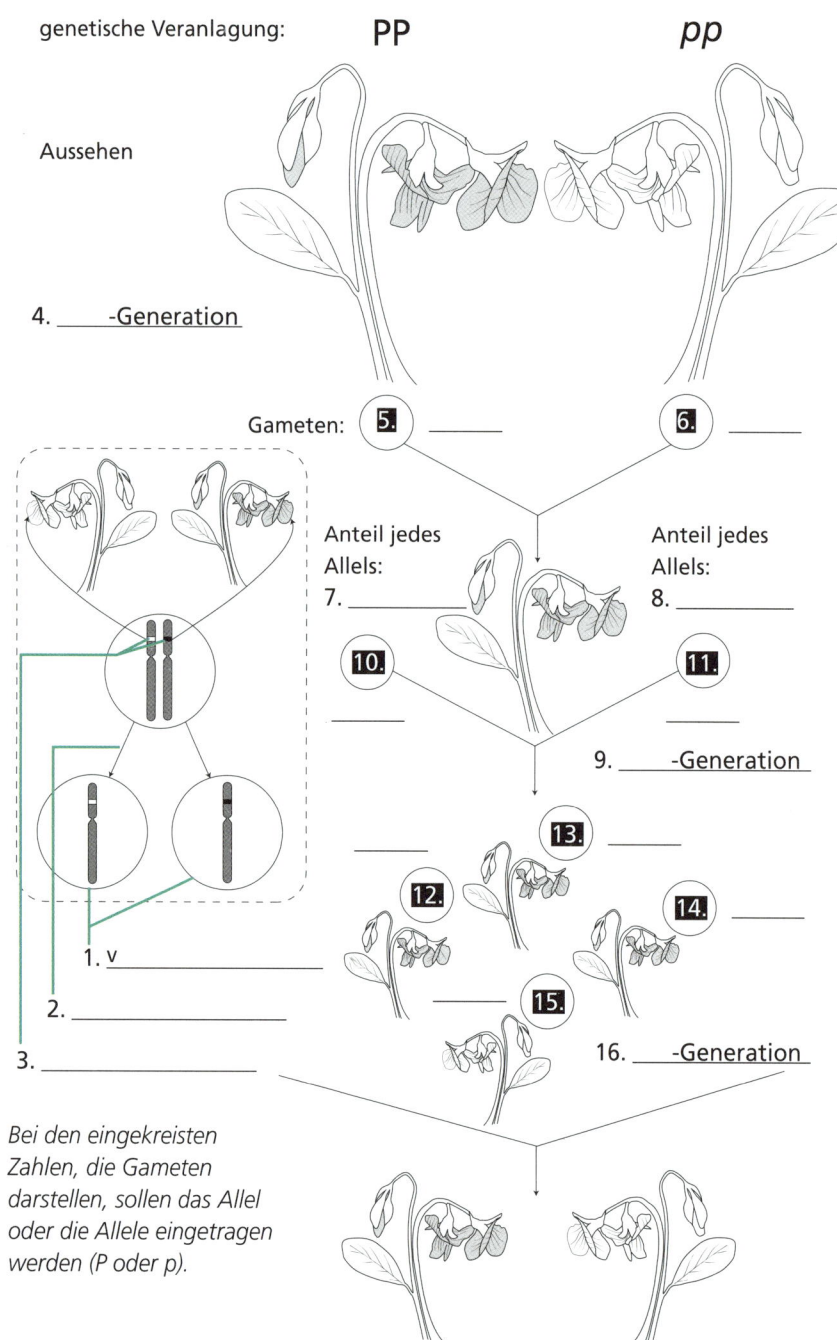

genetische Veranlagung: **PP**   *pp*

Aussehen

4. _____ -Generation

Gameten: ⑤ _____   ⑥ _____

Anteil jedes Allels: 7. _____   Anteil jedes Allels: 8. _____

⑩   ⑪

9. _____ -Generation

⑬

⑫   ⑭

⑮

16. _____ -Generation

1. v _____
2. _____
3. _____

Bei den eingekreisten Zahlen, die Gameten darstellen, sollen das Allel oder die Allele eingetragen werden (P oder p).

17. phänotypisches Verhältnis: _____

1. Gameten, 2. Meiose, 3. Allelenpaar, 4. P, 5. P, 6. p, 7. 1/2, 8. 1/2, 9. F1, 10. Pp, 11. Pp, 12. PP, 13. Pp, 14. Pp, 15. pp, 16. F2, 17. 3:1

Die Unabhängigkeitsregel

Als Gregor Mendel die gleichzeitige Vererbung zweier Merkmale beobachtete, zeigte sich ein Muster, das auf einen weiteren Aspekt der Trennung von Allelen während der Gametenbildung hindeutete. Mendel begann mit P-Pflanzen, die Paare mit unterschiedlichen Eigenschaften hatten, zum Beispiel Pflanzen mit glatten gelben Samen und Pflanzen mit schrumpeligen grünen Samen. Als er diese Pflanzen zur F1-Generation kreuzte, hatten alle F1-Pflanzen die Merkmale der Eltern mit glatten gelben Samen. Als er jedoch die F1-Pflanzen miteinander kreuzte, entdeckte er nicht nur schrumpelige grüne Erbsen, sondern auch neue Kombinationen mit schrumpeligen gelben und glatten grünen Erbsen. Da die elterlichen Merkmale in den Nachkommen neu kombiniert wurden, schloss Mendel daraus, dass die Gene zur Steuerung unterschiedlicher Merkmale unabhängig voneinander vererbt werden. Und da er ein phänotypisches Verhältnis von 9:3:3:1 in der F2-Generation beobachten konnte, wusste er, dass diese Segregation zufällig war.

Mit unserem heutigen Verständnis von Chromosomen und Meiose wissen wir, dass diese unabhängige Vererbung von Merkmalen in der Anaphase I der Meiose stattfindet. In Zellen mit mehreren Chromosomen beeinflusst die Trennung eines homologen Paares nicht die Trennung eines anderen homologen Paares. Das bedeutet, dass sich die homologen Paare jedes Mal, wenn ein Gamet gezeugt wird, neu ordnen und unterschiedliche Kombinationen von Allelen an die Gameten und damit an die Nachkommen weitergegeben. Für die Evolution bedeutet das, dass die Nachkommen dadurch eine höhere Wahrscheinlichkeit haben, bis zur Geschlechtsreife zu überleben, was besonders bei ungünstigen Umweltbedingungen von großer Wichtigkeit ist.

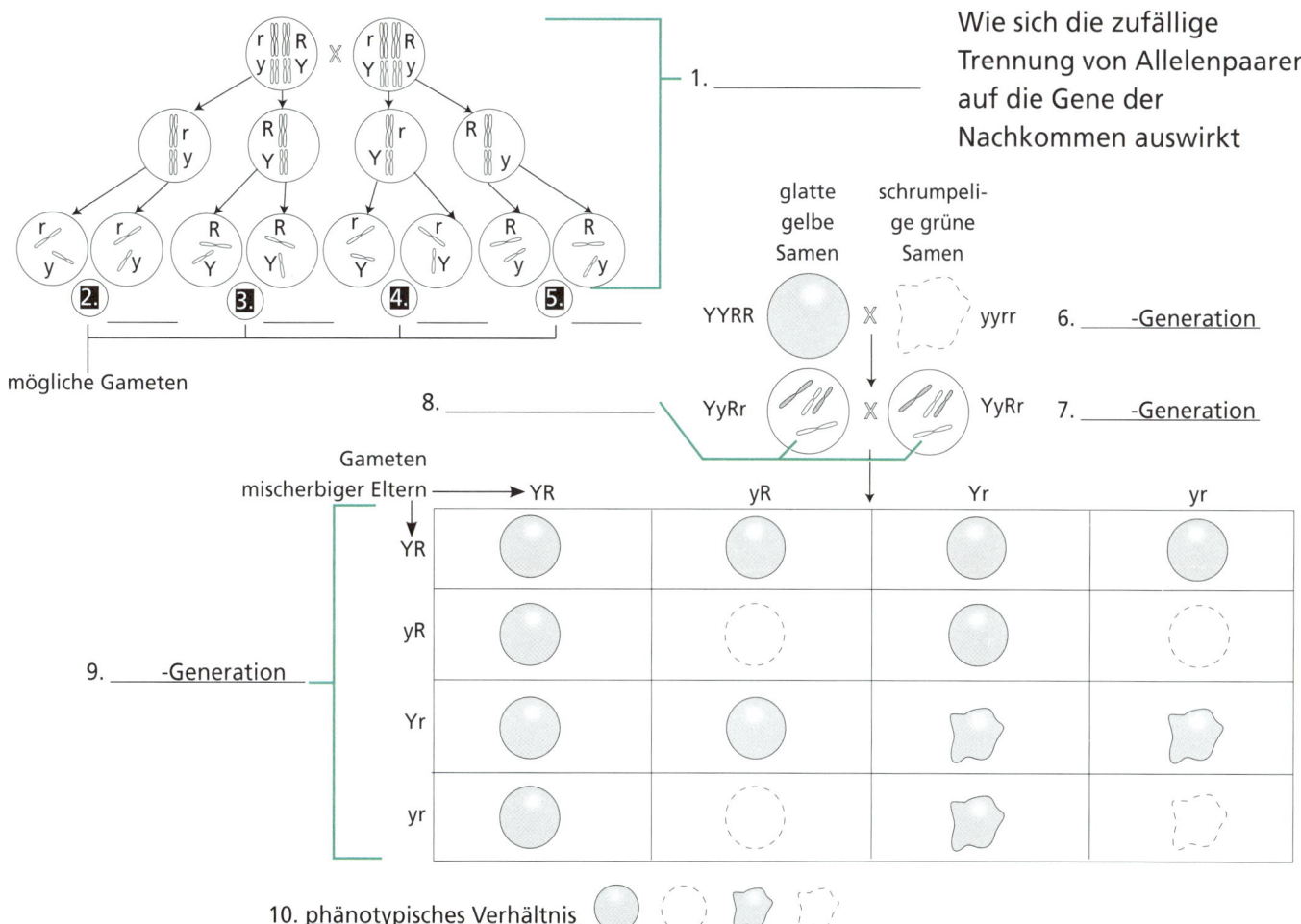

Wie sich die zufällige Trennung von Allelenpaaren auf die Gene der Nachkommen auswirkt

1. _____

2. _____   3. _____   4. _____   5. _____

mögliche Gameten

glatte gelbe Samen

schrumpelige grüne Samen

YYRR X yyrr   6. _____-Generation

YyRr X YyRr   7. _____-Generation

8. _____

Gameten mischerbiger Eltern

9. _____-Generation

10. phänotypisches Verhältnis _____

Lösungen

DNA-Replikation

Zellen nutzen den Prozess der DNA-Replikation, um ihre DNA vor der Zellteilung zu kopieren. Bei Eukaryoten findet dieser Prozess während der S-Phase des Zellzyklus (siehe S. 53) statt. Zellen kopieren ihre Chromosomen, indem sie die beiden Stränge der DNA-Doppelhelix trennen und jeden Strang als Vorlage für die Synthese eines neuen Strangs verwenden. Das Enzym DNA-Polymerase III nutzt die Regeln der Basenpaarung, um Nukleotide für den neuen Strang mit den Nukleotiden des Elternstrangs zusammenzufügen. Mit der Vollendung der DNA-Replikation wurde jedes Chromosom dupliziert. Bei Eukaryoten bleiben die beiden Kopien jedes Chromosoms als Schwesterchromatiden aneinander gebunden, bis die Zellen die M-Phase des Zellzyklus erreichen. Da jedes neue Chromosom zur Hälfte aus der ursprünglichen DNA und zur Hälfte aus der neuen DNA besteht, wird die DNA-Replikation als semikonservativ bezeichnet.

Die Bereiche, in denen DNA aktiv kopiert wird, sind als Öffnungen in den Zellen zu sehen, die Replikationsblasen genannt werden und eine Replikationsgabel auf jeder Seite haben. Wenn die DNA-Polymerase III neue Stränge herstellt, platziert sie die einzelnen Nukleotide in die Kette, indem sie die Bildung kovalenter Bindungen zwischen dem 3'-Ende eines bereits bestehenden Nukleotids und dem 5'-Ende des hinzukommenden Nukleotids katalysiert. Bei einem der neuen Stränge, der Leitstrang genannt wird, fügt die DNA-Polymerase kontinuierlich Nukleotide hinzu. Beim anderen neuen Strang, dem Folgestrang, muss das Enzym die Nukleotide in kurzen Abschnitten, die Okazaki-Fragmente genannt werden, einfügen.

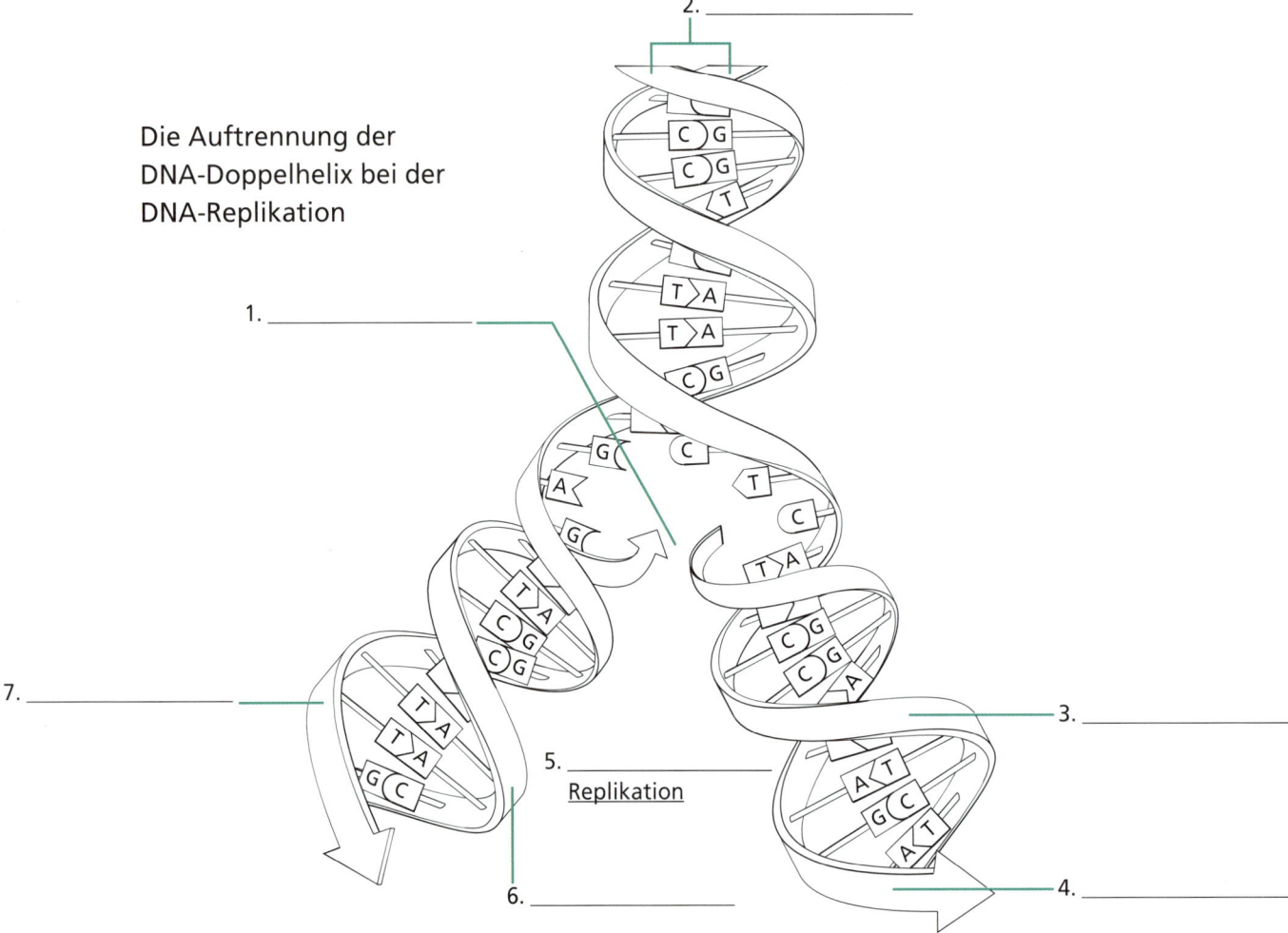

Die Auftrennung der DNA-Doppelhelix bei der DNA-Replikation

2. _____

1. _____

7. _____

5. _____
   Replikation

6. _____

3. _____

4. _____

Lösungen

Näher betrachtet – Replikationsgabel

Die DNA-Polymerase III ist Teil einer Gruppe von Enzymen und anderen Proteinen, die als großer Enzymkomplex zusammenarbeiten, um DNA zu replizieren. Zwei dieser Enzymkomplexe beginnen an einem Replikationsursprung und bewegen sich in entgegengesetzten Richtungen entlang der elterlichen DNA. Während sich der Komplex bewegt, leistet jedes Protein seinen Teil in einer geordneten Abfolge von Vorgängen. Die Momentaufnahme einer Replikationsgabel zeigt die Rolle jedes Proteins.

Zuerst spaltet die Helicase die elterliche DNA, indem sie die Wasserstoffbrückenbindungen zwischen den Basenpaaren aufbricht. Danach heften sich Einzelstrang-bindende Proteine an die Elternstränge, um ein erneutes Aneinanderbinden der beiden Stränge zu verhindern. Die Primase nutzt die Regeln der Basenpaarung, um auf den Elternsträngen kurze Stücke von komplementärer RNA, sogenannte Primer, herzustellen. Diese Primer bieten der DNA-Polymerase III einen Ausgangspunkt, um mit der Synthese neuer DNA-Stränge zu beginnen. Steht der DNA-Polymerase III das 3'-Ende eines Primers zur Verfügung, um darauf aufzubauen, nutzt es die Regeln der Basenpaarung und erzeugt für jeden Elternstrang einen neuen Partnerstrang. Ein weiteres Enzym, die DNA-Polymerase I, ersetzt die RNA-Nukleotide in den Primer-Abschnitten durch DNA-Nukleotide. Zum Schluss katalysiert das Enzym Ligase die Bildung von Bindungen überall dort, wo zwei Fragmente in den neuen Strängen zusammenkommen.

DNA-Replikationsgabel

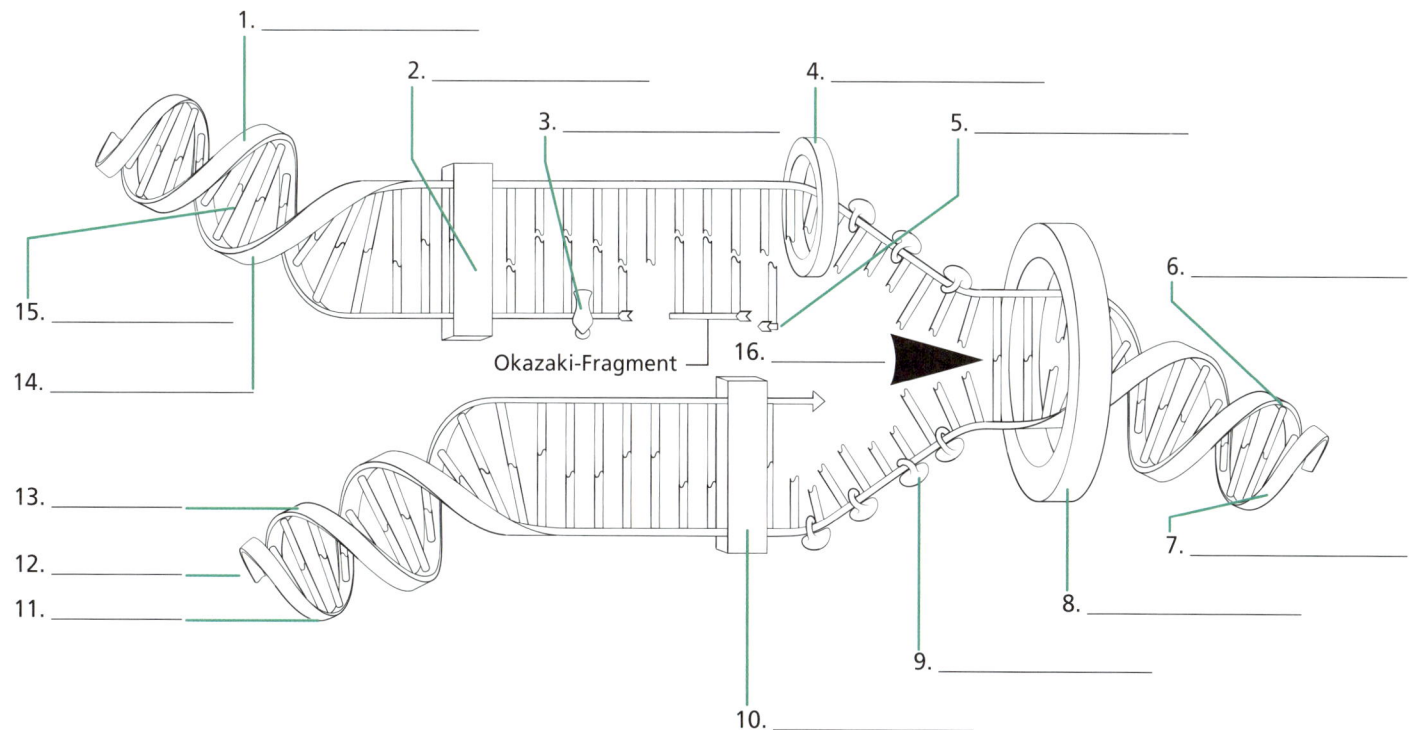

1. _____

2. _____

3. _____

4. _____

5. _____

6. _____

15. _____

14. _____

Okazaki-Fragment

16. _____

13. _____

12. _____

11. _____

7. _____

8. _____

9. _____

10. _____

Transkription

Bei der Transkription kopieren Zellen die Informationen aus der DNA in RNA-Moleküle. Zellen produzieren unterschiedliche Arten von RNA-Molekülen, die verschiedene Funktionen erfüllen. Drei von ihnen, rRNA, tRNa und mRNA, sind für die Herstellung von Proteinen mithilfe der Translation wichtig. Das Enzym RNA-Polymerase nutzt die Regeln der Basenpaarung, um diese RNA-Moleküle anhand ihrer Gene in der DNA herzustellen.

DNA-Sequenzen, die Promotoren genannt werden, markieren die Orte der Gene im Inneren von Chromosomen. Erhält eine Zelle ein Signal, dass sie ein bestimmtes RNA-Molekül benötigt, helfen Regulatorproteine der RNA-Polymerase dabei, bestimmte Stellen in den richtigen Promotoren aufzufinden und an sie zu binden. Diese Bindung gibt der RNA-Polymerase vor, welcher DNA-Strang als Vorlage zu nutzen ist und in welche Richtung entlang der DNA sie sich bewegen soll.

Die RNA-Polymerase entspiralisiert einen Abschnitt der DNA und erzeugt ein RNA-Molekül, das komplementär zum als Vorlage dienenden Matrizenstrang ist. Die Sequenz dieses RNA-Moleküls ist nahezu identisch zur Sequenz des DNA-Strangs, der komplementär zum Matrizenstrang ist. Der einzige Unterschied ist, dass die RNA im Gegensatz zur DNA kein Thymin (T), sondern Uracil (U) enthält. Da aus ihm der Code hervorgeht, der schließlich im RNA-Transkript enthalten ist, wird der komplementäre DNA-Strang auch codierender Strang genannt. Die RNA-Polymerase bewegt sich entlang der DNA und transkribiert RNA, bis sie eine bestimmte Sequenz, den Transkriptionsterminator, erreicht. Abhängig vom Zelltyp führen unterschiedliche Mechanismen dazu, dass die RNA-Polymerase die Transkription beendet.

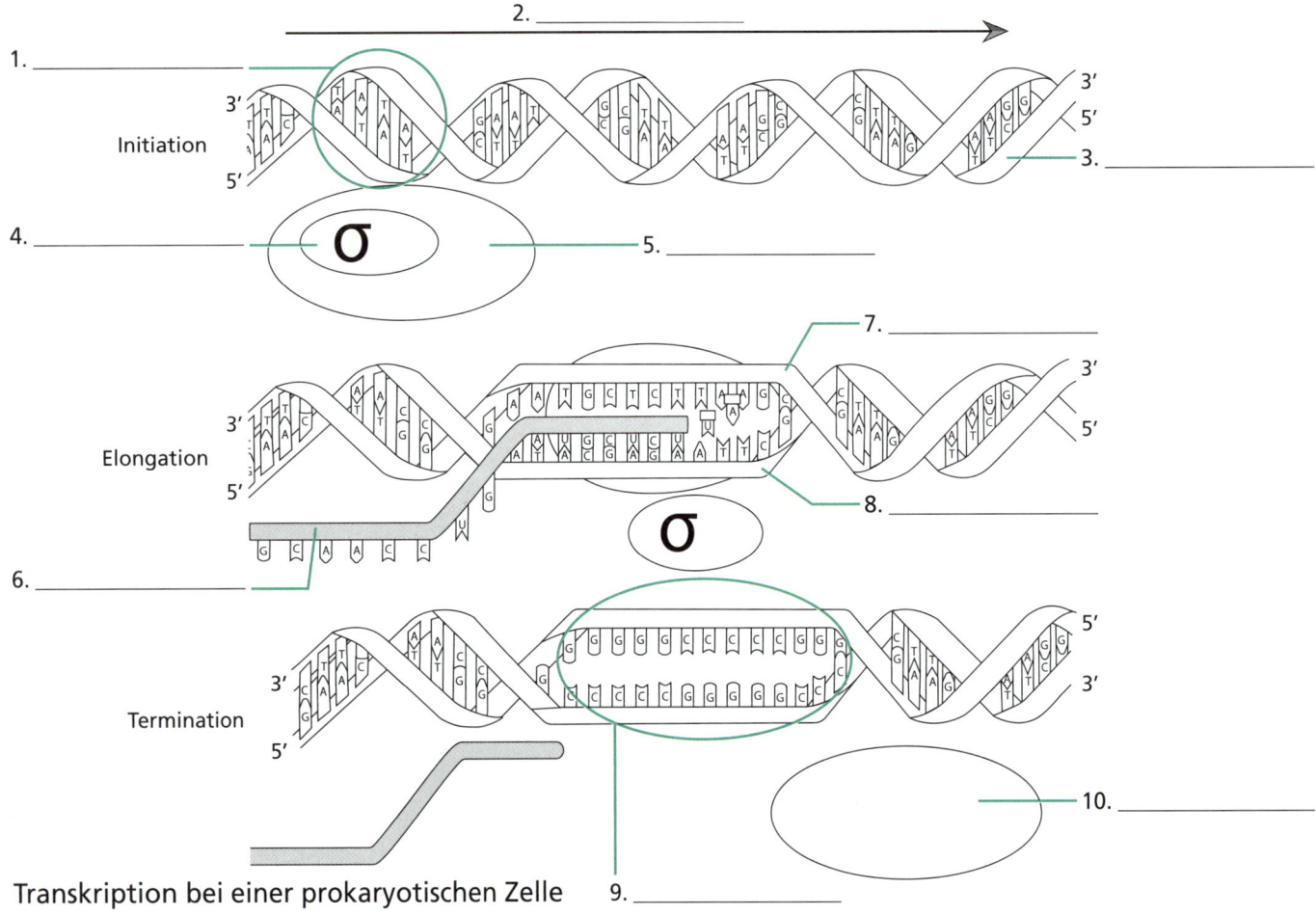

Transkription bei einer prokaryotischen Zelle

Lösungen

RNA-Prozessierung

Bei Eukaryoten entstehen als Produkte einer Transkription Primärtranskripte, die modifiziert werden müssen, um funktionelle RNA-Moleküle zu werden. Die RNA-Prozessierung bezieht sich auf die abschließenden Modifizierungen, die eukaryotische Zellen zur Umwandlung von Primärtranskripten in funktionelle RNA nutzen.

Beim Spleißen werden nicht mehr benötigte Abschnitte der RNA entfernt. Eukaryotische Gene enthalten abwechselnde DNA-Abschnitte, die Introns und Exons genannt werden. Nur der Code in den Exons wird in der fertigen RNA tatsächlich verwendet beziehungsweise exprimiert. Während der Transkription binden kleine nukleäre Ribonukleoproteine (snRNPs oder auch „snurps" genannt) an das Primärtranskript zwischen den Exons und den Introns. Die snRNPs verbinden sich und bilden ein Spleißosom, das die RNA an den Exon-Intron-Grenzen spaltet, Introns zu Lariaten formt (Stamm mit Schleife), die Introns freisetzt und die restlichen Exons miteinander verknüpft. Die fertigen RNA-Moleküle sind dadurch viel kürzer als das Primärtranskript.

Soll das Primärtranskript zu einem mRNA-Molekül werden, sind zwei zusätzliche Schritte nötig. Während die prä-mRNA noch transkribiert wird, hängen Zellen ein modifiziertes Guaninnukleotid an ihr 5'-Ende an. An das 3'-Ende hängen Zellen einen Poly(A)-Schwanz aus 100 bis 200 Adeninnukleotiden. Die 5'-Cap und der Poly(A)-Schwanz schützen die RNA vor einem enzymatischen Abbau und sind für die Initiation der Translation wichtig.

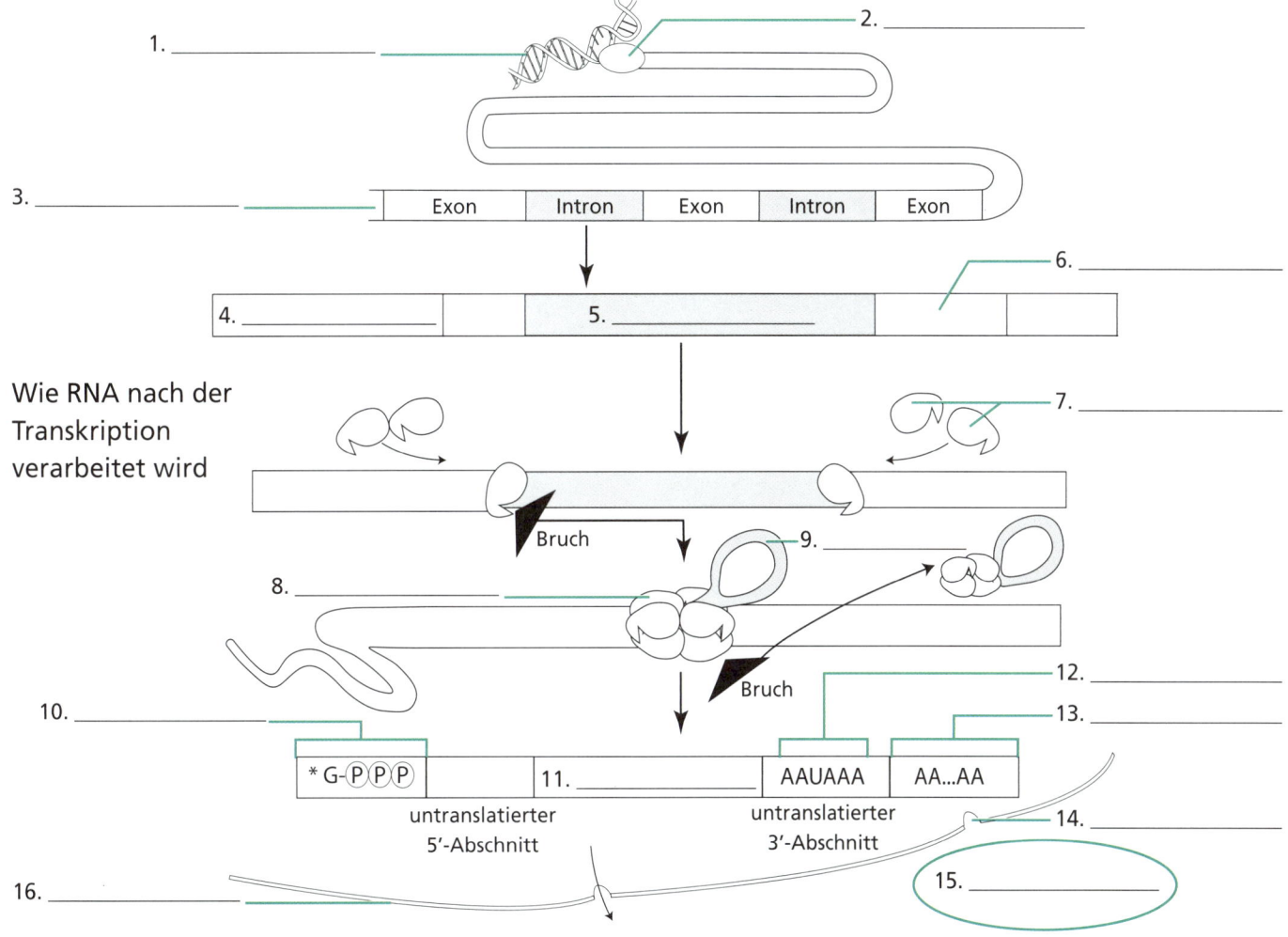

1. _____
2. _____
3. _____

| Exon | Intron | Exon | Intron | Exon |

6. _____
4. _____
5. _____

Wie RNA nach der Transkription verarbeitet wird

7. _____

Bruch

9. _____

8. _____

12. _____
10. _____
13. _____

*G-Ⓟ-Ⓟ-Ⓟ
11. _____
AAUAAA AA...AA

untranslatierter
5'-Abschnitt

untranslatierter
3'-Abschnitt

14. _____

16. _____

15. _____

Bruch

Lösungen

Translation

Zellen nutzen Translation, um anhand des Codes in der mRNA Proteine herzustellen. Die Translation findet an den Ribosomen statt und benötigt das Aktivwerden von tRNA und Proteinfaktoren. Ribosomen bieten eine Struktur, die den Prozess organisiert und die Bindungsbildung zwischen den Aminosäuren in den wachsenden Polypeptidketten katalysiert. Die tRNA-Moleküle tragen die Aminosäuren in das Ribosom und platzieren jede einzelne anhand der Wasserstoffbrücken zwischen den Basen in der tRNA und mRNA. Jedes tRNA-Molekül hat ein Anticodon, einen Abschnitt von drei Nukleotiden, das sich mit Codonen, Gruppen von drei Nukleotiden in der mRNA, paart.

    Die Translation beginnt, wenn die kleine Untereinheit des Ribosoms an der ribosomalen Bindungsstelle an die mRNA bindet. Danach paart sich die Initiator-tRNA mit dem Startcodon und platziert die erste Aminosäure. Durch die Bindung der großen Untereinheit wird das Ribosom fertiggestellt. Dabei entstehen drei innere Taschen, die E-, P- und A-Stelle genannt werden.

    Zellen wiederholen einen Zyklus, bei dem Aminosäuren auf das Ribosom übertragen und nacheinander an die Polypeptidkette gehängt werden. Die tRNAs übertragen ihre Aminosäuren auf die A-Stelle. Das Ribosom katalysiert die Bildung von Peptidbindungen und hängt die Polypeptidkette an die neueste Aminosäure. Proteine verlagern das Ribosom und die mRNA relativ zueinander, bringen die Kette zur P-Stelle, öffnen die A-Stelle und lassen eine tRNA durch die E-Stelle frei. Der Zyklus setzt sich fort, bis ein Stopcodon an der A-Stelle ist, was dem Protein Freisetzungsfaktor signalisiert, in die A-Stelle einzutreten und die Polypeptidkette freizusetzen.

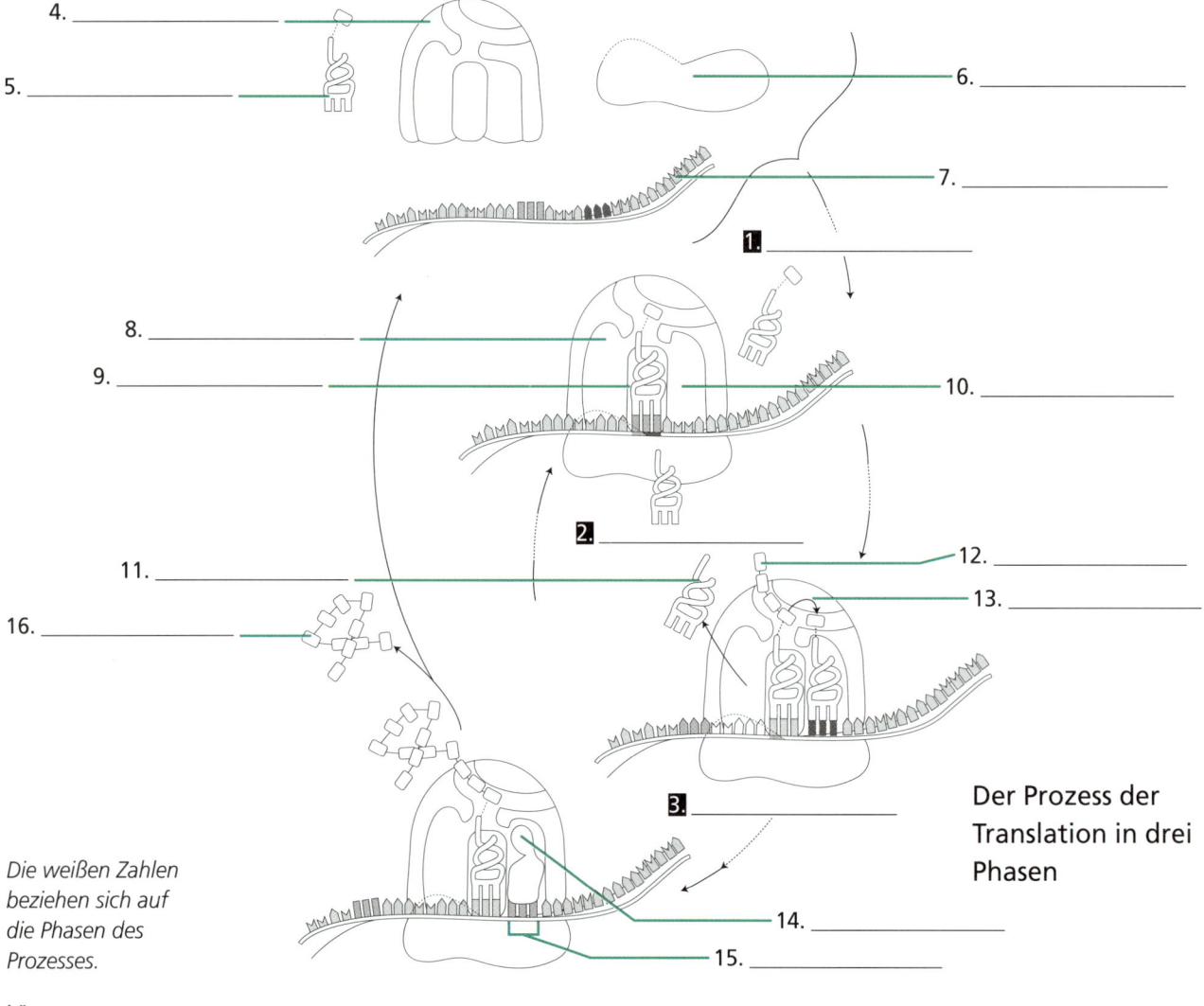

4. _____

5. _____

6. _____

7. _____

1. _____

8. _____

9. _____

10. _____

2. _____

11. _____

12. _____

13. _____

16. _____

3. _____

14. _____

15. _____

Der Prozess der Translation in drei Phasen

Die weißen Zahlen beziehen sich auf die Phasen des Prozesses.

Lösungen

Mutationen

Mutationen sind Veränderungen im DNA-Code eines Organismus. Wenn die Veränderung nur ein oder wenige Nukleotide betrifft, wird von einer Punktmutation gesprochen. Eine Punktmutation in proteincodierenden Genen kann keine bis schwerwiegende Auswirkungen haben, abhängig von der Art und vom Ort der Mutation.

Eine stille Mutation ist ein Austausch von Basen, der keine Auswirkung hat. Das ist möglich, da der genetische Code redundant ist und somit mehrere Codone dieselbe Aminosäure darstellen können. Wenn eine Base durch eine andere ausgetauscht wird und das Ergebnis ein alternatives Codon für dieselbe Aminosäure ist, bleibt das Protein unverändert.

Missense-Mutationen treten auf, wenn Aminosäuren durch einen Basenaustausch verändert werden. Die Schwere der Auswirkungen hängt von den Eigenschaften der neuen Aminosäure im Gegensatz zur ursprünglichen ab und wie sehr Struktur und Funktion der Proteine dadurch beeinflusst werden.

Nonsense-Mutationen werden durch einen Basenaustausch ausgelöst, bei dem Stopcodone entstehen. Solche Mutationen führen zu einer verfrühten Beendigung der Translation und haben in der Regel schwere Auswirkungen auf die Proteinfunktion.

Zusätzlich zu einem Basenaustausch kann es in Zellen auch zu einer zufälligen Insertion (Einbau) oder Deletion (Verlust) von Basen aus der DNA kommen. Diese Arten von Mutationen sind in der Regel schwerwiegend, da sie das Leseraster der mRNA verändern und die ursprünglichen Nukleotidgruppen zu Codonen umordnen. Nach der Insertion oder Deletion kann das Protein ganz anders als zu Beginn sein.

Arten von Punktmutationen

Benennen Sie die Aminosäuren, indem Sie folgende Abkürzungen verwenden: Arginin (Arg), Glutaminsäure (Glu), Glycin (Gly), Lysin (Lys), Phenylalanin (Phe), Threonin (Thr) und Tyrosin (Tyr).

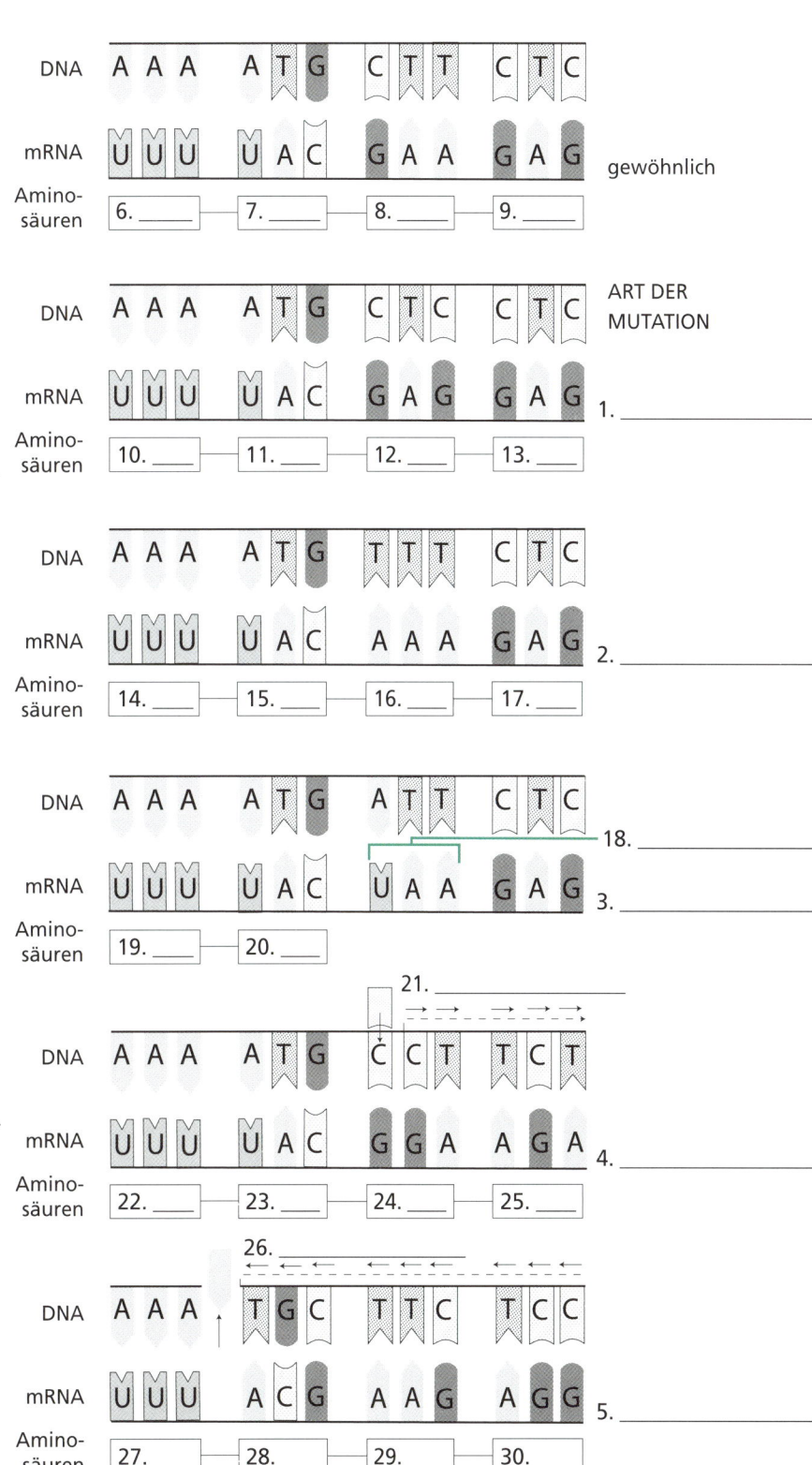

Lösungen

Regulation der Genexpression bei Prokaryoten

Wissenschaftler erkannten erstmals, wie Zellen die Genexpression steuern, als sie das *lac*-Operon im Bakterium *Escherichia coli* untersuchten. Ein Operon ist ein Abschnitt in der DNA, der aus mehreren Genen mit einem gemeinsamen Promoter besteht. Das *lac*-Operon enthält die Baupläne für Proteine, die E. coli für den Abbau des Zuckers Lactose benötigt. Das Bakterium stellt diese Proteine nur her, wenn Lactose vorhanden ist und andere Nahrungsquellen nicht verfügbar sind. Wissenschaftler fanden heraus, dass Proteine an regulatorische Sequenzen der DNA binden, um die Transkription von Genen als Reaktion auf Umwelteinflüsse einzuleiten und zu beenden.

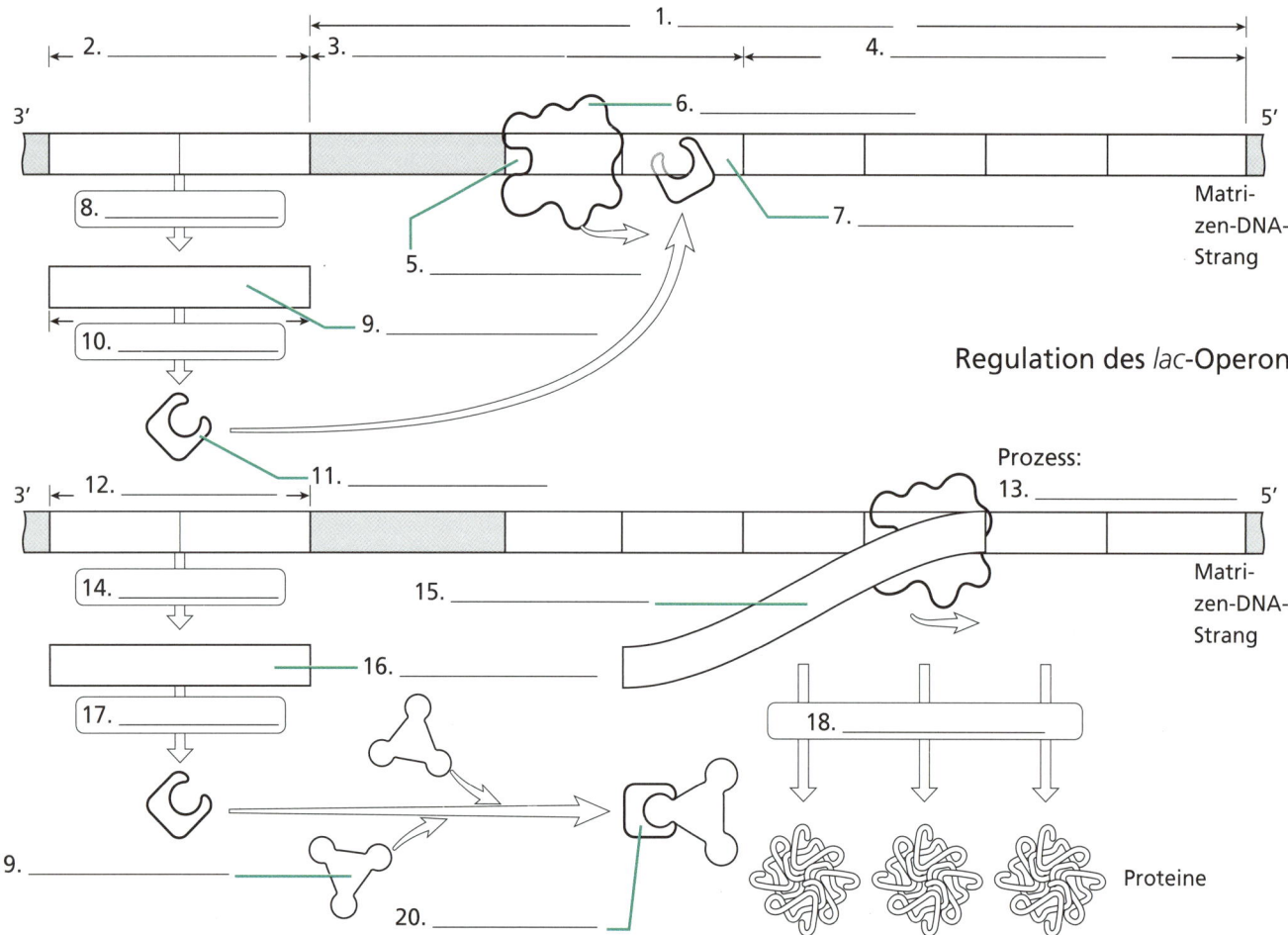

Regulation des *lac*-Operon

Eines der wichtigsten Regulatorproteine ist der *lac*-Repressor. Dieses Protein hat eine DNA-Bindungsstelle, die an den Operator, einem DNA-Abschnitt zwischen dem *lac*-Promoter und den Genen im Operon, bindet. Wenn keine Lactose vorhanden ist, ist der *lac*-Repressor aktiv, bindet an den Operator und hindert die RNA-Polymerase physisch daran, an den Promoter zu binden und die Transkription einzuleiten. Wenn Lactose zur Verfügung steht, bindet sie an ein allosterisches Zentrum auf dem Repressor-Protein, sodass seine Form verändert wird und es nicht mehr an den Operator binden kann. Dadurch kann nun die RNA-Polymerase an den Promoter binden und die Gene transkribieren, sodass *Escherichia coli* die Lactose abbauen kann. Ist der Abbau der Lactose abgeschlossen, bindet der Repressor wieder an die DNA und stoppt die Transkription. Da dieses Operon inaktiv ist, solange es nicht durch Lactose aktiviert wird, nennt man das *lac*-Operon ein induzierbares Operon und die Lactose einen Induktor.

Lösungen

Regulierung der Genexpression bei Eukaryoten

Eukaryoten haben mehrere Kontrollpunkte auf ihrem Weg von einem Gen im Zellkern bis zur Expression des Genprodukts in der Zelle. Damit eine Transkription stattfinden kann, müssen Gene der RNA-Polymerase zugänglich sein. Dazu könnte eine Chromatinmodifikation nötig sein, um die Verbindungen zwischen der DNA und den Histonen zu lockern. Wie bei Prokaryoten binden dann Transkriptionsfaktoren an regulatorische Sequenzen der DNA, um den Zugang von RNA-Polymerase zu den Genen zu steuern. Aktivatoren binden an Enhancer der DNA, um die Transkription anzuregen, und Repressoren binden an Silencer, um die Transkription zu verlangsamen.

Selbst bei der Transkription eines Gens hat die Zelle immer noch mehrere Möglichkeiten zur Steuerung der Expression des Genprodukts. Zellen können das Spleißen eines Primärtranskripts beeinflussen, um mehrere Variationen der fertigen RNA-Moleküle herzustellen. Dieses alternative Spleißen ermöglicht es Zellen, aus einem einzigen Gen mehrere Varianten eines Genprodukts herzustellen.

Die Genexpression kann auch durch Translationskontrolle reguliert werden, zum Beispiel durch RNA-Interferenz. RNA-Moleküle heften sich an Proteinkomplexe und binden an komplementäre Sequenzen auf der mRNA, wodurch ihre Translation blockiert oder sie sogar zerstört werden. Die Translationskontrolle kann auch durch die Regulierung eines der vielen am Prozess beteiligten Proteine erfolgen.

Ist das Protein bereits in der Zelle, kann es immer noch durch posttranslationale Prozesse kontrolliert werden. Zellen können Proteinen Kohlenhydrate oder Phosphatgruppen hinzufügen, die ihre Aktivität beeinflussen. Nicht mehr benötigte Proteine können auch zerstört werden.

Mechanismen der Genregulation bei Eukaryoten

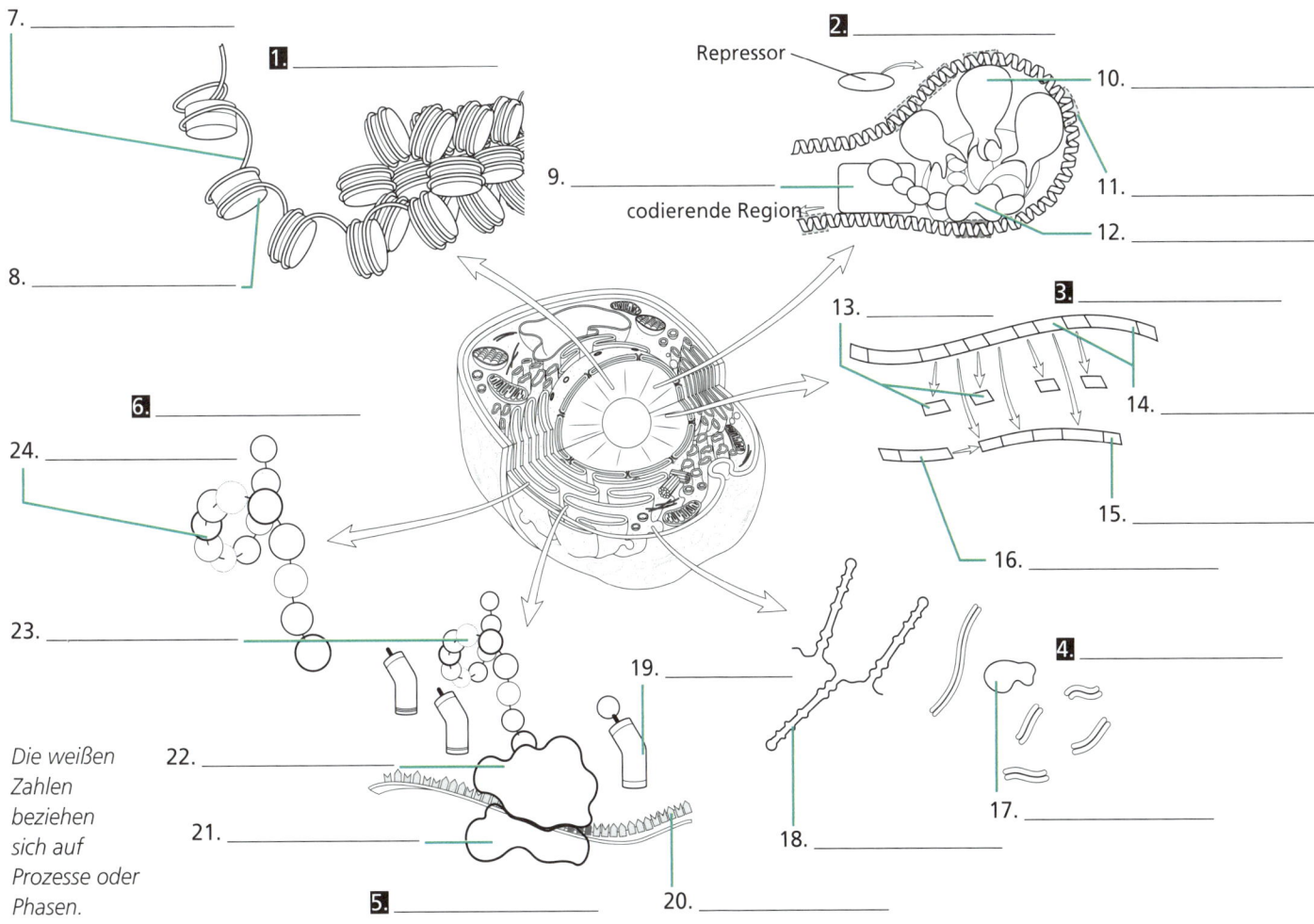

7. _____

1. _____

2. _____

Repressor

10. _____

9. _____

codierende Region

11. _____

12. _____

8. _____

13. _____

3. _____

14. _____

6. _____

24. _____

15. _____

16. _____

23. _____

19. _____

4. _____

Die weißen Zahlen beziehen sich auf Prozesse oder Phasen.

22. _____

21. _____

17. _____

18. _____

5. _____

20. _____

Lösungen

1. Chromatinstruktur, 2. Transkriptionskontrolle, 3. RNA-Spleißung, 4. Hemmung der Genexpression (Gen-Silencing), 5. Translationskontrolle, 6. posttranslationale Modifikation, 7. DNA, 8. Histone, 9. RNA-Polymerase, 10. Aktivator, 11. Enhancer, 12. TATA-Bindeprotein, 13. Introns, 14. Exons, 15. 5'-Cap, 16. Poly-A-Schwanz, 17. Dicer-Enzym, 18. RNA-Haarnadeln, 19. tRNA, 20. mRNA, 21. kleine ribosomale Untereinheit, 22. große ribosomale Untereinheit, 23. Polypeptid, 24. Polypeptid

Restriktionsenzyme

Restriktionsenzyme (Restriktionsendonukleasen) sind Proteine, die doppelsträngige DNA an sogenannten Restriktionsstellen schneiden. Jedes Enzym erkennt und schneidet eine andere Sequenz. Einige Restriktionsenzyme machen einen geraden Schnitt, der beide DNA-Stränge an derselben Stelle durchtrennt. Andere machen einen versetzten Schnitt, der ein wenig einsträngige DNA übrig lässt, die von der Schnittstelle absteht. Die einsträngigen Teile der beiden ursprünglichen Stränge sind komplementär und tendieren somit dazu, sich durch Wasserstoffbrückenbindungen wieder aneinander zu binden. Deshalb werden sie auch „klebrige Enden" genannt.

In der Natur produzieren Bakterien Restriktionsenzyme zum Schutz gegen Viren. Wenn ein Bakteriophage seine DNA in eine Bakterienzelle injiziert, könnte das Bakterium darauf reagieren, indem es Restriktionsenzyme herstellt, die die virale DNA aufbrechen und eine Vermehrung des Virus verhindern. Als diese Enzyme in Bakterien entdeckt wurden, stellten sie sich im Labor als wertvolle Werkzeuge heraus. Heutzutage werden Restriktionsenzyme zum Aufbrechen von DNA-Molekülen verwendet, unter anderem als Teil der Gentechnik. Wenn DNA aus zwei Quellen miteinander kombiniert werden soll, werden beide Arten der DNA mit demselben Restriktionsenzym geschnitten, um zueinander passende klebrige Enden herzustellen. So kleben die beiden Arten von DNA aneinander und können durch DNA-Ligasen permanent miteinander verbunden werden.

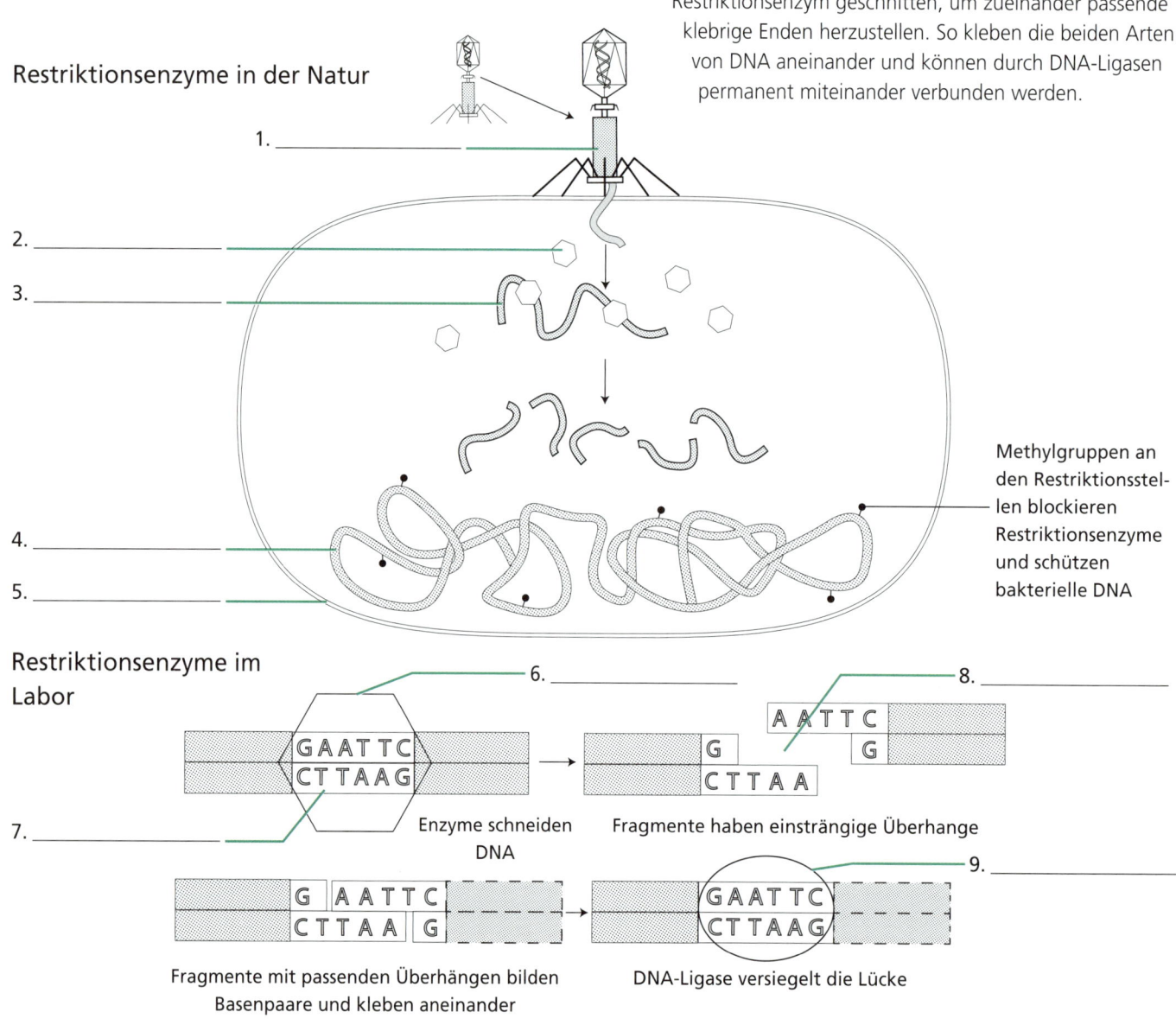

Restriktionsenzyme in der Natur

1. _____

2. _____

3. _____

4. _____

5. _____

Methylgruppen an den Restriktionsstellen blockieren Restriktionsenzyme und schützen bakterielle DNA

Restriktionsenzyme im Labor

6. _____

8. _____

7. _____

GAATTC
CTTAAG

G
CTTAA

AATTC
G

Enzyme schneiden DNA

Fragmente haben einsträngige Überhange

G AATTC
CTTAA G

GAATTC
CTTAAG

9. _____

Fragmente mit passenden Überhängen bilden Basenpaare und kleben aneinander

DNA-Ligase versiegelt die Lücke

Lösungen

Die Gelelektrophorese

Bei der Gelelektrophorese wird Elektrizität genutzt, um Moleküle ihrer Größe nach zu trennen. Proteine oder DNA-Moleküle werden in das eine Ende eines Gels gefüllt, durch das Strom geleitet wird. Der Strom zieht die geladenen Gruppen auf den Molekülen an, wodurch die Moleküle durch das Gel gezogen werden. Kleinere Moleküle bewegen sich leichter und überqueren größere Distanzen in einer bestimmten Zeit als größere Moleküle. Indem die Position der Banden in einer unbekannten Probe mit der Position bekannter Moleküle, sogenannter Marker, verglichen wird, kann die Größe der unbekannten Moleküle bestimmt werden. Die Gelelektrophorese wird bei vielen Verfahren verwendet, zum Beispiel bei der Erstellung eines genetischen Fingerabdrucks und der DNA-Sequenzierung.

Bei der Gelelektrophorese sind mehrere Schritte notwendig. Zuerst wird ein verflüssigtes Gel, zum Beispiel Agarose, in eine Gelkammer (A und B) gegossen. Ein Kamm wird in das eine Ende des Gels gelegt, sodass Taschen entstehen (B und C). Wenn es verhärtet ist, wird das Gel in eine Elektrophoresekammer gelegt, die einen Elektrophoresepuffer enthält. Danach werden die Proben mit Ladepuffer gemischt und zusammen mit Markern zum Vergleich in die Taschen gefüllt (D).

Sind die Proben geladen (E), wird der Strom eingeschaltet. Dadurch bewegen sich die Proben in Bahnen, die von jeder Tasche ausgehen, durch das Gel. DNA ist negativ geladen, weshalb sie sich zur positiven Elektrode bewegt. Wird der Strom ausgeschaltet, bleiben die Moleküle auf der Stelle stehen (F) und bilden Ansammlungen von Molekülen derselben Größe, sogenannte Banden. Abschließend wird die Position der Banden im Gel durch einen Farbstoff sichtbar gemacht. Ultraviolettes Licht kann zur Aktivierung des Farbstoffs nötig sein.

Moleküle durch Gelelektrophorese bewegen

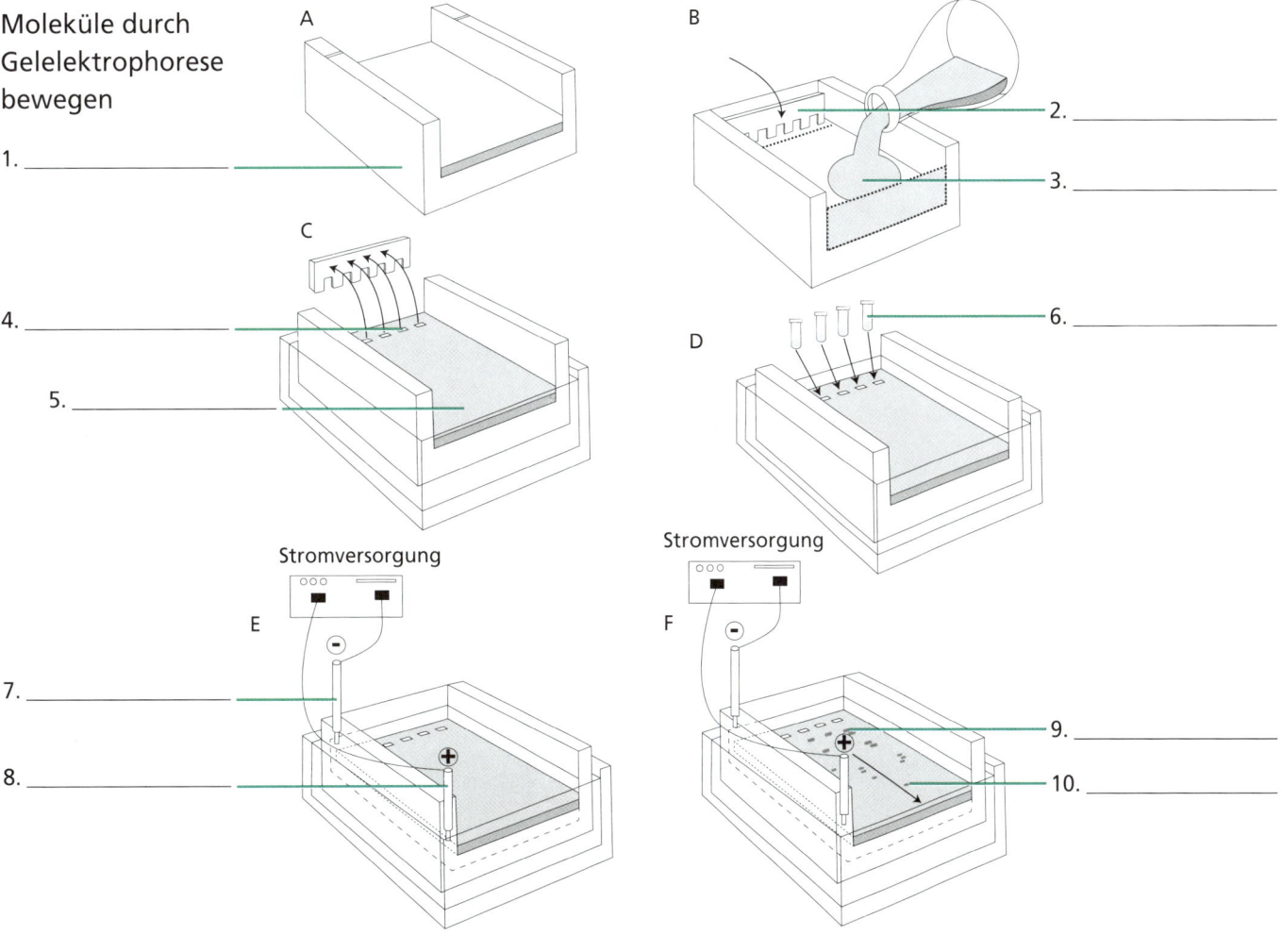

A

1. _____

B

2. _____

3. _____

C

4. _____

5. _____

D

6. _____

Stromversorgung

E

7. _____

8. _____

Stromversorgung

F

9. _____

10. _____

Lösungen

1. Gelgießschale, 2. Kamm, 3. Agaroselösung, 4. Taschen, 5. Gel, 6. DNA-Proben, 7. negative Elektrode (Kathode), 8. positive Elektrode (Anode), 9. längere Moleküle, 10. kürzere Moleküle

Die Polymerasekettenreaktion

Die Polymerasekettenreaktion (PCR) ist heute eines der wertvollsten biologischen Werkzeuge, da sie es ermöglicht, in nur einer Stunde Milliarden von Kopien eines einzigen DNA-Moleküls zu erstellen. Der grundlegende Mechanismus hinter der PCR ist die exponentielle Replikation von DNA-Molekülen: ein Molekül wird zu zwei Molekülen, die dann zu vier, dann zu acht Molekülen und so weiter. Für diesen Prozess wird die Materialien der DNA-Replikation benötigt: DNA-Polymerase, Matrizen-DNA, Nukleotide (Desoxyribonukleosidtriphosphate, NTPs) und Primer. Diese Komponenten werden zusammen mit Pufferlösungen in PCR-Gefäße gegeben, die dann in einen Thermocycler gestellt werden. Im Thermocycler laufen Zyklen von Erwärmung und Abkühlung ab, um die DNA-Stränge zu trennen und die DNA-Replikation zu optimieren. Da der Thermocycler hierfür die Proben auf hohe Temperatur erhitzt, wird eine besonders hitzebeständige DNA-Polymerase, die *Taq*-Polymerase, verwendet.

Der PCR-Zyklus hat drei Schritte. Zuerst erhitzt sich der Thermocycler, um die DNA-Matrizenstränge zu denaturieren beziehungsweise zu trennen. Danach kühlt der Thermocycler ab und die Primer lagern sich über Wasserstoffbrücken an die Ausgangs-DNA an. Abschließend schafft der Thermocycler eine optimale Temperatur für die *Taq*-Polymerase, damit das Enzym neue Partner für den Ausgangsstrang produzieren kann. Indem der Zyklus etwa 30 Mal wiederholt wird, stellt der Thermocycler genug DNA für unterschiedliche Verfahren wie den genetischen Fingerabdruck, DNA-Sequenzierung, Gentests und Gentechnik her.

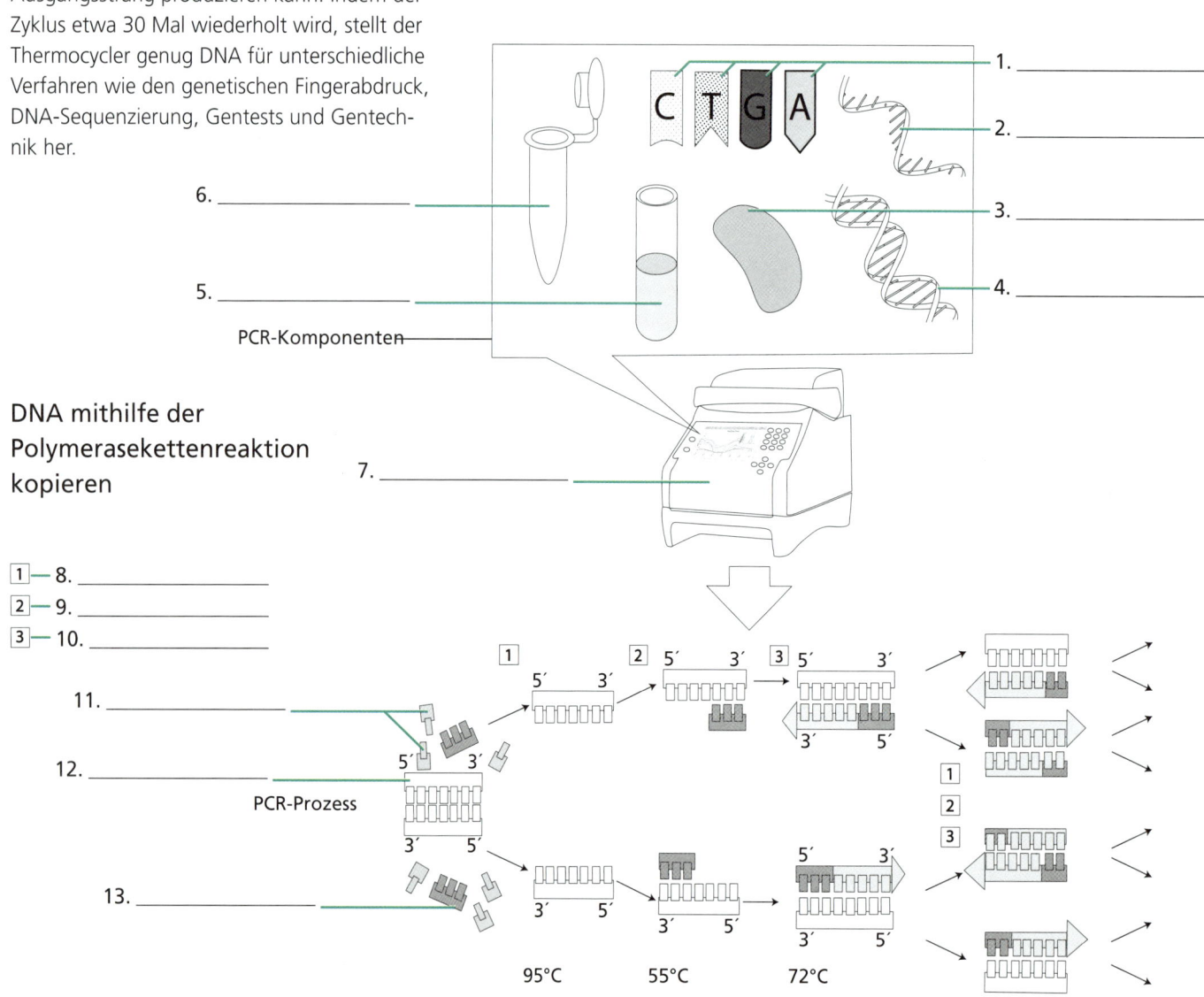

PCR-Komponenten

1. _____
2. _____
3. _____
4. _____

6. _____
5. _____

DNA mithilfe der Polymerasekettenreaktion kopieren

7. _____

1 — 8. _____
2 — 9. _____
3 — 10. _____

11. _____
12. _____

PCR-Prozess

13. _____

95°C   55°C   72°C

Der genetische Fingerabdruck

Beim genetischen Fingerabdruck wird das Profil der DNA eines Organismus erstellt und durch ein Bandenmuster in einem Gel dargestellt. Zunächst wird DNA aus dem Organismus extrahiert, dessen Profil erstellt werden soll. Danach wird üblicherweise PCR zur Vervielfältigung bestimmter Abschnitte der DNA genutzt, die bei dieser Art von Organismus polymorph (variabel) sind. Menschen haben zum Beispiel Abschnitte in ihrer DNA, in denen sich kurze Sequenzen, sogenannte Mikrosatelliten (auch short tandem repeats oder STRs), wiederholen. Wie oft sich einer dieser Mikrosatelliten wiederholt, variiert von Person zu Person. Um einen genetischen Fingerabdruck herzustellen, werden durch PCR mehrere solcher STR-Abschnitte gleichzeitig vervielfältigt, wodurch eine DNA-Probe mit unterschiedlich langen Fragmenten entsteht. Die Fragmente werden dann durch Gelelektrophorese nach Größe getrennt.

Das bei der Gelelektrophorese entstandene Bandenmuster ist der genetische Fingerabdruck. Die Muster zweier Organismen können zum Beispiel miteinander verglichen werden, um die Vaterschaft festzustellen oder eine DNA-Probe aus einem Tatort mit einem Verdächtigen zu vergleichen. Die Chance, dass zwei Organismen mehreren Polymorphismen gleichzeitig entsprechen, ist das Produkt aller unabhängigen Wahrscheinlichkeiten. Während eine Person somit eine Chance von eins zu 10.000 hat, zum Polymorphismus einer anderen Person zu passen, ist die Wahrscheinlichkeit, dass sie sich an mehreren Stellen gleichen, lediglich 1 zu eine Quintillion (10^{18}).

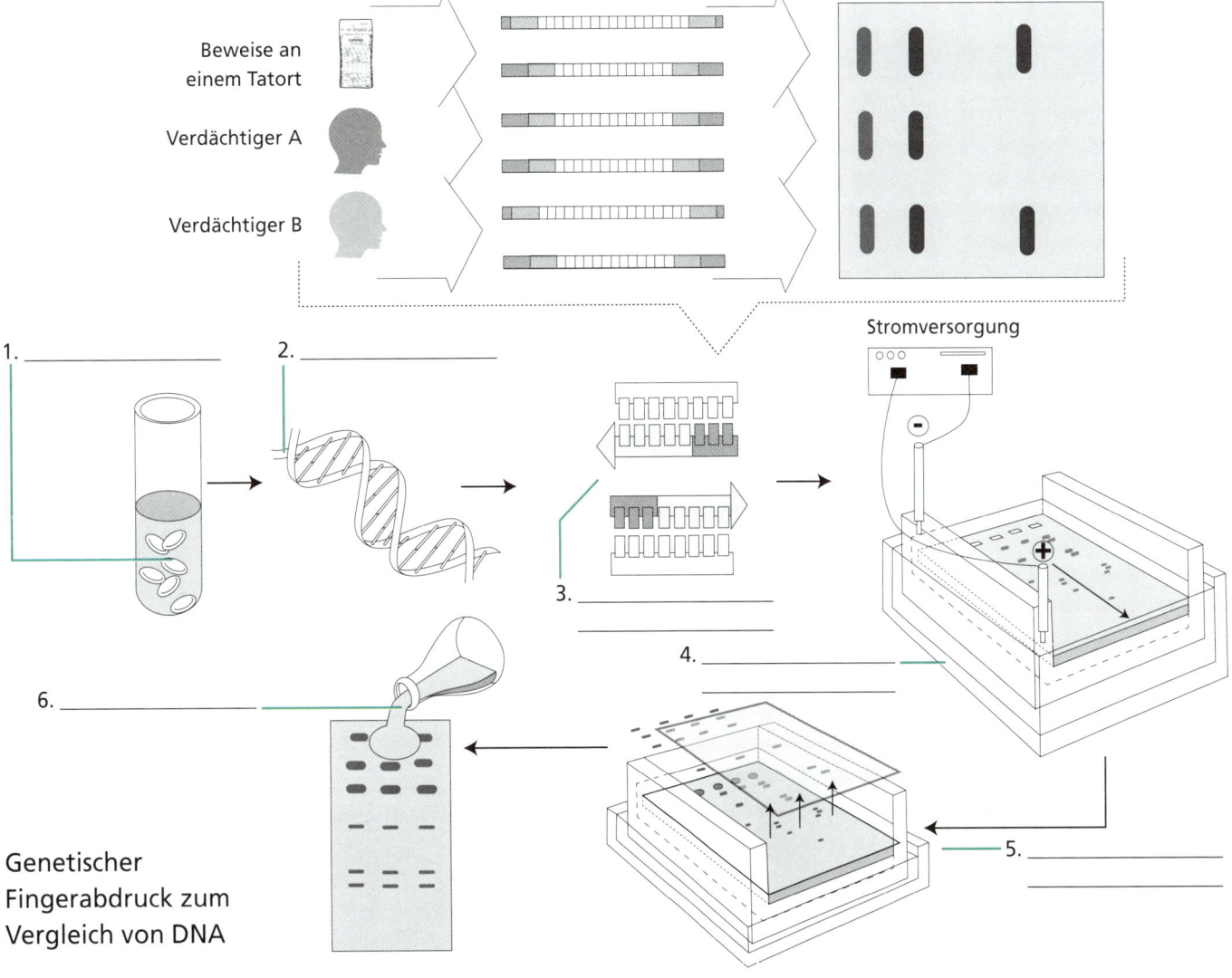

Beweise an einem Tatort

Verdächtiger A

Verdächtiger B

Stromversorgung

1. _____

2. _____

3. _____

4. _____

5. _____

6. _____

Genetischer Fingerabdruck zum Vergleich von DNA

Lösungen

DNA-Sequenzierung

Bei der DNA-Sequenzierung wird die Sequenz beziehungsweise Anordnung der Basen in einem DNA-Molekül bestimmt. Heutzutage wird bei der DNA-Sequenzierung eine abgeänderte Form der PCR angewendet, um viele Teilkopien einer Ziel-DNA herzustellen. Das fertige Nukleotid in jeder Teilkopie wird bestimmt und wenn alle Teilkopien der Größe nach geordnet werden, ergibt sich die komplette Sequenz.

Für die Herstellung von Teilkopien der Ziel-DNA-Sequenz werden bestimmte Arten von Nukleotiden, sogenannte Didesoxyribo-nukleosid-Triphosphate (ddNTPs), normalen Komponenten einer PCR-Reaktionsmischung beigefügt. Sobald die DNA-Polymerase ein ddNTP in ein wachsendes Molekül einbaut, stoppt die Replikation. Es werden vier unterschiedliche PCR-Reaktionsmischungen hergestellt, jeweils mit einem anderen ddNTP (ddATP, ddGTP, ddTTP, ddCTP). In jedem Gefäß werden durch PCR Milliarden Teilkopien der DNA-Sequenz produziert, die an zufälligen Stellen, an denen sich die jeweilige Base befindet, abgebrochen wurde. Durch Gelelektrophorese werden alle Teilkopien der Größe nach geordnet. Die Anordnung der Basen im Zielgen wird bestimmt, indem die Banden, mit der kleinsten beginnend, „gelesen" werden. In DNA-Sequenzierungsgeräten findet die Elektrophorese in einem Kapillarrohr statt und ein Laser aktiviert dann den fluoreszierenden Farbstoff auf den ddNTP-Molekülen. Während die DNA-Fragmente durch das Rohr fließen, liest ein Computer die Fluoreszenzsignale, um die fertige Base in jedem Fragment zu bestimmen und die Sequenz zu konstruieren.

Lesen des Codes durch DNA-Sequenzierung

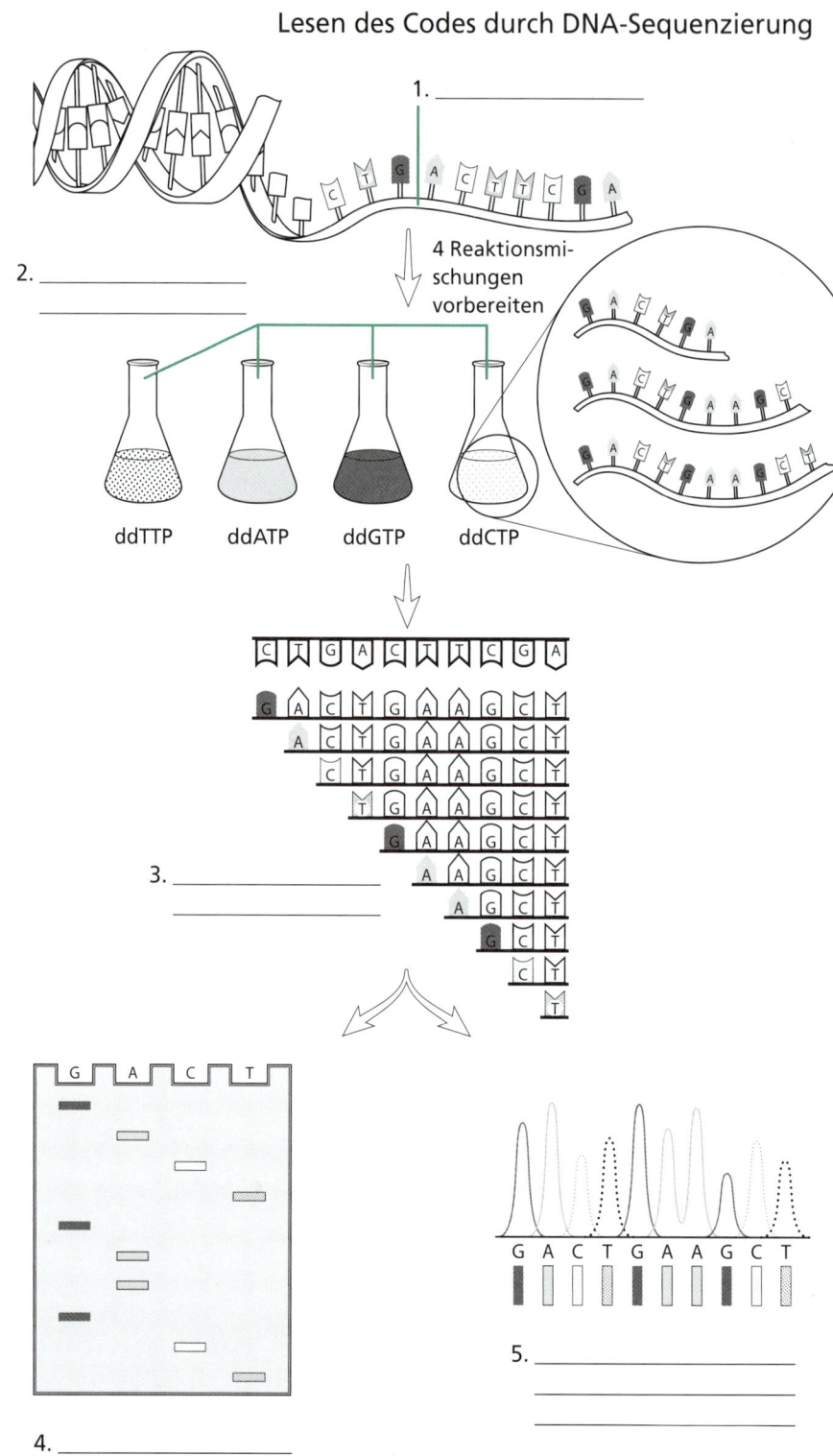

1. _____

4 Reaktionsmischungen vorbereiten

2. _____

ddTTP   ddATP   ddGTP   ddCTP

3. _____

4. _____

5. _____

Genklonierung

Klonen oder auch Klonierung beschreibt die Herstellung von Kopien eines Organismus, zum Beispiel eines Tiers, einer Zelle oder eines Gens. Um ein Gen zu klonieren, wird genomische DNA aus dem betreffenden Organismus isoliert und dann in Fragmente geschnitten. Mit einem DNA-Molekül, dem sogenannten Vektor, werden die Fragmente in die Zellen von etwas übertragen, das im Labor leicht zu züchten ist, zum Beispiel Bakterien oder Hefen. Vektoren enthalten üblicherweise Antibiotikaresistenzgene, beispielsweise das *ampR*-Gen, und Reportergene, die helfen zu bestimmen, welche Zellen die genomische DNA erfolgreich aufgenommen haben. Die Zellen, die die Fragmente enthalten, sind eine genomische Bibliothek, ein lebender Speicher für die DNA aus dem betreffenden Organismus. Die Zellen in der Bibliothek werden mit unterschiedlichen Methoden untersucht, um zu prüfen, welche von ihnen das gewünschte Gen enthalten. Wurden die richtigen Zellen gefunden, können diese gezüchtet und Kopien von ihnen erzeugt werden.

Um die genomische Bibliothek herzustellen, werden die genomische DNA und die Vektor-DNA mit demselben Restriktionsenzym geschnitten, mit dem auch klebrige Enden produziert werden. Die Restriktionsstelle im Vektor befindet sich in der Mitte eines Reportergens, eines Gen für ein Enzym zur Einfärbung seines Substrats, zum Beispiel das lacZ-Gen. Wenn sich die DNA-Fragmente mit dem Vektor mischen, nehmen einige Vektoren ein Fragment auf und spalten das Gen für das Enzym. Danach werden die Vektoren in die Zellen integriert, die dann mit einem Antibiotikum gezüchtet werden, sodass nur die Zellen mit dem Vektor wachsen. Es lässt sich auch feststellen, welche Zellen genomische DNA enthalten, da diese Zellen keine Farbwechselreaktion aufweisen.

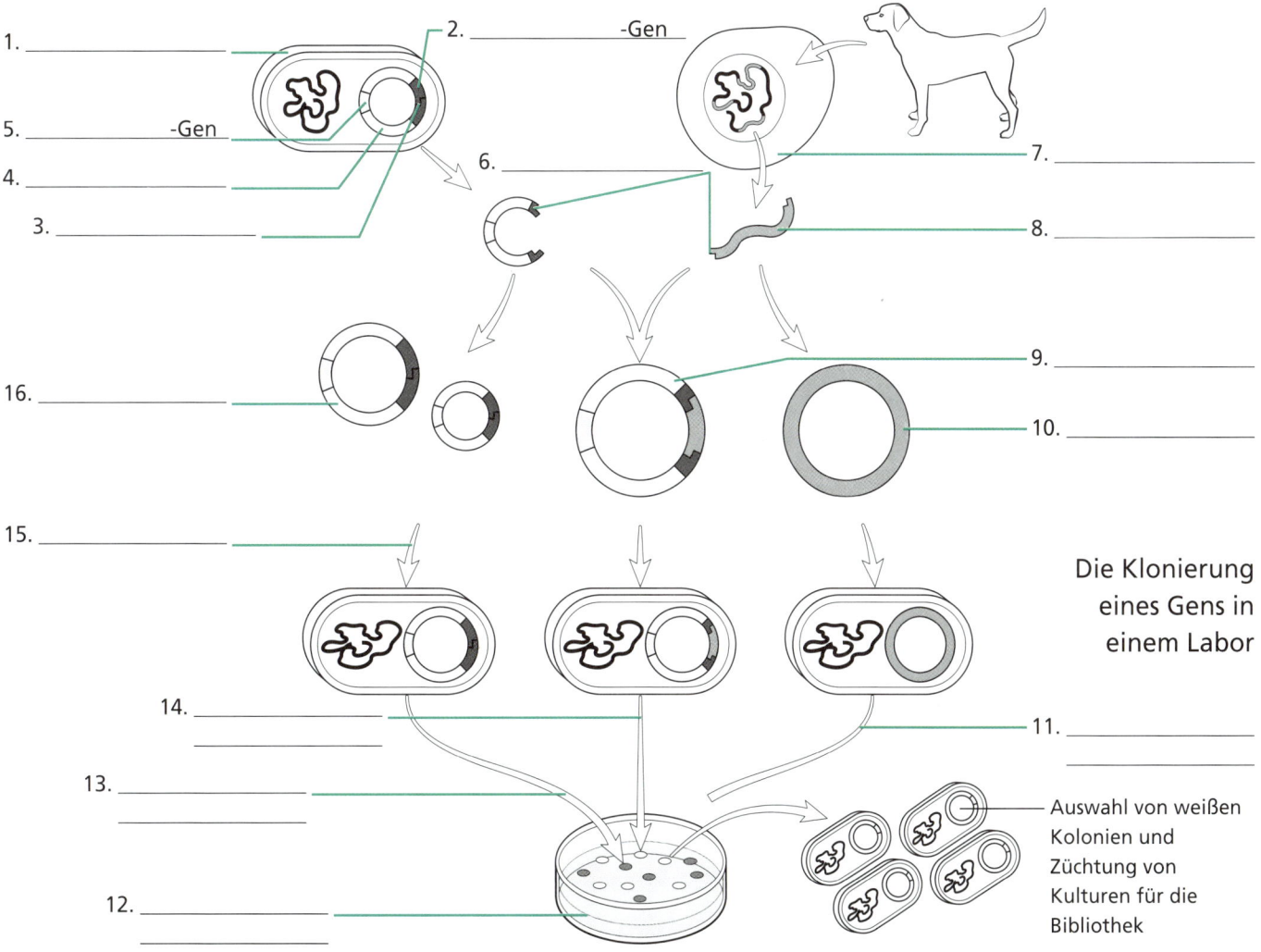

1. _____
2. _____ -Gen
5. _____ -Gen
4. _____
3. _____
6. _____
7. _____
8. _____
9. _____
16. _____
10. _____
15. _____
14. _____
13. _____
12. _____
11. _____

Die Klonierung eines Gens in einem Labor

Auswahl von weißen Kolonien und Züchtung von Kulturen für die Bibliothek

Lösungen

Clustered Regularly Interspaced Short Palindromic Repeats

Clustered regularly interspaced short palindromic repeats (CRISPR, „Crisper" ausgesprochen) sind ein DNA-Editierungssystem, das zur Lokalisierung und Modifikation von Genen genutzt werden kann. Bei CRISPR handelt es sich um DNA-Abschnitte mit kurzen palindromischen Sequenzen, die durch Spacer-Sequenzen voneinander getrennt sind. Die Spacer-DNA ist der Schlüssel zum Ortungssystem: Wenn Zellen diese DNA in RNA transkribieren, findet die RNA ihre komplementäre Sequenz in der DNA und bindet an sie. Das CRISPR-System enthält zudem Gene für *Cas*-Proteine, die die DNA am Zielort schneiden. Das CRISPR-System kann zur Zerstörung, Aktivierung und sogar Modifizierung von Genen verwendet werden, was zu neuen Behandlungsmethoden für Erbkrankheiten führen kann. Es wurden bereits tausende RNA-Sequenzen hergestellt, sogenannte Guide-RNA (gRNA), die gesuchte Gene finden kann.

In der Natur nutzen Prokaryoten das CRISPR-System, um sich vor Viren zu schützen. Werden Prokaryoten von einem Virus befallen, fügt die Zelle Teile der viralen DNA als neue Spacer in ihren CRISPR-Abschnitt ein. Greift der Virus erneut an, werden durch die Transkription von CRISPR RNA-Moleküle hergestellt, die komplementär zur viralen DNA in den Spacer-Sequenzen sind. Die RNA führt die *Cas*-Proteine dann zur viralen DNA, damit diese sie schneiden und den Virus zerstören können.

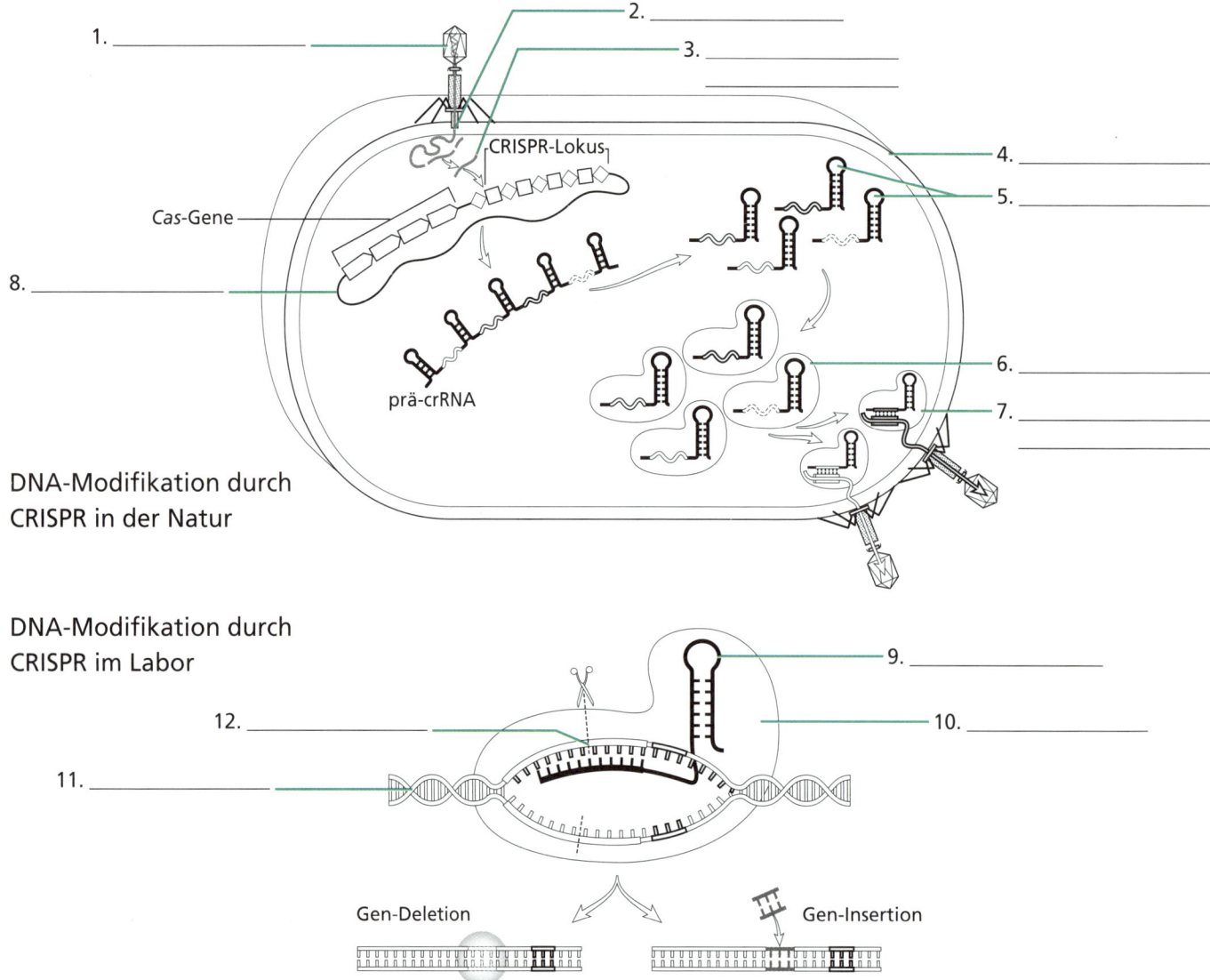

1. _____

2. _____

3. _____

   _____

4. _____

5. _____

6. _____

7. _____

   _____

8. _____

CRISPR-Lokus

Cas-Gene

prä-crRNA

DNA-Modifikation durch CRISPR in der Natur

DNA-Modifikation durch CRISPR im Labor

9. _____

10. _____

11. _____

12. _____

Gen-Deletion

Gen-Insertion

Gentherapie

Die Gentherapie ist ein Verfahren, bei dem die Kopie eines Gens in eine Zelle eingefügt wird, um eine Erbkrankheit zu behandeln. Genetische Krankheiten entstehen durch Genmutationen, die zu einem Funktionsverlust von Proteinen führen können. Obwohl einige Erbkrankheiten behandelbar sind, ist der einzige Weg zur vollständigen Heilung, das fehlerhafte Gen auszutauschen. Wissenschaftler arbeiten an der Herstellung sicherer Vektoren, zum Beispiel modifizierte Viren, die Gene zu Zellen führen können, ohne dem Patienten zu schaden. Eine weitere Herausforderung liegt darin, das Gen zu einer ausreichenden Anzahl an betroffenen Zellen zu führen, um eine Wirkung zu erzielen. Obwohl es noch viele Hürden gibt, gab es bei dieser Art von Therapie bereits erste Fortschritte.

Zwei Methoden erwiesen sich bereits als erfolgreich, um Gene in defekte Zellen einzuschleusen. Die erste Methode ist, dem Patienten Zellen zu entnehmen, mithilfe eines Vektors, zum Beispiel eines modifizierten Virus, eine funktionsfähige Kopie dieses Gens einzufügen und die Zelle dann in den Körper des Patienten einzubringen. Diese Methode wurde bereits zur Reparatur weißer Blutkörperchen eingesetzt, um das Immunsystem eines Menschen mit schwerer Immunschwäche wiederherzustellen. Die zweite Methode ist, einen Vektor mit dem therapeutischen Gen direkt in den Körper des Patienten einzufügen. Mit dieser Methode konnten bereits einige Formen der vererbten Blindheit geheilt und Krebszellen bekämpft werden.

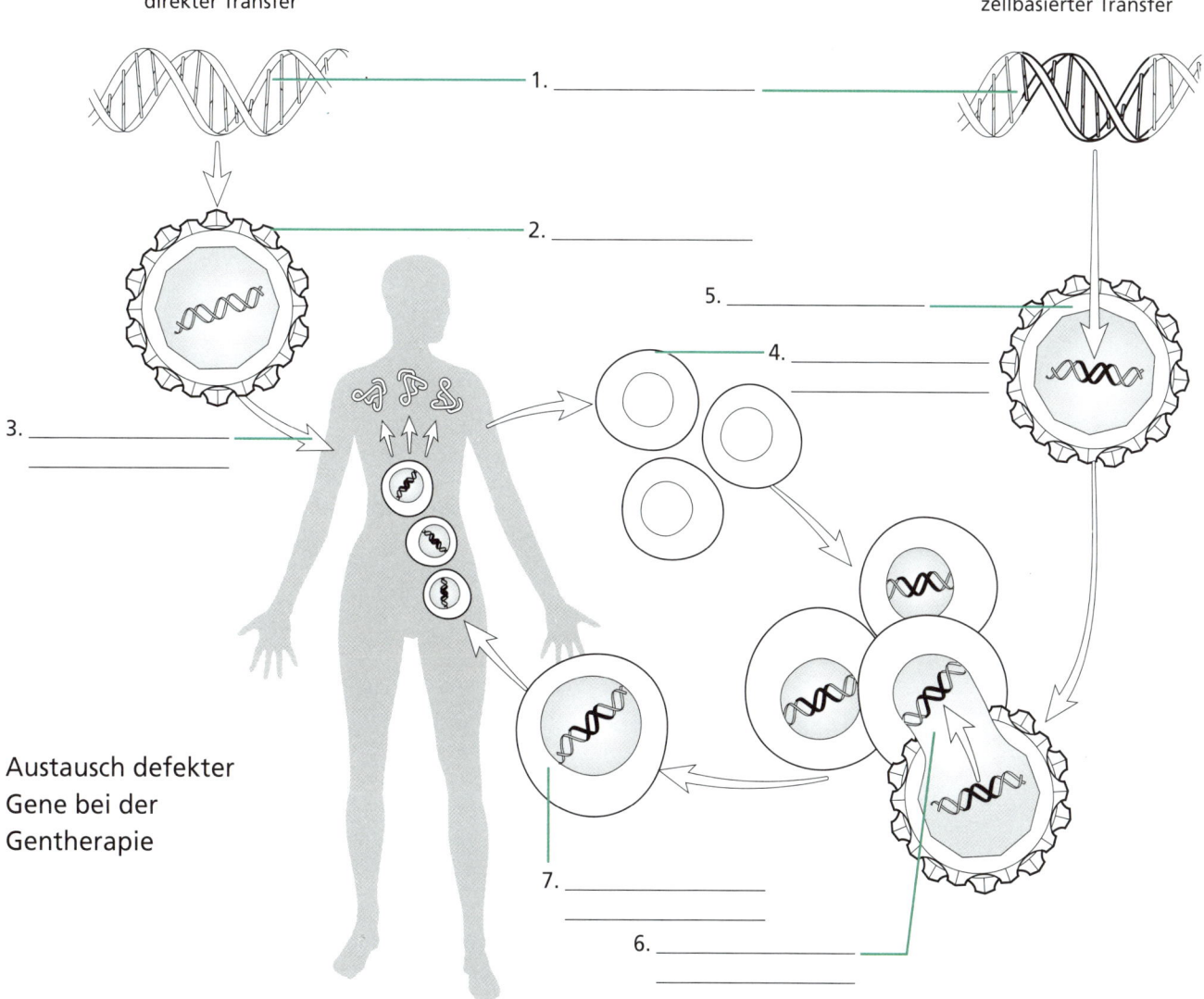

direkter Transfer   zellbasierter Transfer

1. _____

2. _____

5. _____

4. _____

3. _____

Austausch defekter
Gene bei der
Gentherapie

7. _____

6. _____

Zelldifferenzierung

Die Zelldifferenzierung ist ein Prozess, bei dem sich Zellen auf die Ausführung bestimmter Funktionen spezialisieren. Mehrzellige Organismen sind zu Beginn eine einzelne Zelle, die sich durch Mitose teilt und so alle Zellen des Organismus produziert, die somit identische Chromosomen haben. Diese Zellen unterscheiden sich später voneinander, da jede Art von Zelle nur die Gene nutzt, die sie braucht. In einer frühen Entwicklungsphase erhalten Zellen Signale, die ihr Schicksal bestimmten, indem die Expression bestimmter Gene aktiviert und jene anderer Gene unterdrückt wird. Im Laufe der Entwicklung wird ein Teil der Zellen weiterhin durch Signale gesteuert, wodurch schließlich alle vom Organismus benötigten Zellen entstehen.

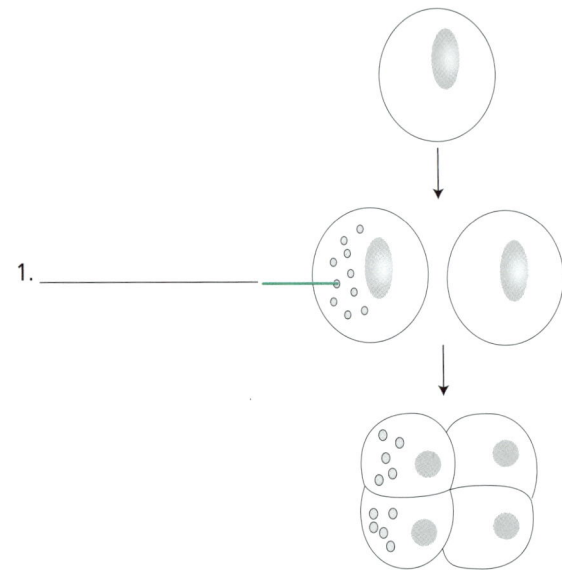

1. _____

Wie Signale zur Spezialisierung von Zellen führen

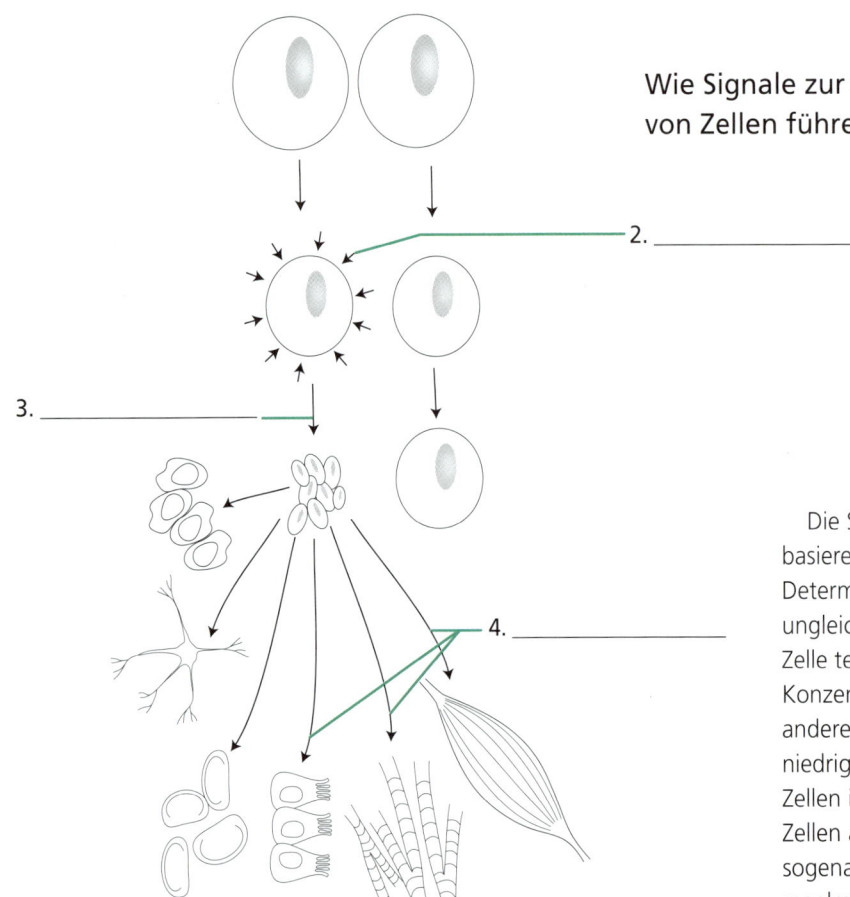

2. _____

3. _____

4. _____

Die Signale zur Steuerung der Zelldifferenzierung basieren auf zwei Mechanismen. Cytoplasmatische Determinanten sind regulatorische Moleküle, die ungleichmäßig im Cytoplasma verteilt sind. Wenn sich die Zelle teilt, erhalten einige ihrer Nachkommen eine hohe Konzentration dieser Determinanten und haben ein anderes Genexpressionsmuster als Zellen, die eine niedrige Konzentration erhalten. Andernfalls können Zellen ihre Gene als Reaktion auf Signale von anderen Zellen aktivieren und unterdrücken. Dieser Prozess, die sogenannte Induktion, tritt während der Entwicklung regelmäßig auf und ist bei allen Organismen zu beobachten. Differentielle Genexpression tritt als Reaktion auf cytoplasmatische Determinanten bei Insekten auf, ist jedoch bei anderen Organismen selten.

Lösungen

1. cytoplasmatische Determinanten, 2. Signale von einer benachbarten Zelle, 3. Induktion, 4. Zelldifferenzierung

Entwicklung des Körperbauplans

Die Körper mehrzelliger Lebewesen können bis zu drei Achsen haben: Vorderseite (anterior) zu Rückseite (posterior), Bauch (ventral) zu Rücken (dorsal) sowie linke Seite zu rechte Seite. Die Entwicklung der strukturellen Elemente eines Organismus unterscheidet sich je nachdem, wo sich Zellen entlang dieser Achsen befinden. Die Musterbildung entlang dieser Achse hängt von Signalmolekülen (Morphogene) ab.

Zellen produzieren Morphogene, die sich verteilen und Konzentrationsgradienten bilden. Andere Zellen erkennen die Morphogene und reagieren abhängig von der lokalen Konzentration. Tatsächlich erkennen Zellen anhand der Morphogenkonzentration, wo sie sich entlang der Achse befinden, und können sich so entsprechend ihrer Position differenzieren.

Das erste je entdeckte Morphogen ist ein vom *Bicoid*-Gen in der Taufliege *Drosophila melanogaster* hergestellter Transkriptionsfaktor. Zellen im Eierstock der Mutter produzieren *Bicoid*-mRNA und übertragen sie in die Eizellen, wo sie im anterioren Ende konzentriert werden. Im vielkernigen Stadium des Embryos entsteht durch die Translation von *Bicoid*-mRNA ein Gradient des Transkriptionsfaktors. Der Transkriptionsfaktor induziert in der Zelle verschiedene Reaktionen, abhängig von seiner Konzentration, was beim Embryo zur Entstehung der Hauptelemente des Körperbauplans – wie Kopf, Rumpf und Hinterleib – entlang der anterioposterioren Achse führt. Danach wird der Körperbauplan im Laufe der Entwicklung von einer Larve bis zur adulten Fliege weiterverfolgt.

Beispiel für die Entwicklung eines Körperbauplans bei einem Tier (*Drosophila*)

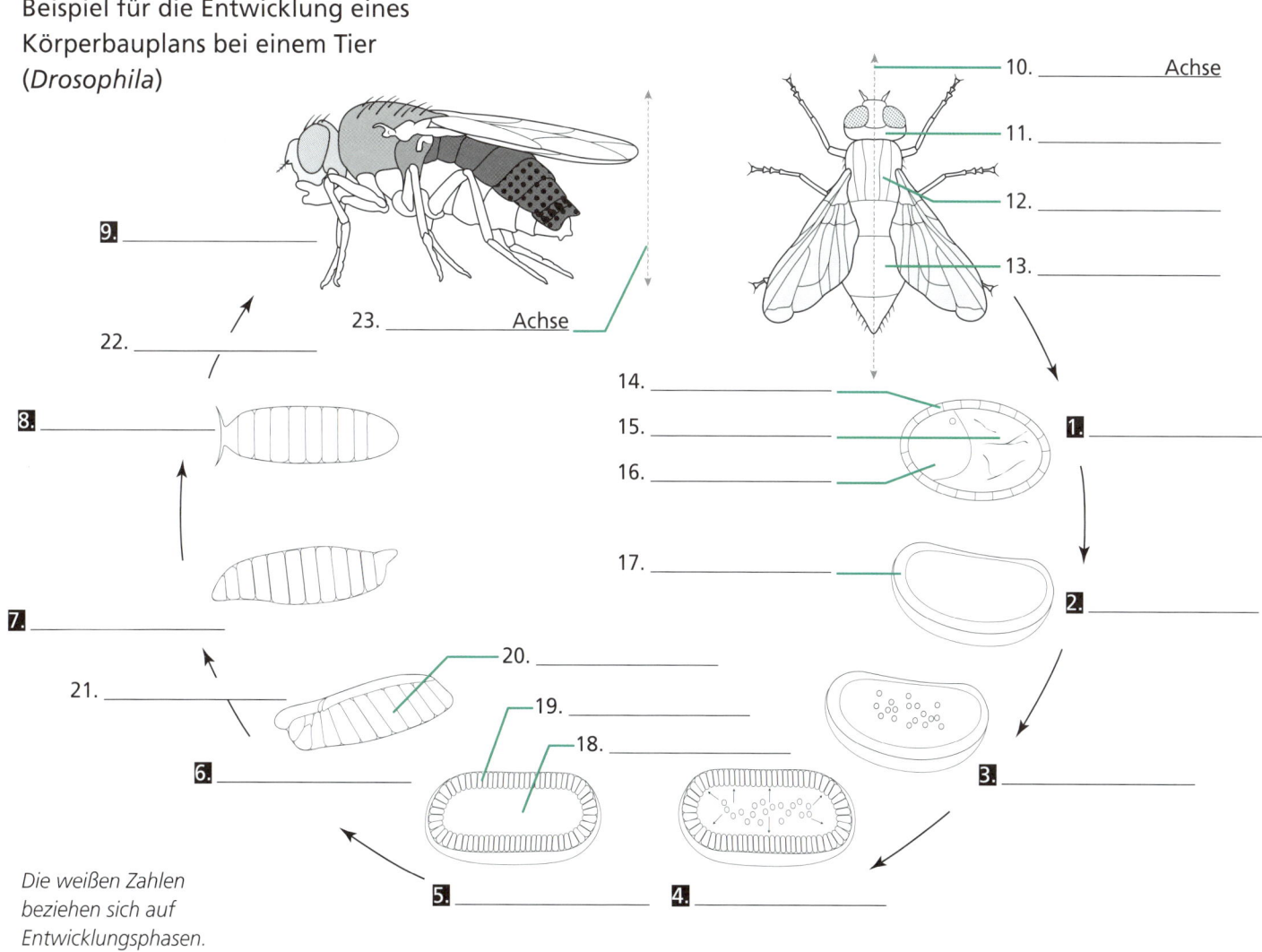

10. _____ Achse
11. _____
12. _____
13. _____

9. _____
23. _____ Achse
22. _____
8. _____
7. _____
21. _____
6. _____
20. _____
19. _____
18. _____
5. _____
4. _____
14. _____
15. _____
16. _____
17. _____
1.
2.
3.

Die weißen Zahlen beziehen sich auf Entwicklungsphasen.

Lösungen

Entwicklungsregulation bei Tieren

Die Gene, die die Hauptelemente des Körperbauplans bestimmen, arbeiten mit anderen Regulatorgenen für die Feinabstimmung dieser Entwicklung zusammen. Viele dieser Regulatorgene enthalten die Baupläne für Transktiptionsfaktoren, die die Transkription anderer Gene steuern. Somit führt die Aktivität eines Gens zur Aktivierung eines anderen Gens, das wiederum ein anderes Gen aktiviert und so weiter. Dadurch entsteht eine Regulationskaskade, die Entwicklungsstadien von der Befruchtung bis zum adulten (ausgewachsenen) Lebewesen festlegt.

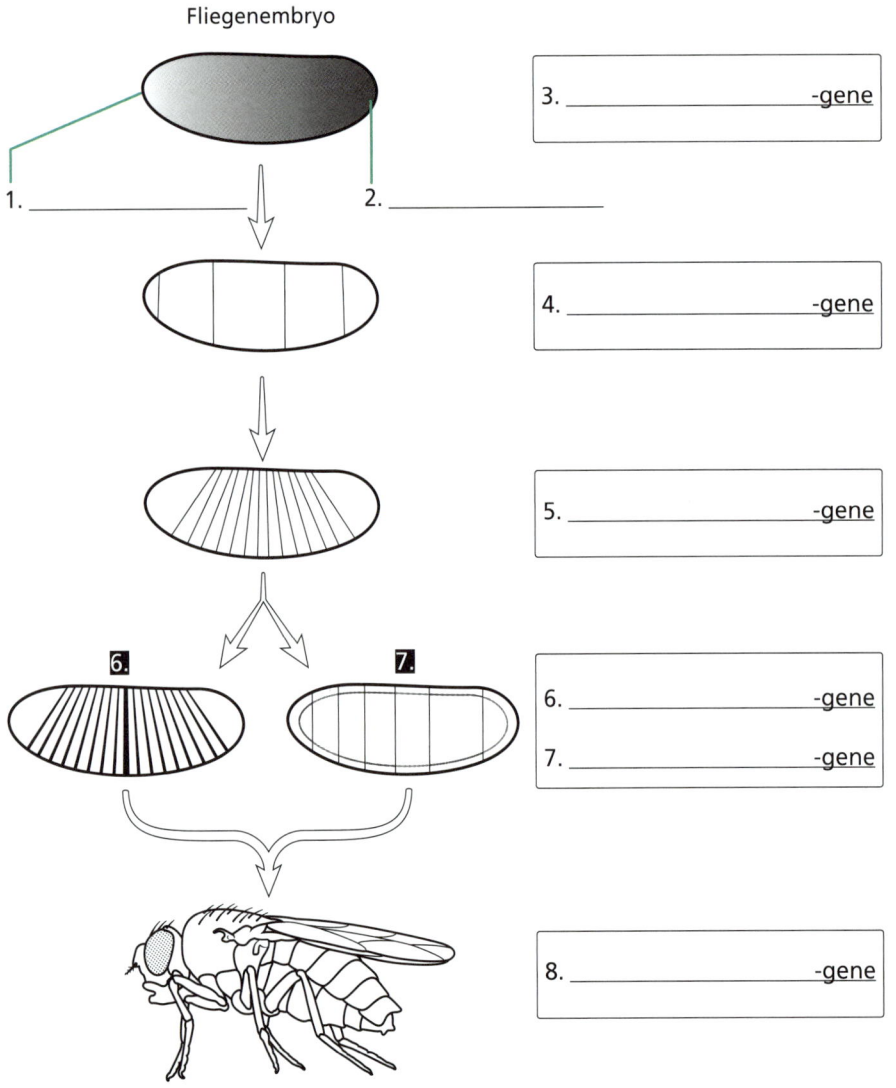

Fliegenembryo

3. _____ -gene

1. _____

2. _____

4. _____ -gene

5. _____ -gene

6. _____ -gene

7. _____ -gene

8. _____ -gene

Genkaskaden zur
Entwicklungsregulation
bei Tieren

Eine der bekanntesten Regulationskaskaden ist jene, die für die Entwicklung bei der *Drosophila melanogaster* verantwortlich ist. Die Entwicklung beginnt mit der Festlegung der Körperachsen durch Morphogene aus Genen wie dem *Bicoid*. Diese Morphogene dienen als Transkriptionsfaktoren und aktiveren eine Gruppe von Genen, sogenannte Lückengene, die Zellen in Segmentgruppen entlang der anterioposterioren Achse organisieren. Lückengene aktivieren wiederum Paarregelgene, die einzelne Segmente innerhalb dieser Gruppen bilden. Paarregelgene aktivieren Segmentpolaritätsgene, die für die Feinabstimmung der anterioposterioren Achse innerhalb jedes Segments verantwortlich sind. Lückengene und Paarregelgene aktivieren zudem homöotische Gene (Hox-Gene), die durch die Aktivierung von Effektorgenen, die die Zelldifferenzierung steuern, die Entwicklung spezifischer struktureller Elemente innerhalb jedes Segments auslösen.

1. zukünftiger Kopf, 2. zukünftiger Hinterleib, 3. maternale Effekt-, 4. Lücken-, 5. Paarregel-, 6. Segmentpolaritäts-, 7. Hox-, 8. Effektor-

Homöotische Gene

Homöotische Gene oder Hox-Gene sind eine Genfamile, die in fast allen Tieren zu finden ist. Sie enthalten die Baupläne für Transkriptionsfaktoren, so auch für eine spezielle Sequenz, die Homöobox genannt wird und die Form der DNA-Bindedomäne bestimmt. Wenn Zellen den Transkriptionsfaktor aus einem bestimmten Hox-Gen produzieren, erkennen und binden sie an Effektorgene, die für die fehlerlose Entwicklung struktureller Elemente in bestimmten Teilen des Organismus notwendig sind. Wenn Hox-Gene mutieren, führen sie zur Entstehung bizarrer Tiere, die Teile an der falschen Stelle haben, wie zum Beispiel Füße auf dem Kopf statt Antennen.

Hox-Gene aus unterschiedlichen Tieren sind einander sehr ähnlich. Tatsächlich sind sie so ähnlich, dass Wissenschaftler einer Taufliege das Hox-Gen einer Maus einsetzen konnten und die gleiche Wirkung wie mit dem Hox-Gen einer Taufliege erzielen konnten. Diese enge Beziehung lässt darauf schließen, dass Hox-Gene homolog und somit verwandt sind, da sie einen gemeinsamen Vorfahren haben. Hox-Gene haben eine ungewöhnliche Anordnung, die in allen Tierarten konserviert ist; die Anordnung der Gene entlang eines Chromosoms entspricht der Expression dieses Gens entlang der anterioposterioren Achse bei Tieren. Anders ausgedrückt kontrollieren Hox-Gene an einem Ende des Chromosoms die Entwicklung im anterioren Ende des Organismus, während Gene am anderen Ende des Chromosoms die Entwicklung im posterioren Ende steuern.

Organisation und Expression homöotischer Gene (Hox-Gene)

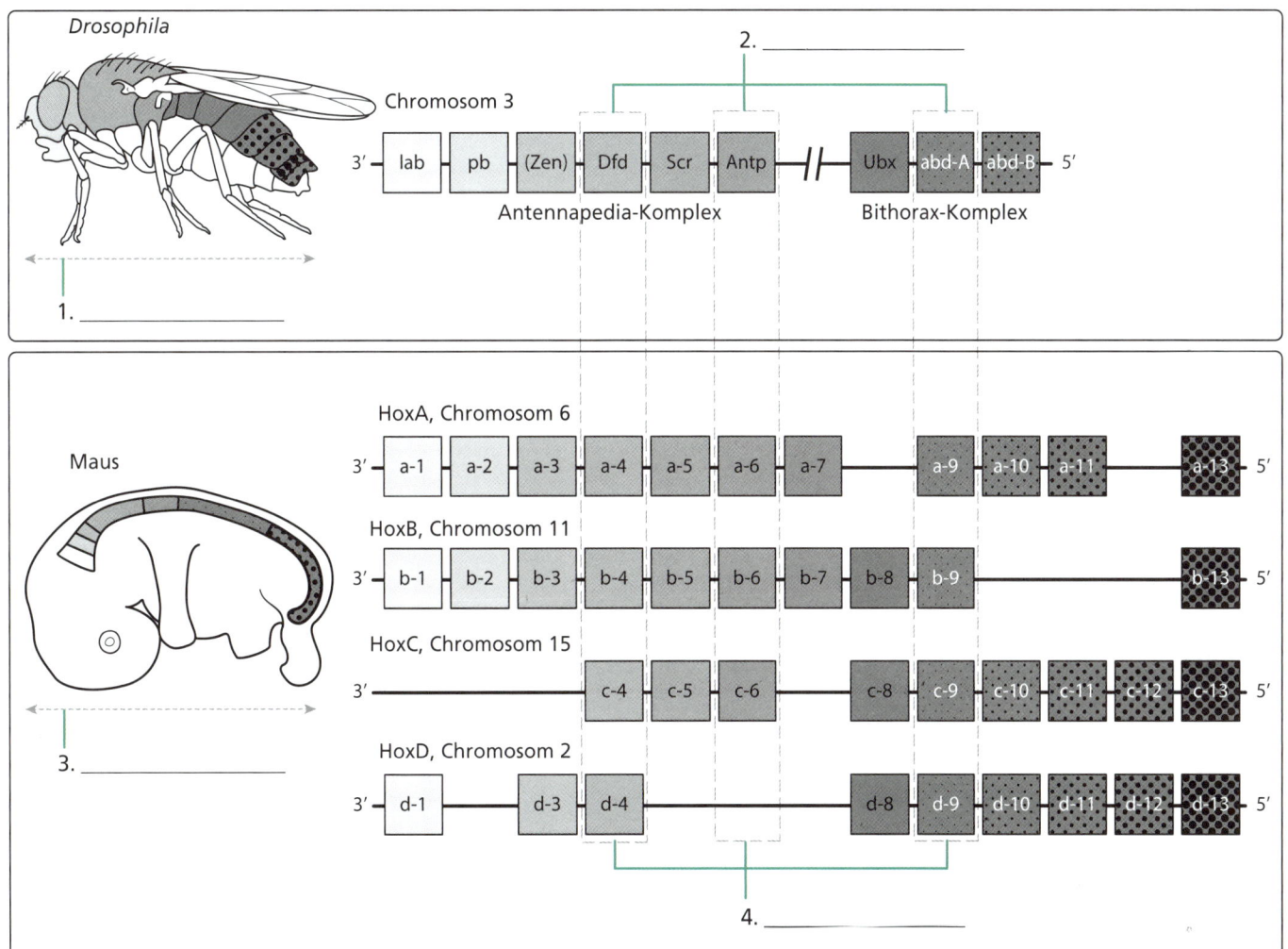

1. anterior-posterior-Achse, 2. Vorläufergene, 3. anterior-posterior-Achse, 4. paraloge Gene

Gastrulation

Die Gastrulation ist eine der wichtigsten Phasen der Tierentwicklung. Bei der Gastrulation bewegen sich die Zellen der Blastula und der Embryo wandelt sich von einem einzigen hohlen Zellball in eine Gastrula mit deutlich ausgeprägten Schichten um. Zunächst stülpt sich eine Schicht der Blastula ein, sodass zwei Schichten entstehen. Es kann auch eine zusätzliche Schicht entstehen, indem die Zellen von der obersten Schicht in den Embryo wandern (Ingression) oder sich eine Schicht unter eine andere stülpt (Involution). Schlussendlich entstehen bei der Gastrulation drei Keimblätter, Entoderm, Ektoderm und Mesoderm, die sich zu jeweils einem anderen Teil des Körpers entwickeln. Aus dem inneren Entoderm entstehen die inneren Organe und die Darmschleimhaut. Aus dem äußeren Ektoderm wird das Nervensystem und Oberflächenorgane wie die Haut gebildet und aus dem mittleren Mesoderm werden die Muskeln, das Skelett sowie das Kreislaufsystem geformt.

Die Neurulation findet nach der Gastrulation statt, wenn aus den Zellen im Ektoderm das Nervensystem entsteht. Bei Wirbeltieren verdickt sich der Teil des Ektoderm neben der Chorda dorsalis. So entsteht eine erhöhte Zellplatte, die Neuralplatte. Die Platte stülpt sich ein, verschließt sich und formt so das Neuralrohr, das dann zum Nervensystem wird. Die äußeren Ränder der Neuralplatte werden nicht Teil des Rohrs. Stattdessen werden sie zu Neuralleistenzellen, aus denen Pigmentzellen und das periphere Nervensystem entstehen.

Gastrulation und Neurulation bei einem Chordatier (Lanzettfischchen)

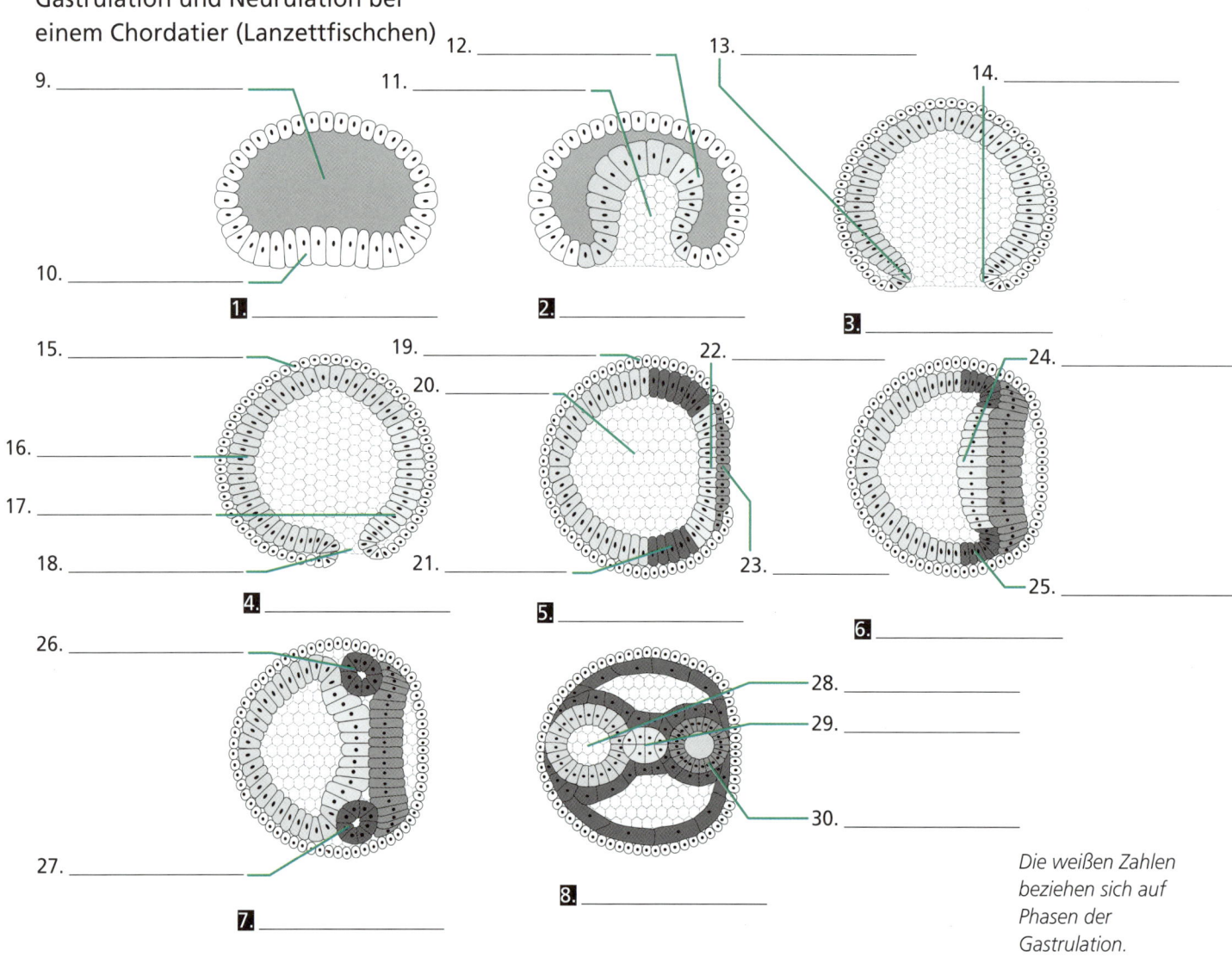

Die weißen Zahlen beziehen sich auf Phasen der Gastrulation.

Lösungen

Embryogenese bei zweikeimblättrigen Pflanzen

Phasen der Embryogenese (1–8)

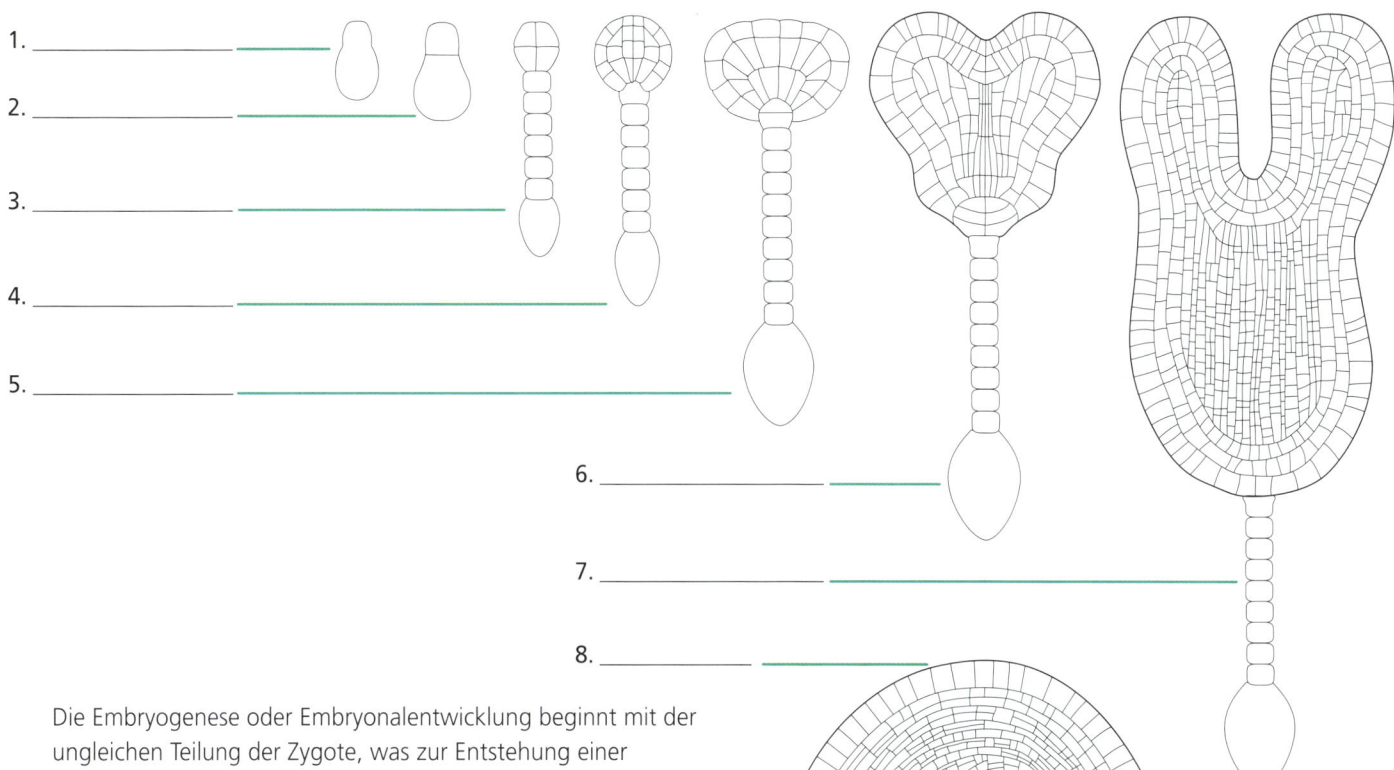

1. _____

2. _____

3. _____

4. _____

5. _____

6. _____

7. _____

8. _____

9. _____

10. _____

Die Zahlen 9 und 10 sind strukturelle Elemente.

Die Embryogenese oder Embryonalentwicklung beginnt mit der ungleichen Teilung der Zygote, was zur Entstehung einer kleinen, dichten Scheitelzelle und einer größeren vakuolisierten Basalzelle führt. Die Scheitelzelle teilt sich zweimal vertikal und einmal horizontal. So entsteht ein Oktant mit deutlich abgetrennten unteren und oberen Schichten, die beim Keimling einen Großteil des apikalen und basalen Gewebes bilden. Die Basalzelle teilt sich horizontal und formt den Suspensor, der vor allem als Stützgewebe dient. Die oberste Zelle des Suspensors, die Hypophyse, wird als Teil des Wurzelmeristems in den Embryo eingefügt. Durch die tangentiale Teilung wird das Protoderm geformt, eine einzige Zellschicht, die zur Epidermis wird.

Durch die kontinuierliche Teilung der inneren Zellen entsteht aus den Zellen der unteren und oberen Schichten eine Kugelform, die entlang der apikal-basalen Achse in einer Reihe bleiben, während der kugelförmige Embryo wächst. Durch Zellteilung in der unteren Schicht entstehen im Zentrum schmale Zellen, während die Zellteilung in der oberen Schicht an zwei entgegengesetzten Spitzen auftritt, wodurch zuerst eine dreieckige Form und dann eine Herzform entsteht. Wenn er eine dreieckige Form angenommen hat, sind beim Embryo die Primordien der meisten Organe voll entwickelt, so die Keimblätter (Kotyledonen), der Sprossabschnitt (Hypokotyl), die Keimwurzel und auch Grundgewebe wie das Prokambium, das Protoderm und die primäre Rinde.

Lösungen

Regulation der Pflanzenentwicklung

Die Blütenbildung ist ein gutes Beispiel dafür, wie Regulationskaskaden die Pflanzenentwicklung steuern. Wie bei Tieren sind viele der Gene in den Regulationskaskaden Transkriptionsfaktoren, die bestimmte Gene unterdrücken oder aktivieren. Die Blütenbildung beginnt, wenn Signale die Umwandlung des Sprossapikalmeristems in ein Infloreszenzmeristem einleiten. Danach aktivieren Transkriptionsfaktoren florale Meristemidentitätsgene, was das Infloreszenzmeristem zur Produktion von Blütenmeristemen und zur Aktivierung von Katastergenen, die die Struktur der Blume festlegen, veranlasst. Schließlich aktivieren Katastergene Organidentitätsgene, die dafür verantwortlich sind, dass sich die Teile der Blume an der richtigen Stelle entwickeln, indem Effektorgene aktiviert werden.

Ein Model für die Genregulation der Blütenentwicklung bei Pflanzen

Arten von Hox-Genen   Organ (Wirtel)

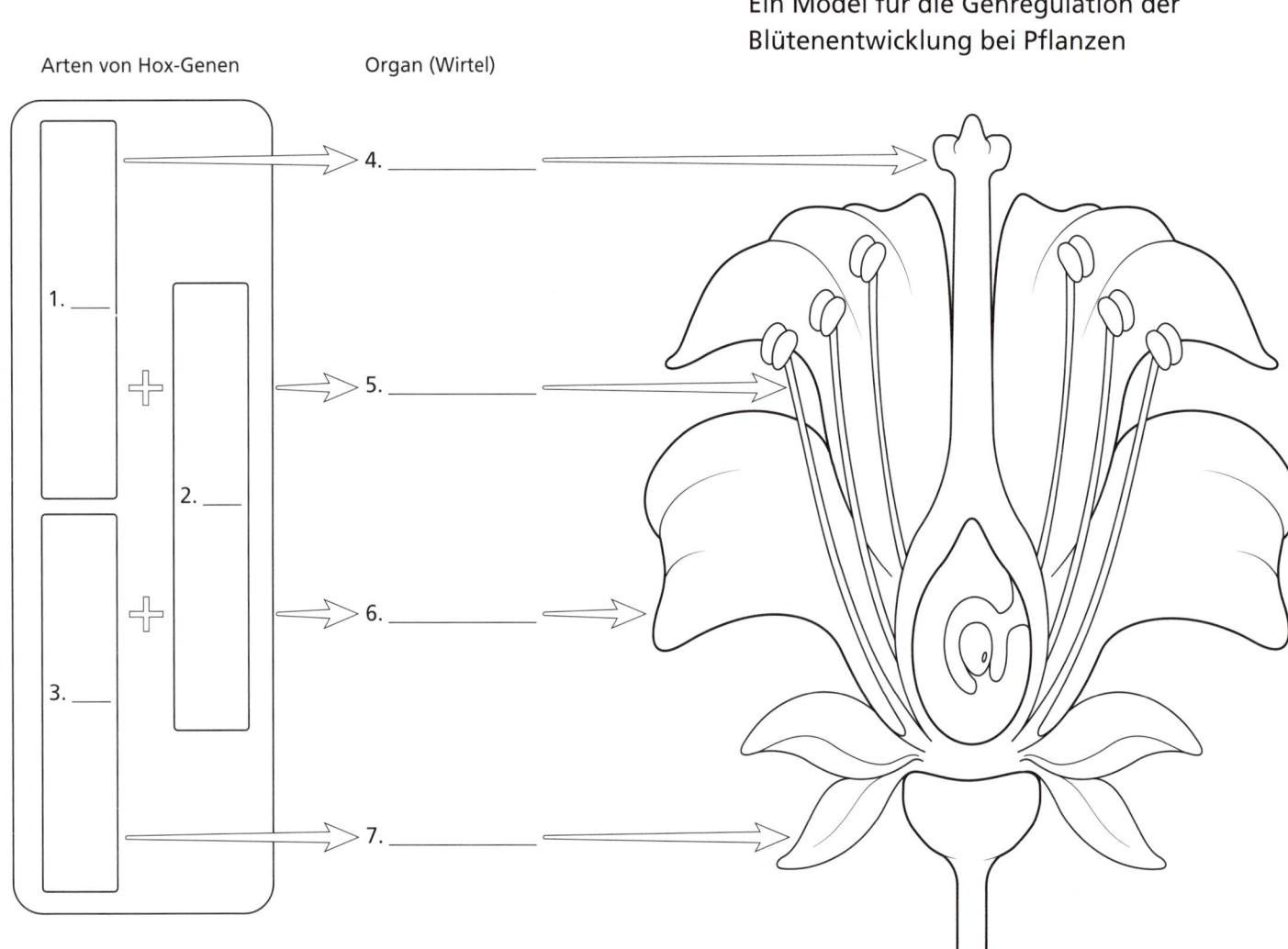

1. ____
2. ____
3. ____

4. ____
5. ____
6. ____
7. ____

Florale Organidentitätsgene gehören zur Familie der MADS-Box-Gene. Wie die Hox-Gene bei Tieren enthalten auch MADS-Box-Gene den Bauplan für Transkriptionsfaktoren, die für die richtige Platzierung von strukturellen Elementen essenziell sind. Die MADS-Box selbst ist jener Genabschnitt, der die Form von DNA-Bindungsstellen bestimmt. Organidentitätsgene werden in die Kategorien A, B und C eingeteilt, basierend auf ihrer Aktivität. Das ABC-Modell für die Blütenentwicklung zeigt, wie Kombinationen von bestimmten Genen aus diesen Kategorien bestimmen, welche Organe in jedem der vier Wirtel einer Blume gebildet werden.

Lösungen

1. C, 2. B, 3. A, 4. Karpelle (Gynoeceum oder auch Fruchtblatt), 5. Stamina (Androeceum oder Staubblatt), 6. Petalen (Corolla oder Kronblatt), 7. Sepalen (Calyx oder Kelchblatt)

Homologie

Homologe Strukturen sind Strukturen, die bei unterschiedlichen Spezies aufgrund ihrer gemeinsamen Vorfahren ähnlich sind. Eines der besten Beispiele hierfür sind die Knochen in den Wirbeltiergliedmaßen. Von außen betrachtet scheinen eine Walfischflosse, eine Hunde- oder Katzenpfote, der Flügel eines Vogels und eine menschliche Hand sehr unterschiedliche Strukturen zu sein, die unterschiedliche Funktionen erfüllen. Von innen betrachtet ist zu erkennen, dass diese Strukturen dieselben Arten von Knochen in derselben Anordnung aufweisen. Diese scheinbar unterschiedlichen Strukturen weisen eine unglaubliche Ähnlichkeit auf, da all diese Organismen einen gemeinsamen Vorfahren haben. Anders ausgedrückt sind sie alle Variationen desselben Grundmusters.

Andere Arten der Homologie bieten zudem Beweise für die Evolutionstheorie. Genetische Homologien, zum Beispiel jene in den Hox-Genen, treten in der DNA unterschiedlichster Spezies auf. Da die DNA den Code für RNA- und Proteinmoleküle enthält, können genetische Homologien zu biochemischen Homologien führen, zum Beispiel Ähnlichkeiten in den Enzymen oder Stoffwechselwegen. Homologien in der Entwicklung, wie die vorübergehende Entwicklung eines Schwanzes bei menschlichen Embryonen, zeugen ebenso von gemeinsamen Vorfahren des Lebens auf der Erde.

1. _____ 3. _____ 5. _____

2. _____ 4. _____ 6. _____

Strukturelle Homologie der Vordergliedmaßen bei verschiedenen Tiergruppen

Benennen Sie die homologen Knochen, 1–6.

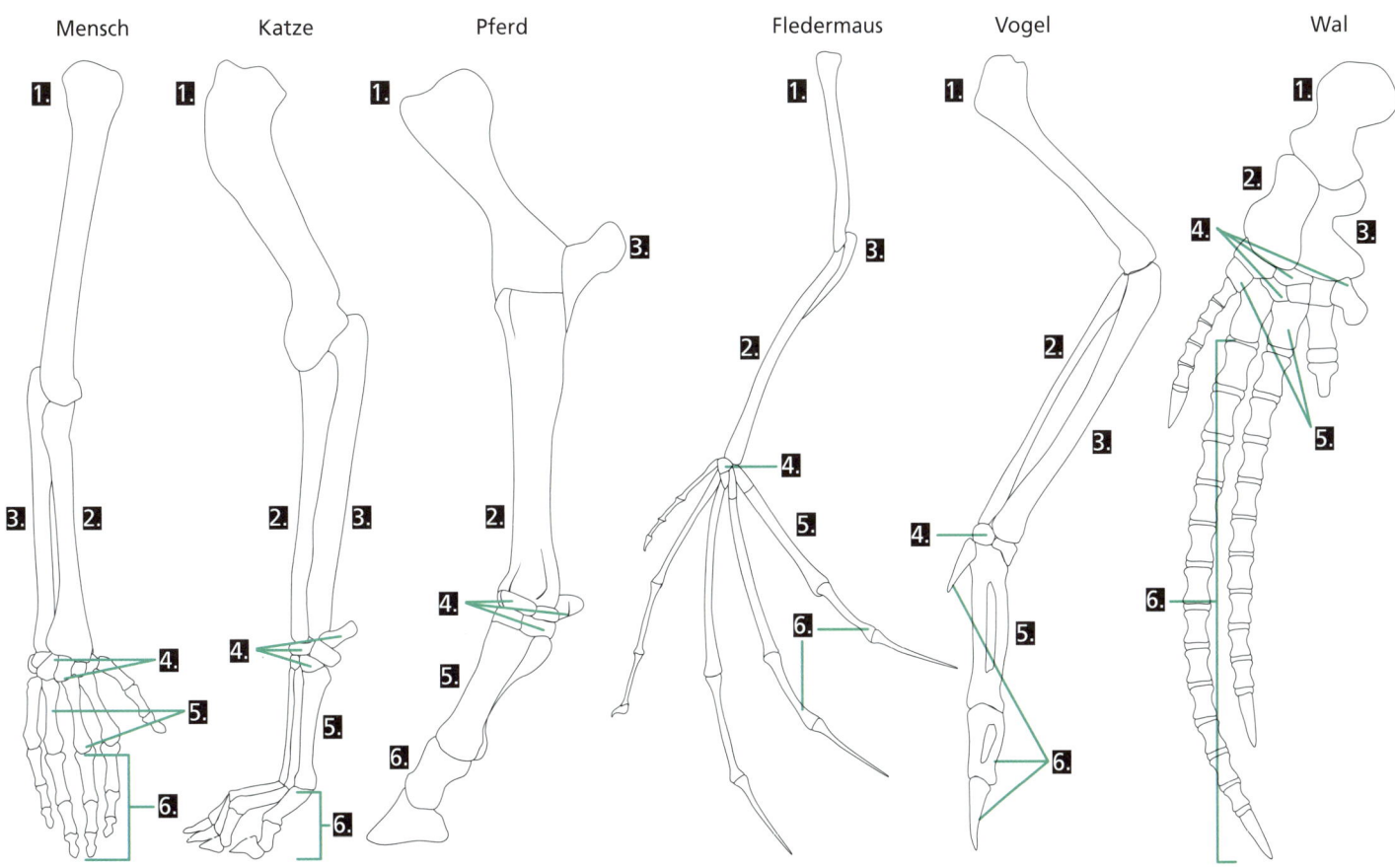

Mensch   Katze   Pferd   Fledermaus   Vogel   Wal

Lösungen

Natürliche Selektion

Die Theorie der natürlichen Selektion geht auf Charles Darwin zurück und beschreibt eine Möglichkeit, wie sich Populationen von Organismen im Laufe der Zeit verändern können. Darwins Theorie enthielt vier fundamentale Prinzipien. Erstens zeugen Organismen mehr Nachkommen, als von der Umwelt versorgt werden können (Überproduktion). Zweitens unterscheiden sich die Individuen einer Population auf verschiedene Arten (Variation). Drittens haben Individuen mit Merkmalen, die das Überleben unter bestimmten Bedingungen begünstigen, eine höhere Wahrscheinlichkeit zu überleben und Nachkommen zu zeugen (natürliche Selektion). Viertens geben Eltern Merkmale an ihre Nachkommen weiter, wodurch die nächste Generation günstigere Merkmale haben wird (Anpassung). Im Laufe vieler Generationen kann die natürliche Selektion zur Evolution von Populationen führen.

Die natürliche Selektion wird oft auch als „Überleben des Stärkeren" bezeichnet. Die Bezeichnung „Stärkerer" ist in diesem Fall nicht als körperliche Stärke zu verstehen, sondern als biologische Stärke: die Fähigkeit eines Organismus zu überleben und lebensfähige Nachkommen zu zeugen. Was einen Organismus biologisch stark macht, hängt vom auf der Population lastenden Selektionsdruck ab. Wenn der Selektionsdruck darin besteht, von Raubtieren gejagt zu werden, dann könnten die schnellsten Individuen die stärksten sein. Wenn der Selektionsdruck hingegen die Bedrohung durch einen Krankheitserreger ist, dann könnte der Organismus mit einem genetischen Defekt, der es gegen den Erreger resistent macht, der stärkste sein.

Prozess der natürlichen Selektion

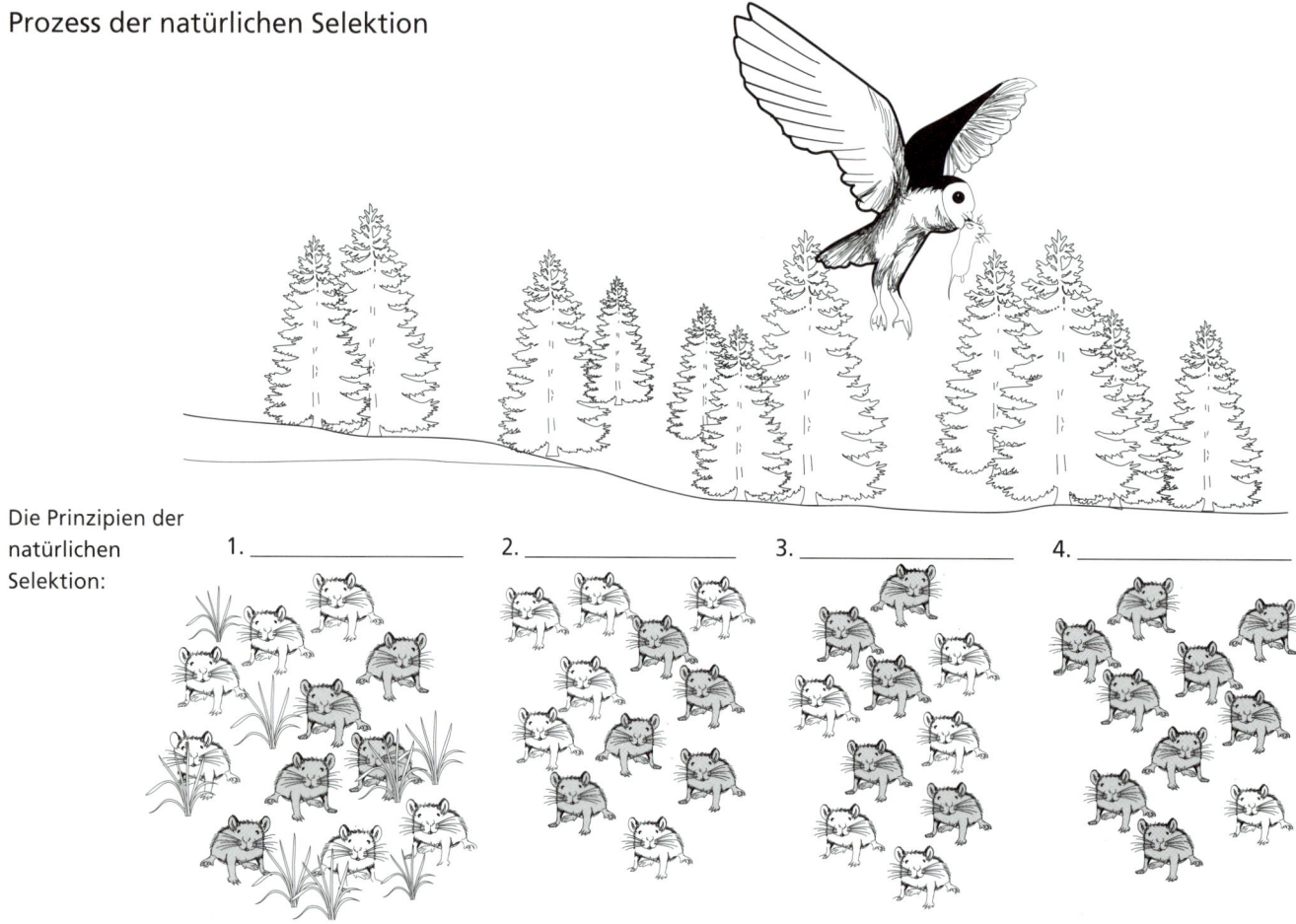

Die Prinzipien der natürlichen Selektion:

1. _____   2. _____   3. _____   4. _____

Lösungen

1. Überproduktion, 2. Variation, 3. Selektion, 4. Anpassung

Arten der Selektion

Verschiedene Arten der natürlichen Selektion vergrößern oder verringern die genetische Vielfalt in einer Population, indem die Anzahl und Frequenz von Allelen für ein Merkmal verändert werden. Die stabilisierende Selektion begünstigt Individuen mit durchschnittlichen Merkmalen und reduziert die genetische Vielfalt. Ist das menschliche Geburtsgewicht zu hoch oder zu niedrig, könnten die Mutter oder das Kind nicht überleben. Somit werden Allele, die das Extrem dieses Merkmals begünstigen, eher nicht weitervererbt.

Die transformierende Selektion ändert den Durchschnitt eines Merkmals und reduziert die genetische Vielfalt in einer Population. Als die Industrielle Revolution in England zu verrußten Baumstämmen führte, konnten sich dunkle Birkenspanner (*Biston betularia*) besser tarnen und hatten eine höhere Überlebenschance als helle Birkenspanner, die die Population früher dominiert hatten. Im Laufe mehrer Generationen verschob sich der Mittelwert des Merkmals durch transformierende Selektion und dunkle Birkenspanner dominierten.

Die disruptive Selektion begünstigt die Extremwerte eines Merkmals und vergrößert die genetische Diversität in einer Population. Der afrikanische Schein-Schwalbenschwanz (*Papilio dardanus*) imitiert das Aussehen giftiger Schmetterlinge, um sich vor Räubern zu schützen. Diese Spezies ist über ein großes Gebiet verteilt, jedoch ist ihr Aussehen in jedem Lebensraum an das der dort lebenden giftigen Schmetterlinge angepasst. Hier begünstigt die Selektion verschiedene Extreme des Aussehens in den einzelnen Gebieten.

Wie sich die natürliche Selektion auf Populationen auswirken kann

Legende:
ursprüngliche Population
Population nach Selektion

Art der Selektion:

1. _____
2. _____
3. _____

Auswirkung der Selektion

4. _____
5. _____
6. _____

heutiges Pferd

hundegroßes Urpferd

Rotkehlchen legen mittelgroße Gelege

kleine Gelege könnten keine vielfältigen Nachkommen hervorbringen; große Gelege könnten zu unterernährten Küken führen.

helle Mäuse können sich an Stränden besser tarnen, während dunkle Mäuse in Wäldern gut getarnt sind

mittelgroße Mäuse sind in keiner der beiden Umgebungen gut getarnt

Lösungen

1. transformierende Selektion, 2. stabilisierende Selektion, 3. disruptive Selektion, 4. Selektion wirkt gegen ein Extrem, 5. Selektion wirkt gegen beide Extreme, 6. Selektion wirkt gegen den Mittelwert

Gendrift

Die Bezeichnung Gendrift bezieht sich auf Veränderungen in der genetischen Variabilität einer Population aufgrund von zufälligen Ereignissen, die nicht mit der biologischen Fitness verbunden sind. Die Auswirkungen eines Gendrifts sind in kleineren Populationen für gewöhnlich weitreichender als in größeren. In kleinen Populationen kann er manchmal zum Verlust von Allelen für ein bestimmtes Merkmal oder zur Fixierung von Allelen führen, wenn die gesamte Population dasselbe Allel hat.

Der Flaschenhalseffekt ist ein Gendrift, der auftritt, wenn sich eine beinahe ausgestorbene Spezies wieder erholt. Ein großer Teil der genetischen Diversität in der ursprünglichen Population geht verloren, wenn Individuen sterben, wodurch nur die Allele der Überlebenden an die nächste Generation vererbt werden. Das passierte, als Geparden (*Acinonyx jubatus*) während der letzten Eiszeit kurz vor dem Aussterben waren. Die Population erholte sich, aber der Gendrift ist so gering, dass Zoos bei der Auswahl von Sexualpartnern für ihre Zuchtprogramme sehr vorsichtig sein müssen, um Inzucht zu vermeiden.

Der Gründereffekt ist ein Gendrift, der auftritt, wenn sich einige wenige Individuen von einer Population abspalten und eine neue Population aufbauen. Die Allele der Gründerindividuen sind in der neuen Population sehr viel häufiger als sie es in der ursprünglichen Population waren. Der Gründereffekt kann auftreten, wenn kleine Tiere wie Vögel oder Echsen durch Stürme aus ihrem ursprünglichen Habitat verdrängt werden und in ein neues Gebiet ziehen müssen.

Mechanismen, durch die ein Gendrift auftreten kann

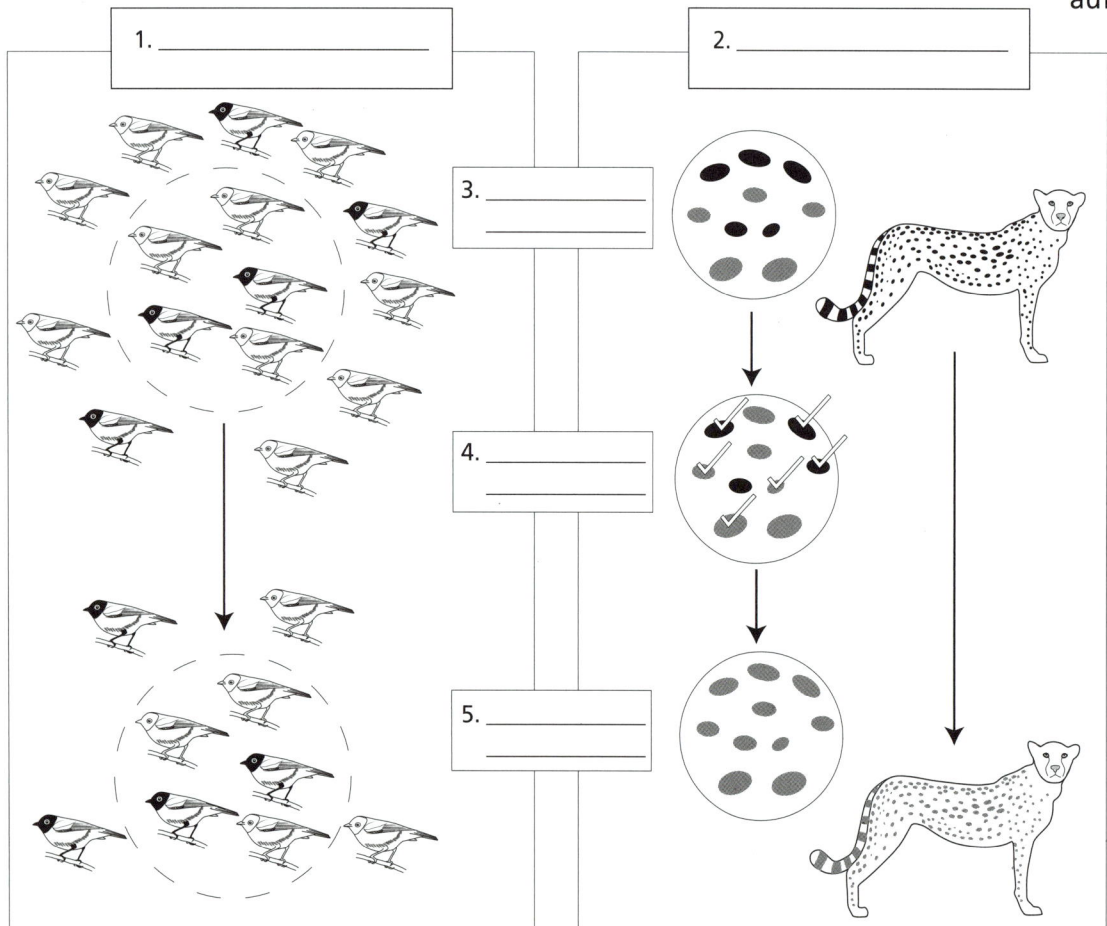

1. _____

2. _____

3. _____

4. _____

5. _____

Lösungen

Genfluss

Ein Genfluss findet statt, wenn Individuen eine Population verlassen und sich einer anderen anschließen, mitsamt ihren Allelen. Die Einführung neuer Allele kann die genetische Vielfalt erhöhen. Obwohl die Migration zwischen Populationen nicht mit biologischer Fitness verbunden ist, kann der daraus resultierende Austausch von Allelen die allgemeine Fitness der Empfängerpopulation beeinflussen. Das ist manchmal der Fall, wenn in Gefangenschaft gezüchtete Tiere wie Zuchtfische ausbrechen und sich mit wilden Arten paaren. Generell werden zwei Populationen durch den Genfluss einander ähnlicher, beziehungsweise sie werden homogenisiert.

Ein Genfluss findet häufig durch Migration oder Verbreitung statt. Bei der Migration wandern Organismen aus ihrer ursprünglichen Population in eine neue. Das ist bei sich frei bewegenden Lebewesen wie den Tieren der Fall. Verbreitung bezieht sich auf die Verteilung von Gameten oder Individuen im Zuge der Fortpflanzung. Windbestäuber streuen ihre Gameten in den Wind und schicken so ihre Allele weit weg. Pflanzen verteilen zudem ihre Samen durch verschiedene Mechanismen, zum Beispiel durch Wind, Wasser oder Tiere mit Hilfe von Anheftung oder über die Nahrungsaufnahme. Dadurch können Individuen und ihre Allele in neuen Populationen verbreitet werden.

Wie sich Allele zwischen Populationen bewegen

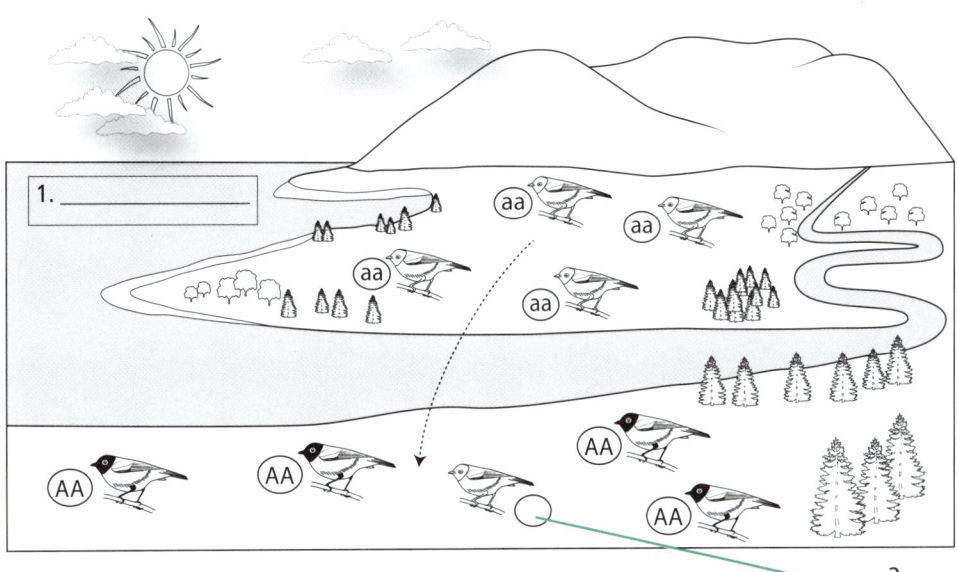

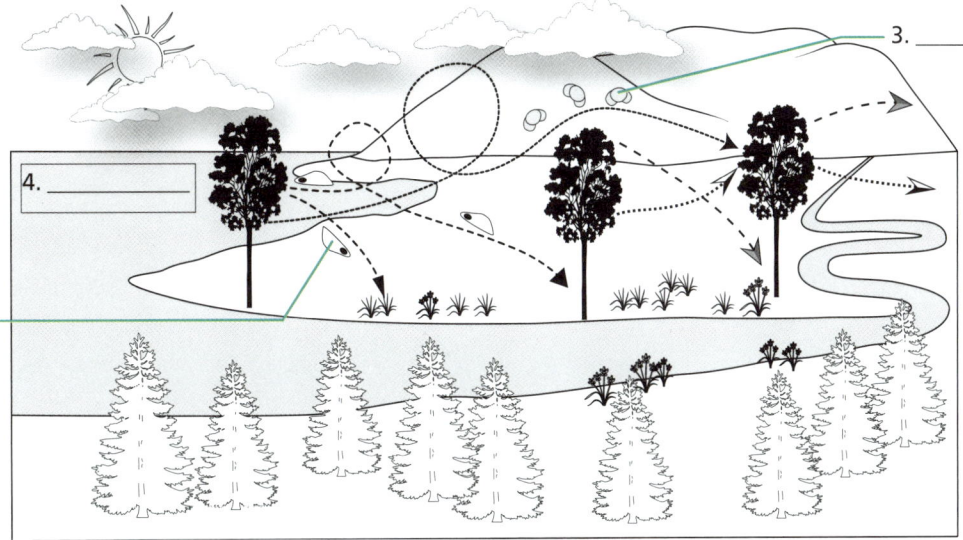

Lösungen

Artbildung

Mit Artbildung (Speziation) ist die Entwicklung einer neuen Spezies aus einem Ursprungsorganismus gemeint. Um eine Artbildung zu erkennen, müssen Biologen feststellen können, dass es sich um zwei unterschiedliche Spezies handelt. Als Grundlage hierfür dient bei vielen Eukaryoten das biologische Artkonzept, das besagt, dass zwei Organismen, die zeugungsfähige Nachkommen miteinander zeugen können, derselben Spezies angehören. Bei fossilen Organismen oder Organismen, die sich ungeschlechtlich fortpflanzen, nutzen Biologen das Morphospezies-Konzept, laut welchem zwei Organismen mit derselben Struktur (Morphologie) derselben Spezies angehören. Bei Prokaryoten wird Spezies ebenfalls anhand biochemischer und genetischer Ähnlichkeit definiert.

Eine Spezies kann sich aus einer anderen entwickeln, wenn eine Gruppe von Organismen von der ursprünglichen Population reproduktiv isoliert wird. Das grenzt den Genfluss zwischen den beiden Populationen ein und erlaubt eine voneinander unabhängige Evolution. Eine allopatrische („anderes Land") Artbildung findet statt, wenn Populationen durch eine geografische Barriere getrennt werden. Bei der parapatrischen („nahes Land") Artbildung kann eine Spezies über ein großes Gebiet verteilt sein. Populationen, die entlang des Gradienten nahe beieinander stehen, können sich paaren, jedoch sind diejenigen an den Extremen zu unterschiedlich. Bei der sympatrischen („gemeinsames Land") Artbildung entwickeln sich Individuen derselben Population unabhängig voneinander, da sie sich auf die Nutzung bestimmter Ressourcen in ihrem Lebensraum spezialisieren.

Mechanismen, die zu einer Artbildung führen können

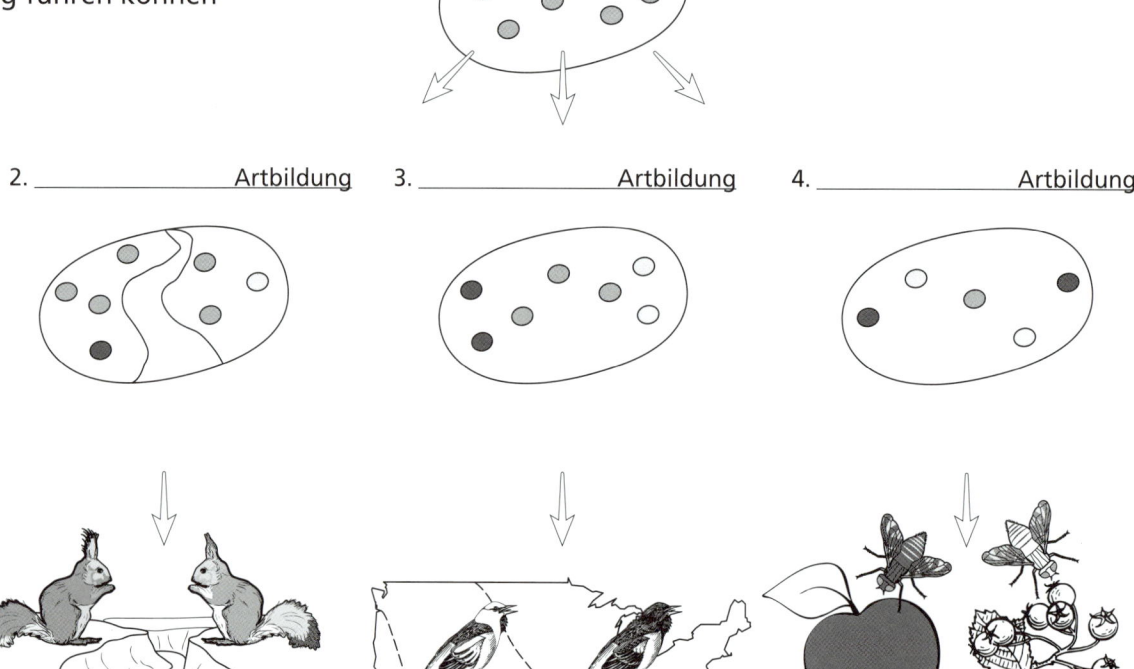

1. _____

2. _____ Artbildung   3. _____ Artbildung   4. _____ Artbildung

Kaibab- und Aberthörnchen auf gegenüberliegenden Seiten des Grand Canyon

Bullock- und Baltimoretrupial im Osten und im Westen Nordamerikas

Apfelfruchtfliegen auf Äpfeln und Weißdorn

Lösungen

Phylogenie

Die Phylogenie ist die Untersuchung der Entwicklungsgeschichte zwischen Populationen. Biologen sammeln Informationen zur Morphologie, Biochemie und Genetik von Organismen und erstellen „Stammbäume", die phylogenetische Bäume genannt werden, zur Darstellung evolutionärer Beziehungen, die aufgrund von Ähnlichkeiten und Unterschieden zwischen einzelnen Merkmalen vermutet werden. Die Äste von Organismen, die viele gemeinsame Merkmale haben, sind auf dem Baum näher beieinander, während durch neu erworbene Eigenschaften, sogenannte abgeleitete Merkmale, neue Verzweigungspunkte auf dem Baum entstehen, die die Entwicklung einer neuen Gruppe aus einem gemeinsamen Vorfahren markieren. Merkmale, die bei Gruppen von Organismen und ihren gemeinsamen Vorfahren vorkommen, jedoch bei entfernten Vorfahren fehlen, werden Synapomorphien genannt.

Phylogenetische Bäume repräsentieren die evolutive Vergangenheit, wobei die Vorfahren an den Wurzeln des Baums und die Spezies, die miteinander verglichen werden, an der Spitze positioniert sind. Indem die Verzweigungspunkte zurückverfolgt werden, kann bestimmt werden, welche Spezies einen gemeinsamen Vorfahren haben und welche nicht oder welche Gruppen in der jüngsten Vergangenheit einen gemeinsamen Vorfahren hatten und welche erst später.

Eine Vorläuferart mitsamt all ihren Nachkommen – und nur diese Nachkommen – bildet eine Stammlinie, die monophyletische Gruppe (oder Klade) genannt wird. Biologen nutzen den phylogenetischen Artbegriff, um Spezies als die kleinste monophyletische Gruppe des phylogenetischen Baums, der alles Leben auf der Erde repräsentiert, zu definieren.

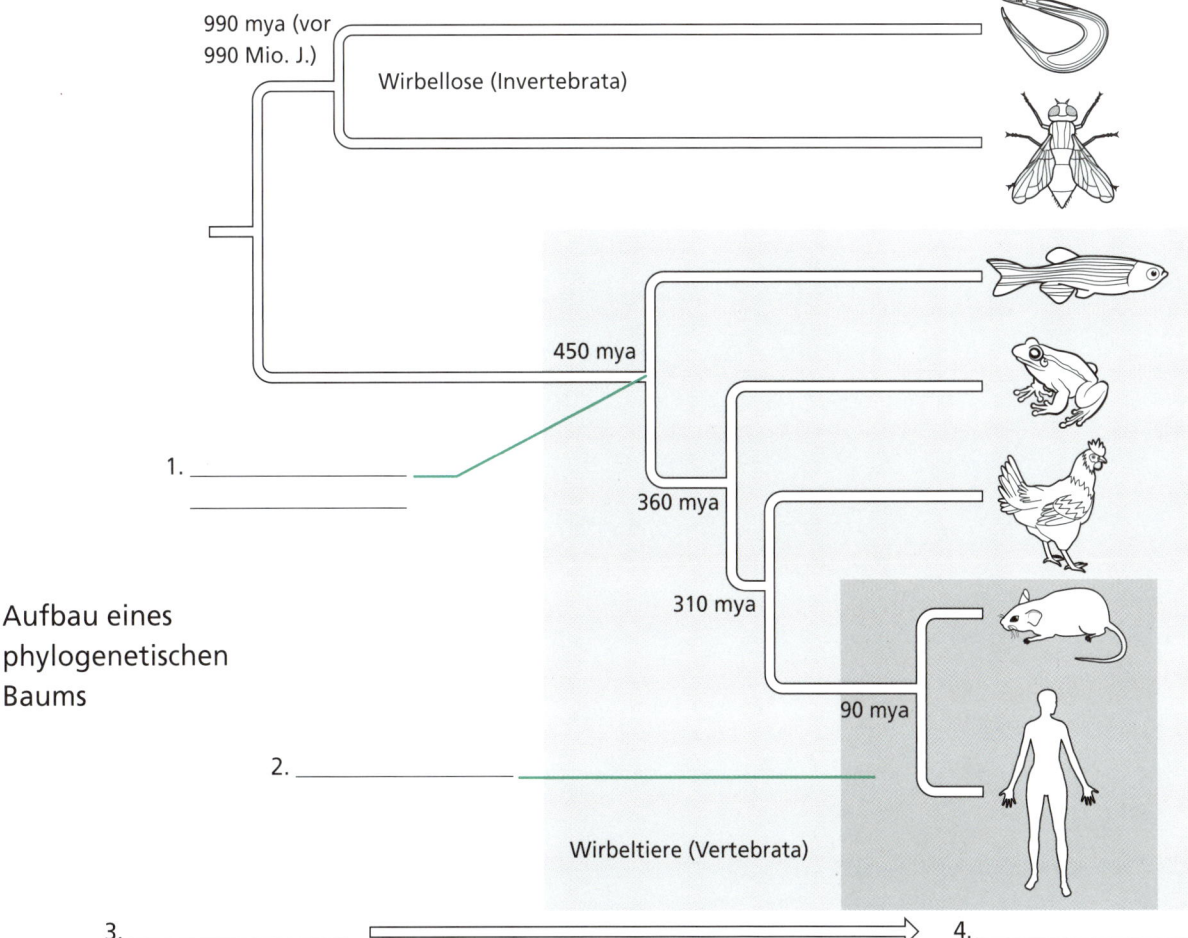

Aufbau eines phylogenetischen Baums

990 mya (vor 990 Mio. J.)

Wirbellose (Invertebrata)

450 mya

360 mya

310 mya

90 mya

Wirbeltiere (Vertebrata)

1. _____

2. _____

3. _____

4. _____

Lösungen

Die Endosymbiontentheorie

Die serielle Endosymbiontentheorie (EST) über die Entstehung eukaryotischer Zellen erklärt, wie sie Mitochondrien und Chloroplasten erhielten, indem sie mit Bakterien eine dauerhafte Symbiose eingingen. Unter einer Symbiose versteht man zwei Organismen, die über einen längeren Zeitraum zusammenleben; der Präfix „endo-" bedeutet „innen" und die Bezeichnung „seriell" bezieht sich darauf, dass die Symbiose im Laufe der Evolution der eukaryotischen Zellen mehr als einmal stattfand.

Die EST wird durch mehrere Beweise gestützt. Die ersten Ausführungen dieser Theorie basierten auf morphologischen Ähnlichkeiten zwischen Mitochondrien und Chloroplasten sowie bestimmten frei lebenden Bakterien. Sowohl Mitochondrien als auch Chloroplasten sind von einer Doppelmembran umgeben. Das stützt die Theorie, dass die Vorfahren der eukaryotischen Zellen Bakterien in Vesikeln aufnahmen und als lebende Symbionten hielten. Biochemische Analysen zeigen, dass die Ribosomen von Chloroplasten und Mitochondrien dieselbe Struktur wie die Ribosomen von Bakterien haben und sich von jenen im Cytoplasma der eukaryotischen Zellen unterscheiden. Ebenso zeigen Genanalysen, dass die Gene in den Chloroplasten und Mitochondrien eher den Genen von Bakterien ähneln als jenen im Kern der Zellen. Biologen schlossen aus diesen Daten, dass Eukaryoten frei lebende Bakterien aufnahmen und sich diese symbiotischen Bakterien mit der Zeit zu den Mitochondrien und Chloroplasten der heutigen Eukaryoten entwickelten.

Evolutionäre Mechanischen, die zur Entstehung von Mitochondrien und Chloroplasten führten.

Ur-Eukaryot oder „prokaryotischer Vorfahre" (vor dem Eukaryot)

1. _____

2. _____
_____

3. _____

4. _____

5. _____
_____

6. _____
_____

7. _____

8. _____

9. _____
_____

Die weißen Zahlen beziehen sich auf Zelltypen oder Vorgänge.

Lösungen

1. ursprünglicher Eukaryot, 2. primäre Endosymbiose, 3. aerobe Bakterie, 4. Mitochondrium, 5. ursprünglicher heterotropher Eukaryot, 6. sekundäre Endosymbiose, 7. photosynthetische Bakterie, 8. Chloroplast, 9. ursprünglicher photosynthetische Eukaryot

Bakterien und Archaeen

Bakterien und Archaeen sind zwei der drei Domänen des Lebens. Was ihre Anzahl betrifft, stellen diese Prokaryoten mindestens die Hälfte allen Lebens auf der Erde dar. Obwohl ihre Zellen ähnlich zu sein scheinen, da beide keinen Zellkern und keine Organellen haben, zeigt eine Analyse ihres chemischen und genetischen Aufbaus, dass sie sich in ihrer Zellwand, ihrer Membranzusammensetzung sowie einigen fundamentalen Aspekten ihres genetischen Systems voneinander unterscheiden. Prokaryoten sind in allen möglichen Umgebungen der Erde zu finden, so auch in lichtlosen Höhlen, trockenen Wüsten, heißen Quellen und sogar unter dem arktischen Eis. Da sie für viele Vorgänge in der Natur essenziell sind, zum Beispiel Zersetzung, Photosynthese und Nährstoffkreisläufe, könnte die Welt einfach nicht ohne sie existieren.

Einige Mitglieder der Domäne Bakterien sind bekannt dafür, Krankheiten auszulösen, jedoch sind die meisten Bakterien harmlos oder helfen den Menschen sogar. Durch ein Mikroskop betrachtet weisen sie eine Vielzahl von Formen auf, unter anderem rund (Kokken), stäbchenförmig (Bazillen) und spiralförmig (Spirillen). Die meisten Bakterien haben eine Zellwand aus Peptidoglycan, das ein Ziel für Antibiotika wie Penicillin ist.

Archaeen sind bekannt dafür, unter extremen Bedingungen leben zu können, zum Beispiel in heißen Quellen oder in sehr salzigen (hypersalinen) Gewässern, jedoch kommen sie auch in Süßwasser und in Meeren vor. Ihre Biochemie und Genetik legen nahe, dass Archaeen und Eukaryoten viel näher miteinander verwandt sind als mit Bakterien.

Einige Gemeinsamkeiten von Bakterien und Archaeen

Archaeen	Crenarchaeota	Thaumarchaeota	Euryarchaeota
Bakterien	Actinobacteria	Cyanobacteria	Firmicutes
	1. _____	2. _____	3. _____
	Spirochaetes	Proteobacteria	Chlamydiae
		5. _____	6. _____
	4. _____		7. _____

Lösungen

Näher betrachtet – Stickstofffixierende Bakterien

Eine der wichtigsten ökologischen Funktionen von Bakterien ist ihre Rolle in Nährstoffkreisläufen wie dem Stickstoffkreislauf. Alle Lebewesen brauchen eine Stickstoffquelle zur Herstellung essenzieller Moleküle wie Proteine oder DNA. Stickstoff ist potenziell reichlich vorhanden, da die Erdatmosphäre zu ungefähr 80 Prozent aus Stickstoff (N_2) besteht. Jedoch können ihn nur sehr wenige Organismen in dieser Form nutzen, weshalb die Verfügbarkeit von Stickstoff einer der am meisten limitierenden Faktoren in natürlichen Umgebungen ist.

Wie stickstofffixierende Bakterien Wurzeln kolonisieren

Stickstofffixierende Bakterien spielen für andere Organismen eine wichtige Rolle, da sie Stickstoff aus der Atmosphäre fixieren und nutzen können, um stickstoffhaltige Moleküle herzustellen. Einige stickstoffhaltige Bakterien wie Cyanobakterien und *Azotobacter* leben frei im Wasser und im Boden. Eine der wichtigsten Gruppen, die Rhizobien, muss hingegen mit Pflanzenwurzeln eine Symbiose eingehen, um Stickstoff fixieren zu können.

Rhizobien aus dem Boden dringen in die Wurzeln von Hülsenfrüchten (Leguminosen) ein. Die Bakterien heften sich zunächst an Wurzelhaare, wodurch diese sich nach innen wölben und Infektionskanäle bilden. Die Bakterien vermehren sich dann im Inneren dieser Kanäle, wobei sie wachsen und in das Wurzelgewebe eindringen. Dort kolonisieren die Bakterien die Wurzelzellen, vermehren sich und werden zu Bakteroiden. Durch die Ausdehnung der Wurzelzellen entstehen Knöllchen auf den Wurzeln der Leguminosen.

Lösungen

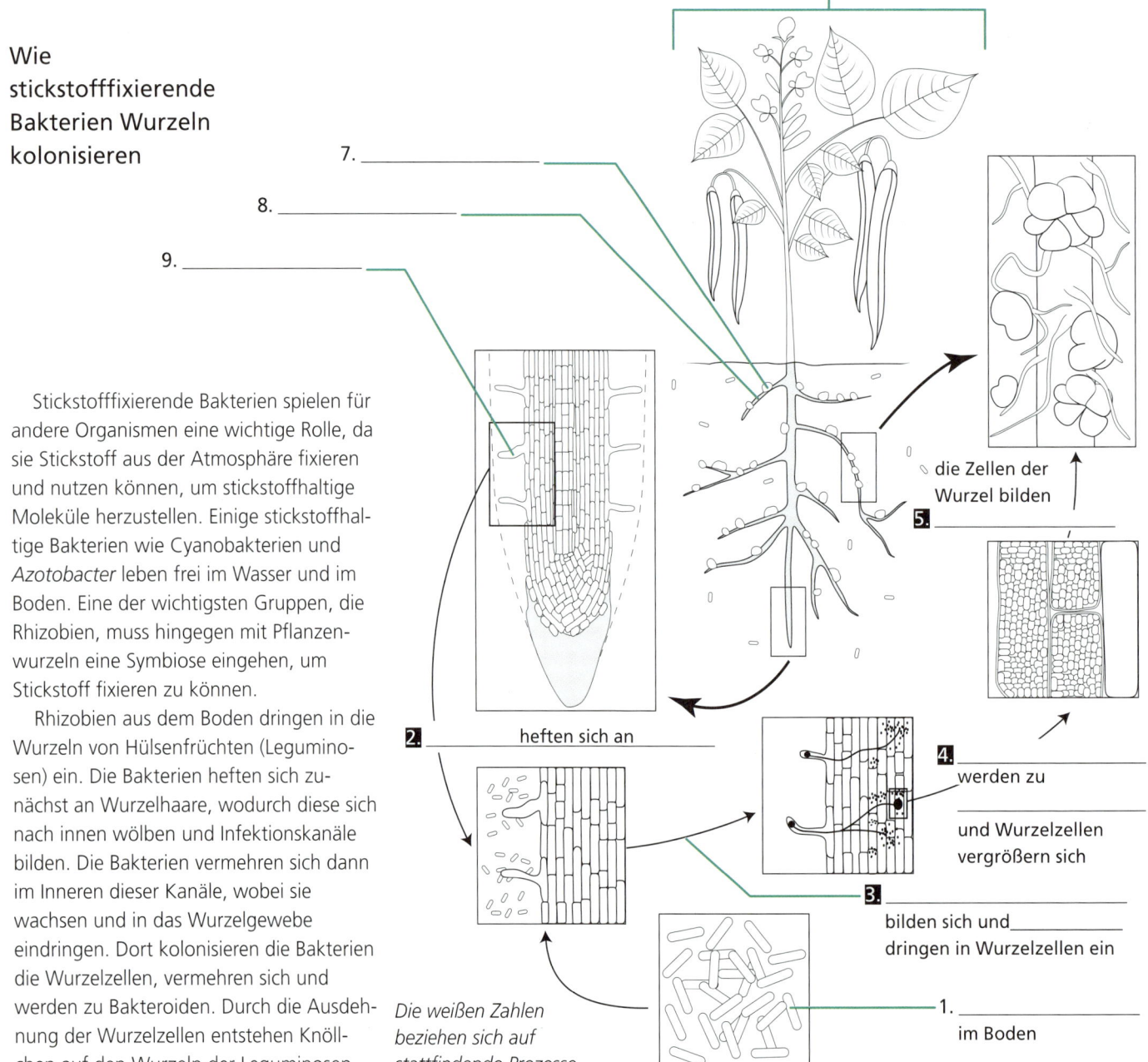

6. _____

7. _____

8. _____

9. _____

die Zellen der Wurzel bilden

5. _____

2. _____ heften sich an _____

4. _____
werden zu
und Wurzelzellen vergrößern sich

3. _____
bilden sich und _____
dringen in Wurzelzellen ein

1. _____
im Boden

Die weißen Zahlen beziehen sich auf stattfindende Prozesse.

Protisten

Zu den Protisten gehören alle eukaryotischen Organismen außer Pflanzen, Pilze und Tiere. Einst als Reich betrachtet, ist nun bekannt, dass es sich um eine sehr vielfältige Gruppe handelt, zu der mehrere einzelne Linien zählen, von denen jede für sich genommen als Reich betrachtet werden kann. Protisten sind meist Mikroorganismen, die in Ökosystemen eine Vielzahl von Funktionen erfüllen. Sie sind in aquatischen Lebensräumen reichlich vorhanden, wo sie ein wichtiger Teil der Nahrungsnetze sind. Einige Protisten sind photosynthetisch und einige wenige sind pathogen (krankheitserregend). Obwohl die genaue Phylogenie der Protisten noch genauer untersucht werden muss, ist es eindeutig, dass sich Tiere, Pflanzen und Pilze alle aus Protisten entwickelten.

Genanalysen zeigen, dass es innerhalb der Eukaryoten mindestens sieben Linien gibt. Zu den Amoebozoa gehören Amöben und Schleimpilze, die beide keine Zellwand haben. Zu den Excavata zählen Parabasalia, Diplomonaden, Euglenida und Kinetoplastea. Diese asymmetrischen Zellen haben auf einer Seite eine Mundgrube und ungewöhnliche Mitochondrien. Zu den Rhizaria gehören Actinopoda und Foraminiferen, die schöne Gehäuse aus Stoffen wie Siliciumdioxid oder Calciumcarbonat haben. Zu den Alveolata gehören Wimpertierchen, Dinoflagellaten und Apicomplexa, die alle kleine Vesikel, sogenannte Alveolen, unter der Plasmamembran haben. Die Stramenopilen haben eine ähnliche Flagellenstruktur und zu ihnen gehören Wasserschimmel, Kieselalgen und Braunalgen.

Zwei Gruppen von Eukaryoten beinhalten Organismen, die Biologen traditionellerweise nicht als Protisten betrachten. Die Rotalgen und die Glaucophyta bilden mit den Grünalgen und Landpflanzen die Gruppe der Archaeplastida. All diese Organismen haben Chloroplasten, die von einer Doppelmembran umgeben sind. Zu den Opisthokonta zählen sowohl die Pilze als auch Tierreiche, die Zellen mit einer ähnlichen Flagellenstruktur und Cristae in ihren Mitochondrien haben.

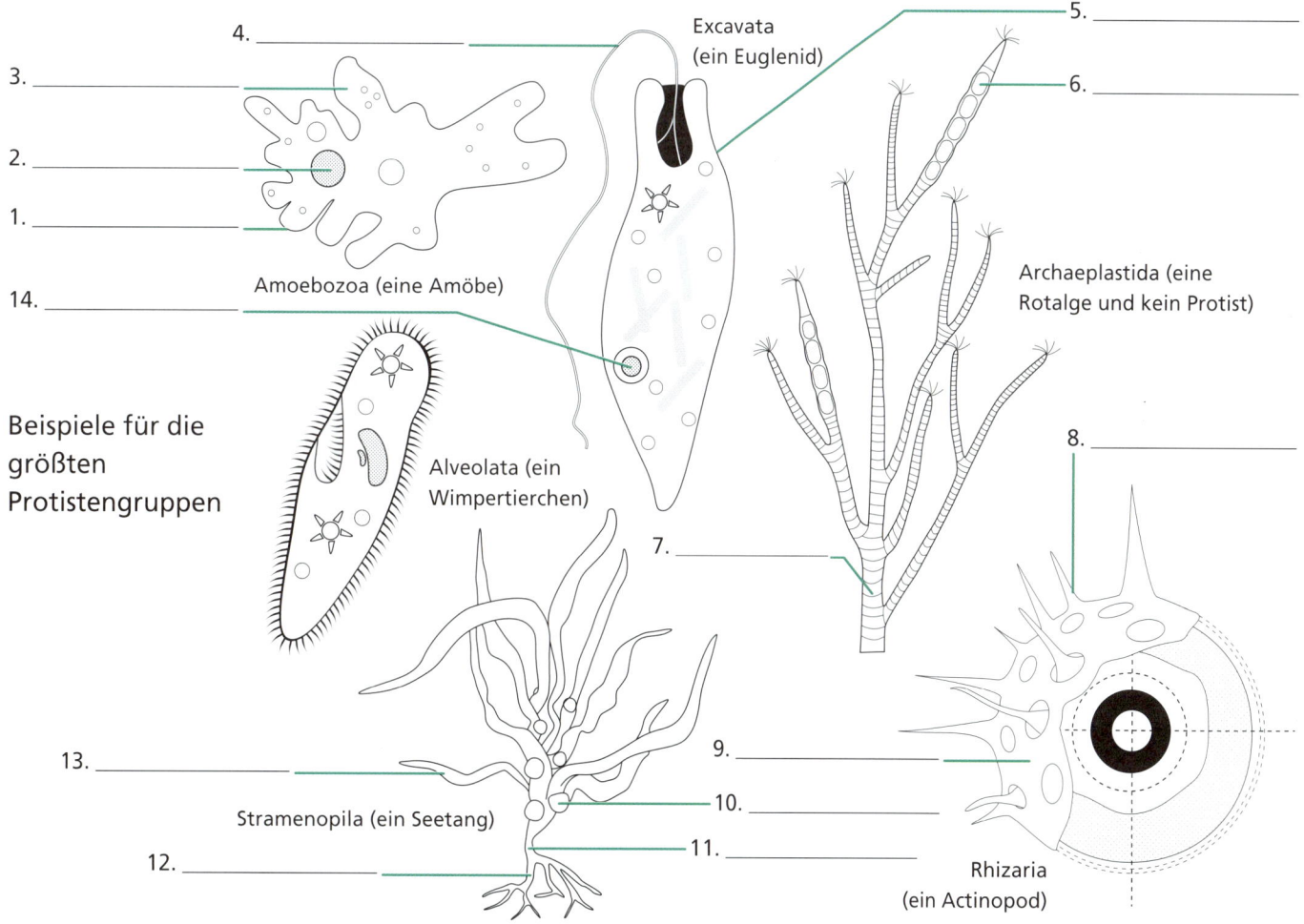

4. _____
3. _____
2. _____
1. _____
14. _____

Amoebozoa (eine Amöbe)

Excavata (ein Euglenid)

5. _____
6. _____

Archaeplastida (eine Rotalge und kein Protist)

Beispiele für die größten Protistengruppen

Alveolata (ein Wimpertierchen)

8. _____

7. _____

13. _____

Stramenopila (ein Seetang)

12. _____

9. _____
10. _____
11. _____

Rhizaria (ein Actinopod)

Lösungen

Wichtigste Pflanzengruppen

Neueste Genanalysen zeigen, dass Grünlagen und Landpflanzen eine monophyletische Gruppe bilden. Biologen bezeichnen diese Gruppe im Allgemeinen als Reich Plantae innerhalb der Domäne Eukarya. Die Pflanzen in diesem Reich sind photosynthetisch und haben Chloroplasten, die die Pigmente Chlorophyll a, Chlorophyll b und α-Carotin enthalten.

Grünalgen sind im Süßwasser und im Uferbereich des Meeres reichlich vorhanden, wo sie ein wichtiger Teil der Nahrungsnetze sind. Einige Grünalgen sind einzellig und mikroskopisch klein, während andere wie der Meersalat (*Ulva lactuca*) mehrzellig sind. Der Vorfahre der Landpflanzen gehörte zu dieser Gruppe.

Die älteste Gruppe von Landpflanzen, nicht vaskuläre Pflanzen, enthalten keine spezialisierten Zellen zum Transport von Wasser und Zucker. Zu ihnen gehören Moose, Lebermoose und Hornmoose. Obwohl sich diese Pflanzen durch dickwandige Sporen und Embryonen, die an die Elternpflanze gebunden bleiben und von ihr versorgt werden, an trockene Umgebungen anpassen konnten, brauchen sie eine feuchte Umgebung und Wasser zur Vermehrung. Zu den samenlosen Gefäßpflanzen zählen Bärlapppflanzen, Gabelblattgewächse, Farne und Schachtelhalme. Sie können aufgrund ihres Leitgewebes in trockenen Umgebungen überleben, brauchen aber dennoch Wasser, um sich zu vermehren.

Die Samenpflanzen sind sogar noch besser an das Leben an Land angepasst. Die Entwicklung von Samen bot den Embryonen Schutz und Pollen erlauben eine Verbreitung von männlichen Gameten ohne Wasser. Nacktsamer (Gymnospermen) wie der Ginko, Kiefern, Palmfarne und Rotholzbäume produzieren ihre Samen in Zapfen. Zu den Bedecktsamern (Angiospermen) gehören alle Blütenpflanzen, die ihre Samen in Früchten produzieren.

Beispiele für die größten Pflanzengruppen

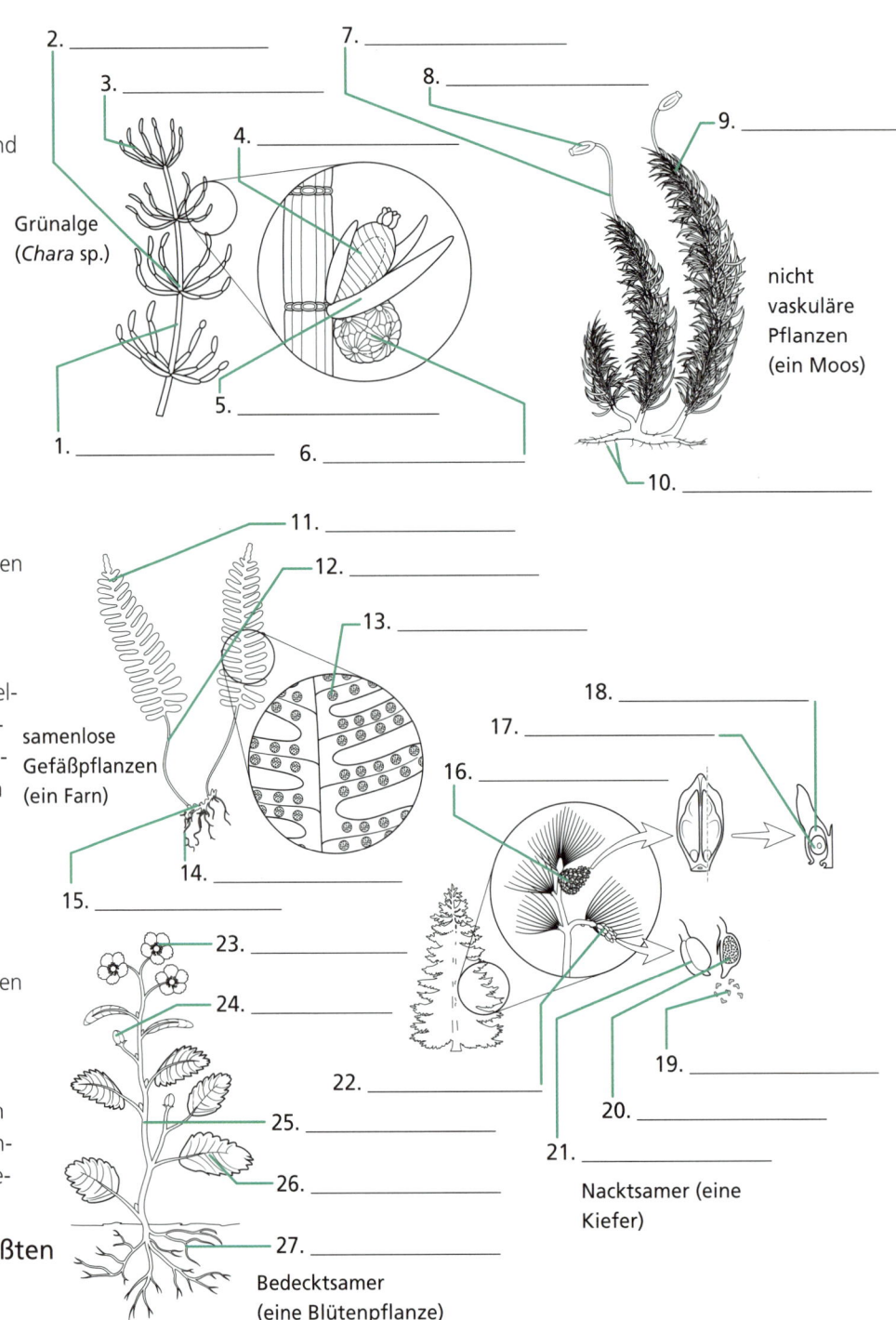

2. _____

3. _____

4. _____

Grünalge (*Chara* sp.)

5. _____

1. _____

6. _____

7. _____

8. _____

9. _____

nicht vaskuläre Pflanzen (ein Moos)

10. _____

11. _____

12. _____

13. _____

samenlose Gefäßpflanzen (ein Farn)

14. _____

15. _____

16. _____

17. _____

18. _____

19. _____

20. _____

21. _____

22. _____

Nacktsamer (eine Kiefer)

23. _____

24. _____

25. _____

26. _____

27. _____

Bedecktsamer (eine Blütenpflanze)

Lösungen

1. Internodium, 2. Knoten, 3. Ästchen, 4. Oogonium (Nüsschen), 5. Vorblatt, 6. Antheridium, 7. Seta, 8. Sporenkapsel, 9. Stamm und Blätter, 10. Rhizoide, 11. Wedel, 12. Rhachis (Spindel), 13. Sorus, 14. Wurzeln, 15. Rhizome, 16. weiblicher Zapfen, 17. Megasporenmutterzelle, 18. Megasporangium, 19. Pollenkörner, 20. Mikrosporangium, 21. Sporophyll, 22. Pollenzapfen, 23. Blüte, 24. Frucht, 25. Sprossachse (Stamm, Stängel), 26. Blatt, 27. Wurzel

Wichtigste Pilzgruppen

Fungi (Pilze) erscheinen zwar pflanzenähnlich, stellen aber eine eigene Gruppe heterotropher Organismen dar, die sich dadurch auszeichnen, dass sie sich durch Absorption ernähren und chitinhaltige Zellwände haben. Pilze wachsen für gewöhnlich als lange Zellketten, sogenannte Filamente, die sich in ihrer Umgebung ausbreiten und ein Pilzgeflecht, das Myzel, bilden. Pilze pflanzen sich durch Sporenbildung fort und viele Arten vermehren sich sowohl geschlechtlich als auch ungeschlechtlich. Neben Bakterien zählen auch Pilze zu den Destruenten und spielen eine wichtige Rolle in der Natur, da sie Nährstoffe aus toten Organismen wiederverwerten.

Fungi werden basierend auf ihrer Genetik und ihrem Fortpflanzungssystem in Gruppen unterteilt. Töpfchenpilze leben im Wasser oder in feuchten Umgebungen. Sie produzieren keine echten Myzelien, sondern wachsen als kugelförmige Strukturen auf verwesenden organischen Stoffen. Sie unterscheiden sich auch dadurch von anderen Pilzen, dass sie schwimmende Sporen, Zoosporen, bilden. Zu den Jochpilzen gehören Schimmelpilze, die auf Lebensmitteln wachsen. Sie pflanzen sich ungeschlechtlich fort, indem sie in Zellen Mitosporen bilden, sogenannte Mitosporangien, oder vermehren sich geschlechtlich, indem sie Zygosporen bilden, wenn die Hyphen zweier verschiedener Paarungstypen aufeinandertreffen. Zu den Schlauchpilzen gehören die Morcheln, das antibiotikaproduzierende Penicillium und die Hefen. Wenn sie sich sexuell vermehren, bilden sie Sporen in sackartigen Strukturen, den Asci. Eine ungeschlechtliche Vermehrung findet oft durch die Produktion pinselartiger Strukturen (Konidien) statt. Zu den Ständerpilzen gehören Hutpilze, Baumpilze, Boviste, Rostpilze und Brandpilze. Sie vermehren sich sexuell, indem sie auf einer keulenförmigen Struktur, der Basidie, Sporen bilden.

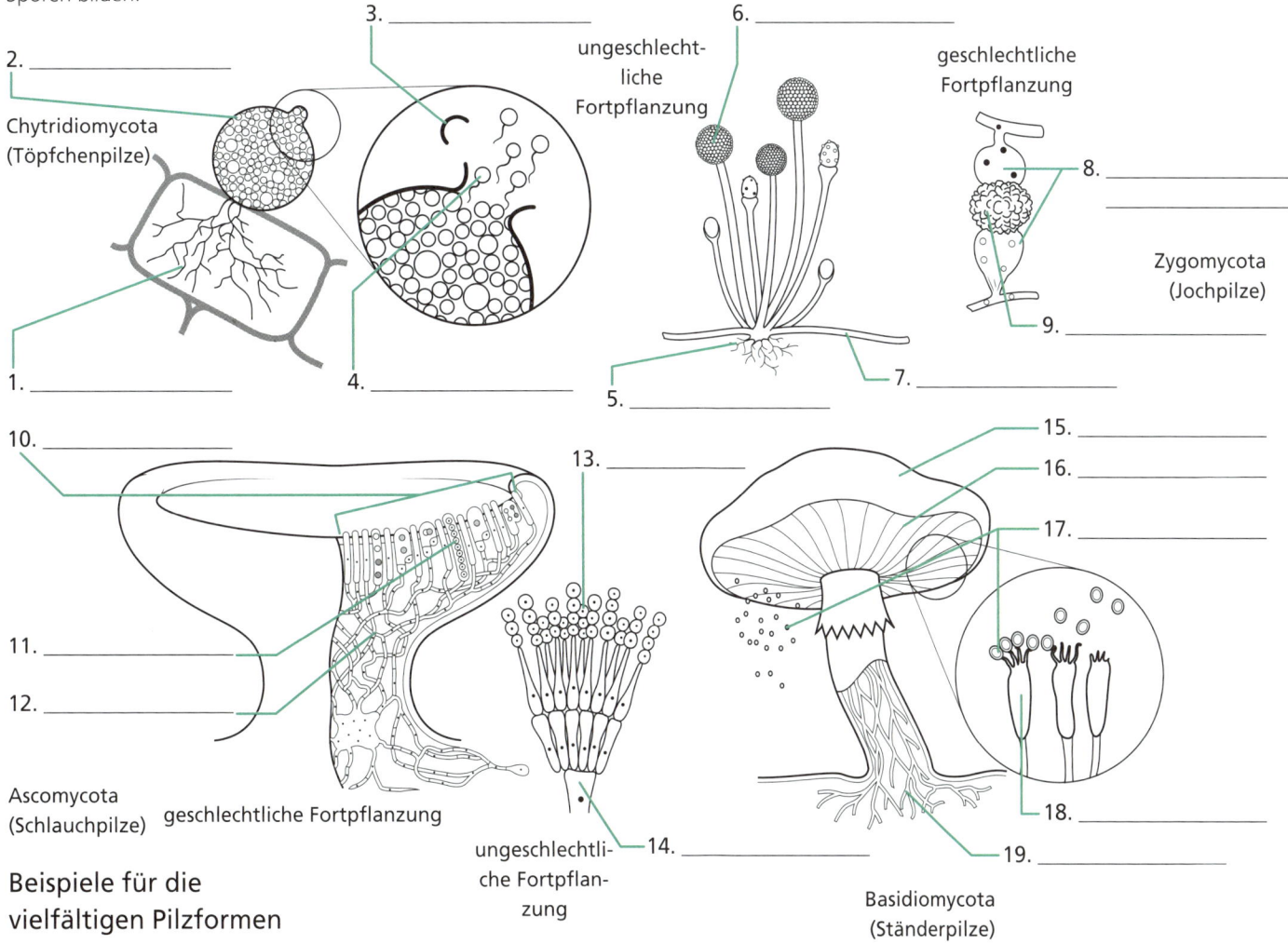

2. _____

Chytridiomycota
(Töpfchenpilze)

3. _____

ungeschlecht-
liche
Fortpflanzung

6. _____

geschlechtliche
Fortpflanzung

8. _____

Zygomycota
(Jochpilze)

9. _____

1. _____

4. _____

5. _____

7. _____

10. _____

11. _____

12. _____

Ascomycota
(Schlauchpilze)   geschlechtliche Fortpflanzung

13. _____

ungeschlechtli-
che Fortpflan-
zung

14. _____

15. _____

16. _____

17. _____

18. _____

19. _____

Basidiomycota
(Ständerpilze)

Beispiele für die vielfältigen Pilzformen

Lösungen

1. Rhizoide, 2. Sporangium, 3. Operculum, 4. Zoospore, 5. Rhizoide, 6. Sporangium, 7. Stolo, 8. Hyphen mit gegensätzlichen Paarungstypen, 9. Zygospore, 10. Asci, 11. Ascosporen, 12. Hyphen, 13. Konidien, 14. Konidiophor, 15. Hut, 16. Lamellen, 17. Basidiosporen, 18. Basidie, 19. Hyphen

Näher betrachtet – Mykorrhiza

Die meisten Pflanzen bilden Mykorrhiza, symbiotische Assoziationen zwischen Wurzeln und bodenlebenden Pilzen. Diese Beziehung ist mutualistisch. Der Pilz erhält aus der Photosynthese der Pflanze Nährstoffe und die Pflanze bekommt vom Pilz zusätzliches Wasser und Mineralstoffe. Mykorrhiza können sich über große Flächen erstrecken und so die Oberfläche für die Wasseraufnahme der Pflanze um das Hundert- bis Tausendfache vergrößern. Mykorrhiza unterstützen zudem die Übertragung von Signalmolekülen zwischen Pflanzen, die so über den Befall mit Krankheitserregern oder Insekten informiert werden und die Produktion von Abwehrstoffen erhöhen können.

Bei manchen Mykorrhiza bleibt der Pilzpartner außerhalb der Wurzel, während bei anderen der Pilz in die Wurzelzellen eindringt und dort wächst. Bei Ektomykorrhiza bildet der Pilz eine Scheide (Mantel genannt) auf der Wurzeloberfläche. Obwohl einige Hyphen in die Zellzwischenräume der Wurzeln eindringen und das sogenannte Hartigsche Netz bilden, gelangen die Hyphen nicht wirklich in die Pflanzenzellen. Bei Endomykorrhiza dringen die Pilzhyphen tatsächlich durch die Zellwände der Wurzelzellen und wachsen wischen der Wand und der Plasmamembran. Dabei drücken sie die Plasmamembran nach innen. Einige Endomykorrhiza bilden verzweigte Strukturen, die Arbuskeln genannt werden und die Kontaktfläche zwischen den Hyphen und den Pflanzenmembranen vergrößern. Der erhöhte Oberflächenkontakt erleichtert die Übertragung von Stoffen zwischen den beiden Partnern.

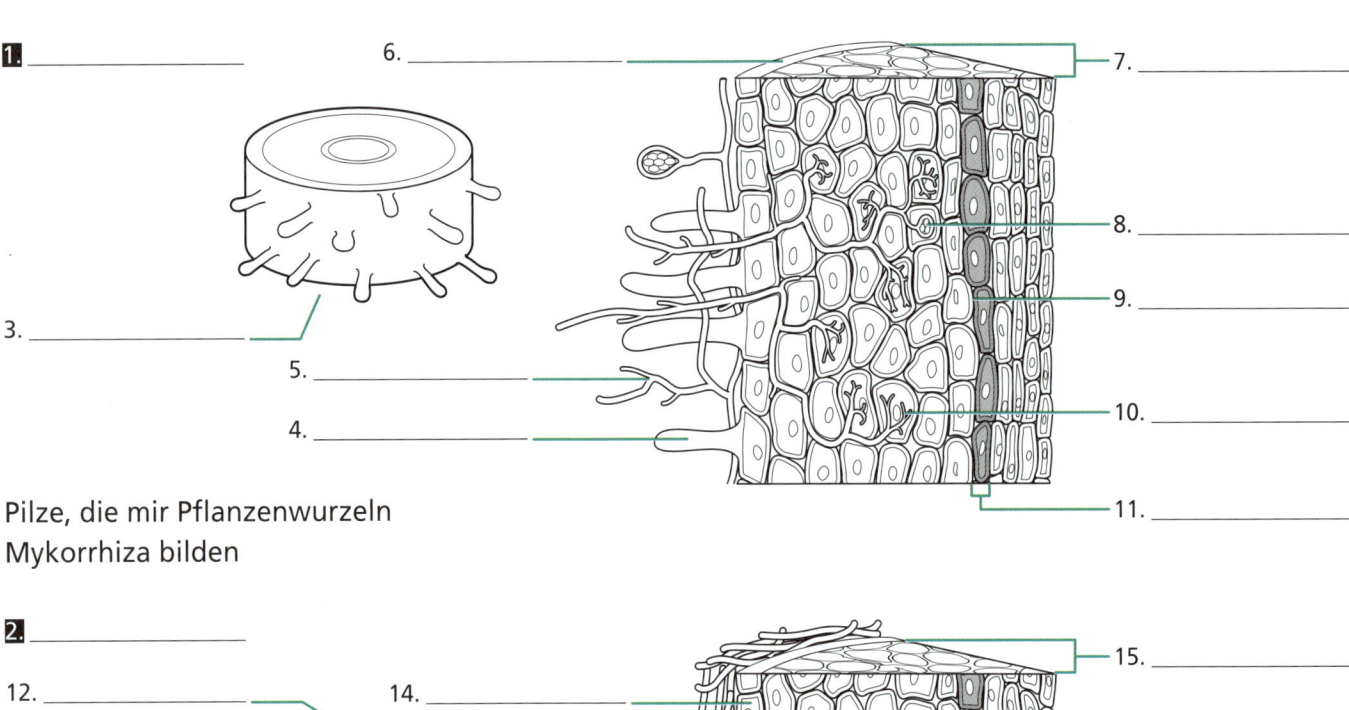

1. _____   6. _____   7. _____

3. _____

5. _____

4. _____

8. _____

9. _____

10. _____

11. _____

Pilze, die mir Pflanzenwurzeln
Mykorrhiza bilden

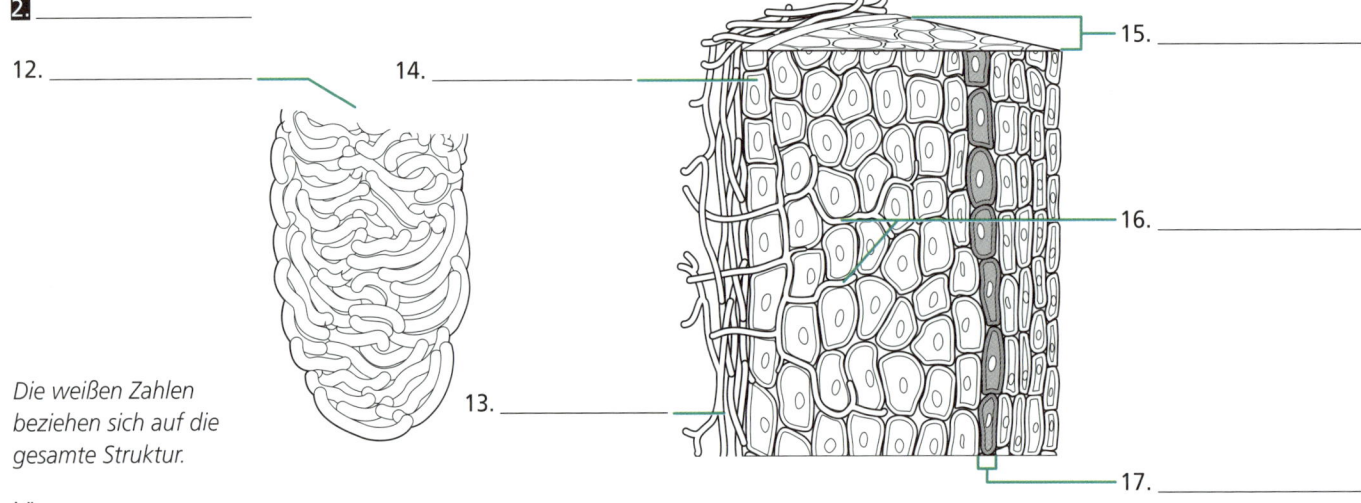

2. _____

12. _____   14. _____   15. _____

16. _____

13. _____

*Die weißen Zahlen
beziehen sich auf die
gesamte Struktur.*

17. _____

Lösungen

Protostomia

Tiere sind eine große Gruppe mehrzelliger, heterotropher Organismen ohne Zellwände, die in einer frühen Phase ihrer Entwicklung eine Hohlkugel aus Zellen, die Blastula, bilden. Die meisten Tiere haben Nerven und Muskeln, jedoch fehlen sie bei den meisten alten Tiergruppen oder sind nicht voll entwickelt: so bei Schwämmen, Ctenophoren (Kammquallen) und Nesseltieren (Quallen, Korallen und Anemonen). Während eine Radiärsymmetrie für diese alten Gruppen typisch ist, haben die meisten Tiere eine Bilateralsymmetrie.

Basierend auf Genanalysen werden bilateralsymmetrische Tiere in zwei Gruppen unterteilt: Protostomia und Deuterostomia. Die Namen für diese beiden Gruppen leiten sich vom Schicksal des während der Gastrulation (siehe S. 86) entstandenen Urmunds (Blastoporus) ab. Bei den Deuterostomia (Neumünder) entwickelt sich diese Pore zum After und der Mund wird später gebildet. Bei den Protostomia (Urmünder) kann sich diese Pore zum Mund, zum After, zu beidem oder zu keinem von beiden entwickeln.

Anhand von Genanalysen können Protostomia weiter in zwei Linien, Lophotrochozoa und Ecdysozoa, unterteilt werden. Zu den Lophotrochozoa gehören Rädertierchen, Plattwürmer, Ringelwürmer und Weichtiere. Diese Tiere zeichnen sich durch ihr kontinuierliches Wachstum aus. Zudem besitzen einige Mitglieder einen Ernährungsapparat, den sogenannten Lophophor, oder ein typisches Larvenstadium, das Trochophoralarve genannt wird. Zu den Ecdysozoa gehören Fadenwürmer, Bärtierchen, Stummelfüßer und Gliederfüßer. Diese Organismen haben ein periodisches Wachstum und müssen sich in Intervallen häuten beziehungsweise ihre äußere Schicht abwerfen.

Merkmale der Protostomia und Beispiele für die wichtigsten Gruppen

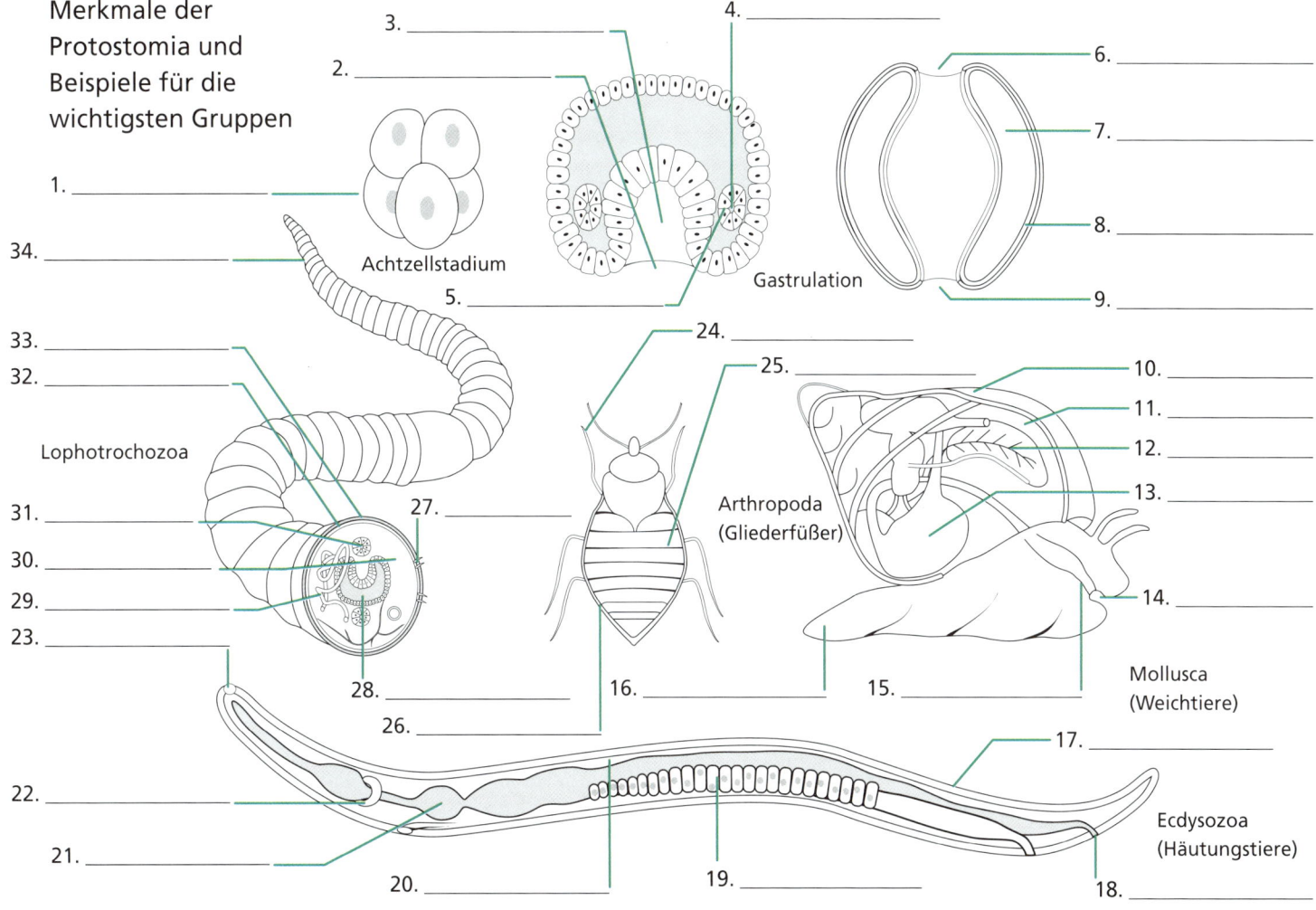

3. _____

4. _____

2. _____

6. _____

7. _____

1. _____

8. _____

Achtzellstadium

5. _____

Gastrulation

9. _____

34. _____

33. _____

32. _____

24. _____

25. _____

10. _____

11. _____

12. _____

13. _____

Arthropoda (Gliederfüßer)

Lophotrochozoa

31. _____

27. _____

30. _____

29. _____

14. _____

23. _____

28. _____

16. _____

15. _____

Mollusca (Weichtiere)

26. _____

17. _____

22. _____

Ecdysozoa (Häutungstiere)

21. _____

20. _____

19. _____

18. _____

Lösungen

Deuterostomia

Zu den Deuterostomia gehören vier Linien von Tieren: Echinodermata (Stachelhäuter), Hemichordata (Kiemenlochtiere), Xenoturbellida und Chordata (Chordatiere). Zu den Stachelhäutern zählen Seesterne, Seeigel und Seegurken. Obwohl die Larven dieser Tiere bilateralsymmetrisch sind, weisen sie in ihrer adulten Form eine einzigartige fünfstrahlige Radiärsymmetrie auf. Eine weitere Gemeinsamkeit aller Stachelhäuter ist das Endoskelett aus Kalk direkt unter der Epidermis sowie das Wassergefäßsystem, ein mit Flüssigkeit Kanalsystem, das zur Fortbewegung, Atmung und zur Zirkulation von Nahrung und Exkrementen genutzt wird.

Chordata sind Tiere, die im Laufe ihres Lebenszyklus vier Hauptmerkmale aufweisen: einen Kiemendarm; ein hohles, dorsales Neuralrohr; die Chorda dorsalis, ein stützender, flexibler Stab, der in Körperlängsrichtung verläuft; und einen muskulösen postanalen Schwanz. Bei Wirbeltieren (Vertebrata), einem Unterstamm der Chordata, schützen knorpelige oder knöcherne Strukturen das Gehirn und das Nervengewebe entlang der Dorsalseite des Körpers. Tiere ohne diese Strukturen heißen Wirbellose (Invertebrata).

Sowohl Hemichordata als auch Xenoturbellida sind eine relativ kleine Gruppe von Tieren. Hemichordata, zu denen die Eichelwürmer gehören, erhielten ihren Namen, da sie einige gemeinsame Merkmale mit den Chordata haben. Insbesondere haben sie Kiemenspalten, eine Struktur ähnlich der Chorda dorsalis, und ein dorsales Neuralrohr. Xenoturbellida sind kleine, bewimperte wurmähnliche Tiere, die nur eine Gattung mit zwei Spezies haben.

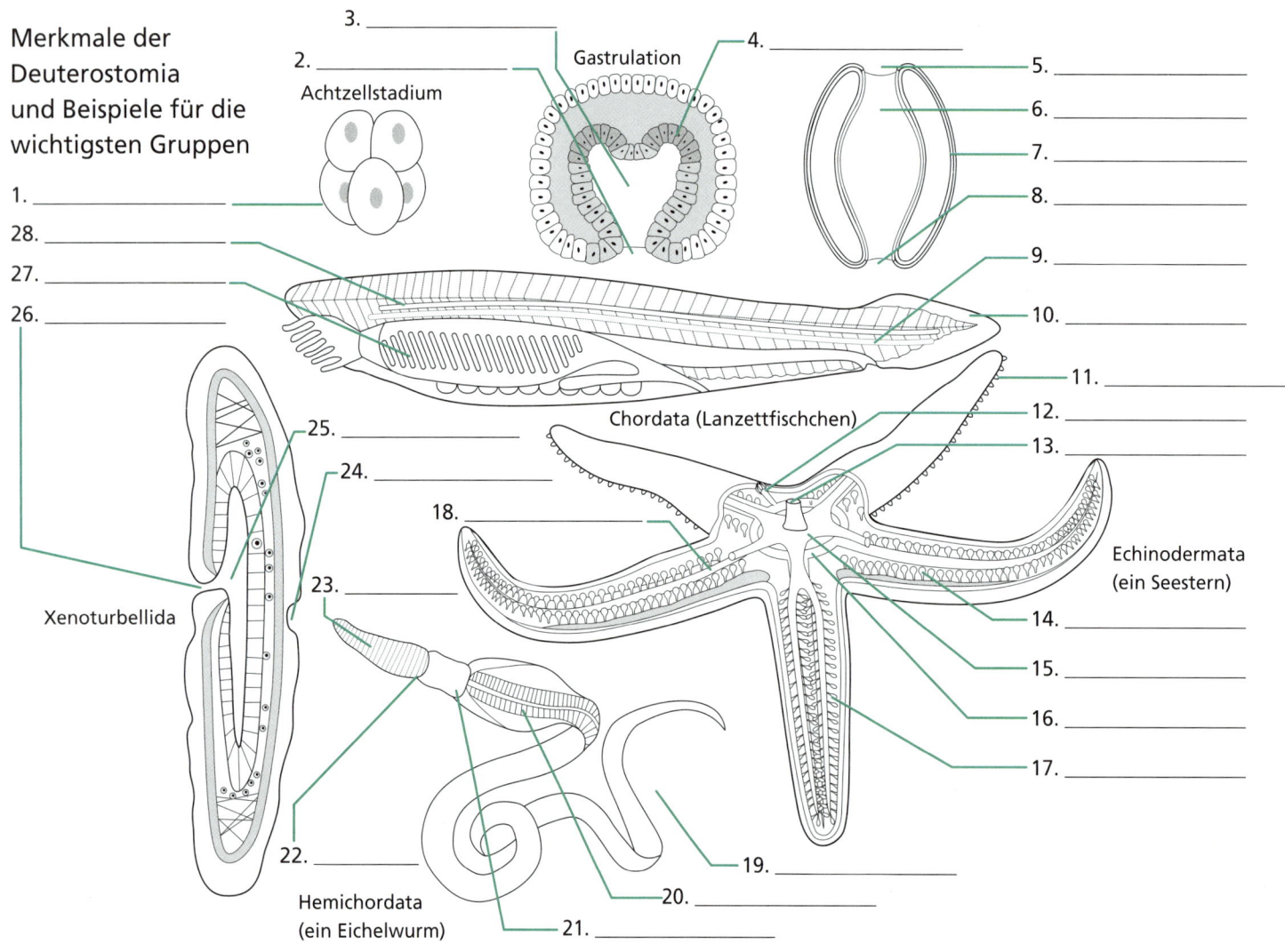

Merkmale der Deuterostomia und Beispiele für die wichtigsten Gruppen

Achtzellstadium

Gastrulation

Chordata (Lanzettfischchen)

Echinodermata (ein Seestern)

Xenoturbellida

Hemichordata (ein Eichelwurm)

1. _____
2. _____
3. _____
4. _____
5. _____
6. _____
7. _____
8. _____
9. _____
10. _____
11. _____
12. _____
13. _____
14. _____
15. _____
16. _____
17. _____
18. _____
19. _____
20. _____
21. _____
22. _____
23. _____
24. _____
25. _____
26. _____
27. _____
28. _____

Aufbau einer Pflanze

Grundaufbau einer Pflanze

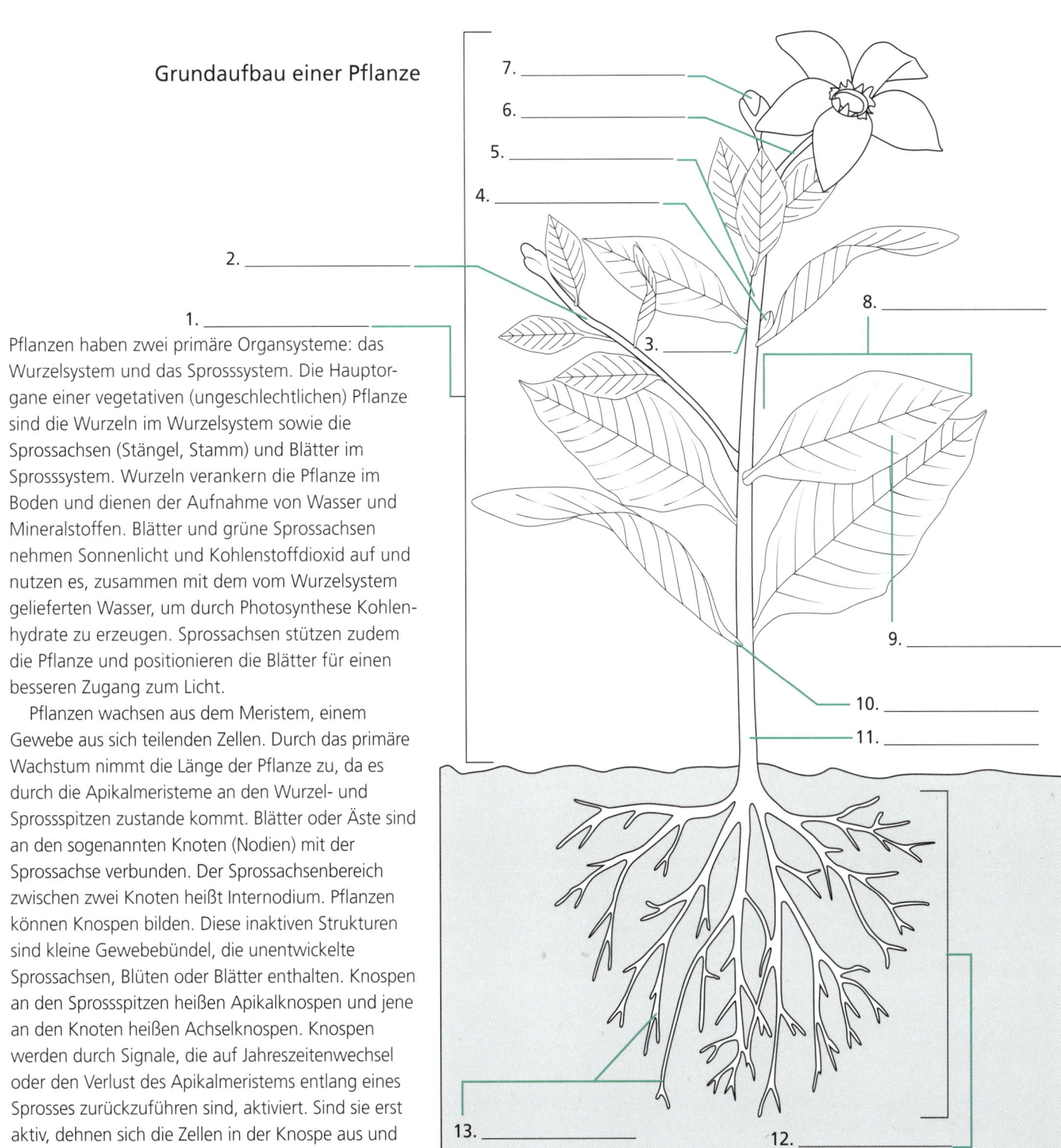

Pflanzen haben zwei primäre Organsysteme: das Wurzelsystem und das Sprosssystem. Die Hauptorgane einer vegetativen (ungeschlechtlichen) Pflanze sind die Wurzeln im Wurzelsystem sowie die Sprossachsen (Stängel, Stamm) und Blätter im Sprosssystem. Wurzeln verankern die Pflanze im Boden und dienen der Aufnahme von Wasser und Mineralstoffen. Blätter und grüne Sprossachsen nehmen Sonnenlicht und Kohlenstoffdioxid auf und nutzen es, zusammen mit dem vom Wurzelsystem gelieferten Wasser, um durch Photosynthese Kohlenhydrate zu erzeugen. Sprossachsen stützen zudem die Pflanze und positionieren die Blätter für einen besseren Zugang zum Licht.

Pflanzen wachsen aus dem Meristem, einem Gewebe aus sich teilenden Zellen. Durch das primäre Wachstum nimmt die Länge der Pflanze zu, da es durch die Apikalmeristeme an den Wurzel- und Sprossspitzen zustande kommt. Blätter oder Äste sind an den sogenannten Knoten (Nodien) mit der Sprossachse verbunden. Der Sprossachsenbereich zwischen zwei Knoten heißt Internodium. Pflanzen können Knospen bilden. Diese inaktiven Strukturen sind kleine Gewebebündel, die unentwickelte Sprossachsen, Blüten oder Blätter enthalten. Knospen an den Sprossspitzen heißen Apikalknospen und jene an den Knoten heißen Achselknospen. Knospen werden durch Signale, die auf Jahreszeitenwechsel oder den Verlust des Apikalmeristems entlang eines Sprosses zurückzuführen sind, aktiviert. Sind sie erst aktiv, dehnen sich die Zellen in der Knospe aus und produzieren neue Pflanzenorgane.

Lösungen

Pflanzengewebe

Pflanzenorgane bestehen aus drei Arten von Gewebe: Abschluss-, Leit-, und Grundgewebe. Das Abschlussgewebe bildet die äußere Schutzschicht der Pflanze. Die Epidermis ist eine einzelne Schicht aus Zellen, die keine Chloroplasten haben, wachsartige Stoffe absondern und so eine wasserfeste Schicht, die Cuticula, bilden.

   Das Leitgewebe transportiert Substanzen zwischen Wurzel- und Sprosssystem. Das Xylem befördert Wasser und Mineralstoffe aus den Wurzeln durch den Pflanzenkörper. Das Phloem ist für den Transport von Zucker, der in den Sprossen durch Photosynthese erzeugt wurde, in alle Pflanzenzellen verantwortlich. Xylem und Phloem verbinden sich zu Leitbündeln, die durch die Pflanze verlaufen, so wie die Venen und Arterien in Tierkörpern.

   Das Grundgewebe ist das Stützgewebe, aus dem die restlichen Pflanzenorgane zwischen Abschluss- und Leitgewebe bestehen. Die Zellen des Grundgewebes werden in drei Kategorien unterteilt. Parenchymzellen haben dünne Wände und bleiben auch im ausgewachsenen Zustand lebend. Kollenchymzellen bieten Halt, da sie verdickte Stellen in ihrer Zellwand haben. Sklerenchymzellen bilden dicke Zellwände, die Lignin enthalten, ein starres Molekül, das auch in verholzten Pflanzen vorkommt. Diese Zellen sterben oft, wenn sie ausgewachsen sind, aber ihre Zellwände bleiben bestehen, um das Pflanzengewebe zu stützen.

Gewebearten in Pflanzen

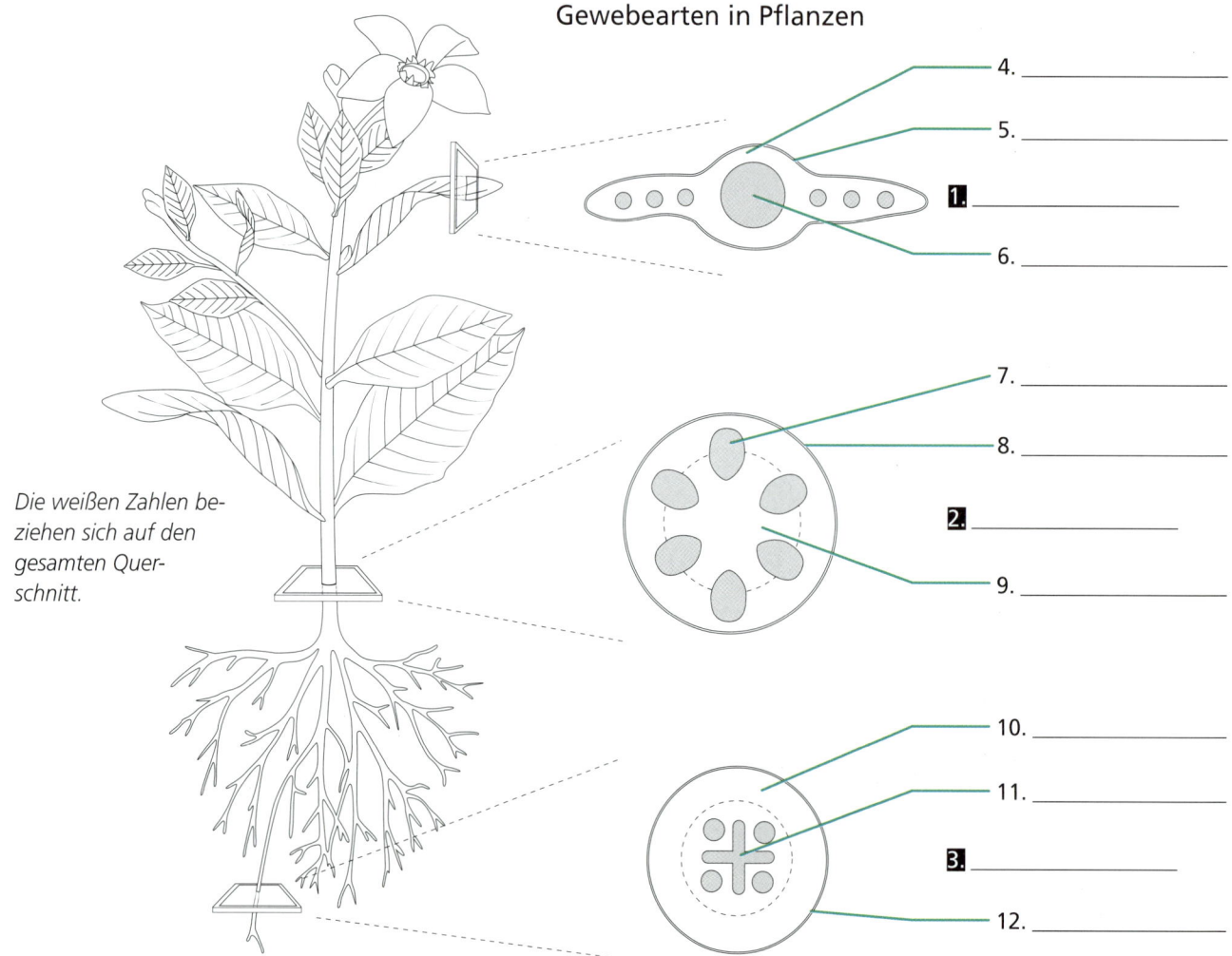

Die weißen Zahlen beziehen sich auf den gesamten Querschnitt.

4. _____

5. _____

1. _____

6. _____

7. _____

8. _____

2. _____

9. _____

10. _____

11. _____

3. _____

12. _____

Aufbau eines Blattes

Blätter sind auf Photosynthese spezialisierte Pflanzenorgane. Oft sind es flache Strukturen, deren Abstand und Winkel die Pflanzen zur maximalen Lichtabsorption verändern können, jedoch kann es sich auch um nadelförmige Strukturen handeln. Bei Laubblättern ist die flache Blattspreite durch den Blattstiel (Petiolus) mit der Pflanze verbunden. Die obere und die untere Epidermis sind von einer wächsernen Cuticula umgeben, die einen Wasserverlust im Blatt verhindert. Spaltöffnungen (Stomata) ermöglichen die Kohlenstoffdioxidaufnahme und die Sauerstoffabgabe durch die untere Epidermis. Schließzellen auf beiden Seiten der Spaltöffnung schwellen an und entspannen sich, um den Spalt zu öffnen und zu schließen. Leitgewebe verläuft durch das Blatt wie Venen, transportiert das für die Photosynthese benötigte Wasser durch das Xylem hinein und befördert Zucker durch das Phloem hinaus. Bündelscheidenzellen umgeben das Leitgewebe.

Bei Laubblättern besteht das Mesophyll, das Innere des Blattes, aus zwei Arten von Parenchymzellen. Beide Zellarten enthalten Chloroplasten, da ihre primäre Funktion die Photosynthese ist. Lange, zylinderförmige Palisadenparenchymzellen bilden unter der oberen Epidermis eine Reihe. Locker angeordnete Zellen bilden das Schwammparenchym unter dem Palisadenparenchym. Die luftgefüllten Räume um die Zellen im Schwammparenchym ermöglichen den für die Photosynthese benötigten Gasaustausch.

Die strukturellen Elemente eines Blattes

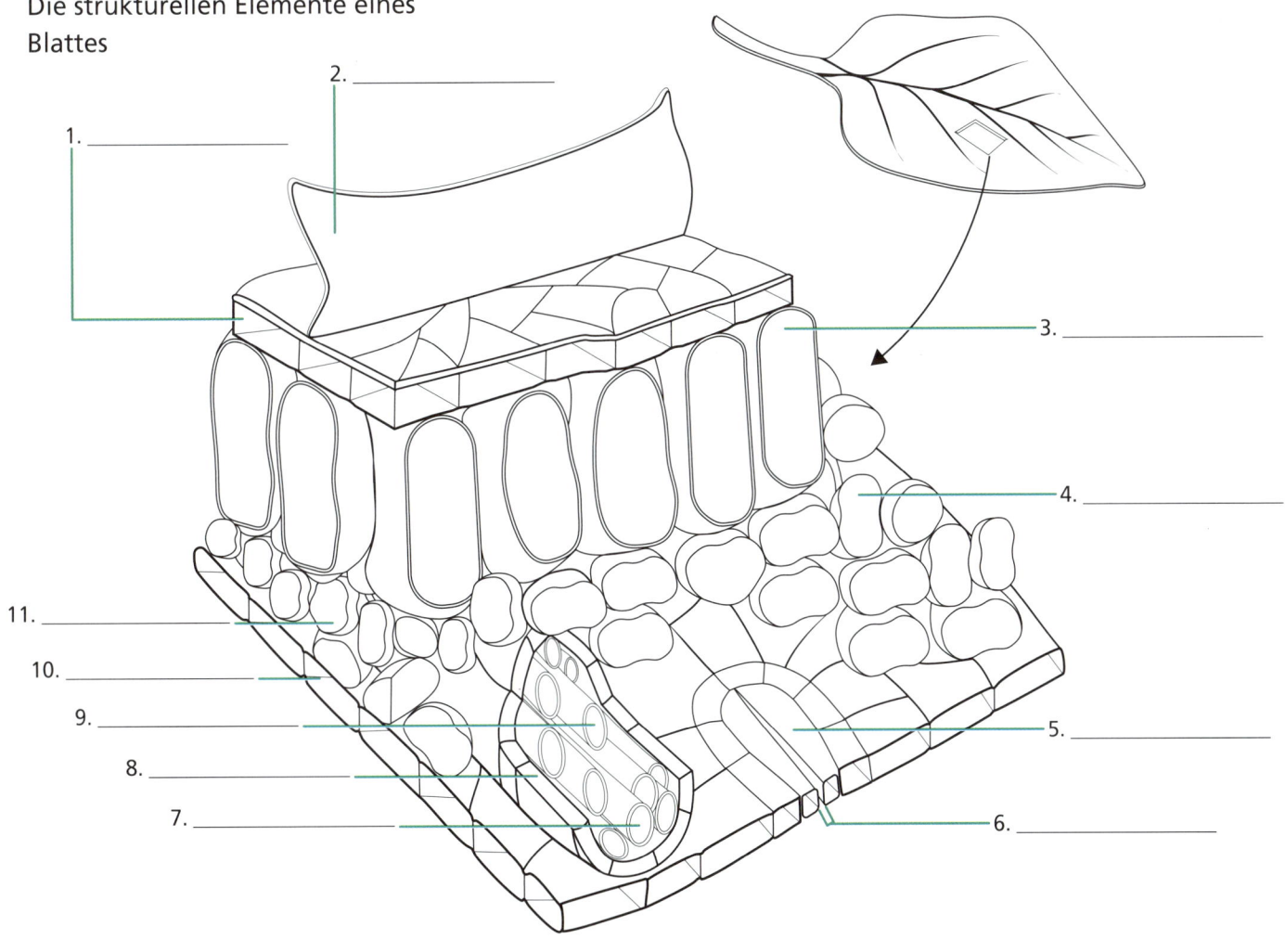

1. _____
2. _____
3. _____
4. _____
5. _____
6. _____
7. _____
8. _____
9. _____
10. _____
11. _____

Näher betrachtet – Spaltöffnungen (Stromata)

Pflanzen müssen ihr Bedürfnis, Wasser zu speichern, und ihr Bedürfnis, Gase wie Kohlenstoffdioxid und Sauerstoff mit der Umwelt auszutauschen, in Einklang bringen. Viele Pflanzen haben auf ihrer Epidermis wächserne Cuticula, die Wasser speichern können, aber keinen Austausch von Gasen ermöglichen. Pflanzen lösen dieses Problem durch Öffnungen auf ihrer Oberfläche, die Spaltöffnungen oder Stromata genannt werden und im Blatt den Gasaustausch ermöglichen. Kohlenstoffdioxid strömt dabei in die luftgefüllten Räume im Schwammparenchym, wo es von Mesophyllzellen leicht für die Photosynthese absorbiert werden kann.

Wenn Licht vorhanden ist und die Pflanzen genügend Wasser haben, schwellen die Schließzellen um die Spaltöffnungen an und öffnen dadurch die Stromata. Zuerst nehmen Blaulichtrezeptoren in den Schließzellen Licht wahr und lösen den aktiven Abtransport von Wasserstoffionen (H$^+$) aus der Zelle aus, wodurch im Inneren der Zelle ein negatives elektrisches Potenzial entsteht. Danach öffnen sich spannungsabhängige Kaliumkanäle und Kaliumionen (K$^+$) strömen in die Schließzellen. Andere Ionen folgen. So erhöht sich die Konzentration gelöster Stoffe und Wasser strömt durch Osmose hinein.

Als Reaktion auf Wasserstress löst das Pflanzenhormon Abscisinsäure den Abtransport von Ionen wie Chlorid (Cl$^-$) aus den Schließzellen aus, womit jede weitere Aufnahme von K$^+$ gestoppt wird. Die Lösungskonzentration sinkt und Wasser strömt aus den Zellen, die daraufhin erschlaffen, wodurch die Spaltöffnung geschlossen wird.

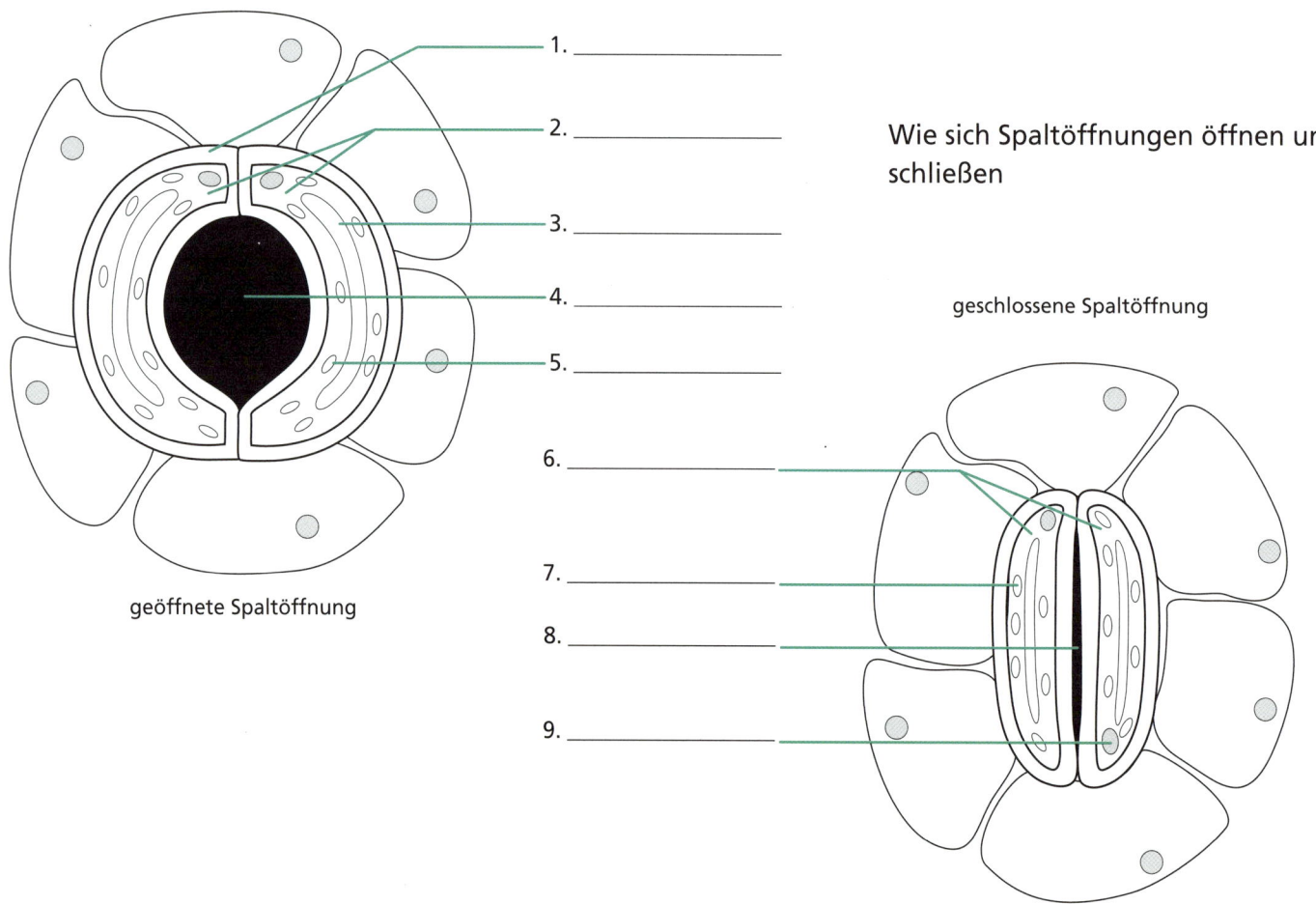

1. _____

2. _____

3. _____

4. _____

5. _____

geöffnete Spaltöffnung

Wie sich Spaltöffnungen öffnen und schließen

geschlossene Spaltöffnung

6. _____

7. _____

8. _____

9. _____

Lösungen

Die Sprossachse

Sprossachsen (Stängel, Stamm) stützen und tragen Pflanzenorgane wie Blätter, Blüten und Früchte. Sie enthalten auch Leitgewebe, um Wasser, Mineralstoffe und Zucker durch die Pflanze zu transportieren. Wissenschaftler machen Querschnitte von Sprossachsen, um die Arten und den Aufbau von Gewebe in der Sprossachse zu untersuchen. Bei krautigen (nicht verholzenden) Sprossachsen bildet die Epidermis die äußerste Zellschicht. Im Querschnitt erscheint das Leitgewebe als Leitbündel, das nach innen hin Xylem und nach außen hin Phloem enthält. Dickwandige Sklerenchymzellen, die als Fasern bezeichnet werden, sammeln sich entlang der Phloemzellen und bieten Stabilität. Die Sprossachse enthält entlang der Leitbündel Grundgewebe.

Die Sprossachsen von Bedecktsamern weisen zwei sehr unterschiedliche Organisationsformen auf. Bei Monokotyledonen – Pflanzen mit nur einem Keimblatt (Kotyledone) in ihren Samen, zum Beispiel Getreide oder andere Gräser – sind die Leitbündel in der Sprossachse verteilt. Bei Dikotylen – Pflanzen mit zwei Keimblättern in ihren Samen, zum Beispiel Bohnen, Rosen und Astern – bilden die Leitbündel einen Ring um den äußeren Rand der Sprossachse. Das Grundgewebe um die Bündel wird als primäre Rinde bezeichnet und das Grundgewebe im Inneren der Sprossachse wird Mark genannt. Bei Dikotylen, die durch sekundäres Dickenwachstum Holz erzeugen, trennt ein dünnes Band von Zellen das Xylem vom Phloem in den Leitbündeln. Diese Zellen werden zum Kambium, das sich teilt, um im Zuge des sekundären Dickenwachstums neues Leitgewebe zu produzieren.

Aufbau von Gewebe in Sprossachsen

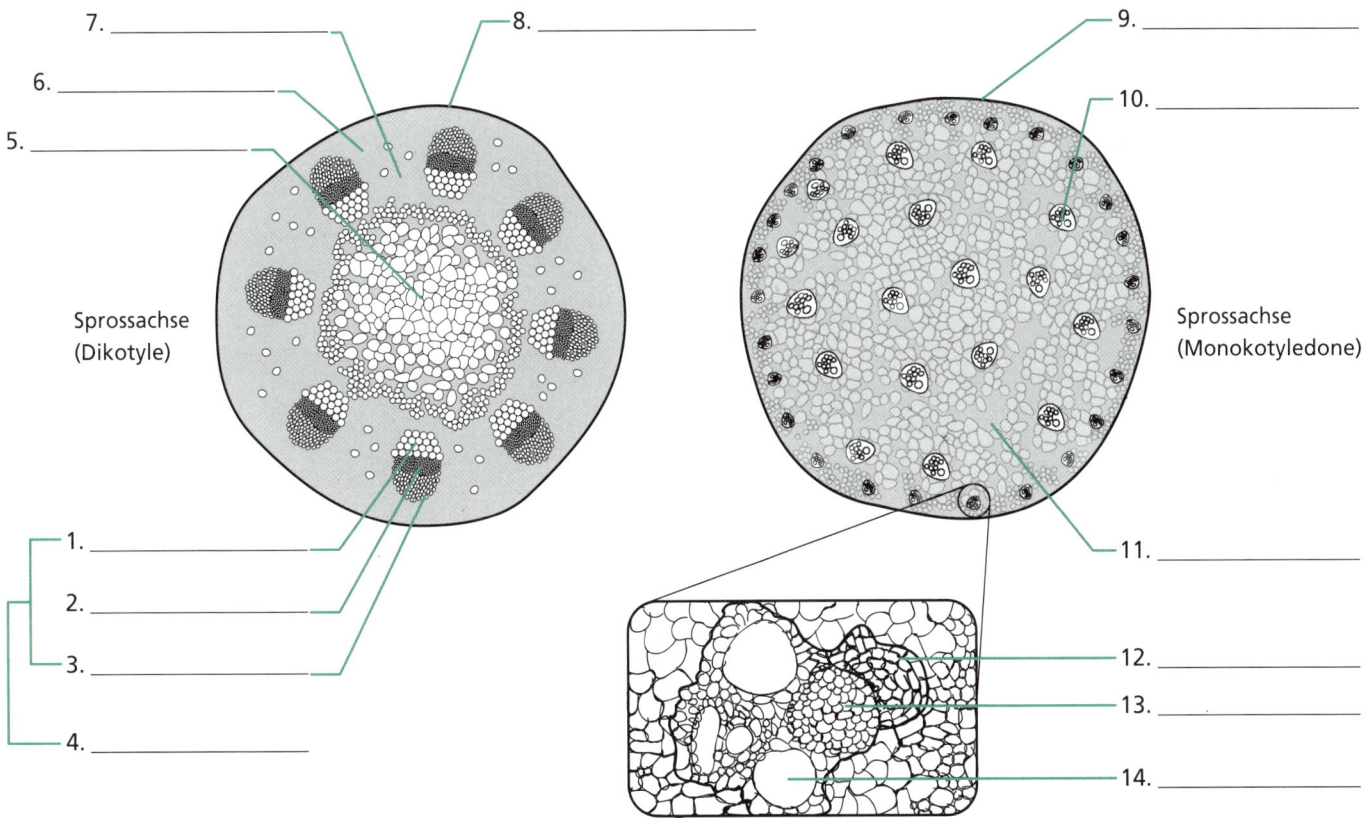

7. _____

6. _____

5. _____

8. _____

9. _____

10. _____

Sprossachse
(Dikotyle)

Sprossachse
(Monokotyledone)

1. _____

2. _____

3. _____

4. _____

11. _____

12. _____

13. _____

14. _____

Näher betrachtet – Xylem und Phloem

Die zwei Arten von wassertransportierenden Zellen im Xylem sind die Tracheiden und die Gefäßelemente. Diese Zellen haben verdickte Zellwände mit dünneren Bereichen, die Tüpfel genannt werden und den Transport von Wasser zwischen Zellen ermöglichen. Beide Zelltypen sterben bei Erreichen der funktionellen Reife ab. Tracheiden, die im Fossilbericht früher auftreten, sind lange, dünne Zellen mit spitz zulaufenden Enden. Gefäßelemente, die primär bei Bedecktsamern vorkommen, sind kürzer und breiter als Tracheiden. Die Enden von Gefäßelementen, die als Perforationsplatten bezeichnet werden, verbinden die Elemente zu Zylinderformen. Diese Platten haben verschiedene Arten von Öffnungen, durch die Wasser frei von einem Gefäßelement in das nächste fließen kann. Das Xylem enthält außerdem stützende Fasern und Parenchymzellen.

Die zuckerleitenden Zellen im Phloem werden Siebröhrenelemente genannt. Im Laufe ihrer Entwicklung verlieren diese Zellen viele ihrer Organellen, so auch ihren Zellkern. Sie bilden eine Einheit mit benachbarten Zellen, die als Geleitzellen bezeichnet werden und die Siebröhrenelemente mit Proteinen versorgen und sie mit Zucker beladen. Siebröhrenelemente sind mit ihren Geleitzellen und untereinander durch Plasmodesmen verbunden. Die einzelnen Elemente sind durch ihre Endwände, die sogenannten Siebplatten, zu Siebröhren verbunden. Siebplatten haben große Löcher, durch die sich Zucker frei durch die Siebröhren bewegen kann. Das Phloem enthält außerdem Fasern und Parenchymzellen.

Die Zelltypen im Xylem und im Phloem von Nahem

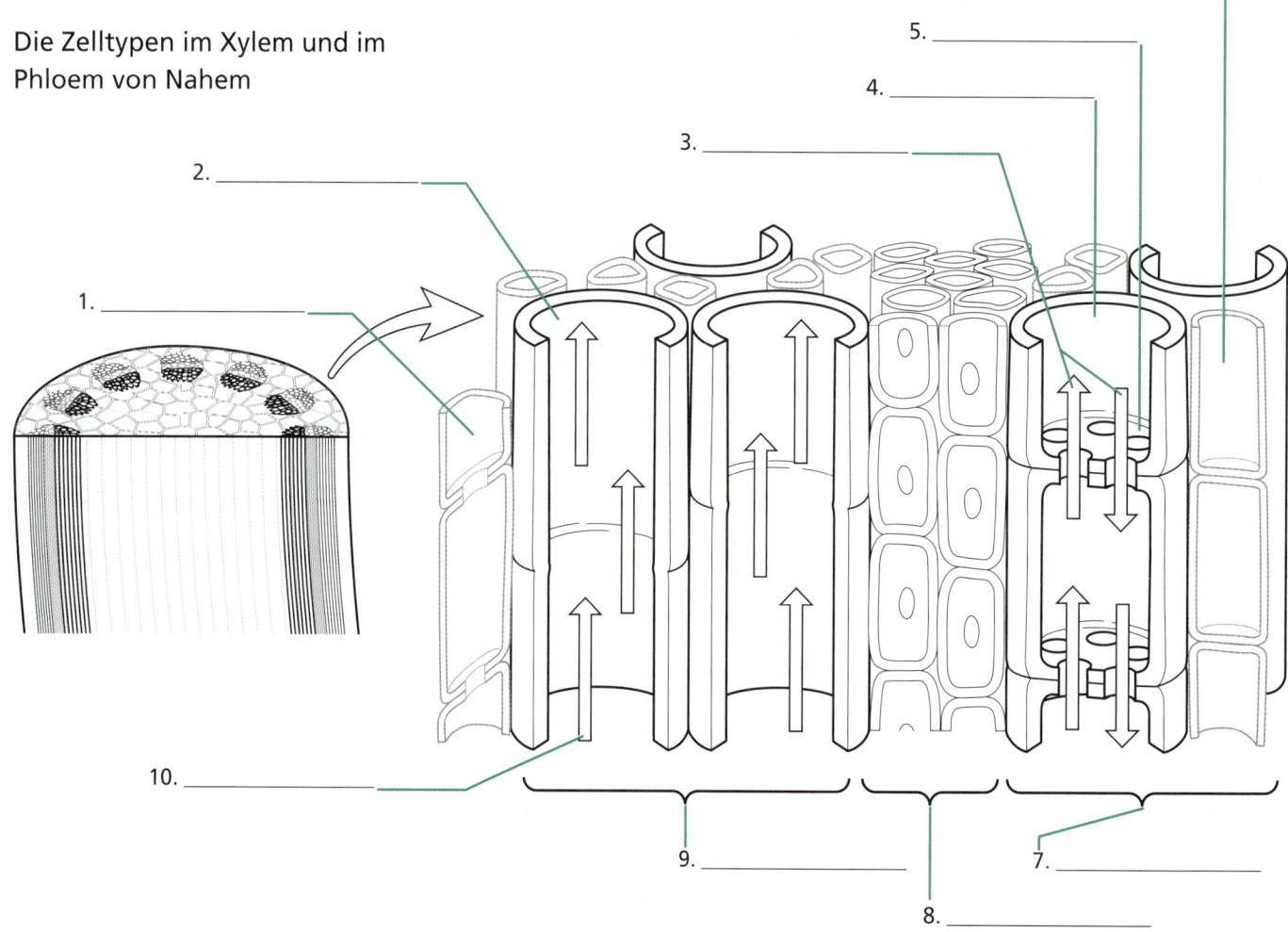

Sekundäres Dickenwachstum

Durch das sekundäre Dickenwachstum vergrößert sich der Durchmesser von Pflanzen, die verholztes Gewebe bilden. Das sekundäre Wachstum findet in zwei lateralen Meristemen statt: dem Kambium und dem Korkkambium. In älteren Teilen der Pflanze stoppt das primäre Wachstum und Pflanzenhormone aktivieren Zellen in den Leitbündeln, die sich zum Kambium differenzieren. Das Kambium teilt sich, wodurch nach innen hin das sekundäre Xylem und nach außen hin das sekundäre Phloem gebildet wird. Durch Veränderungen im Durchmesser der Tracheiden und Gefäße als Reaktion auf jahreszeitliche Niederschläge können im Holz einiger Pflanzen Jahresringe entstehen. Wenn sich die Sprossachse vergrößert, dehnen sich ältere Schichten dünnwandiger Zellen im Phloem und brechen. Zurück bleibt ein schmaler Ring des jüngsten sekundären Phloems unter der Korkschicht der Sprossachse.

Die ursprüngliche Epidermis zerbricht ebenso, wenn sich die Sprossachse weitet. Parenchymzellen in der primären Rinde differenzieren sich zum Korkkambium. So entstehen Korkzellen, die bei Erreichen der funktionellen Reife sterben. Zusammen bilden die Korkzellen, das Korkkambium sowie eine dünne Schicht von Parenchymzellen unter dem Kork (Phelloderm) das sogenannte Periderm, das bei verholzten Sprossachsen die äußere Rinde bildet. Während die Sprossachse immer weiter wächst, bildet sich ein neues Korkkambium unter dem alten Kambium, sodass das Periderm immer wieder erneuert werden kann.

Prozess des sekundären Dickenwachstums

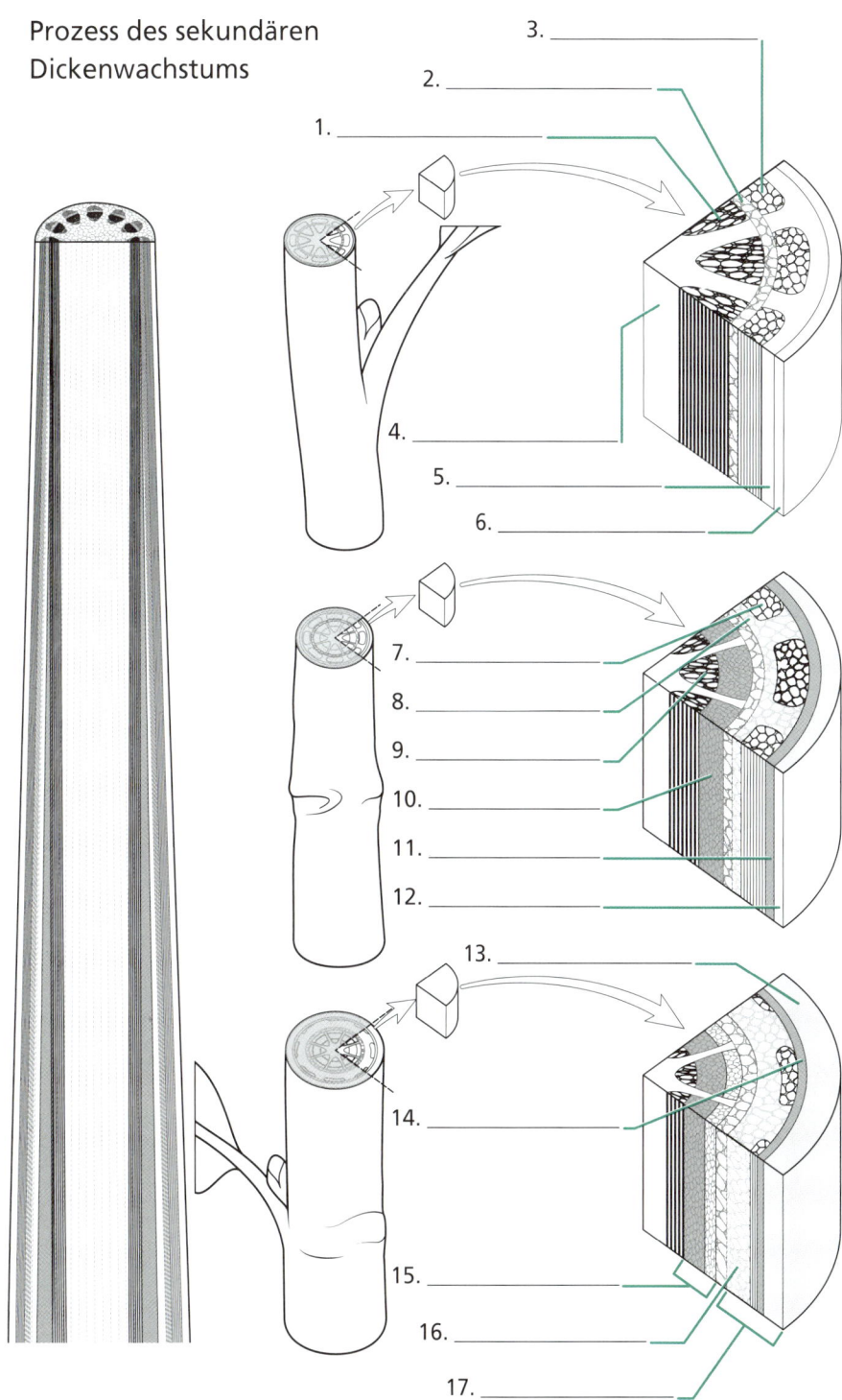

1. _____

2. _____

3. _____

4. _____

5. _____

6. _____

7. _____

8. _____

9. _____

10. _____

11. _____

12. _____

13. _____

14. _____

15. _____

16. _____

17. _____

Lösungen

1. primäres Xylem, 2. Kambium, 3. primäres Phloem, 4. Mark, 5. primäre Rinde, 6. Epidermis, 7. primäres Xylem, 8. sekundäres Phloem, 9. primäres Phloem, 10. sekundäres Xylem, 11. Korkkambium, 12. Kork, 13. Kork, 14. Korkkambium, 15. sekundäres Xylem (zwei Jahre), 16. sekundäres Phloem, 17. Rinde

Transpiration

Transpiration ist die Verdunstung von Wasser aus Pflanzen, die primär durch die Spaltöffnungen in den Blättern abläuft. Dieser Prozess ist für Pflanzen wichtig, da er es ihnen ermöglicht, Wasser durch das Xylem hinauf zu tragen. Wassermoleküle sind durch Wasserstoffbrückenbindungen aneinander gebunden (Kohäsion). Sie haften außerdem an den Zellwänden im Xylem (Adhäsion). Wenn Wasser die Blätter verlässt, fließt das Wasser durch den so entstandenen negativen Druck (Saugspannung) das Xylem hinauf. Wenn Wasser vom Boden in die Wurzeln fließt, gelangt es in das Xylem. Dieser Wassertransport in einer Pflanze wird in der Kohäsionstheorie beschrieben und ähnelt dem, was passiert, wenn eine Person Wasser durch einen Strohhalm saugt.

Die Transpirationsrate und der Wassertransport wird durch Umweltbedingungen und den Aufbau der Pflanze beeinflusst. Trockenheit oder Wind erhöhen die Transpirationsrate sowie den Wassertransport. Pflanzenstrukturen wie Haare auf der Unterseite der Blätter können eine geschützte Grenzschicht mit einer höheren Feuchtigkeit bilden, die die Transpiration verlangsamt. Wenn die Transpirationsrate zu hoch wird, beeinträchtigt die Kavitation im Xylem den Wassertransport. Pflanzen können dies in der Nacht ausgleichen, indem sie aktiv gelöste Stoffe in ihre Wurzeln laden, um die Wasseraufnahme durch Osmose zu steigern. Durch den erhöhten Wurzeldruck wird das Wasser durch das Xylem hoch getrieben und die Gasblasen verschwinden.

Der Prozess der Transpiration

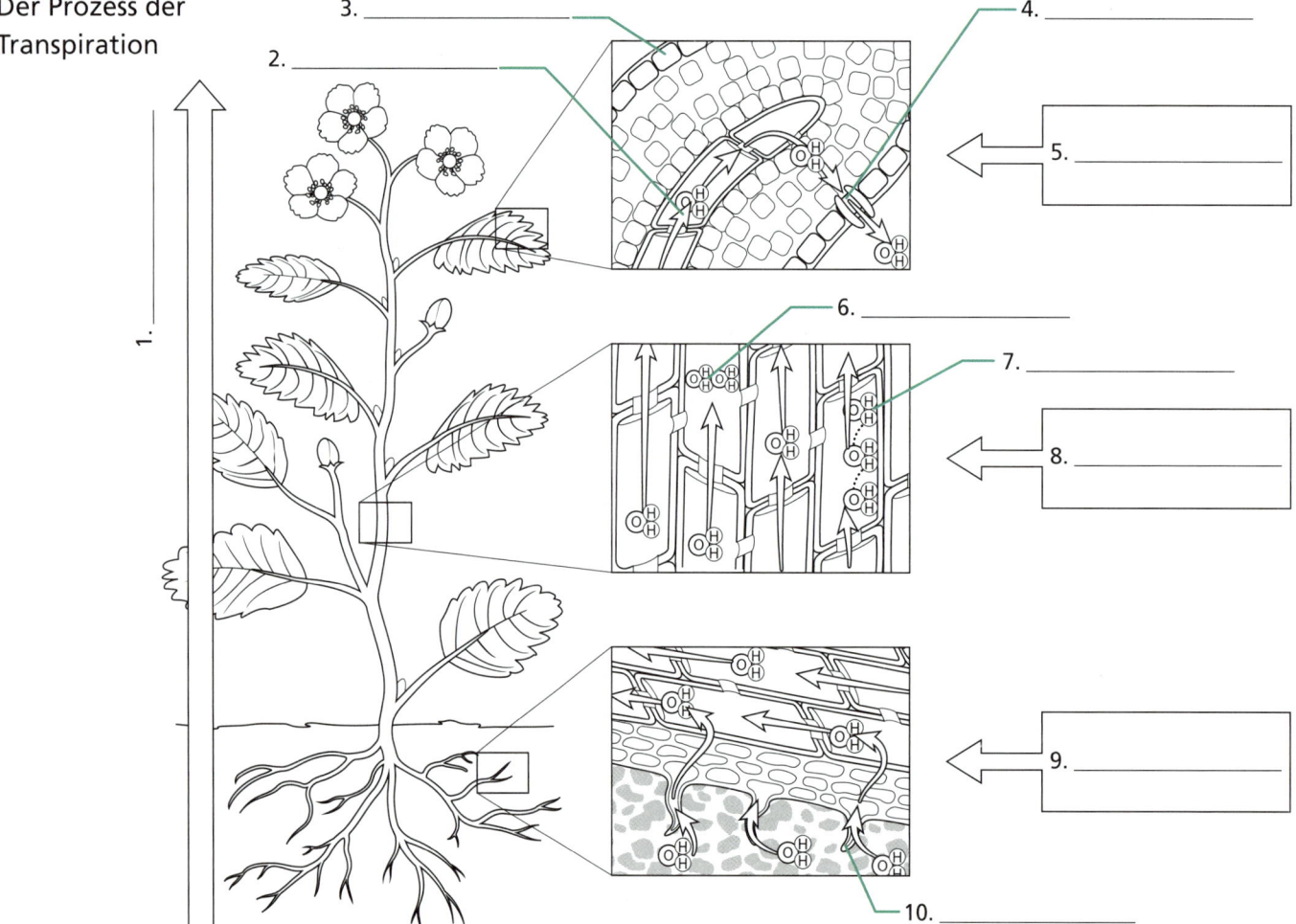

3. _____

4. _____

2. _____

5. _____

6. _____

7. _____

8. _____

9. _____

10. _____

Lösungen

Wurzelsysteme

Wurzeln nehmen Wasser sowie Mineralstoffe auf und verankern Pflanzen im Boden. Eine Pflanzenstruktur als Wurzel zu identifizieren, kann jedoch eine Herausforderung darstellen, da einige Wurzeln überirdisch und einige Sprossachsen unterirdisch wachsen. Zudem können sowohl Sprossachsen als auch Wurzeln zur Speicherung von Nährstoffen verändert werden und sehr ähnlich aussehen, wie zum Beispiel Kartoffeln (Sprossachsen) und Rüben (Wurzeln).

Echte Wurzeln sind an ihren anatomischen Merkmalen zu erkennen und daran, dass sie keine Sprossachsen oder Blätter produzieren. Schichten von verschleimten Zellen bilden eine schützende Wurzelhaube auf den Spitzen der wachsenden Wurzeln, die ihre Apikalmeristeme enthalten. Hinter der Wurzelhaube produziert die Wurzelepidermis Wurzelhaare, um die Wurzeloberfläche zur Wasseraufnahme zu vergrößern. Die Wurzelrinde befindet sich zwischen der Epidermis und der inneren Endodermis. Wasser strömt durch Osmose in die Epidermiszellen der Wurzel und verläuft dann zwischen den Zellen der Rinde, bis es eine wächserne Schicht aus Zellwänden in der Endodermis erreicht, die Casparischer Streifen genannt wird. An dieser Stelle muss das Wasser erneut durch Osmose in die Zellen eindringen, damit die Pflanze gelöste Stoffe aus dem Wasser herausfiltern kann, bevor es in das Leitgewebe im Wurzelkern, das auch als Stele bezeichnet wird, gelangt.

An anderen Stellen als der unteren Achse der Pflanze bilden sich Adventivwurzeln. Zu ihnen gehören die Stützwurzeln des Maises (*Zea mays*) und Wurzeln, die aus Stecklingen entstehen. Große Hauptwurzeln wie jene von Karotten (*Daucus carota*) werden auch als Pfahlwurzeln bezeichnet. Dünne, stark verzweigte Wurzelsysteme wie jene von Gräsern werden Faserwurzeln genannt.

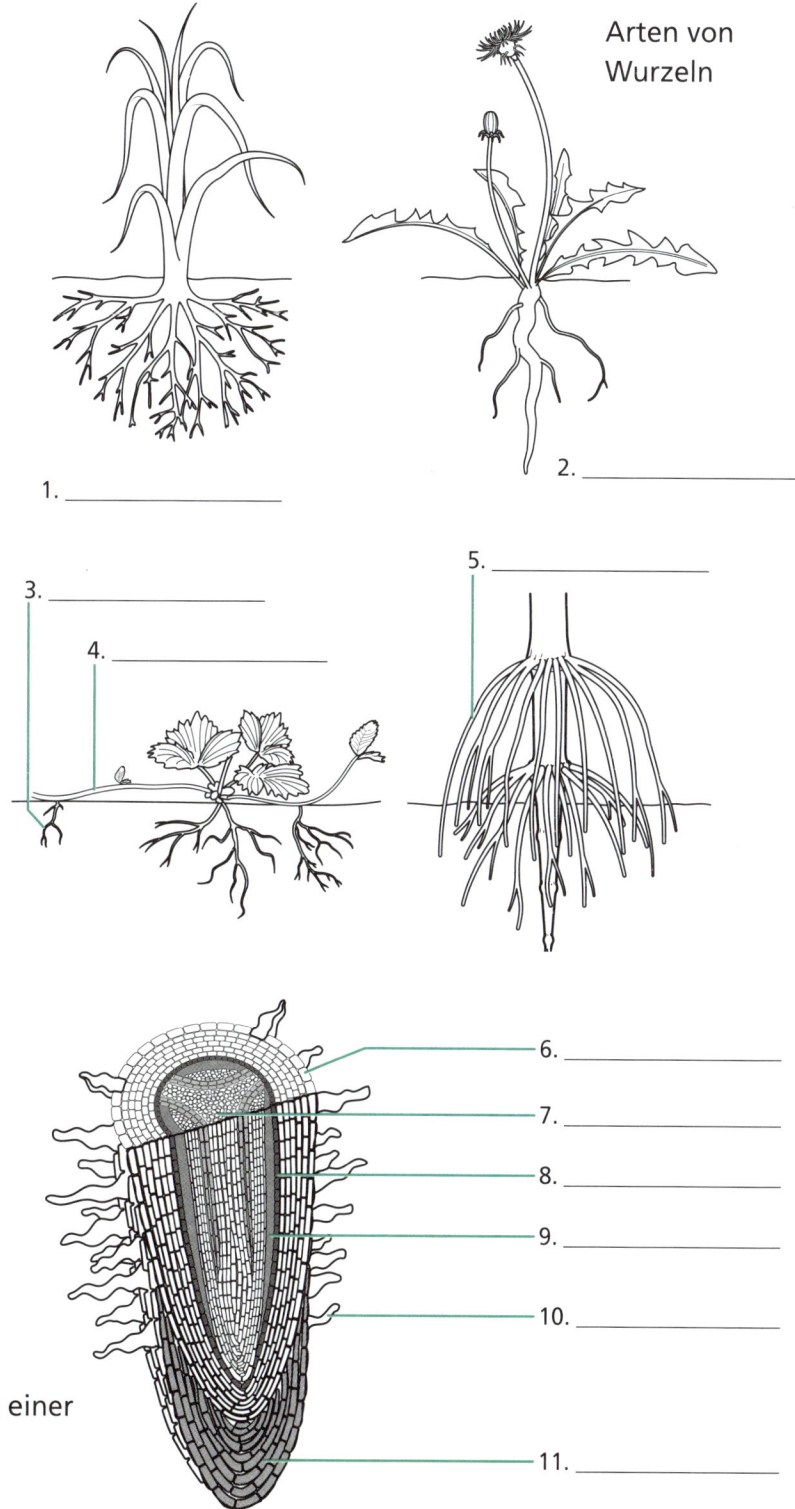

Arten von Wurzeln

1. _____

2. _____

3. _____

4. _____

5. _____

Aufbau einer Wurzel

6. _____

7. _____

8. _____

9. _____

10. _____

11. _____

Lösungen

Druckstromtheorie

Die Druckstromtheorie erklärt, wie gelöste Stoffe, zum Beispiel Zucker, durch das Phloem transportiert werden können. Im Grunde genommen wird der gelöste Zucker im Phloem aus Regionen mit einem hohen Turgordruck in Regionen mit einem niedrigeren Turgordruck befördert. Dieser Druckunterschied entsteht durch den Transport von Zucker aus Source-Organen (produzierende Organe) in das Phloem sowie aus dem Phloem in Sink-Organe (verbrauchende Organe).

Pflanzenorgane wie zum Beispiel Blätter, die Photosynthese durchführen, dienen der gesamten Pflanze als Zuckerquellen (sources). Zellen aus diesen Source-Organen transportieren Zucker in Form von Saccharose in das Phloem. Dadurch steigt die Zuckerkonzentration, woraufhin durch Osmose Wasser einströmt. Durch das Eindringen von Wasser in die Siebelemente steigt der Turgordruck in den Siebröhren, wodurch die Zuckerlösung in weiterer Folge aus der Hochdruckzone hinaus fließt.

Wenn die Zuckerlösung durch das Phloem fließt, kann sie von Pflanzenzellen, die Zucker benötigen, aus dem Phloem befördert und in ihr Cytoplasma transportiert werden. Zum Beispiel benötigen aktiv wachsende Teile der Pflanze Energie aus Zucker und Pflanzen speichern Zucker in Früchten und stärkehaltigen Wurzeln. Diese Pflanzenteile sind Sinks (Verbraucher). Wenn sie Zucker aus dem Phloem entnehmen, sinkt die Zuckerkonzentration. Das führt dazu, dass Wasser das Phloem verlässt und entweder in Gewebe mit einer höheren Zuckerkonzentration oder in das Xylem strömt, was wiederum den Turgordruck im Phloem in der Nähe der Sinks verringert.

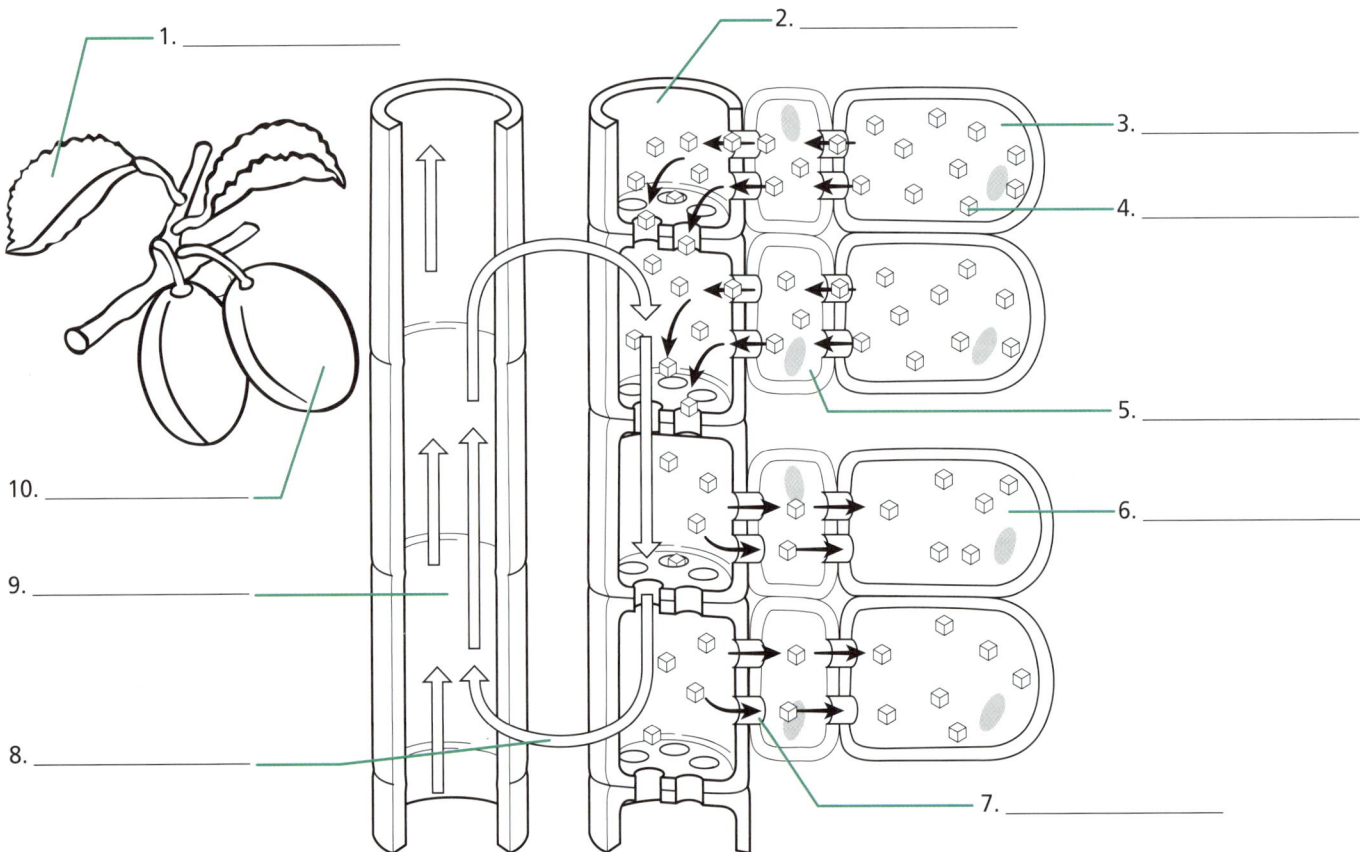

Der Transport von
Zucker in Pflanzen

Lösungen

Phototropismus

Als Phototropismus wird der Wachstum eines Organismus in Richtung oder in entgegengesetzter Richtung zur Sonne bezeichnet. Bei Pflanzen ist es eine Reaktion auf Signale vom Licht und vom Pflanzenhormon Auxin. Das ist eines von vielen Beispielen dafür, wie Pflanzen Licht nutzen, nicht nur als Energiequelle für die Photosynthese, sondern auch für den Erhalt von Informationen über ihre Umgebung. Pflanzen erhalten diese Informationen durch ihre Photorezeptoren, die unterschiedliche Arten (Wellenlängen) von Licht absorbieren und dann wichtige Entwicklungsvorgänge in Pflanzen auslösen. Der Phototropismus ist eine wichtige Reaktion der Pflanzen, da sie es ihnen ermöglicht, die maximale Menge an Licht für die Photosynthese einzufangen.

    Die Photorezeptoren, die den Phototrophismus auslösen und Phototropine genannt werden, absorbieren Blaulicht. Als Reaktion auf Licht beeinflussen Phototropine die Verteilung des Hormons Auxin. Auxin wirkt sich auf mehrere Arten auf den Pflanzenwachstum aus, unter anderem stimuliert es das Streckungswachstum von Pflanzenzellen. Bei Sprossen, die sich mit einer Seite im Schatten befinden, lösen Phototropine die Entstehung eines Auxin-Gradienten aus, mit einer höheren Konzentration auf der beschatteten Seite der Sprossachse. Die Zellen auf der beschatteten Seite strecken sich mehr als die Zellen auf der sonnigen Seite, wodurch sich die Sprossachse zum Licht hindreht, was als positiver Phototropismus bezeichnet wird.

Prozess des Phototropismus

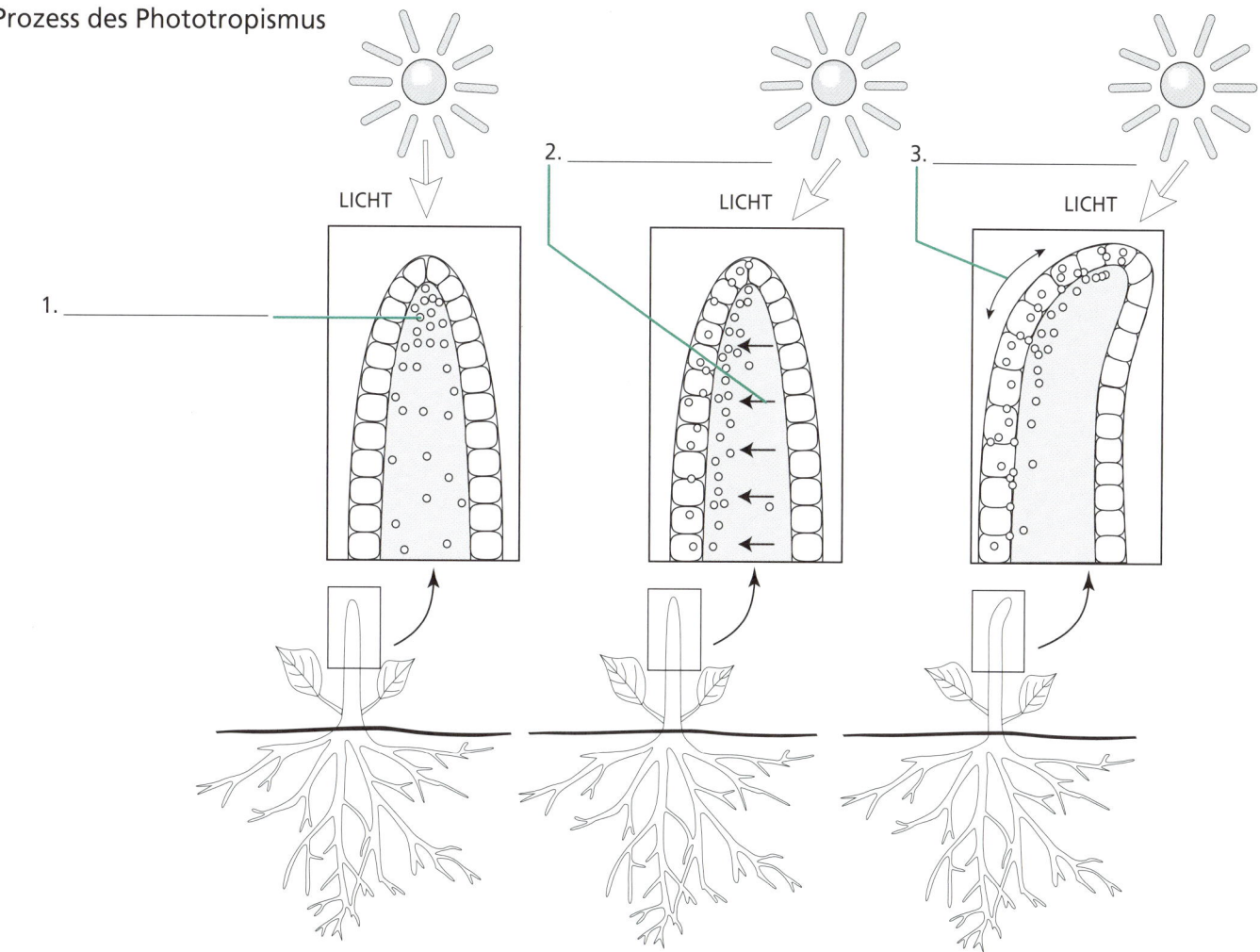

Phytochromreaktionen

Phytochrome sind Photorezeptoren, die Rot- und Dunkelrotlicht absorbieren können. Die inaktive Form dieser Rezeptoren, Pr-Form genannt, absorbiert Rotlicht (~660 nm). Die aktive Form, Pfr-Form, absorbiert Dunkelrotlicht (~730 nm). Wenn Pr-Moleküle Rotlicht absorbieren, gehen sie in die Pfr-Form über. Wenn Pflanzen Dunkelrotlicht ausgesetzt sind, kehren die Pfr-Moleküle wieder in die Pr-Form zurück. Auch bei Dunkelheit geht die Pfr-Form langsam in die Pr-Form über.

Reaktionen von Pflanzen auf das Hormon Phytochrom

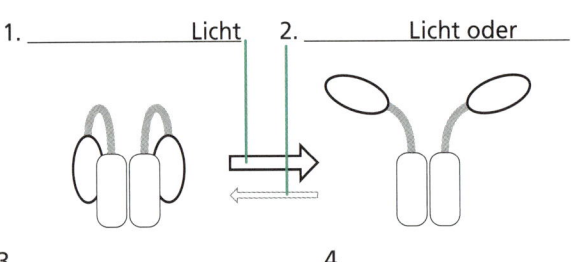

1. _____ Licht   2. _____ Licht oder _____

3. _____   4. _____

Phytochrom

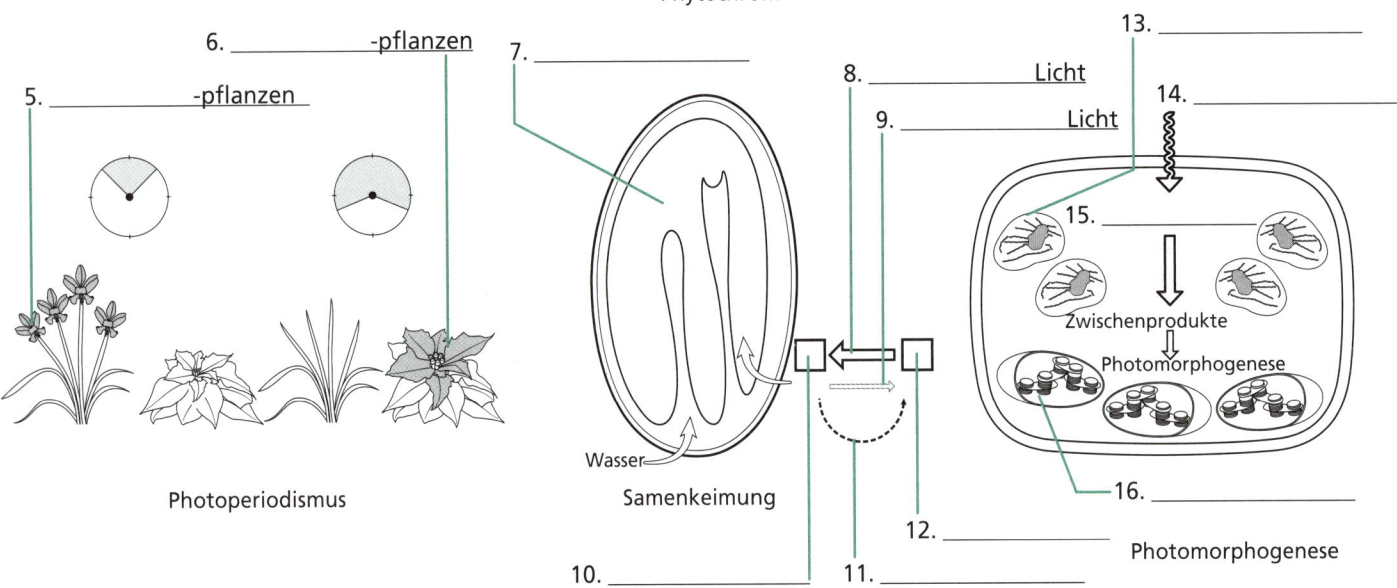

5. _____ -pflanzen

6. _____ -pflanzen

7. _____

8. _____ Licht

9. _____ Licht

13. _____

14. _____

15. _____

Zwischenprodukte

Photomorphogenese

16. _____

12. _____

Photomorphogenese

Wasser

Samenkeimung

Photoperiodismus

10. _____   11. _____

Viele Pflanzen passen den Zeitpunkt ihrer Blütenbildung an die Photoperiode, die relative Länge von Tag und Nacht, an. Bei sogenannten Kurztagpflanzen wird die Blütenbildung durch Pfr gehemmt. Somit blühen diese Pflanzen nur, wenn der Pfr-Spiegel niedrig ist, was dann der Fall ist, wenn die Nächte lang und die Tage kurz sind. Langtagpflanzen verhalten sich gegensätzlich. Bei diesen Pflanzen aktiviert Pfr die Blütenbildung, so blühen sie, wenn die Tage lang und die Nächte kurz sind.

Phytochrome spielen eine Rolle bei der lichtabhängigen Entwicklung, die Photomorphogenese genannt wird. Einige Pflanzen benötigen für die Samenkeimung Licht. Wenn die Samen Licht ausgesetzt werden, wird das Pr in Pfr umgewandelt, wodurch der Spiegel des Pflanzenhormons Gibberellin ansteigt und Zellen zur Aktivierung des Gens für das Enzym α-Amylase stimuliert werden. Dieses Enzym wandelt für den wachsenden Embryo gespeicherte Stärke in Zucker um. Außerdem erscheinen im Dunkeln angezogene Pflanzen gelb, jedoch nehmen sie bei Licht eine grüne Farbe an. In diesem Fall signalisiert die Umwandlung von Pr zu Pfr den Zellen, dass sie die für die Chlorophyllproduktion benötigten Gene, die grünen Pigmente in den Chloroplasten, aktivieren sollen.

Lösungen

1. rotes, 2. dunkelrotes, dunkel, 3. inaktives Pr, 4. aktives Pfr, 5. Langtag-, 6. Kurztag-, 7. Stärkehydrolyse, 8. rotes, 9. dunkelrotes, 10. Pfr, 11. dunkel, 12. Pr, 13. Proplastid, 14. rotes Licht, 15. Pfr, 16. Chloroplast

Säurewachstumshypothese

Die Säurewachstumshypothese erklärt, wie Auxin in einer Pflanze das Streckungswachstum von Zellen auslöst. Auxin stimuliert Transmembranproteine, die sogenannten Proton-ATPasen (H+-ATPase), die Energie aus ATP nutzen, um Protonen durch die Zellmembran zu befördern. Als Reaktion auf das Auxin transportieren diese Proteine aktiv Protonen durch die Plasmamembran und damit aus der Zelle. Durch den erhöhten Säuregehalt außerhalb der Zelle werden pH-abhängige Proteine, sogenannte Expansine, aktiviert. Die Expansine lockern die Bindungen zwischen Cellulosemolekülen in der Zellwand, wodurch diese flexibler wird. Wasser strömt durch Osmose in die Zellen, wodurch in weiterer Folge der Turgordruck steigt. Dieser Druck drückt die Zellwand nach außen und die Zelle dehnt sich.

Wie sich Zellwände lockern, um ein Wachstum der Pflanzenzellen zu ermöglichen

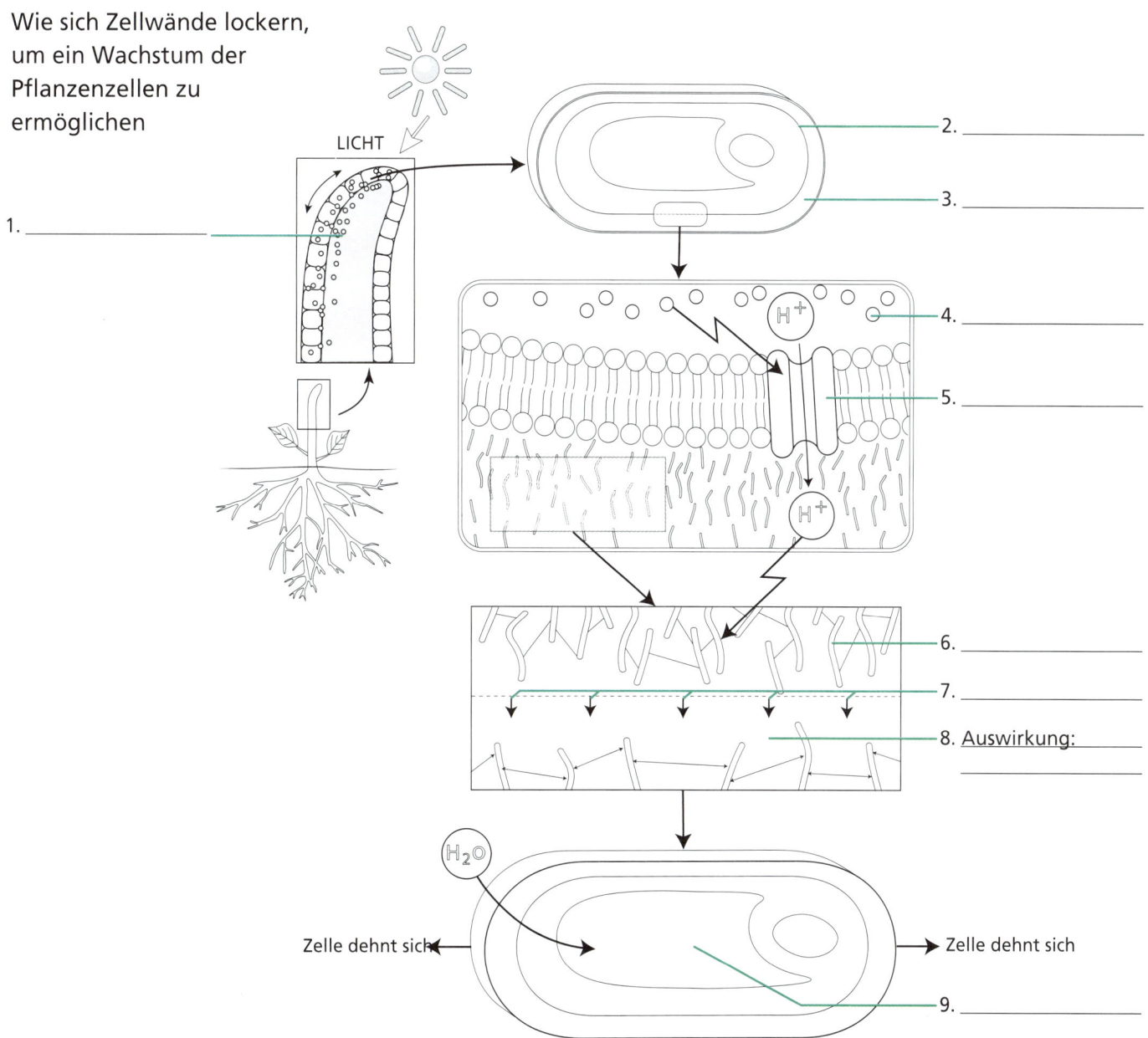

1. _____

2. _____

3. _____

4. _____

5. _____

6. _____

7. _____

8. Auswirkung: _____

9. _____

Lösungen

Gravitropismus

Der Gravitropismus ist die Anpassung des Pflanzenwachstums an die Schwerkraft. Wird eine Pflanze auf die Seite gelegt, passt sie sich daran an, indem sie die Sprossachse nach oben und die Wurzeln nach unten krümmt. Um auf die Gravitation reagieren zu können, muss die Pflanze die Gravitationsrichtung wahrnehmen. Das geschieht durch die Bewegungen von Statolithen, kleinen, mit Stärke gefüllten Organellen in spezialisierten Zellen, den Statocysten. Die Gravitation zieht die Statolithen auf eine Seite der Zelle, wodurch die Auxin-Transporter in der Zellmembran neu angeordnet werden. Die Transporter befördern Auxin in die Zelle. So entsteht ein Auxin-Gradient mit einer höheren Konzentration in der Nähe der Statolithen.

Obwohl Wurzeln und Sprosse denselben Mechanismus zur Wahrnehmung der Gravitation nutzen, reagieren sie verschieden. Auxin hemmt die Zellstreckung in der Wurzel, wodurch das Wachstum um die Statolithen verringert wird und sich die Wurzeln nach unten, in Richtung der Gravitation, krümmen (positiver Gravitropismus). Bei Sprossen fördert Auxin die Zellstreckung, sodass das Wachstum um die Statolithen beschleunigt wird und sich die Sprossachsen gegen die Gravitation krümmen (negativer Gravitropismus).

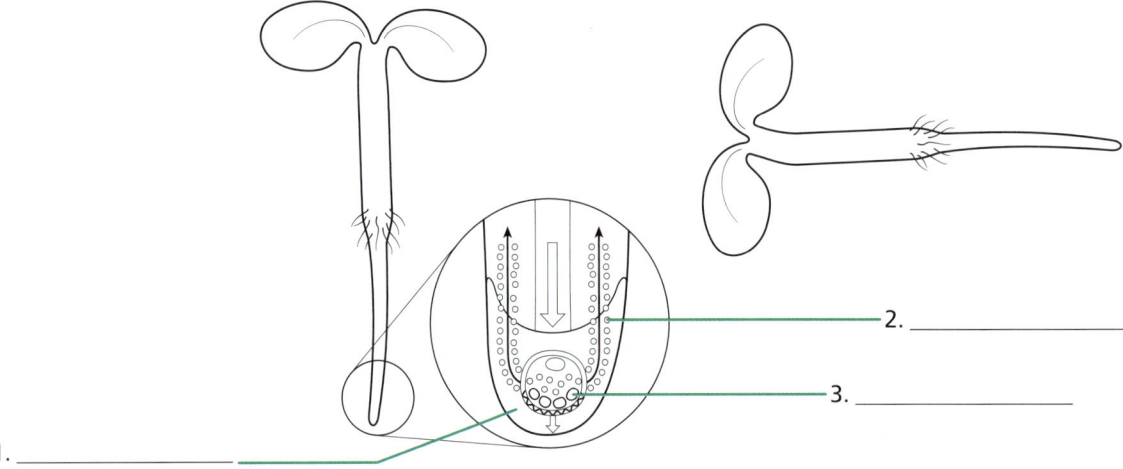

1. _____
2. _____
3. _____

Prozess, durch den Pflanzen auf Gravitation reagieren

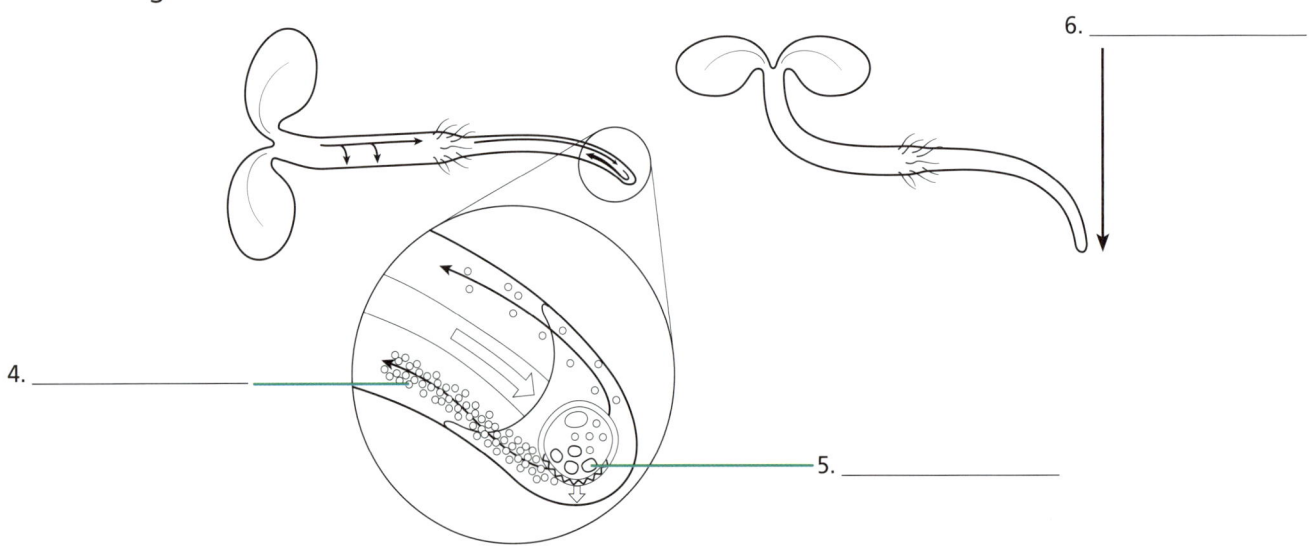

4. _____
5. _____
6. _____

Lösungen

Samenkeimung

Die Samenkeimung beginnt, wenn trockene Samen Wasser aufnehmen und daraus die Entwicklung einer neuen Pflanze mit einem Spross und einer Wurzelachse folgt. Die Wasseraufnahme, Quellung genannt, verläuft in drei Phasen: eine erste Phase der schnellen Wasseraufnahme; eine zweite Phase, in der sich die Aufnahme stabilisiert; und eine dritte Phase, in der die Aufnahme nach Abschluss der Keimung erneut steigt und eine neue Pflanze zu wachsen beginnt.

In der ersten Phase nehmen die Moleküle im Samen Wasser auf, wodurch der Samen anschwillt und die Samenschale zerreißt. Der Spiegel des für die Samenruhe verantwortlichen Hormons Abscisinsäure sinkt und die Zellen im Samen beenden ihre Ruhephase. Die Zellen werden metabolisch aktiv, stellen durch Zellatmung ATP her und synthetisieren Proteine, die in einer frühen Phase der Samenkeimung aus bereits vorhandener mRNA benötigt werden. Zellen im Embryo produzieren Gibberellin, das die Gene zur Herstellung des Enzyms α-Amylase aktiviert. Dieses Enzym katalysiert den Abbau von gespeicherter Stärke zu Zucker, der dem wachsenden Embryo Energie und Substanz liefert.

In der zweiten Phase der Quellung beginnen die Zellen mit der Herstellung von Stoffen zur Versorgung des Embryos, zum Beispiel ein neues Mitochondrium oder Proteine, die für das Wachstum benötigt werden. Wasser strömt in die Zellen der ersten Wurzel, der sogenannten Radicula, und ihre Zellen strecken sich. Die Radicula tritt aus dem Samen, womit die Keimung vollendet ist.

Die Samenkeimung von Geste

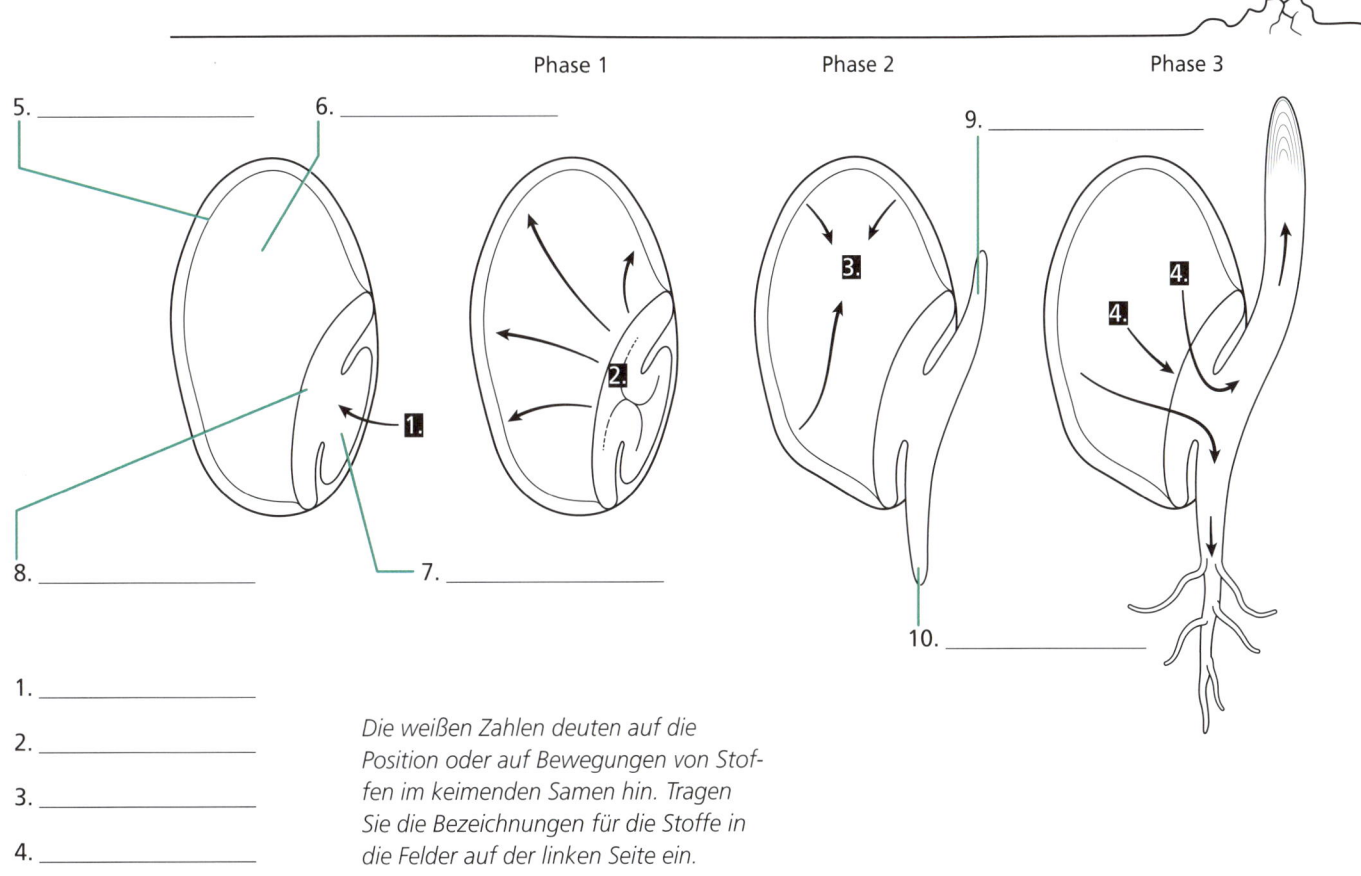

5. _____   6. _____

9. _____

8. _____   7. _____

10. _____

1. _____

2. _____   *Die weißen Zahlen deuten auf die Position oder auf Bewegungen von Stoffen im keimenden Samen hin. Tragen Sie die Bezeichnungen für die Stoffe in die Felder auf der linken Seite ein.*

3. _____

4. _____

Lösungen

Generationswechsel

Der Lebenszyklus von Pflanzen verläuft anders als jener von Tieren. Bei Tieren zeugen diploide Erwachsene mikroskopisch kleine haploide Gameten, die zu einem neuen diploiden Individuum verschmelzen. Bei Pflanzen sind diploide und haploide Generation hingegen mehr oder weniger unabhängig voneinander, abhängig von der Spezies. Würde man den Lebenszyklus einer Pflanze zum Beispiel auf einen Menschen übertragen, wäre es so, als würde sich der menschliche Gamet (Eizelle oder Spermium) abspalten und ein eigenständiges Leben führen, bis er sich für die Befruchtung und Zeugung eines neuen diploiden Organismus niederlässt.

Die diploide Generation wird bei Pflanzen als Sporophyt bezeichnet. Sporophyten haben zwei komplette Chromosomensätze und teilen sich somit durch Meiose. So entstehen haploide Sporen mit nur einem Chromosomensatz. Diese Sporen wachsen durch Mitose und erzeugen so die Gametophytengeneration. Gametophyten produzieren Gameten, aber da Gametophyten bereits haploid sind, produzieren sie diese Gameten durch Mitose. Wenn zwei Gameten verschmelzen, bilden sie eine diploide Zygote, die sich mitotisch teilt und zu einem neuen Sporophyten heranwächst. Da Pflanzen zwischen zwei Formen (Sporophyt und Gametophyt) wechseln, wird ihr Lebenszyklus auch als Generationswechsel bezeichnet. Bei einigen Pflanzenarten ist die Sporophytengeneration größer und auffälliger, während bei anderen der Gametophyt die dominante Form ist.

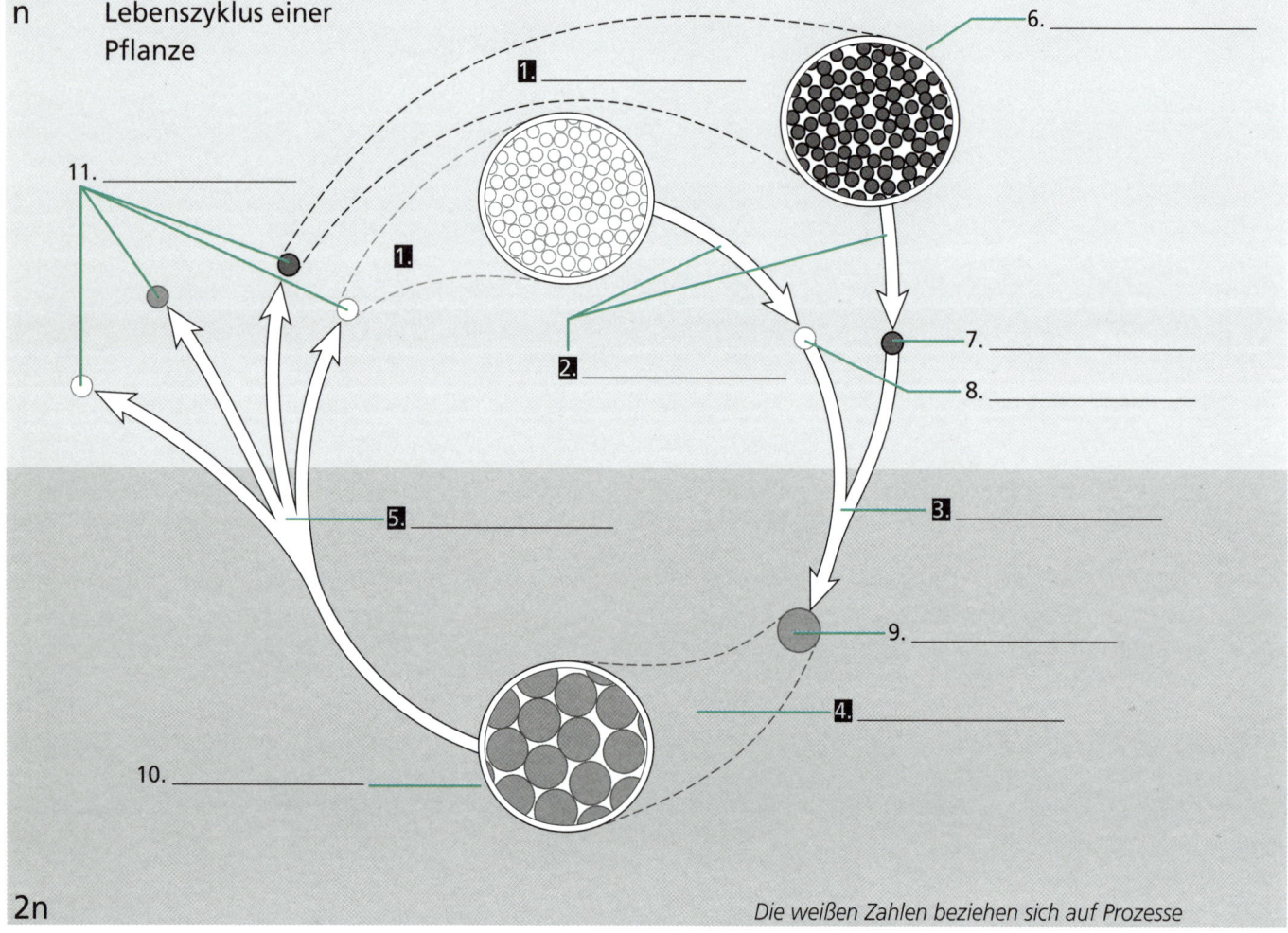

n   Lebenszyklus einer Pflanze

1. _____

6. _____

11. _____

1.

2. _____

7. _____

8. _____

5. _____

3. _____

9. _____

4. _____

10. _____

2n

Die weißen Zahlen beziehen sich auf Prozesse

Lösungen

Der Lebenszyklus von Moosen

Der Lebenszyklus von Moosen wird von Gametophyten dominiert. Die schwammigen, grünen Pflanzen, die auf Bäumen und dem Waldboden wachsen, sind haploid. Um sich sexuell zu vermehren, bilden Moose spezielle weibliche und männliche Strukturen auf ihren Stämmchen. Die Eizellenproduktion erfolgt bei Moosen in vasenförmigen Kammern, sogenannten Archegonien, und sie produzieren Spermien in keulenförmigen Strukturen, den Antheridien. Einige Moose sind monözisch, was bedeutet, dass sie sowohl weibliche als auch männliche Organe besitzen, während andere diözisch sind und somit einige Pflanzen nur weiblich und andere nur männlich sind.

Moose benötigen für die geschlechtliche Fortpflanzung Wasser, da ihre Spermien schwimmen müssen, um die Eizellen zu finden. Bei der Befruchtung entsteht im Archegonium eine Zygote, die sich mitotisch teilt und so einen schmalen gestielten Sporophyten bildet. Ein Teil des Gametophyten bleibt auf dem Sporophyten wie ein kleiner Hut und wird Kalyptra genannt. Die Spitze des Sporophyten schwillt an und formt eine Kapsel; der Stiel wird als Seta bezeichnet. In der Kapsel findet eine Meiose statt, wodurch viele haploide Sporen entstehen. Wenn die Sporen reif sind, löst sich das Operculum (Deckel) der Kapsel und die Sporen werden im Wind verteilt. Ein Ring aus zahnähnlichem Gewebe um die Mündung der Kapsel, der Peristom genannt wird, krümmt sich bei Veränderungen der Luftfeuchtigkeit, um die Verbreitung der Sporen zu unterstützen. Wenn die Sporen gelandet sind, wachsen sie durch Mitose und bilden einen neuen Gametophyten.

Lebenszyklus einer Moospflanze

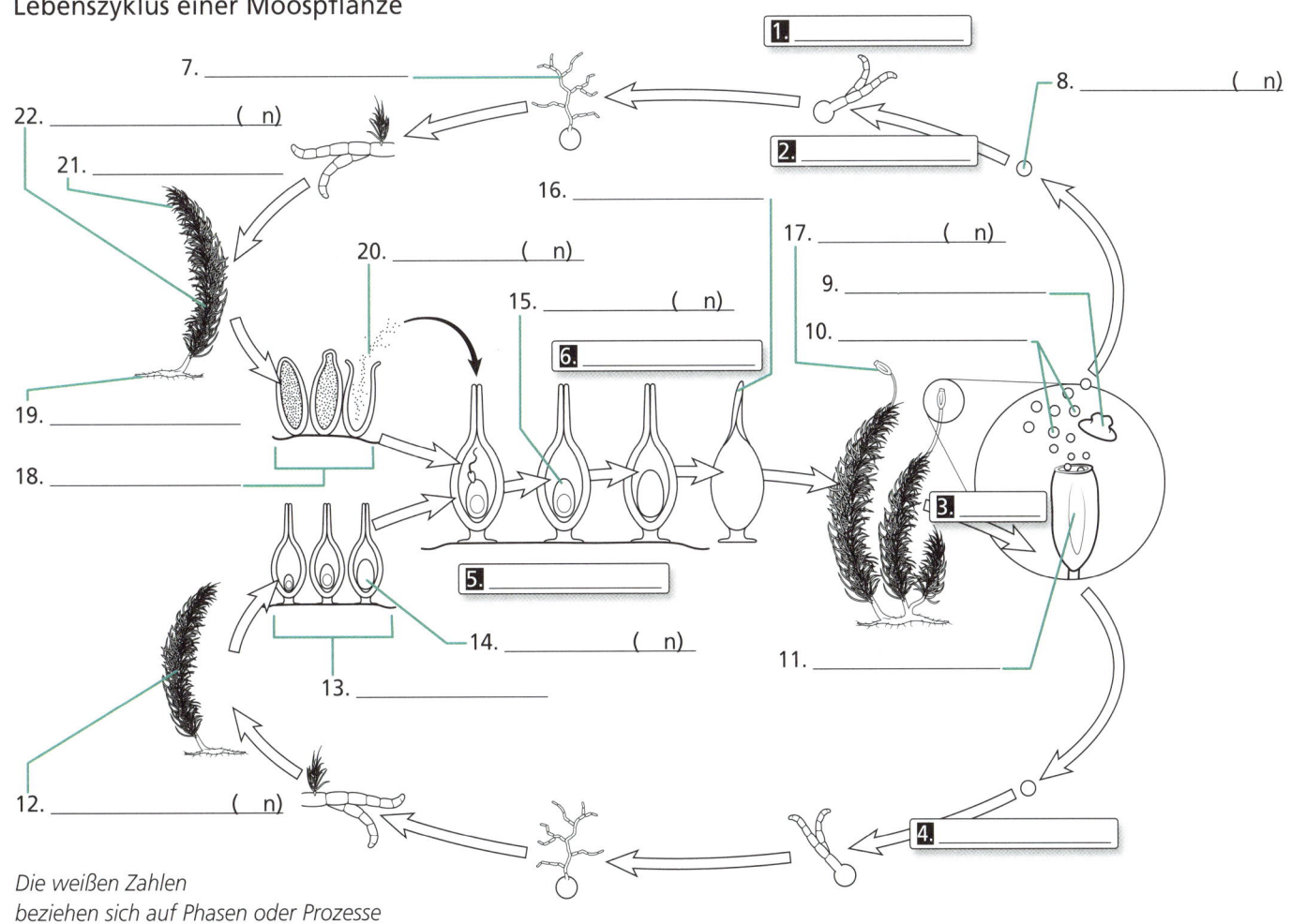

Die weißen Zahlen beziehen sich auf Phasen oder Prozesse

Lösungen

Der Lebenszyklus von Farnen

Bei Farnen dominieren Sporophyten die Landschaft und Gametophyten, die ungefähr nur die Größe eines menschlichen Fingernagels haben, werden häufig übersehen. Farnblätter, die als Wedel bezeichnet werden, wachsen aus Knospen auf weitläufigen Sprossachsensystemen, die Rhizome genannt werden. Junge Farnwedel sind eingerollt wie das dekorative Ende einer Violine, weshalb sie auch oft als Fiedelköpfe bezeichnet werden. Sporenproduzierende Strukturen, die Sporangien genannt werden, bilden die Unterseite der ausgewachsenen Wedel und sind in kleinen Gruppen, sogenannten Sori, angeordnet. Einige Sori haben ein schützendes Häutchen, das sogenannte Indusium. Jedes Sporangium produziert durch Meiose viele haploide Sporen. Wenn die Sporen reif sind, trocknen die Sporangien aus, bis sie aufreißen und die Sporen freisetzen.

   Farnsporen keimen in feuchten Böden und produzieren kleine, herzförmige Gametophyten, die durch Rhizoide im Boden verankert sind. Archegonien entstehen in der Nähe der Einbuchtung auf der Spitze des Gametophyten und Antheridien entstehen in der Nähe der Rhizoide im Boden. Durch Mitose entsteht im Archegonium eine Eizelle und im Antheridium viele Spermien. Die Spermien schwimmen zu den Eizellen, befruchten diese und erzeugen eine neue Zygote. Die Zygote teilt sich durch Mitose und wird zu einem neuen Blattwedel.

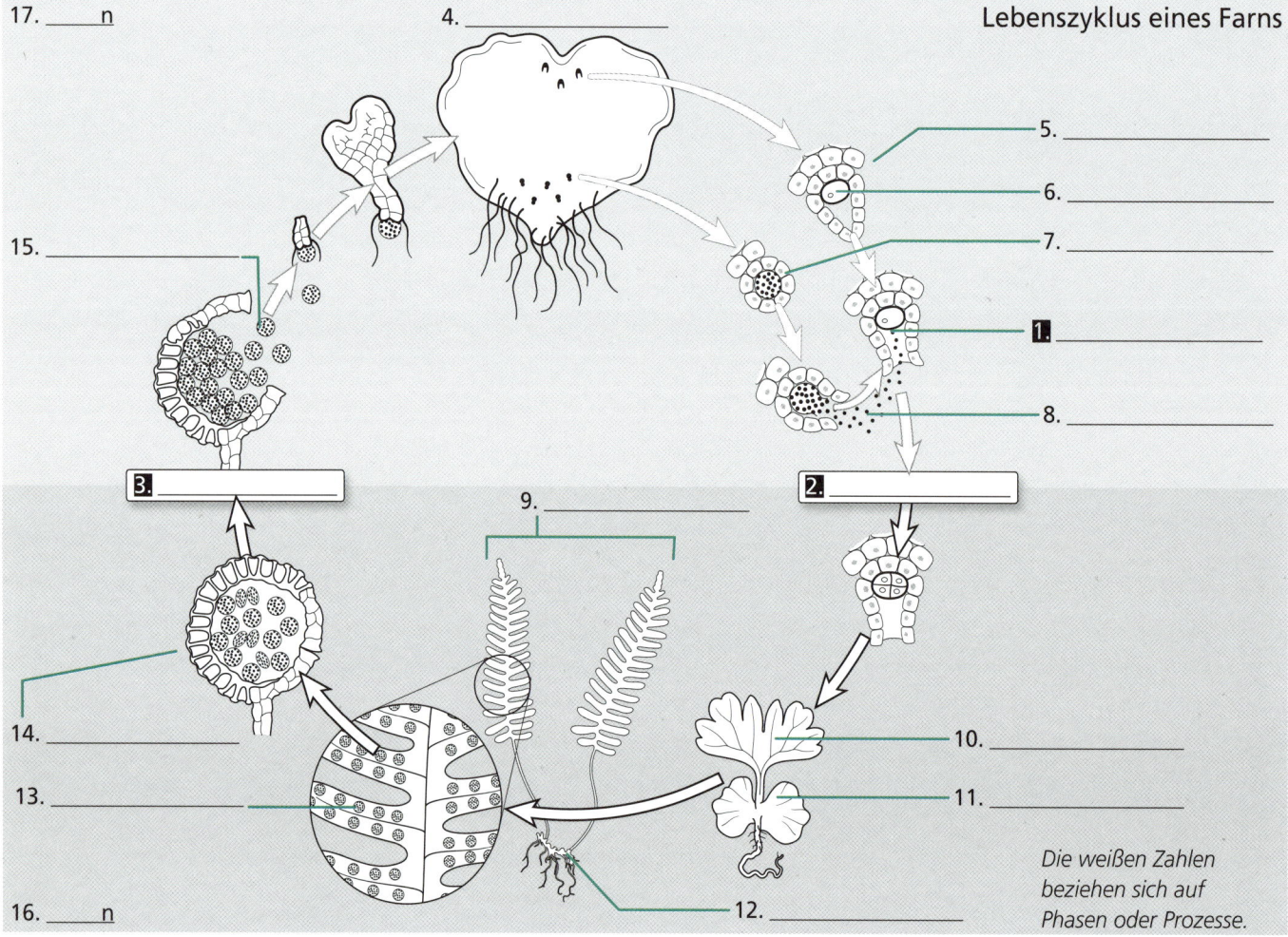

17. _____ n

4. _____

Lebenszyklus eines Farns

5. _____

6. _____

7. _____

1. _____

8. _____

15. _____

3. [_____]

2. [_____]

9. _____

14. _____

13. _____

10. _____

11. _____

12. _____

16. _____ n

Die weißen Zahlen beziehen sich auf Phasen oder Prozesse.

Lösungen

Der Lebenszyklus von Nacktsamern

Nacktsamer (Gymnospermen) wie Kiefern, Zedern und Wacholder sind alle Sporophyten. Die Gametophyten der Nacktsamer bestehen nur aus wenigen Zellen. Bei zapfentragenden Nacktsamern bilden sich die Gametophyten in Zapfen (Strobili). Nacktsamer sind heterospor, was bedeutet, dass sie auf getrennten Strukturen männliche und weibliche Sporen produzieren. Einige Spezies sind diözisch, während andere monözisch sind.

Die Zapfen der Nacktsamer sind diploid. Bei den weiblichen Zapfen findet die Meiose im Megasporangium statt. Dabei wird die Megaspore und drei weitere Zellen, die sich dann zurückbilden, hergestellt. Die Megaspore teilt sich mitotisch und es steht ein mikroskopisch kleiner weiblicher Gametophyt. Bei männlichen Zapfen findet die Meiose in Mikrosporangien statt, wobei Mikrosporen produziert werden. Die Mikrosporen teilen sich mitotisch. So entstehen Pollenkörner, die männliche Gametophyten sind.

In den Gametophyten findet eine Mitose statt und es entstehen Gameten. Der weibliche Gametophyt produziert in den Archegonien Eizellen. In den Pollenkörnern entstehen durch Mitose Spermien. Die Mikrosporangien platzen auf und setzen Pollen frei. Wenn Pollen auf einem weiblichen Gametophyt landen, wächst ein Pollenschlauch durch das Archegonium bis zur Samenanlage. Die Spermien gelangen durch den Pollenschlauch zur Samenanlage und befruchten diese, wodurch eine Zygote entsteht, die sich durch Mitose teilt und zu einem Embryo wird. Danach folgt die Samenentwicklung und die Wand der Samenanlage verhärtet sich zu einer schützenden Samenschale. Wenn er eine geeignete Umgebung erreicht, keimt der Samen und der Embryo wächst durch Mitose zu einem neuen Sporophyt heran.

Lebenszyklus eines Nacktsamers

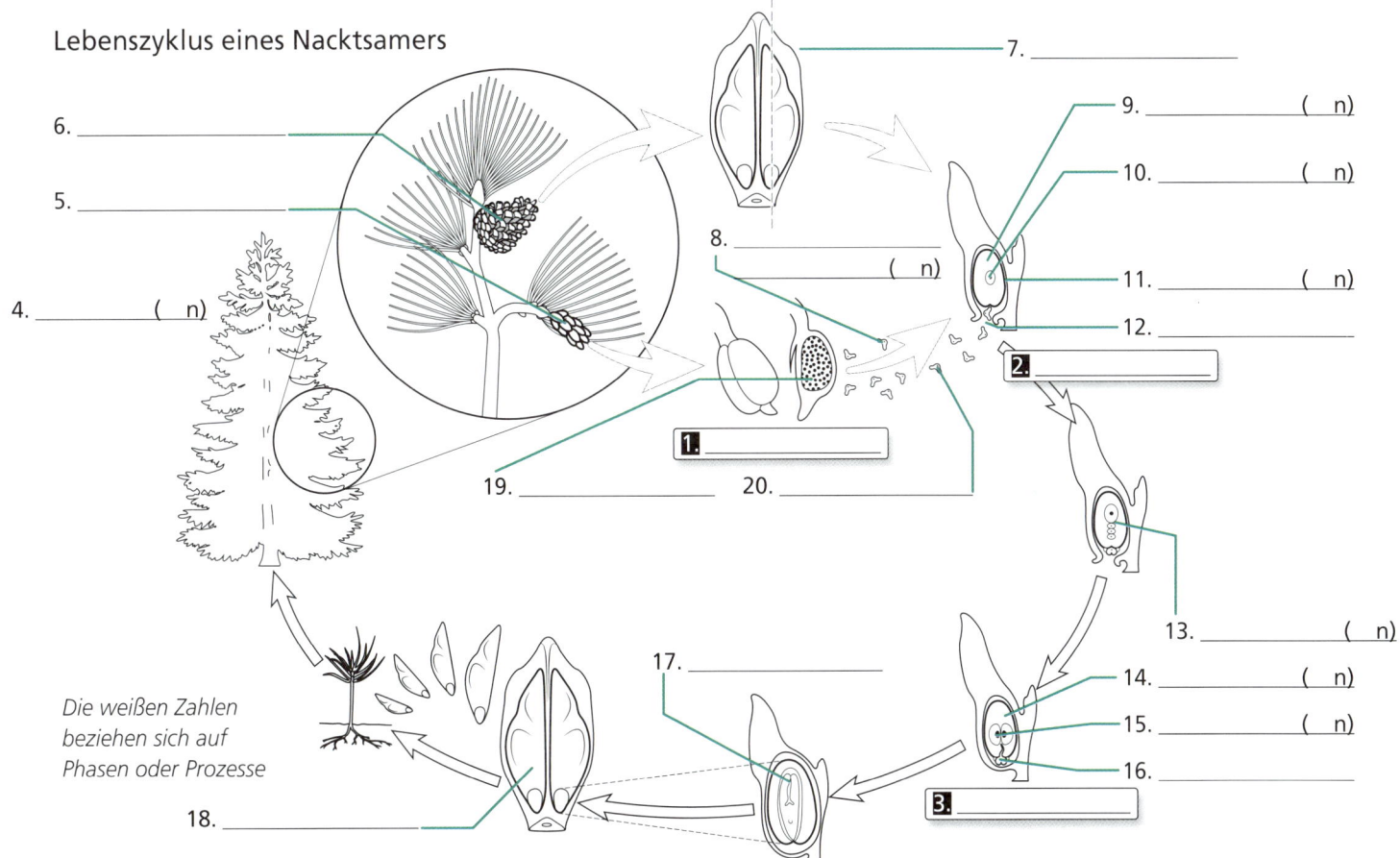

Die weißen Zahlen beziehen sich auf Phasen oder Prozesse

Lösungen

Der Aufbau von Blüten

Die Blüten sind die der Fortpflanzung dienenden strukturellen Elemente der Bedecktsamer (Angiospermen). Am besten bestimmt man die Teile einer Blüte, wenn man am Boden beginnt und dann mit den Wirteln weiter innen fortsetzt. Der Ort am Boden der Blüte, wo alle strukturellen Elemente zusammenlaufen, wird als Receptaculum bezeichnet und die Sprossachse der Blüte ist der Blütenstiel (Pedicellus). Weiter innen befindet sich der erste Wirtel, die Blütenkelch (Calyx) genannt wird und die blattähnlichen Kelchblätter (Sepala) enthält. Der nächste Wirtel, die Krone (Corolla), enthält die Kronblätter (Petalen). Diese sind ebenso blattähnlich, aber für gewöhnlich sehr bunt, um Bestäuber anzulocken.

Der Rest der Blüte besteht aus den weiblichen und den männlichen Organen. Die erste Wirbel in den Kronblättern enthält die männlichen Organe, die Staubblätter (Stamen) genannt werden und aus einem dünnen Staubfaden (Filament) und sackähnlichen Elementen, die als Anthere (Staubbeutel) bezeichnet werden, bestehen. Im Inneren der Antheren werden Pollen produziert. Die weiblichen Organe befinden sich in der Mitte der Blüte. Jedes separate weibliche Organ wird als Fruchtblatt (Karpell) bezeichnet. Einige Blüten haben einen Wirtel aus mehreren einzelnen Fruchtblättern, während bei anderen die Fruchtblätter zu einem zentralen weiblichen Organ verwachsen, das Stempel (Pistill) genannt wird. Die dicke Basis des Stempels ist der Fruchtknoten (Ovar), wo sich Samenanlagen (Ovula) entwickeln. Aus dem Fruchtknoten wächst der stielartige Griffel (Stylus), dessen Spitze Narbe (Stigma) genannt wird.

Teile einer Blüte

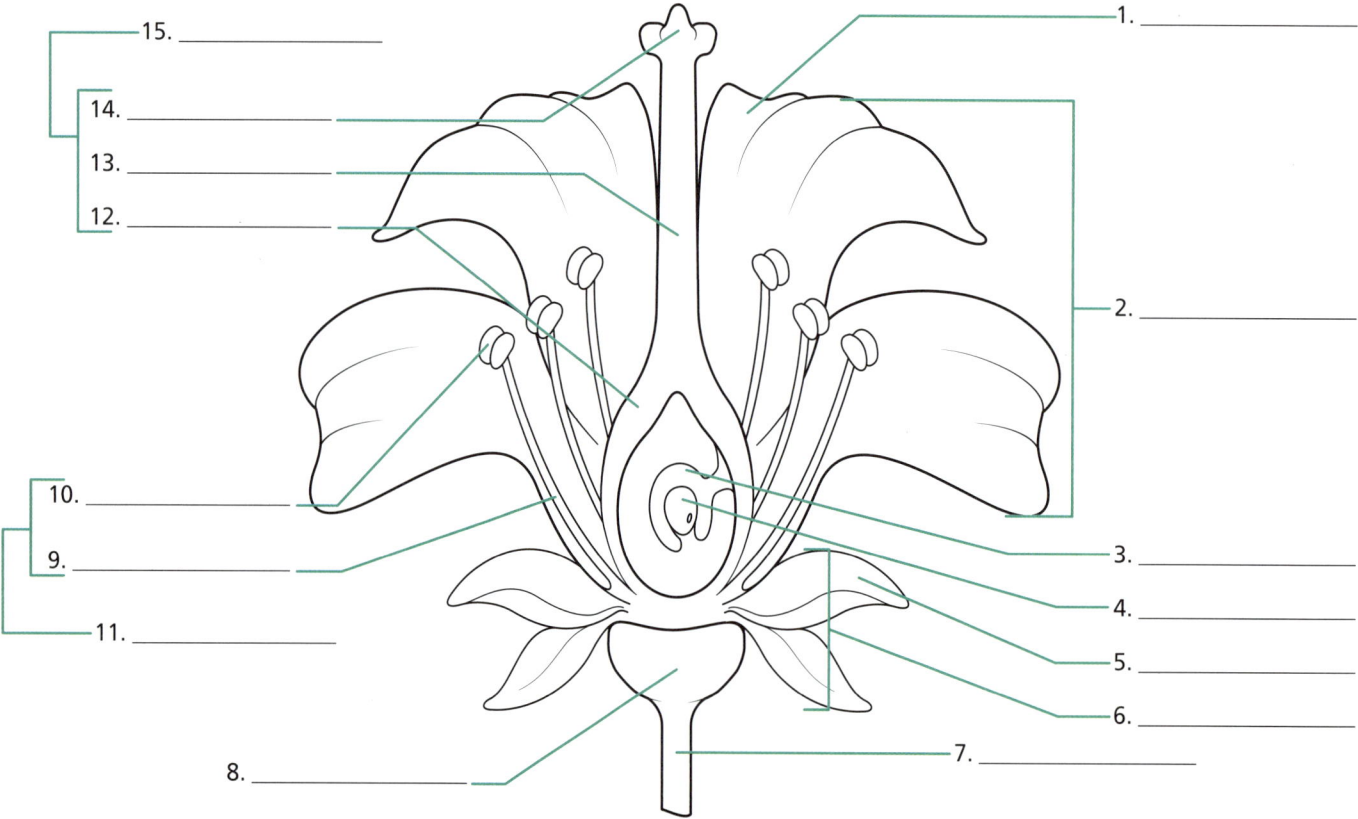

15. _____
14. _____
13. _____
12. _____
10. _____
9. _____
11. _____
8. _____
1. _____
2. _____
3. _____
4. _____
5. _____
6. _____
7. _____

Lösung

1. Kornblatt (Petalum), 2. Krone (Corolla), 3. Samenanlage (Ovulum), 4. Eizelle, 5. Kelchblatt (Sepalum), 6. Blütenkelch (Calyx), 7. Blütenstiel (Pedicellus), 8. Receptaculum (Blütenboden), 9. Staubfaden (Filament), 10. Staubbeutel (Anthere), 11. Staubblatt (Stamen), 12. Fruchtknoten (Ovar), 13. Griffel (Stylus), 14. Narbe (Stigma), 15. Stempel (Pistill)

Der Lebenszyklus von Bedecktsamern

Wie bei den Nacktsamern dominieren Sporophyten auch im Lebenszyklus der Bedecktsamer, während Gametophyten mikroskopisch sind. Die Sporophyten produzieren Blüten, die sowohl weibliche als auch männliche Organe haben können. In den Mikrosporangien der Staubbeutel (Antheren) werden durch Meiose haploide Mikrosporen hergestellt. Die Mikrosporen teilen sich mitotisch und bilden den männlichen Gametophyt, der Pollen genannt wird. Im Fruchtknoten der Blüte bilden sich in den Samenanlagen Megasporangien. In den Megasporangien entstehen durch Meiose vier Megasporen, von denen sich drei zurückbilden. Die verbleibende Megaspore teilt sich durch Mitose. So entsteht ein weiblicher Gametophyt, der aus sieben Zellen besteht: einer Eizelle mit zwei Hilfszellen, die Synergiden genannt werden, drei Antipoden und einer Zelle mit zwei polaren Zellkernen in der Mitte.

Bedecktsamer nutzen eine besondere Art der Befruchtung, die doppelte Befruchtung genannt wird. Wenn Pollen auf der Narbe einer Blüte landen, wächst ein Pollenschlauch durch den Griffel, damit die Spermazellen den weiblichen Gametophyt in der Samenanlage erreichen können. Jedes Pollenkorn liefert der Samenanlage zwei Spermazellen. Eine Spermazelle verschmilzt mit der Eizelle, während die andere mit den polaren Zellkernen zu einem triploiden Gewebe, dem Endosperm, verschmilzt. Die Zygote teilt sich mitotisch und entwickelt sich so zum Embryo. Die Samenanlage entwickelt sich zu einem Samen und ihre Wand wird zu einer schützenden Samenschale. Der Fruchtknoten entwickelt sich zu einer Frucht, die die Samen umschließt.

Lebenszyklus eines Bedecktsamers

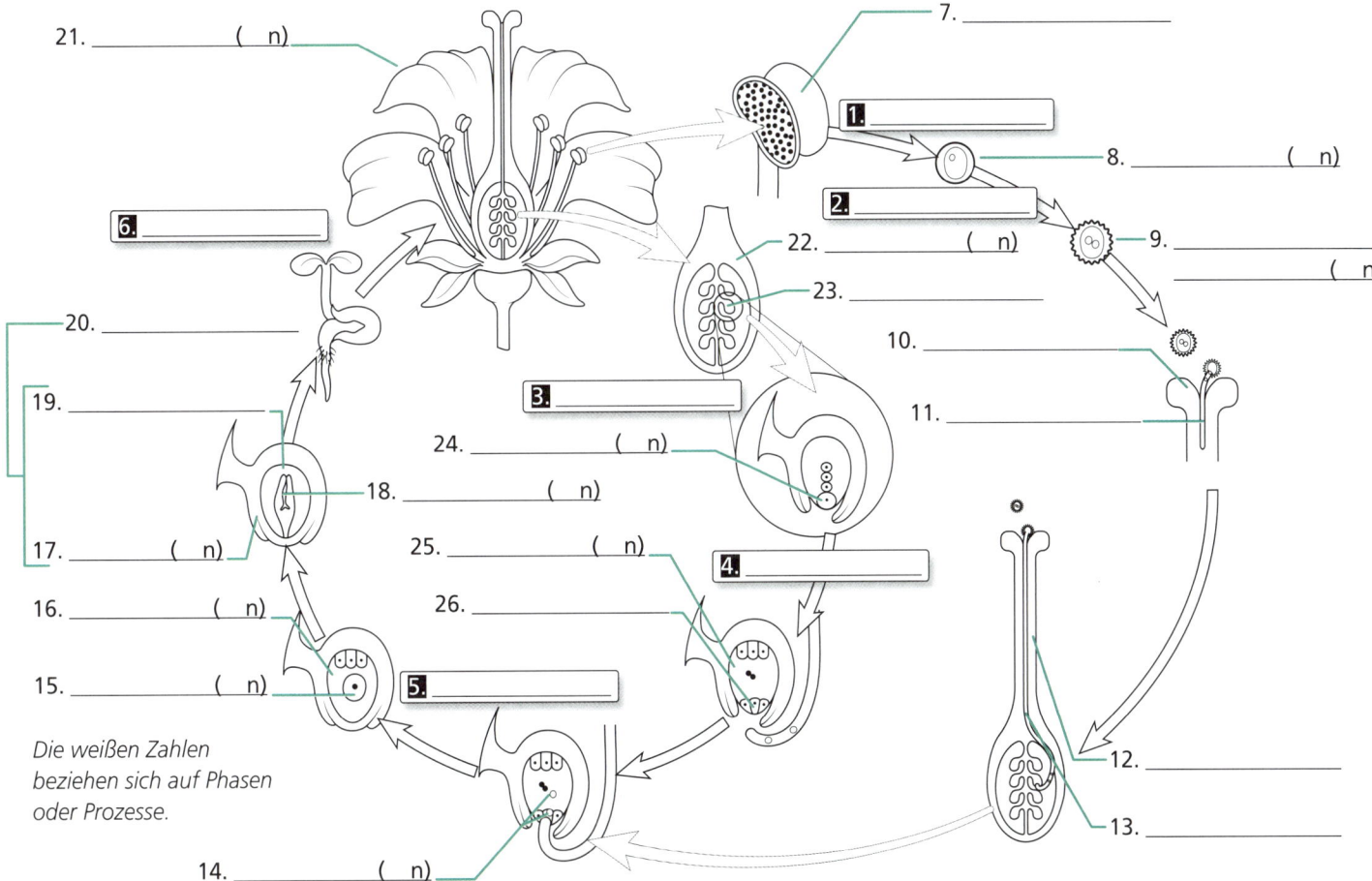

21. _____ (n)

7. _____

1. _____

8. _____ (n)

2. _____

22. _____ (n)

23. _____

9. _____ (n)

10. _____

11. _____

6. _____

20. _____

19. _____

3. _____

24. _____ (n)

18. _____ (n)

12. _____

13. _____

17. _____ (n)

25. _____ (n)

4. _____

16. _____ (n)

26. _____

15. _____ (n)

5. _____

Die weißen Zahlen beziehen sich auf Phasen oder Prozesse.

14. _____ (n)

Fruchtentwicklung

Alles, das Blüten hat, produziert auch Früchte. Einige Früchte sind weich und saftig, zum Beispiel Pflaumen. Andere sind trocken und hart, zum Beispiel Walnüsse, und einige sind leicht und zart, zum Beispiel die mit Flugschirmen ausgestatteten Früchte des Löwenzahns. Die Früchte dienen dem Schutz und der Verbreitung von Samen. Saftfrüchte locken für gewöhnlich Tiere an, die sie essen, während die Früchte des Löwenzahns vom Wind weggetragen werden.

Nach der Befruchtung entwickelt sich die Fruchtknotenwand zur Fruchtwand (Perikarp). Bei echten Früchten entwickelt sich nur die Fruchtknotenwand zum Perikarp, aber bei Scheinfrüchten können auch andere Pflanzenteile ein Bestandteil davon werden. Bei Äpfeln bildet sich zum Beispiel der innere Kern aus dem Fruchtknoten, während sich der äußere saftige Teil aus Gewebe auf dem Receptaculum entwickelt. Das Perikarp kann aus bis zu drei Schichten bestehen: dem äußersten Epikarp (Exokarp), dem mittleren Mesokarp und dem inneren Endokarp. Bei Saftfrüchten ist das Epikarp die Schale der Frucht und das Mesokarp ist der saftige Teil. Bei einigen Früchten bildet das Endokarp eine harte Schicht um die Samen.

Einzelfrüchte entwickeln sich aus einem einzigen Fruchtknoten oder Stempel. Bei einigen Früchten, zum Beispiel Himbeeren, verschmelzen separate Fruchtblätter während der Fruchtentwicklung zu einer Sammelfrucht. Bei anderen Pflanzen, zum Beispiel der Ananas, verschmelzen die Fruchtblätter eines ganzen Blütenschopfs zu einem Fruchtverband.

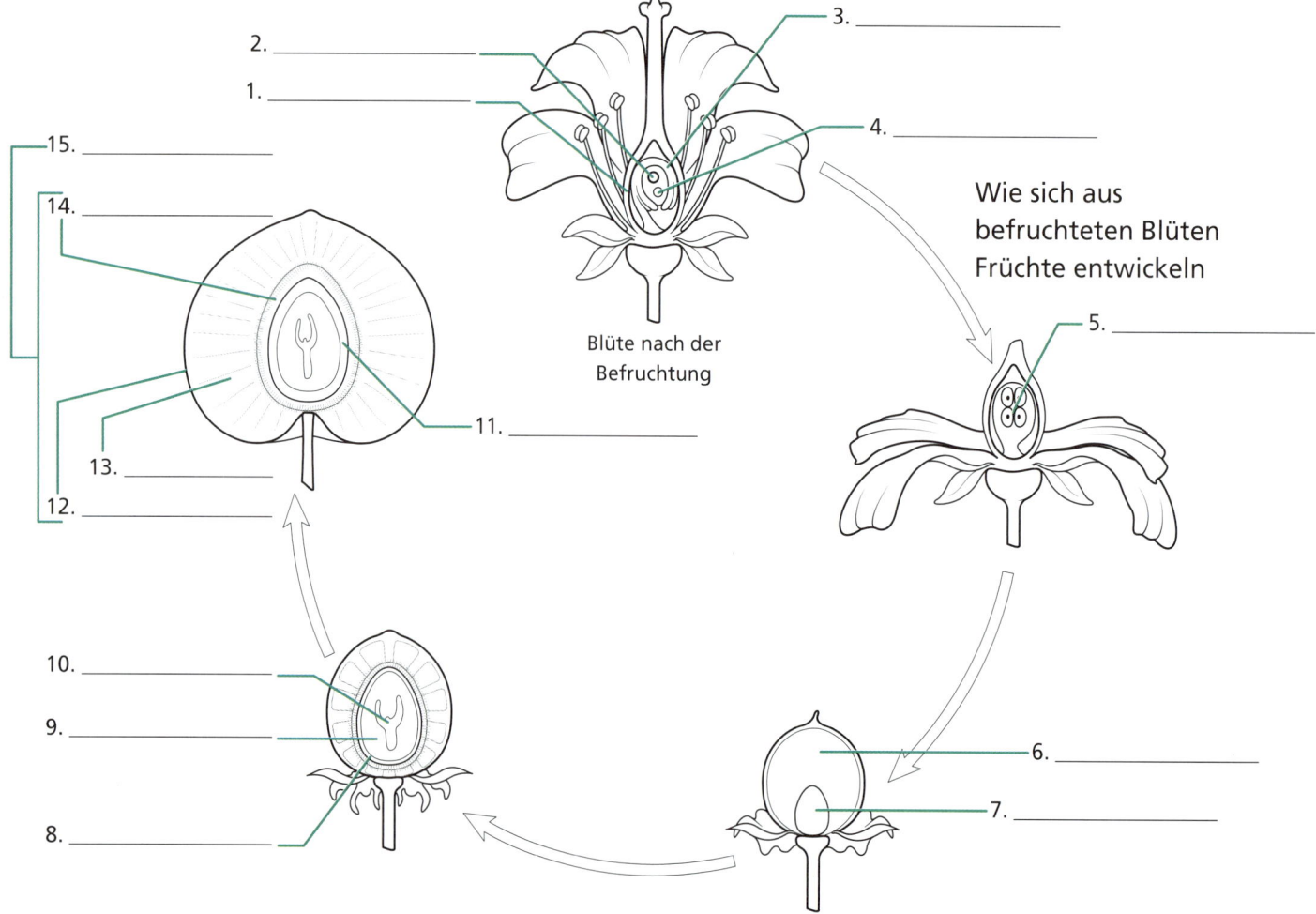

1. _____
2. _____
3. _____
4. _____

Blüte nach der Befruchtung

Wie sich aus befruchteten Blüten Früchte entwickeln

5. _____
6. _____
7. _____
8. _____
9. _____
10. _____
11. _____
12. _____
13. _____
14. _____
15. _____

Lösungen

1. Fruchtknoten, 2. Endosperm, 3. Samenanlage, 4. Zygote, 5. sich entwickelnder Embryo, 6. sich entwickelnde Frucht (aus Fruchtblatt), 7. sich entwickelnder Samen aus Samenanlage), 8. Samenschale, 9. Endosperm, 10. Embryo, 11. Samenschale, 12. Exokarp, 13. Mesokarp, 14. Endokarp, 15. Perikarp

Radiärsymmetrie und Bilateralsymmetrie

1. _____ -Symmetrie
2. _____ -Symmetrie
3. _____

4. _____ Ende
5. _____ -Seite

6. _____ Ende

7. _____ -Seite

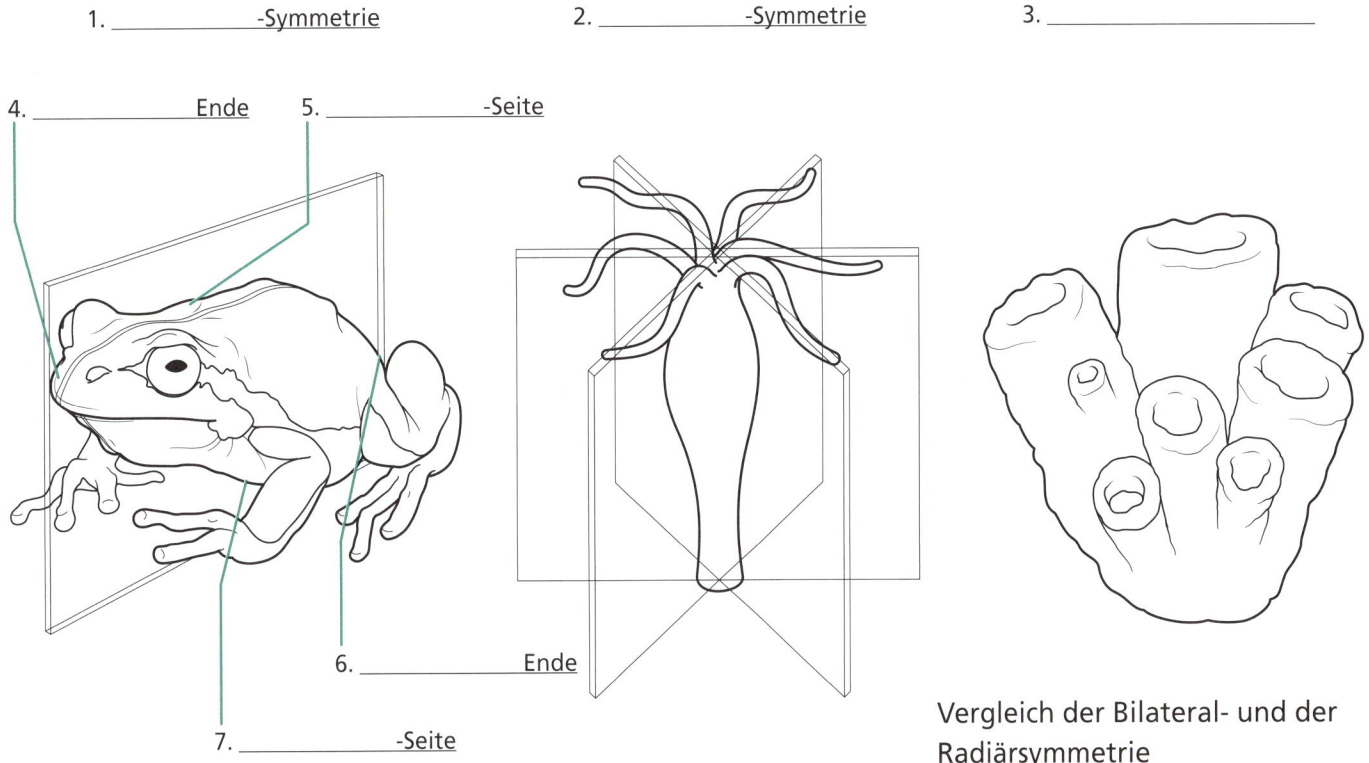

Vergleich der Bilateral- und der Radiärsymmetrie

Die meisten Tiere weisen eine solche Körpersymmetrie, dass ihr Körper durch mindestens eine Symmetrieebene in zwei nahezu identische Hälften unterteilt werden kann. Ältere Tiergruppen wie Nesseltiere, Ctenophoren und einige Schwämme weisen eine Radiärsymmetrie auf. Ihre Körper können durch zwei oder mehr Symmetrieebenen in symmetrische Teile unterteilt werden. Würde man zum Beispiel eine Seeanemone wie eine Torte in Vierteln schneiden, würde man vier sehr ähnliche Teile erhalten. Stachelhäuter haben ebenso eine Radiärsymmetrie, jedoch nehmen Wissenschaftler an, dass sie sich innerhalb der Gruppe unabhängig entwickelte.

Die Bilateralsymmetrie entwickelte sich später als die Radiärsymmetrie und ist bei nahezu allen Gruppen von Protostomia und Deuterostomia zu erkennen. Organismen mit einer Bilateralsymmetrie, die als Bilateria bezeichnet werden und zu denen auch die Menschen gehören, haben nur eine Symmetrieebene, die meistens vertikal vom anterioren zum posterioren Ende verläuft. Bilateralsymmetrische Organismen weisen zudem oft eine Cephalisation auf, womit die Entwicklung eines Kopfes oder einer anterioren Region mit einer Konzentration von Sinneszellen und Strukturen für den Nahrungserwerb gemeint ist. Die Masse von Neuronen zur Verarbeitung von Sinneswahrnehmungen ist das Cerebralganglion beziehungsweise Gehirn.

Lösungen

1. Bilateral-, 2. Radiär-, 3. Asymmetrie, 4. anteriores, 5. Dorsal-, 6. posteriores, 7. Ventral-

Entwicklung von Leibeshöhlen

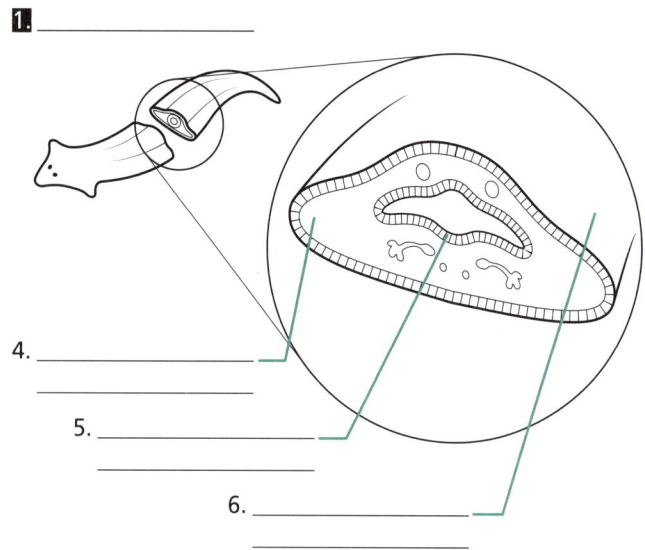

1. _____

4. _____
_____

5. _____
_____

6. _____
_____

2. _____

7. _____

8. _____
_____

9. _____
_____

10. _____
_____

Der Bauplan von Bilateria wird oft als Röhre in einer Röhre bezeichnet. Die innere Röhre ist der Darm des Tieres, der sich aus dem Entoderm entwickelt, an einem Ende einen Mund und am anderen einen After hat. Die äußere Röhre ist die äußere Körperoberfläche des Tieres, die sich aus dem Ektoderm entwickelt und aus der Haut sowie dem Nervengewebe besteht. Zwischen diesen Röhren befindet sich das Mesoderm, aus dem Muskeln und Organe entstehen.

Neben dem Mesoderm entwickeln einige Bilateria eine mit Flüssigkeit gefüllte Leibeshöhle zwischen der äußeren und der inneren Röhre. Ist diese Höhle komplett von Mesoderm umgeben, wird sie als Coelom bezeichnet, und wenn sie nur zum Teil von Mesoderm umgeben ist, handelt es sich um ein sogenanntes Pseudocoel. Tiere, die keine flüssigkeitsgefüllte Leibeshöhle entwickeln, werden Acoelomaten genannt.

Coelome und Pseudocoele bieten einen Raum für innere Organe, wodurch sie sich unabhängig vom Rest des Körpers bewegen können. Zudem ermöglichen sie den Transport von Gasen und Nährstoffen und erzeugen hydrostatischen Druck.

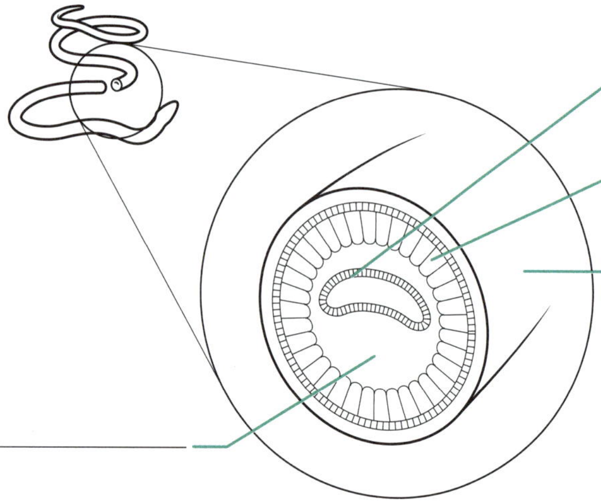

Benennen Sie die Körperregionen und die Art des embryonalen Gewebes. Die weißen Zahlen beziehen sich auf die Art des Körperbaus.

3. _____

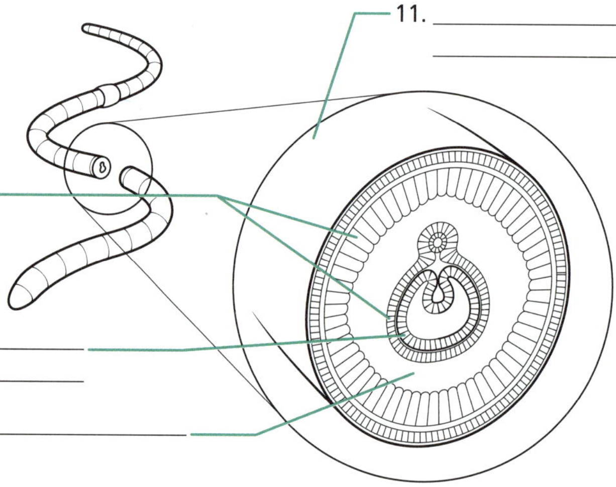

11. _____

12. _____

13. _____
_____

14. _____

Arten von Leibeshöhlen
bei Tieren

1. acoelomater Bau, 2. pseudocoelomater Bau, 3. coelomater Bau, 4. mit Gewebe gefüllter Raum (aus Mesoderm), 5. Verdauungstrakt (aus Entoderm), 6. äußere Körperoberfläche (aus Ektoderm), 7. Pseudocoel, 8. Verdauungstrakt (aus Entoderm), 9. Muskeln (aus Mesoderm), 10. äußere Körperoberfläche (aus Ektoderm), 11. äußere Körperoberfläche (aus Ektoderm), 12. Gewebeschichten (aus Mesoderm), 13. Verdauungstrakt (aus Entoderm), 14. Coelom

Metamorphose

Mit Metamorphose sind plötzliche und drastische Veränderungen gemeint, die im Laufe der Entwicklung einiger Tiere wie Insekten, Amphibien und Seeigel auftreten. In ihren unterschiedlichen Entwicklungsstadien können diese Tiere verschiedene Lebensräume besiedeln und verschiedene Verhaltensweisen und Strategien zur Nahrungsaufnahme aufweisen. Bei der Metamorphose geht die Zygote in ein Anfangsstadium über, das als Larve bezeichnet wird. Die Larven wachsen und werden zu juvenilen Tieren, die wie adulte Tiere aussehen, jedoch die sexuelle Reife noch nicht erreicht haben. Die juvenilen Tiere wachsen weiter und reifen zu adulten Tieren heran, die sich sexuell vermehren können.

Bei einigen Tieren beinhaltet die Metamorphose eine Ekdysis beziehungsweise Häutung, bei der das Exoskelett oder die Haut abgestreift wird. Bei Insekten, die eine unvollständige Metamorphose durchlaufen (hemimetabol), wird jedes Entwicklungsstadium als Larve bezeichnet und noch nicht ausgewachsene Larven werden als Nymphen bezeichnet. Insekten, die eine vollständige Metamorphose durchlaufen (homometabol), werden in ihrer noch nicht ausgewachsenen Form als Larven bezeichnet. Larven gehen in einer Puppe (bei Schmetterlingen als Kokon bezeichnet) in eine inaktive Phase über und schlüpfen als adulte Tiere.

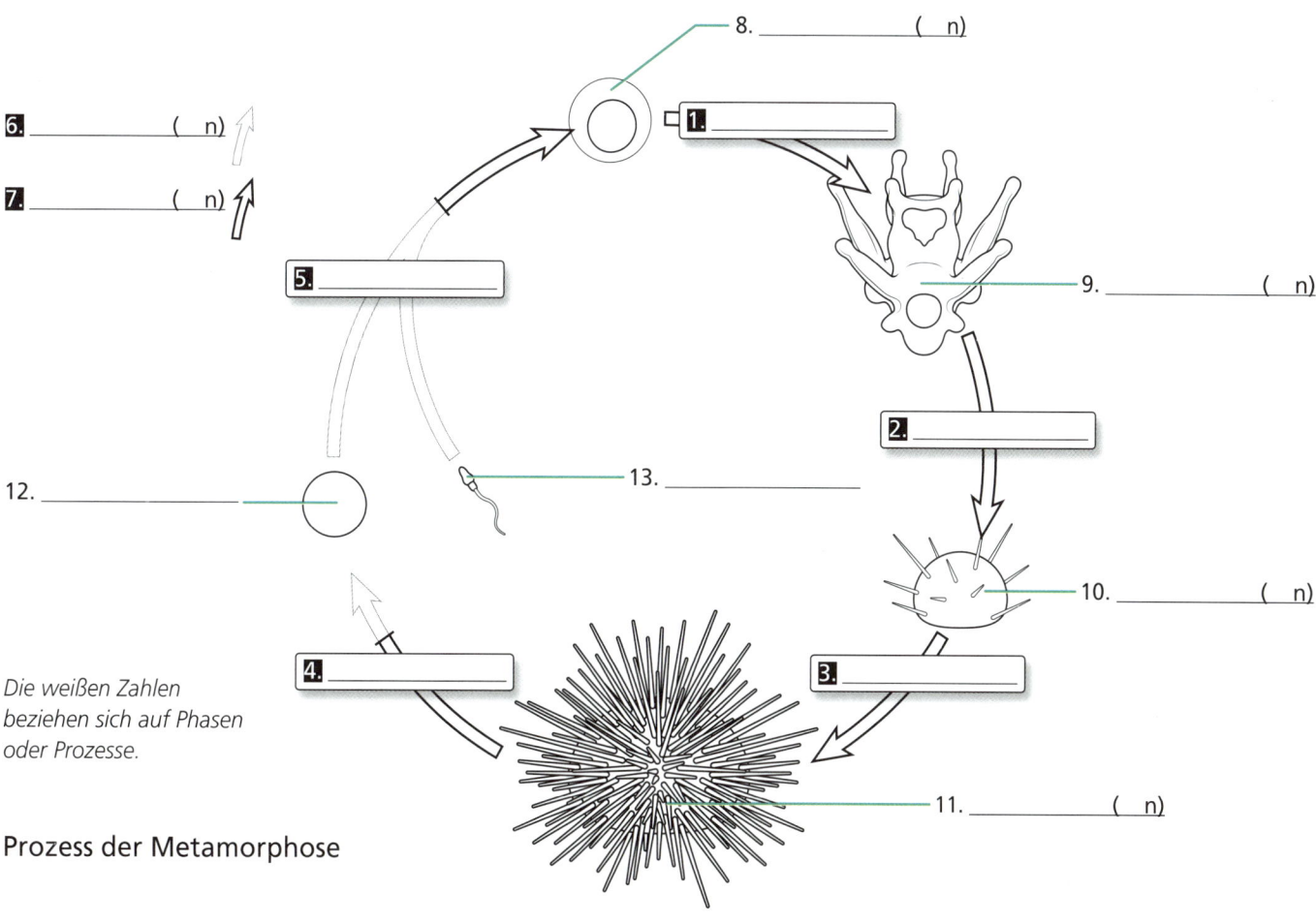

8. _____ (n)

6. _____ (n)

7. _____ (n)

5. _____

9. _____ (n)

2. _____

12. _____

13. _____

10. _____ (n)

4. _____

3. _____

11. _____ (n)

Die weißen Zahlen beziehen sich auf Phasen oder Prozesse.

Prozess der Metamorphose

Lösungen

Merkmale von Chordatieren

Chordatiere (Chordata) sind Tiere, die im Laufe ihres Lebenszyklus vier Hauptmerkmale aufweisen. Beim Kiemendarm handelt es sich um Öffnungen oder Taschen im Schlund, die sich bei Knochenfischen zu Kiemenbögen und bei Landwirbeltieren zum Kiefer sowie zum Innenohr entwickeln. Das hohle, dorsale Neuralrohr besteht aus Nervengewebe, das entlang der Dorsalseite des Tieres ein Rohr bildet. Die Chorda dorsalis ist ein flexibler und doch stabiler Stab, der in Körperlängsrichtung verläuft. Der muskulöse postanale Schwanz ist ein Schwanz, der hinter dem After beginnt und Muskeln enthält.

Zu den wirbellosen Chordatieren (Invertebrata) gehören Cephalochordata (Schädellose) beziehungsweise Lanzettfischchen und Urochordata (Tunicata) beziehungsweise Manteltiere. Cephalochordata weisen auch in adulter Form alle vier Hauptmerkmale der Chordata auf. Bei einigen Urochordata wie der Seescheide bleibt nur der Kiemendarm erhalten.

Zu den Wirbeltieren (Vertebrata) gehören Knorpelfische, Knochenfische, Amphibien, Säugetiere, Reptilien und Vögel. Bei diesen Tieren bleibt das Neuralrohr auch in ihrer adulten Form als Rückenmark erhalten. Der Kiemendarm und der postanale Schwanz sind bei allen Embryonen enthalten, entwickeln sich jedoch bei vielen Spezies zurück, so auch bei Menschen. Die Chorda dorsalis ist ebenfalls bei allen Embryonen enthalten und obwohl sie bei den meisten Wirbeltieren in ihrer adulten Form nicht erhalten bleibt, löst sie die Entwicklung der Wirbelsäule aus, die das Rückenmark schützt.

Vier Hauptmerkmale von Chordatieren

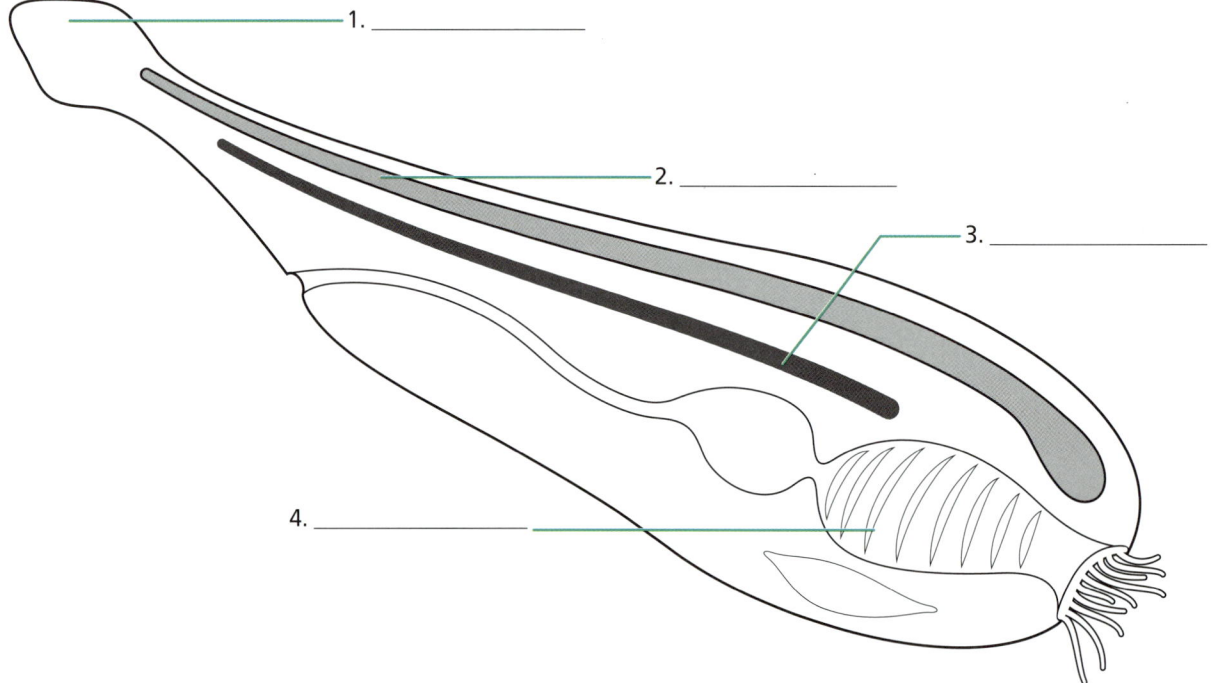

1. _____

2. _____

3. _____

4. _____

Amniotenei und Plazenta

Amnioteneier und Plazenten unterstützten das Wachstum und die Entwicklung des Embryos in trockenen Umgebungen an Land. Sie ermöglichen den Gasaustausch und befördern Nährstoffe zum Embryo, während sie gleichzeitig Stoffwechselabfälle entsorgen. Das Amniotenei entwickelte sich zuerst bei den gemeinsamen Vorfahren der Reptilien und Säugetiere. Amnioteneier haben eine äußere Hülle, die sie vor Austrocknung schützt, und vier innere Membranen, die Erschütterungen dämpfen und eine Oberfläche zum Austausch von Gasen bieten. Das Amnion umgibt den Embryo, die Allantois enthält die Stoffwechselabfälle, im Dottersack befinden sich die Nährstoffe und das Chorion umgibt alle anderen Membranen.

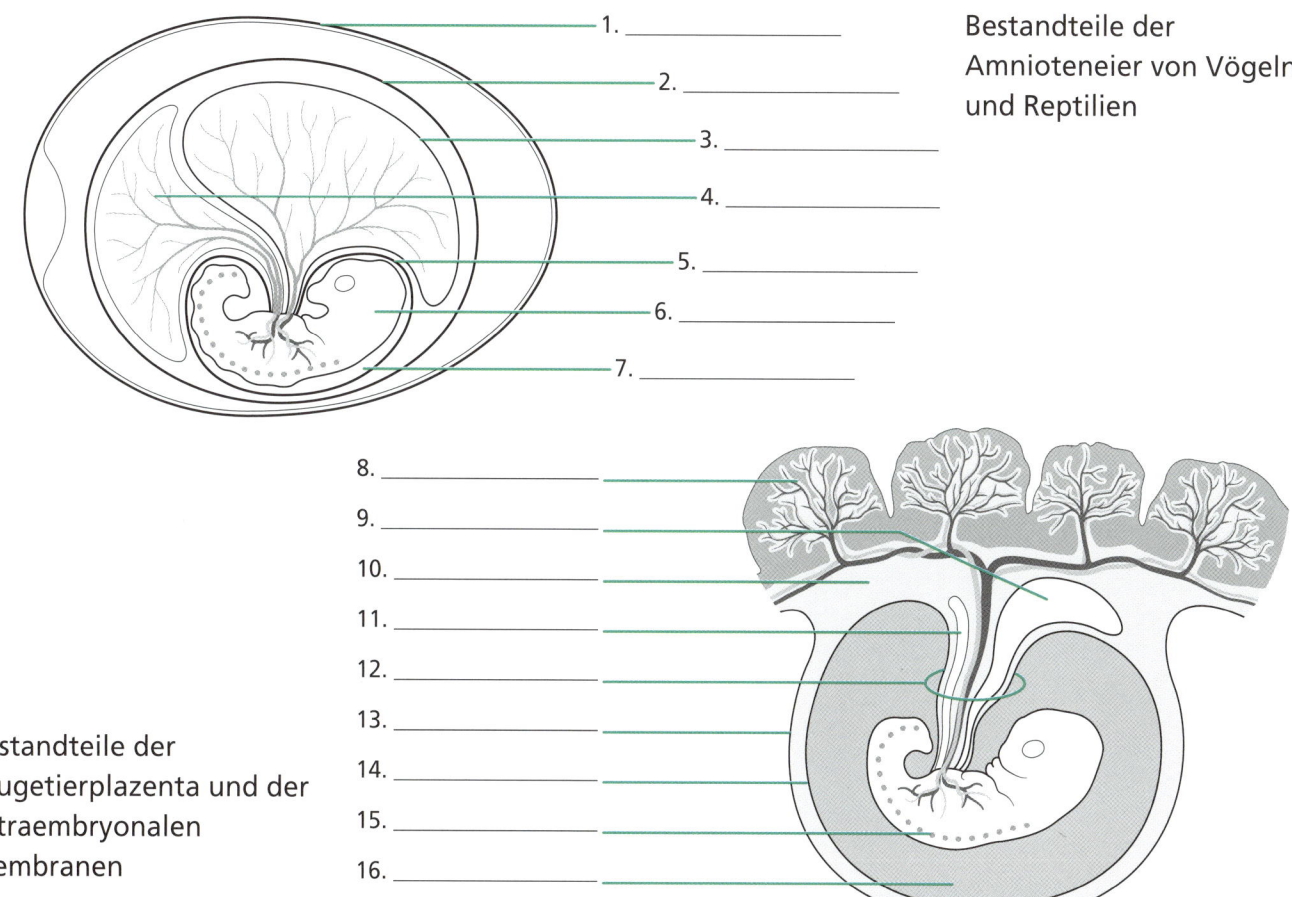

Bestandteile der Amnioteneier von Vögeln und Reptilien

1. _____
2. _____
3. _____
4. _____
5. _____
6. _____
7. _____

Bestandteile der Säugetierplazenta und der extraembryonalen Membranen

8. _____
9. _____
10. _____
11. _____
12. _____
13. _____
14. _____
15. _____
16. _____

Die Plazenta ist eine Besonderheit der großen und vielfältigen Gruppe der sogenannten Plazentatiere. Diese Säugetiere produzieren während der Schwangerschaft eine Plazenta in der Gebärmutter oder im Eileiter. Die Plazenta ist eine Mischung aus maternalem und embryonalem Gewebe, das dieselben Membranen wie jene in den Amnioteneiern bildet. Das Amnion bildet die innere Schicht der Plazenta und ist mit Amnionflüssigkeit gefüllt, die den Fötus umgibt und schützt. Das Chorion bildet die äußere Schicht des fetalen Teils der Plazenta, die das Amnion und andere Membranen umgibt. Es transportiert Nährstoffe von der Mutter zum Fötus. Die Allantois und der Dottersack entwickeln sich zur Nabelschnur, die den Fötus mit der Plazenta verbindet. Reste dieser Membranen bleiben in der Schnur erhalten.

Lösungen

1. Schale, 2. Chorion, 3. Dottersack, 4. Allantois, 5. Amnion, 6. Embryo, 7. Amnionhöhle, 8. Plazenta (maternaler Teil), 9. Dottersack, 10. Plazenta (fetaler Teil), 11. Allantois, 12. Nabelschnur, 13. Chorion, 14. Amnion, 15. Embryo, 16. Amnionhöhle

Homöostase

Die Homöostase ist die Aufrechterhaltung eines inneren chemischen und physischen Zustands, sodass das Leben sogar unter sich verändernden Umweltbedingungen erhalten werden kann. Diese Fähigkeit ist wichtig, da ein extremes inneres Milieu zur Denaturierung von Proteinen führen kann und der Stoffwechsel sowie andere wichtige Funktionen beeinträchtigt werden. Zur Aufrechterhaltung der Homöostase besitzen Organismen ein System, um Veränderungen der Temperatur, des pH-Werts und der Stoffkonzentrationen wahrzunehmen und auf diese zu reagieren.

   Die Regulationssysteme zur Aufrechterhaltung der Homöostase haben drei Komponenten: einen Sensor, ein Kontrollzentrum und einen Effektor. Sensoren sind Rezeptoren, die Veränderungen des äußeren oder inneren Milieus wahrnehmen. Sie geben diese Informationen an ein Kontrollzentrum weiter, das die Informationen verarbeitet und mit dem gewünschten Zustand (Sollwert) vergleicht. Wenn eine Reaktion benötigt wird, sendet das Kontrollzentrum ein Signal an einen Effektor, der eine Veränderung im Organismus auslöst. Um die Homöostase aufrechtzuerhalten, dämpft der Effektor oft die ursprüngliche Veränderung des Milieus oder kehrt diese um. Da eine solche Reaktion der Veränderung entgegengewirkt, wird sie oft als negative Rückkopplung bezeichnet.

   Die biologische Homöostase wird oft mit der Kontrolle der Raumtemperatur durch ein Thermostat verglichen. Das Thermostat ist auf einen gewünschten Zustand eingestellt und wenn die Temperatur zu hoch oder zu niedrig wird, nimmt ein Sensor die Veränderung wahr und aktiviert ein Heizungs- oder Kühlungssystem, damit der Raum wieder die gewünschte Temperatur erlangt.

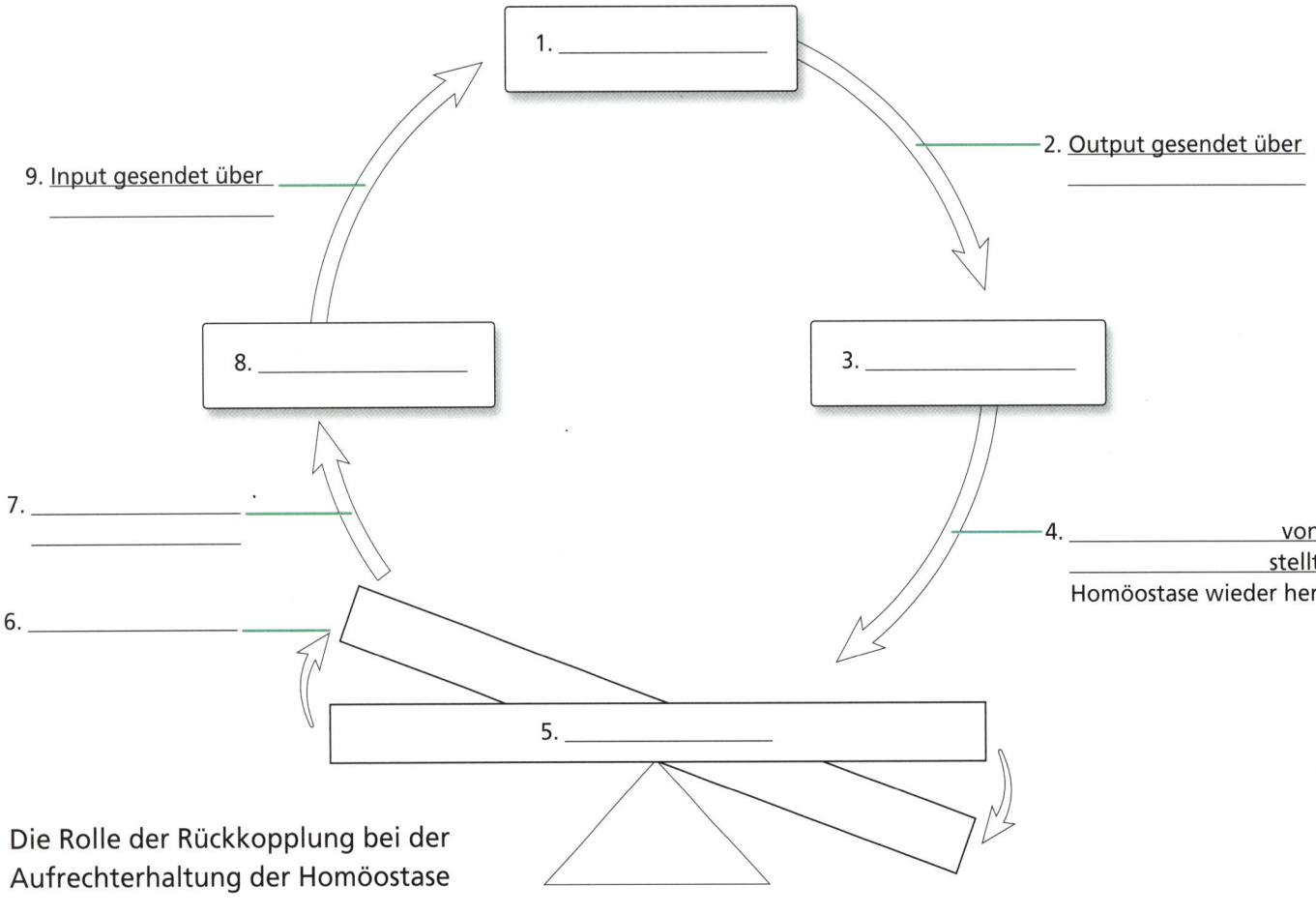

1. _____

2. Output gesendet über _____

9. Input gesendet über _____

8. _____

3. _____

7. _____

6. _____

5. _____

4. _____ von _____ stellt Homöostase wieder her

Die Rolle der Rückkopplung bei der Aufrechterhaltung der Homöostase

Lösungen

1. Kontrollzentrum, 2. efferente Bahn, 3. Effektor, 4. Reaktion, Effektor, 5. Homöostase 6. Ungleichgewicht, 7. von Rezeptor wahrgenommene Veränderung, 8. Rezeptor, 9. afferente Bahn

Gasaustausch

Tiere tauschen mit ihrer Umwelt Gase aus, um den für die Zellatmung benötigten Sauerstoff zu erhalten, und stoßen Kohlenstoffdioxid als Abfallprodukt aus. Damit der Gasaustausch stattfinden kann, werden Gase aus der Umwelt aufgenommen und über eine respiratorische Oberfläche wie die Membranen von Kiemen oder Lungen geleitet. Die Gase diffundieren gemäß ihres Konzentrationsgefälles durch diese Oberfläche und werden dann über das Kreislaufsystem durch den Körper transportiert. Sauerstoff wird zu den Zellen transportiert, damit dieser von den Mitochondrien für die Zellatmung genutzt werden kann. Gleichzeitig wird Kohlenstoffdioxid, das bei der Zellatmung als Abfallprodukt entstanden ist, vom Kreislaufsystem gesammelt und wieder zur respiratorischen Oberfläche transportiert, wo es dann aus dem Körper ausgestoßen wird.

Bei Tieren, die in feuchten Gebieten leben, können Gase direkt durch die äußere Oberflächenmembran diffundieren, während Tiere, die in einer trockenen Umgebung leben, spezielle Atmungsorgane besitzen. Kiemen sind Ausfaltungen der Körperoberfläche oder des Rachens und bieten eine große Oberfläche für den Gasaustausch. Lungen, die bei den meisten Landwirbeltieren vorkommen, sind innere Organe zum Einsaugen und Ausstoßen von Luft. Der Gasaustausch findet auf der feuchten Oberfläche des Lungengewebes statt. Die Tracheen von Insekten sind verzweigte, mit Luft gefüllte Röhren, die sehr nah an den Zellen verlaufen und einen direkten Gasaustausch durch die Zellmembranen ermöglichen.

Hauptschritte während des Gasaustausches und Beispiele für Atmungssysteme bei Tieren

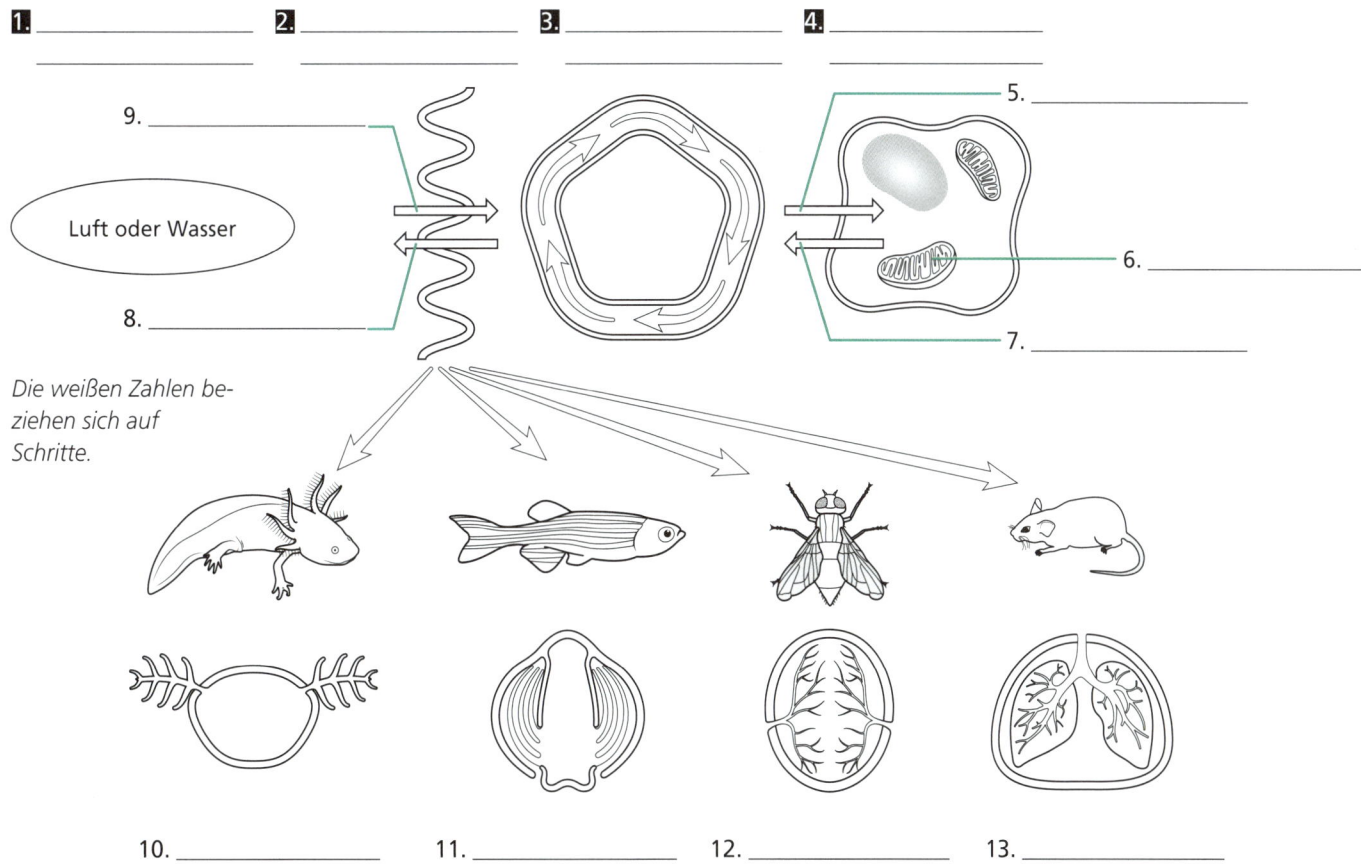

1. _____ _____

2. _____ _____

3. _____ _____

4. _____ _____

5. _____

9. _____

Luft oder Wasser

8. _____

6. _____

7. _____

Die weißen Zahlen beziehen sich auf Schritte.

10. _____

11. _____

12. _____

13. _____

Näher betrachtet – Der Gegenstromaustausch

Gasaustausch durch Gegenstromaustausch

Ein Gegenstromaustausch findet statt, wenn zwei Flüssigkeiten in entgegengesetzten Richtungen aneinander vorbeifließen. Bei Fischkiemen steigert dieser Mechanismus die Effizienz des Gasaustausches. Wasser strömt in einer Richtung durch die Kiemen und über jede Kiemenlamelle in entgegengesetzter Richtung zum Blutfluss in den Kapillaren. Dabei diffundiert Sauerstoff aus dem Wasser und in das Blut. Da die beiden Flüssigkeiten in entgegengesetzten Richtungen fließen, ist die Sauerstoffkonzentration im Wasser immer höher als im Blut. So kann die Diffusion auf der ganzen Kiemenoberfläche stattfinden und die Sauerstoffmenge, die durch Diffusion vom Wasser ins Blut übertragen werden kann, maximiert sich.

4. _____

3. _____

2. _____

1. _____

5. _____

6. _____ -armes Blut

Kiemenlamellen

13. _____ -reiches Blut

7. _____

Wasser strömt in das Maul des Fisches und über die Kiemen. Das Wasser fließt über die Kiemenlamellen, von der Seite mit der höchsten Sauerstoffkonzentration im Blut zu der Seite mit der niedrigsten Sauerstoffkonzentration. Obwohl die Sauerstoffkonzentration des Wassers abnimmt, während es fließt, bewegt es sich hin zum Blut mit einer niedrigeren Sauerstoffkonzentration, wodurch das Wasser immer noch eine größere Menge an Sauerstoff enthält. Würden die beiden Flüssigkeiten in dieselbe Richtung fließen, würden sie einen Punkt erreichen, an dem die Sauerstoffkonzentration in ihnen nahezu gleich hoch wäre und es fände nur wenig Diffusion statt.

8. _____
_____

12. _____
_____

9. _____

10. _____

11. _____
_____

Die Zahlen 10-13 beschreiben den Sauerstoffgehalt im Wasser und im Blut.

Gegenstromaustausch

Lösungen

Osmoregulation

Der Prozess der Osmoregulation wird von Organismen zur Kontrolle der relativen Menge von Wasser und gelösten Stoffen im Körper genutzt. Einige wirbellose Meerestiere, die Osmokonformer genannt werden, haben eine innere Konzentration gelöster Stoffe, die nahezu dieselbe wie im Meerwasser ist. Da sie mit ihrer Umgebung isoosmotisch sind, müssen diese Tiere die Konzentration von Wasser und gelösten Stoffen in ihrem Körper nicht anpassen. Knochenfische und Landtiere haben hingegen eine innere Konzentration gelöster Stoffe, die sich stark von der Konzentration in ihrer Umgebung unterscheidet. Bei diesen Tieren ist die Osmoregulation ein wichtiger Teil der Homöostase.

Meerwasser- und Süßwasserfische stehen vor ganz anderen Herausforderungen. Das Meereswasser ist viel salziger als die Körperflüssigkeiten der Meeresfische, weshalb sie durch Osmose Wasser verlieren. Sie gleichen den Wasserverlust aus, indem sie große Mengen Meerwasser trinken und sich der überflüssigen gelösten Stoffe entledigen. Zudem speichern sie Wasser, indem sie sehr wenig Urin produzieren. Im Gegensatz dazu erhalten Süßwasserfische Wasser durch Osmose, da ihre Körperflüssigkeiten eine höhere Konzentration gelöster Stoffe haben als ihre Umgebung. Um diese Aufnahme auszugleichen, trinken diese Fische nicht, produzieren eine große Menge stark verdünnten Urins und transportieren aktiv Ionen in den Körper.

Landtiere verlieren durch Verdunstung ständig Wasser. Die meisten Tiere gleichen diesen Verlust aus, indem sie Wasser durch die Nahrung aufnehmen und trinken. Wüstentiere sind aufgrund der Wasserknappheit vor besondere Herausforderungen gestellt. Sie wirken dem entgegen, indem sie Urin und andere Ausscheidungen in sehr kleinen, hoch konzentrierten Mengen produzieren.

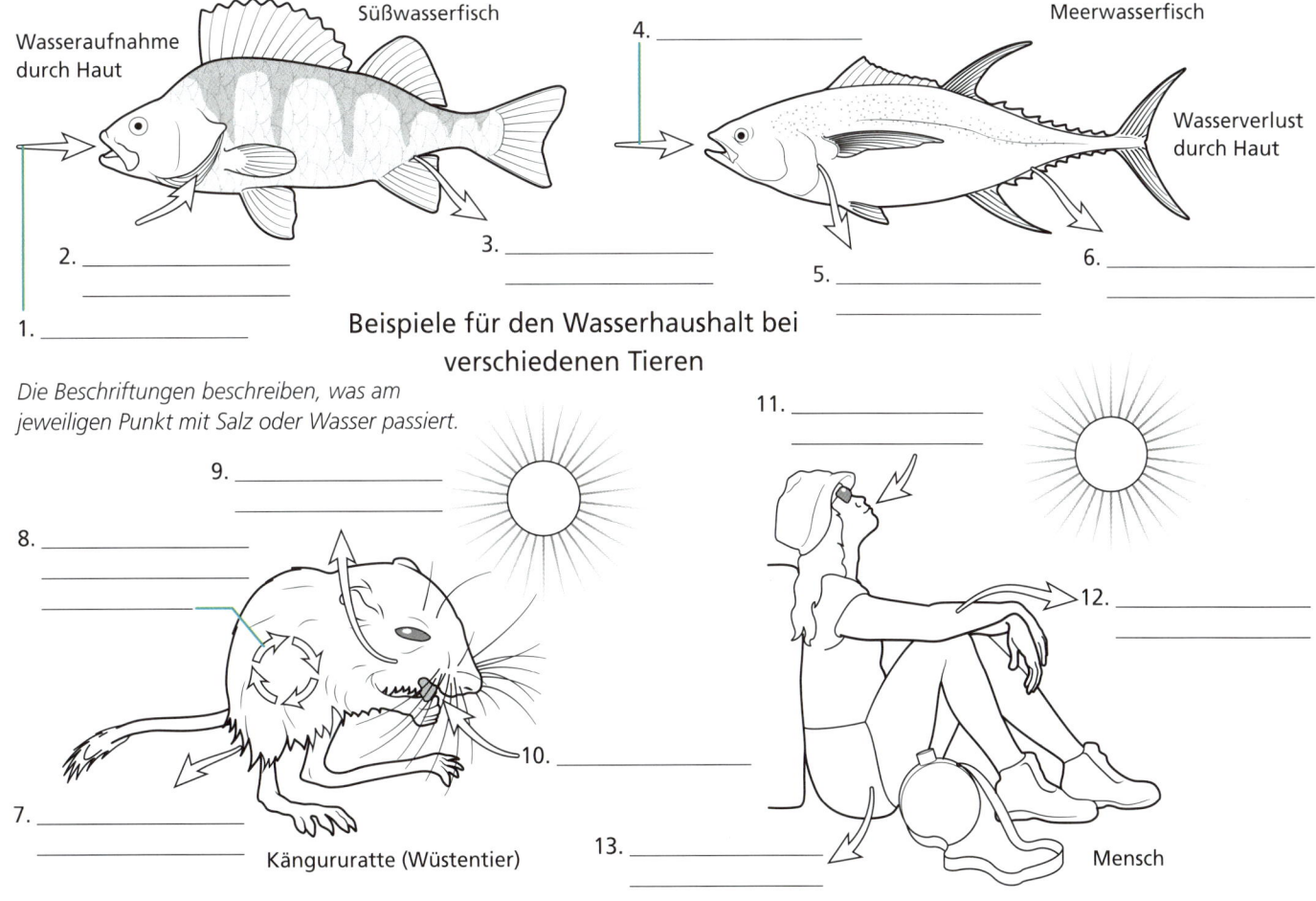

Süßwasserfisch

Wasseraufnahme durch Haut

Meerwasserfisch

Wasserverlust durch Haut

4. _____

2. _____

3. _____

5. _____

6. _____

1. _____

Beispiele für den Wasserhaushalt bei verschiedenen Tieren

Die Beschriftungen beschreiben, was am jeweiligen Punkt mit Salz oder Wasser passiert.

9. _____

8. _____

11. _____

12. _____

10. _____

7. _____

Kängururatte (Wüstentier)

13. _____

Mensch

Lösungen

Kreislaufsysteme

Kreislaufsysteme transportieren flüssiges Gewebe wie Blut durch den Körper von Tieren, um Stoffe wie Gase, Nahrung und Abfälle zu verteilen. Kreislaufsysteme können offen oder geschlossen sein. Bei beiden Arten pumpt das Herz die Flüssigkeit durch Gefäße. Bei offenen Kreislaufsystemen kann das Blut jedoch aus den Gefäßen treten und in Körperhöhlen eindringen, wo es die Zellen direkt berührt. Bei geschlossenen Kreislaufsystemen bleibt die Flüssigkeit die ganze Zeit in den Gefäßen. As diesem Grund haben offene Kreislaufsysteme einen niedrigeren Flüssigkeitsdruck, der zu einer niedrigeren Fließgeschwindigkeit führt. Tiere mit einem offenen Kreislaufsystem haben zudem weniger Kontrolle über die Fließrichtung. Wenn die zirkulierende Flüssigkeit, die als Hämolymphe bezeichnet wird, mit Zellen in Kontakt kommt, können sich Stoffe durch die Zellmembran direkt zwischen den beiden bewegen.

Der höhere Flüssigkeitsdruck in geschlossenen Kreislaufsystemen führt zu einer höheren Fließgeschwindigkeit, die eher für aktive Tiere wie Wirbeltiere und grabende wirbellose Tiere vorteilhaft ist. Solche Systeme enthalten mehrere Arten von Gefäßen. Arterien transportieren sauerstoffhaltiges Blut aus dem Herz durch den Körper. Venen befördern sauerstoffarmes Blut zurück zum Herz. Kapillaren sind sehr dünne Gefäße, die ins Gewebe eindringen, sodass Stoffe ausgetauscht werden können. In geschlossenen Kreislaufsystemen müssen Stoffe durch Gefäßwände ausgetauscht werden, weshalb die Wände der Kapillaren nur eine Zelle dick sind.

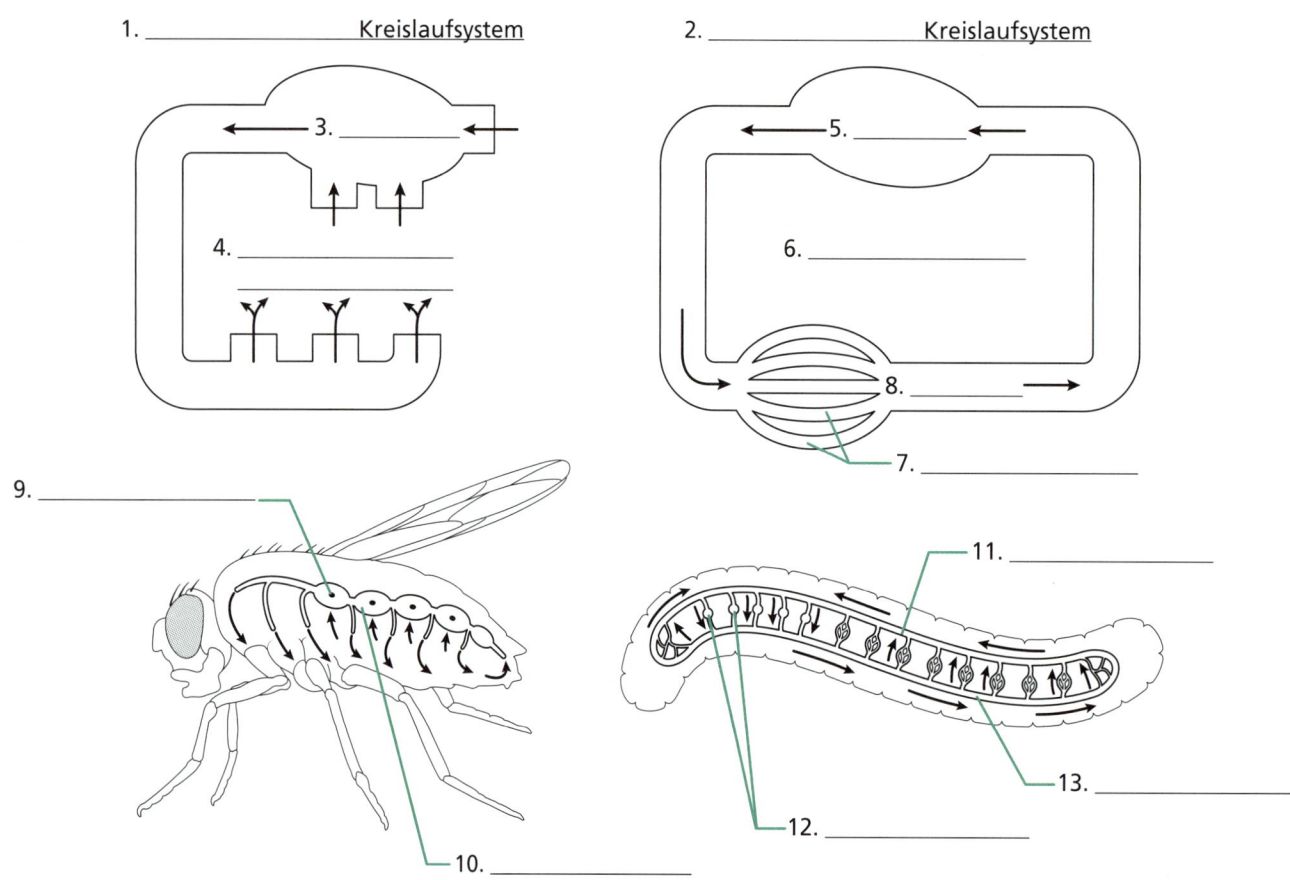

1. _____ Kreislaufsystem

2. _____ Kreislaufsystem

3. _____

4. _____

5. _____

6. _____

7. _____

8. _____

9. _____

10. _____

11. _____

12. _____

13. _____

Arten von Kreislaufsystemen
bei Tieren

Lösungen

Nervensysteme

Die Funktion eines Nervensystems liegt darin, Signale zu erhalten, zu interpretieren und durch den Körper eines Tieres zu senden. Die Signale werden durch Zellen, die Neuronen genannt werden, als elektrische Impulse übertragen. Die Organisation der Neuronen im Körper hängt von der Umgebung und den Lebensumständen des Tieres ab.

Tiere, die keinen Kopf oder Schwanz haben, zum Beispiel Quallen, haben eine netzähnliche Anordnung von Neuronen, die als Nervennetz bezeichnet wird. Andere Tiere mit einer Radiärsymmetrie, zum Beispiel Seesterne, haben ein relativ einfaches Nervensystem. Bei Tieren, die eine Cephalisation aufweisen und somit einen Kopf haben, ist das Nervensystem in einem zentralen Nervensystem organisiert. Neuronengruppen bilden Bündel, die Ganglien genannt werden, von denen das größte das Cerebralganglion beziehungsweise Gehirn ist und sich im anterioren Ende oder Kopf des Organismus befindet.

Sinneszellen dienen der Sammlung von Informationen. Sie können die Informationen an sensorische (afferente) Neuronen weitergeben oder sind selbst sensorische Neuronen. Sensorische Neuronen leiten die Informationen an Interneuronen im Zentralnervensystem weiter, die diese Informationen integrieren. Die Interneuronen können das Signal an Motoneuronen weitergeben, die mit Muskeln oder Drüsen verbunden sind. Die Muskeln oder Drüsen können zu einer Reaktion auf das ursprüngliche Sinnessignal angeregt werden.

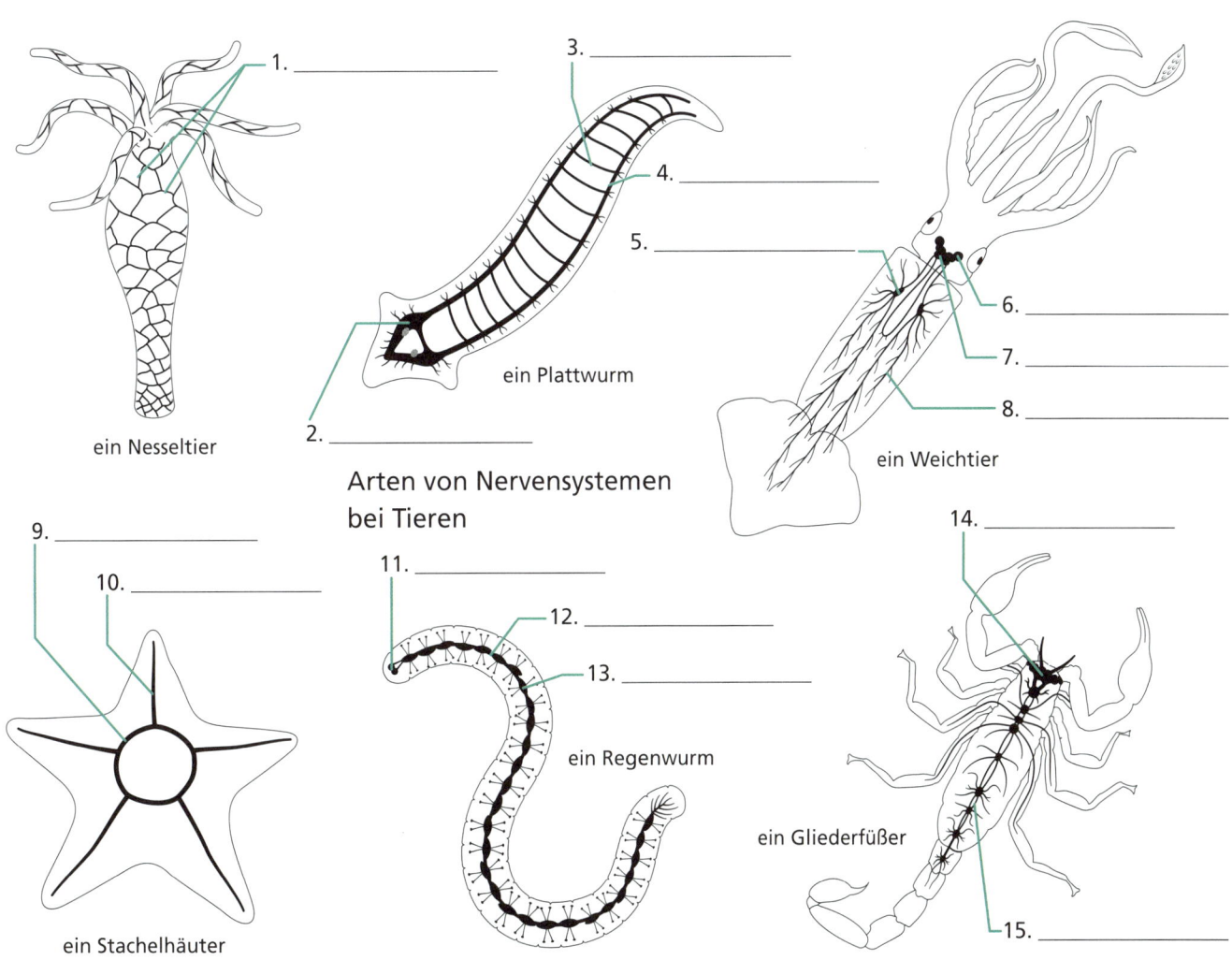

1. _____

3. _____

4. _____

5. _____

ein Plattwurm

2. _____

ein Nesseltier

Arten von Nervensystemen bei Tieren

6. _____

7. _____

8. _____

ein Weichtier

9. _____

10. _____

ein Stachelhäuter

11. _____

12. _____

13. _____

ein Regenwurm

14. _____

ein Gliederfüßer

15. _____

Lösungen

1. Nervennetz, 2. Gehirn, 3. transversaler Nerv, 4. Nervenstamm, 5. Stellarganglion, 6. optisches Ganglion, 7. Gehirn, 8. Mantelnerven, 9. Nervenring, 10. Radiärnerv, 11. Gehirn, 12. Strickleiternervensystem, 13. Segmentganglion, 14. Gehirn, 15. Strickleiternervensystem

Skelettsysteme

Skelette schützen und stützen den Körper von Tieren. Sie sind wichtig für die Beweglichkeit, da sie den Muskeln eine Oberfläche bieten, an der sie ziehen können, und so Tieren ermöglichen, ihre Form zu verändern und Kraft auszüüben. Einige Tiere, zum Beispiel Quallen, haben ein Hydroskelett, das durch inneren Flüssigkeitsdruck, der auf eine flexible Körperwand wirkt, Widerstand erzeugt. Wenn sich zum Beispiel bestimmte Muskeln in einem Regenwurm zusammenziehen, pressen sie die Flüssigkeit im Inneren zusammen, wodurch sich ein anderer Teil des Wurms streckt.

Endoskelette befinden sich zur Gänze im Inneren des Körpers eines Tieres. Die Knochenzellen dieses Skeletts werden durch eine extrazelluläre Matrix, die hauptsächlich aus Calciumphosphat besteht, verhärtet. Der Punkt, an dem zwei Knochen miteinander verbunden sind, wird als Gelenk bezeichnet. Bänder (Ligamente) sind starke, flexible Stränge aus Bindegewebe wie Kollagen, die Knochen miteinander verbinden und Gelenke stabilisieren. Die Muskeln sind in Paaren von Muskelgruppen, die Flexoren (Beuger) und Extensoren (Strecker) genannt werden, mit den Knochen verbunden. Jedes Paar hat zueinander eine antagonistische (entgegengesetzte) Wirkung: Flexoren verringern den Winkel an einem Gelenk, während Extensoren diesen vergrößern

Tiere wie Insekten oder Krustentiere haben Exoskelette, die sich außerhalb ihres Körpers befinden. Die Exoskelette von Insekten werden durch das stickstoffhaltige Polysaccharid Chitin verhärtet, während jene von Krustentieren Calciumcarbonat enthalten. Antagonistische Muskelgruppen sind mit dem Exoskelett verbunden und ermöglichen so die Beweglichkeit an den Gelenken

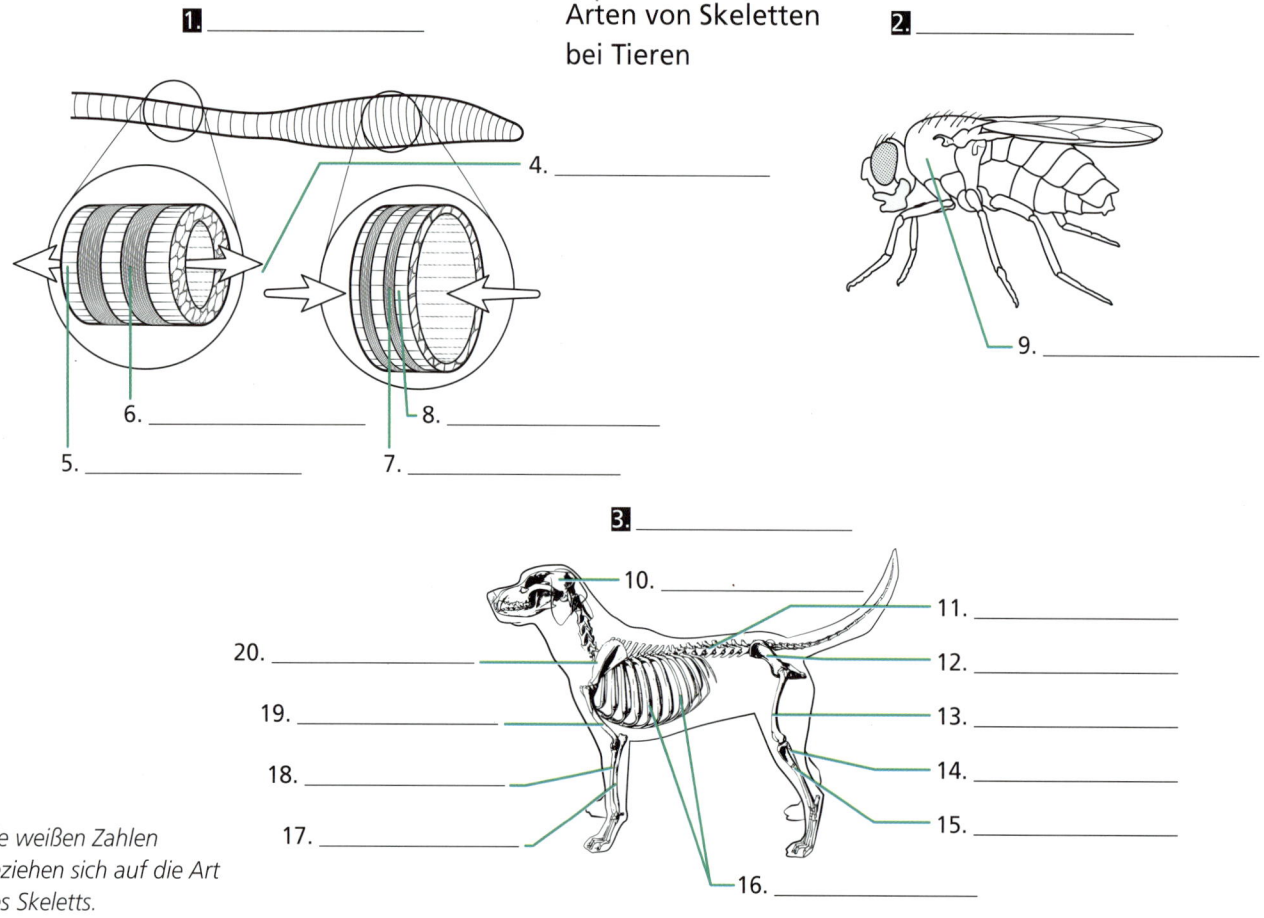

Arten von Skeletten bei Tieren

1. _____

2. _____

4. _____

6. _____

8. _____

5. _____

7. _____

9. _____

3. _____

10. _____

11. _____

12. _____

13. _____

14. _____

15. _____

16. _____

20. _____

19. _____

18. _____

17. _____

Die weißen Zahlen beziehen sich auf die Art des Skeletts.

Lösungen

Verdauungssysteme

Verdauungssysteme zerkleinern und zersetzen Nahrung in so kleine Teile, dass sie von Zellen aufgenommen werden können, und entsorgen dann die Abfallstoffe. Bei Tieren mit einem unvollständigen Verdauungssystem, zum Beispiel Quallen, erfolgt die Nahrungsaufnahme und die Ausscheidung von Abfallstoffen durch dieselbe Öffnung, den Mund. Nahrung wird vom Mund in den Gastralraum geleitet, wo sie verdaut wird und die Nahrungsmoleküle von Zellen aufgenommen werden. Abfallstoffe werden dann durch den Mund ausgeschieden. Diese Art von Verdauungssystem ist oft sehr ineffizient, da auch Nahrungsmoleküle mit den Abfallstoffen ausgeschieden werden können.

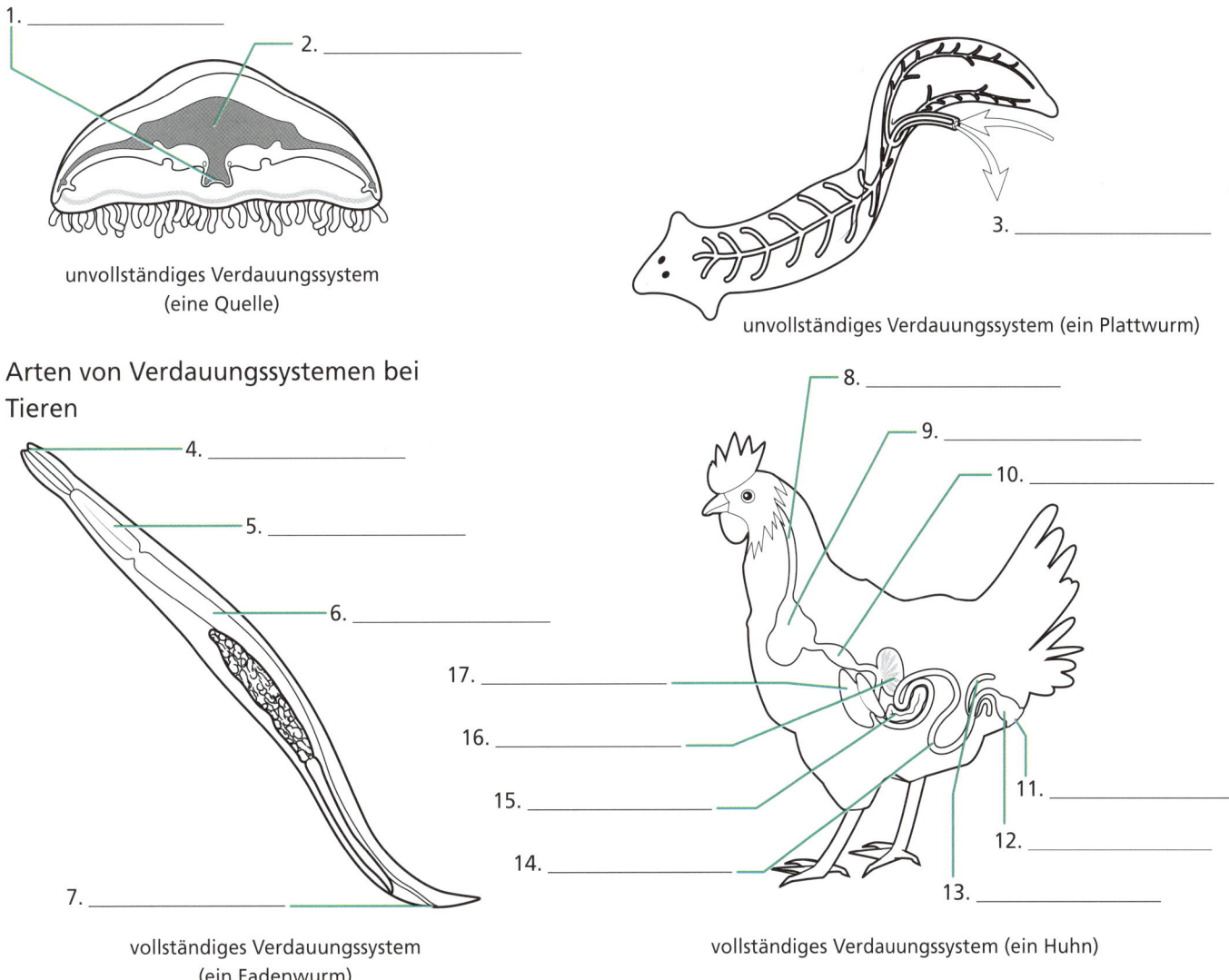

1. _____

2. _____

unvollständiges Verdauungssystem
(eine Quelle)

3. _____

unvollständiges Verdauungssystem (ein Plattwurm)

Arten von Verdauungssystemen bei Tieren

4. _____

5. _____

6. _____

7. _____

vollständiges Verdauungssystem
(ein Fadenwurm)

8. _____

9. _____

10. _____

17. _____

16. _____

15. _____

14. _____

11. _____

12. _____

13. _____

vollständiges Verdauungssystem (ein Huhn)

Die meisten Tiere haben ein vollständiges Verdauungssystem mit zwei getrennten Öffnungen, einem Mund und einem After. Nahrung wird durch den Mund aufgenommen und Abfallstoffe durch den After ausgeschieden. Bei vollständigen Verdauungssystemen können die unterschiedlichen Prozesse auf bestimmte Teile des Systems eingegrenzt werden. Zum Beispiel findet die Verdauung in einem Teil statt, während die Absorption in einem andern Teil stattfindet. So wird eine Spezialisierung der strukturellen Elemente und Enzyme im jeweiligen Bereich ermöglicht. Die Nahrungsaufnahme und die Ausscheidung von Abfallstoffen findet an unterschiedlichen Enden des Systems statt, somit laufen diese beiden Prozesse voneinander unabhängig ab.

Lösungen

1. Mund/After, 2. Magen, 3. Nahrung und Ausscheidung, 4. Mund, 5. Rachen, 6. Darm, 7. After, 8. Speiseröhre, 9. Kropf, 10. Vormagen (Proventriculus), 11. Kloake, 12. Dickdarm, 13. Blinddarm, 14. Dünndarm, 15. Pankreas, 16. Kaumagen, 17. Leber

Gametogenese

Die Gametogenese ist eine Abfolge von Zellteilungen, bei der aus diploiden Zellen haploide Gameten entstehen. Bei den meisten Tieren findet die Gametogenese in speziellen Sexualorganen, den Gonaden, statt. Männliche Gonaden werden Testikel (Hoden) und weibliche Gonaden Ovarien (Eierstöcke) genannt. Die Zellen in den Testikeln durchlaufen eine Spermatogenese, bei der männliche Gameten (Spermien) entstehen. Die Zellen in den Ovarien durchlaufen eine Oogenese. Dabei entstehen weibliche Gameten (Eizellen).

Bei der Spermatogenese teilen sich diploide Zellen in den Testikeln, die Spermatogonien genannt werden, durch Mitose. Einige der daraus hervorgehenden Zellen differenzieren zu primären Spermatocyten, dich sich durch Meiose teilen. Durch die Meiose I entstehen zwei haploide Zellen, die sekundäre Spermatocyten genannt werden. Nachdem diese Zellen die Meiose II abgeschlossen haben, reifen die vier daraus entstandenen haploiden Spermatide zu einem Spermium (Spermatozoon) heran.

Bei der Oogenese teilen sich diploide Zellen in den Ovarien, die Oogonien genannt werden, durch Mitose. Einige der daraus hervorgehenden Zellen differenzieren zu primären Oocyten, die sich durch Meiose teilen. Durch Meiose I entstehen zwei haploide Zellen, die eine ungleiche Menge an Cytoplasma erhalten. Die Zelle, die den Großteil des Cytoplasmas erhält, ist die sekundäre Oocyte; die kleinere Zelle wird Polkörper genannt. Der Polkörper teilt sich durch Meiose in zwei Polkörper. Wenn die sekundäre Oocyte die Meiose II durchläuft, wird das Cytoplasma wieder ungleich verteilt, wodurch ein haploider Ootid, das den Großteil des Cytoplasmas erhält, und ein weiterer kleiner Polkörper entstehen. Das Ootid reift zu einer Eizelle heran und die drei Polkörper degenerieren.

Gametogenese bei Tieren

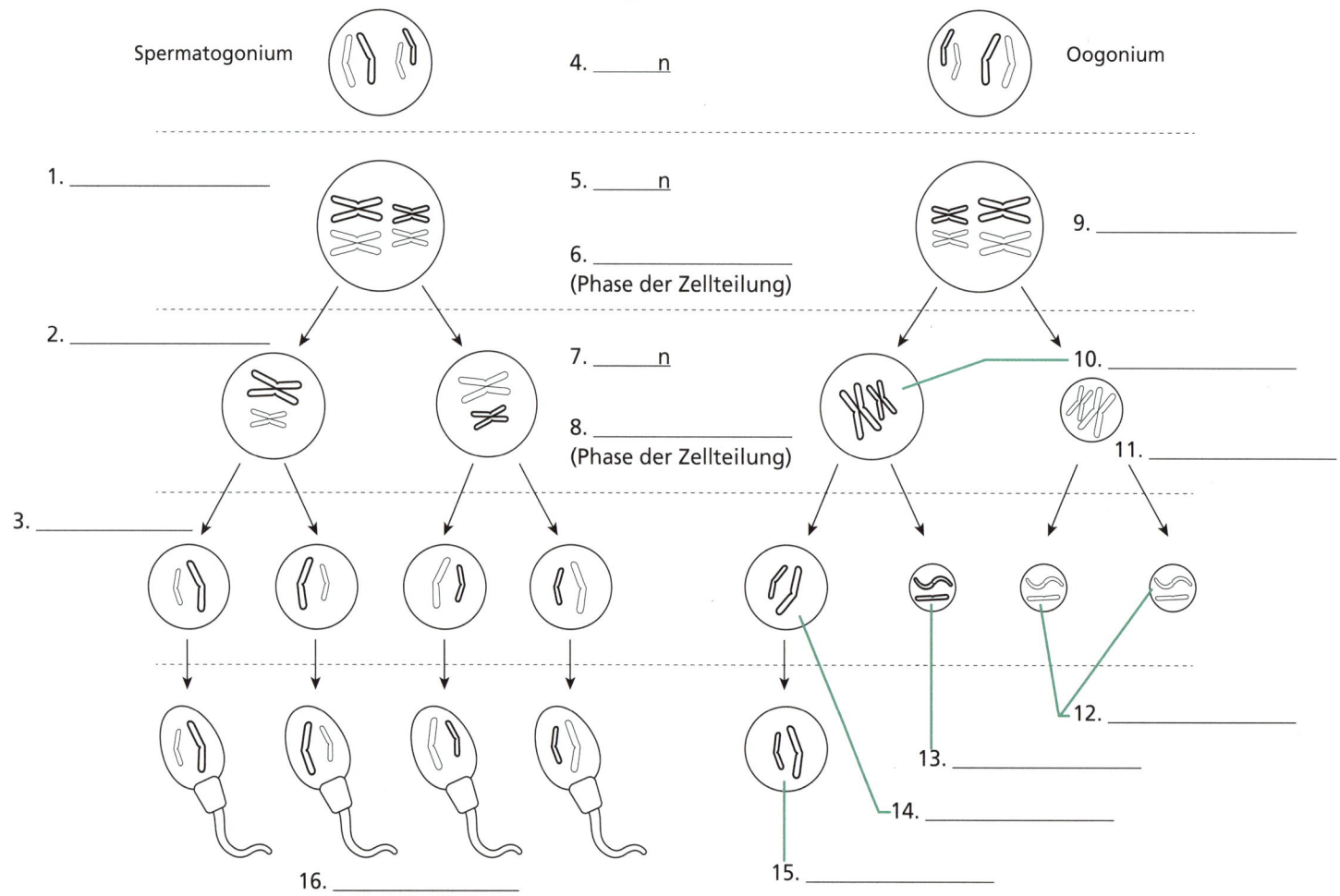

Lösungen

1. primärer Spermatocyt, 2. sekundärer Spermatocyt, 3. Spermatide, 4. 2, 5. 2, 6. Meiose II, 7. 1, 8. Meiose I, 9. primäre Oocyte, 10. sekundäre Oocyte, 11. erster Polkörper, 12. Polkörper, 13. zweiter Polkörper, 14. Ootid, 15. Eizelle, 16. Spermie

Atmungssystem

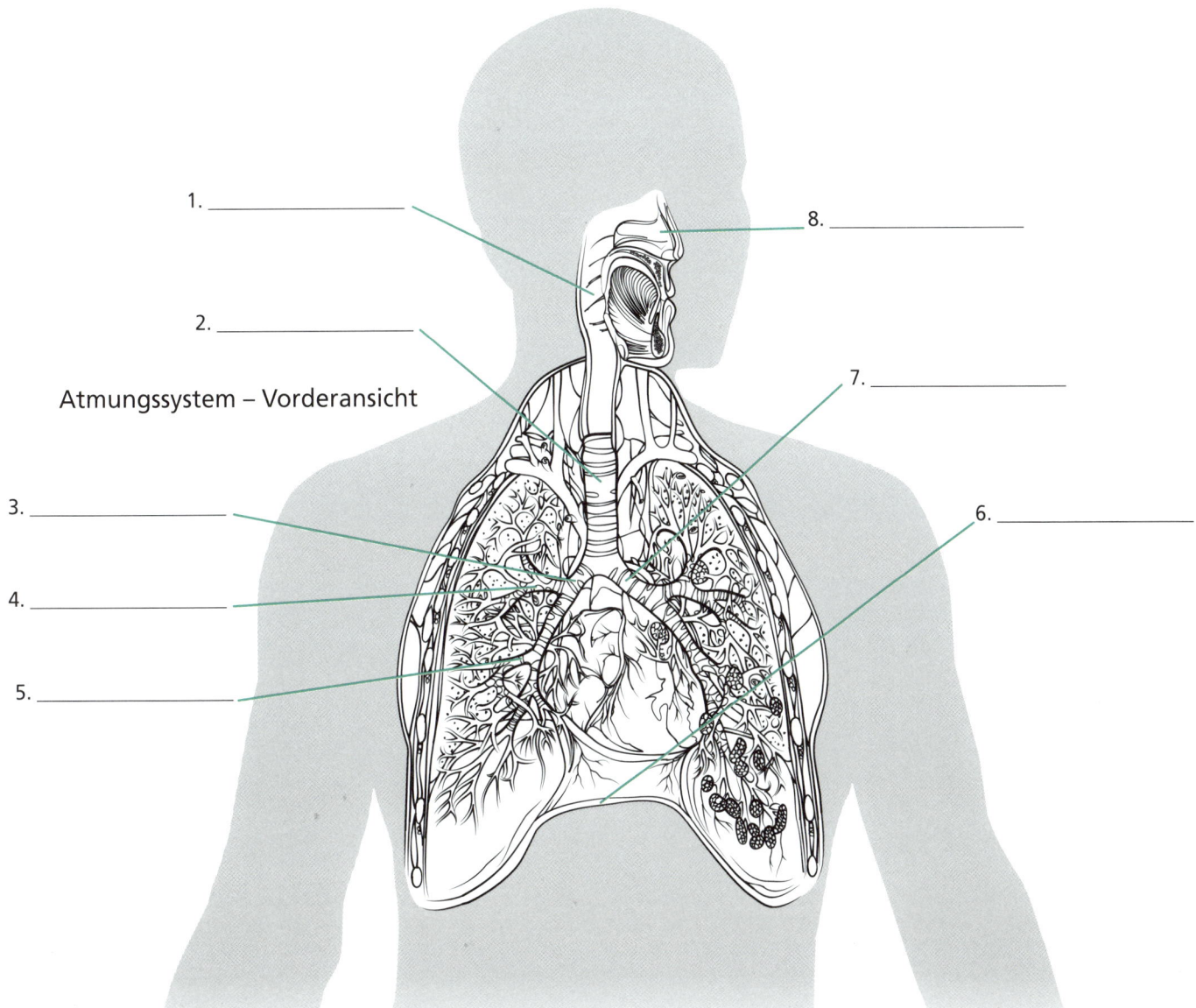

1. _____

2. _____

Atmungssystem – Vorderansicht

3. _____

4. _____

5. _____

8. _____

7. _____

6. _____

Durch das Atmungssystem gelangt Sauerstoff in den Körper und wird in das Blut übertragen, wo er in alle Zellen transportiert werden kann. Zellen nutzen Sauerstoff für die Zellatmung, bei der Nahrungsenergie auf ATP übertragen wird. Bei diesem Prozess entsteht als Abfallprodukt Kohlenstoffdioxid, das ins Blut und dann in die Atemwege übertragen wird, um aus dem Körper ausgestoßen zu werden.

Das Atmungssystem besteht aus Nase, Rachen (Pharynx), Luftröhre (Trachea), Lungen und Zwerchfell (Diaphragma). Die Luftröhre verläuft zu den Lungen und teilt sich dann in zwei große Äste, die sogenannten Bronchien, die sich in immer kleiner werdende Äste spalten, bis sie zu feinen Röhren, den Bronchioli, werden. Am Ende der Bronchioli befinden sich kleine Alveolarsäcke. Jeder dieser Säcke enthält Kammern, die Alveoli oder Lungenbläschen genannt werden und von Blutkapillaren umgeben sind.

Das ein- und ausatmen von Luft durch die Lunge wird Ventilation genannt. Das Zwerchfell zieht sich zusammen und bewegt sich nach unten, wodurch in den Lungen ein Unterdruck entsteht. Luft strömt in den Körper und durch die Atemwege, bis sie die Alveoli erreicht. Gase werden zwischen den Alveoli und den Kapillaren ausgetauscht. Das Zwerchfell entspannt sich und bewegt sich nach oben, wodurch der Druck in den Lungen steigt, sodass die Luft aus dem Körper ausgestoßen wird.

Lösungen

1. Rachen, 2. Luftröhre (Trachea), 3. rechter Hauptbronchus, 4. oberer Lappenbronchus , 5. mittlerer Lappenbronchus, 6. Zwerchfell, 7. linker Hauptbronchus, 8. Nasenhöhle

Verdauungssystem

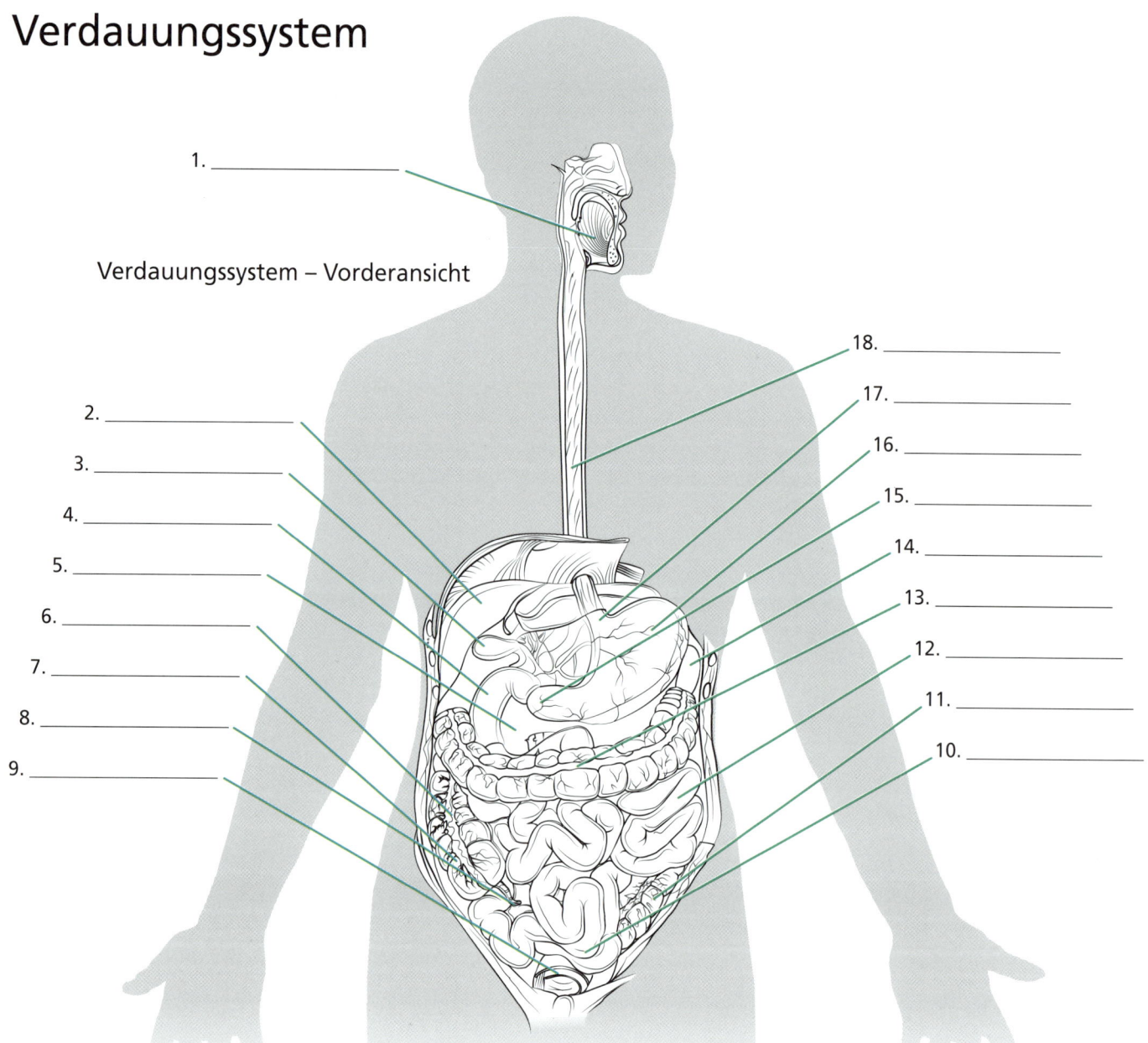

Verdauungssystem – Vorderansicht

1. _____

2. _____

3. _____

4. _____

5. _____

6. _____

7. _____

8. _____

9. _____

18. _____

17. _____

16. _____

15. _____

14. _____

13. _____

12. _____

11. _____

10. _____

Die Funktion des Verdauungssystems besteht darin, Nahrung in immer kleiner werdende Teile zu zersetzen, damit diese Nahrungsmoleküle von Zellen im Dünndarm aufgenommen werden können. Nachdem die Nahrung verdaut wurde, gehen die Abfallstoffe in den Dickdarm über, der Wasser und Mineralstoffe resorbiert, bevor das unverdaute Material durch den Anus ausgeschieden wird.

Das Verdauungssystem besteht aus einem langen Kanal, dem Verdauungstrakt, sowie der Leber, der Gallenblase und der dem Pankreas (Bauchspeicheldrüse), die als sekundäre Organe bezeichnet werden. Der Verdauungstrakt verläuft vom Mund zum Anus und besteht aus Rachen (Pharynx), Speiseröhre (Ösophagus), Magen, Dünndarm und Dickdarm. Der Dünndarm hat drei Abschnitte: den oberen Zwölffingerdarm (Duodenum), den mittleren Leerdarm (Jejunum) und den unteren Krummdarm (Ilenum). Die sekundären Organe haben Gänge, die in den Verdauungstrakt münden.

Die Verdauung ist ein mechanischer und chemischer Prozess. Die mechanische Verdauung beginnt im Mund mit der physischen Aktivität von Zähnen und Zunge und setzt sich im Magen mit dem Durchmischen des Mageninhalts fort. Die chemische Verdauung erfolgt durch Enzyme, beginnt im Mund und setzt sich dann im Magen sowie im Dünndarm fort. Die Verdauung im Dünndarm wird durch Sekrete aus dem Pankreas und der Gallenblase, die in das Duodenum eintreten, unterstützt. Galle, die in der Leber produziert und von der Gallenblase ausgeschüttet wird, emulgiert Fette. Pankreassaft enthält eine Mischung aus Verdauungsenzymen.

Lösungen

1. Zunge, 2. Leber (angehoben), 3. Gallenblase, 4. Zwölffingerdarm, 5. Pankreas, 6. aufsteigendes Colon, 7. Blinddarm, 8. Wurmfortsatz, 9. Enddarm (Rektum), 10. Ileum (Krummdarm), 11. absteigendes Colon, 12. Leerdarm, 13. Quercolon, 14. Milz, 15. Pylorus, 16. Magen, 17. gastroösophagealer Übergang, 18. Speiseröhre

Harnsystem

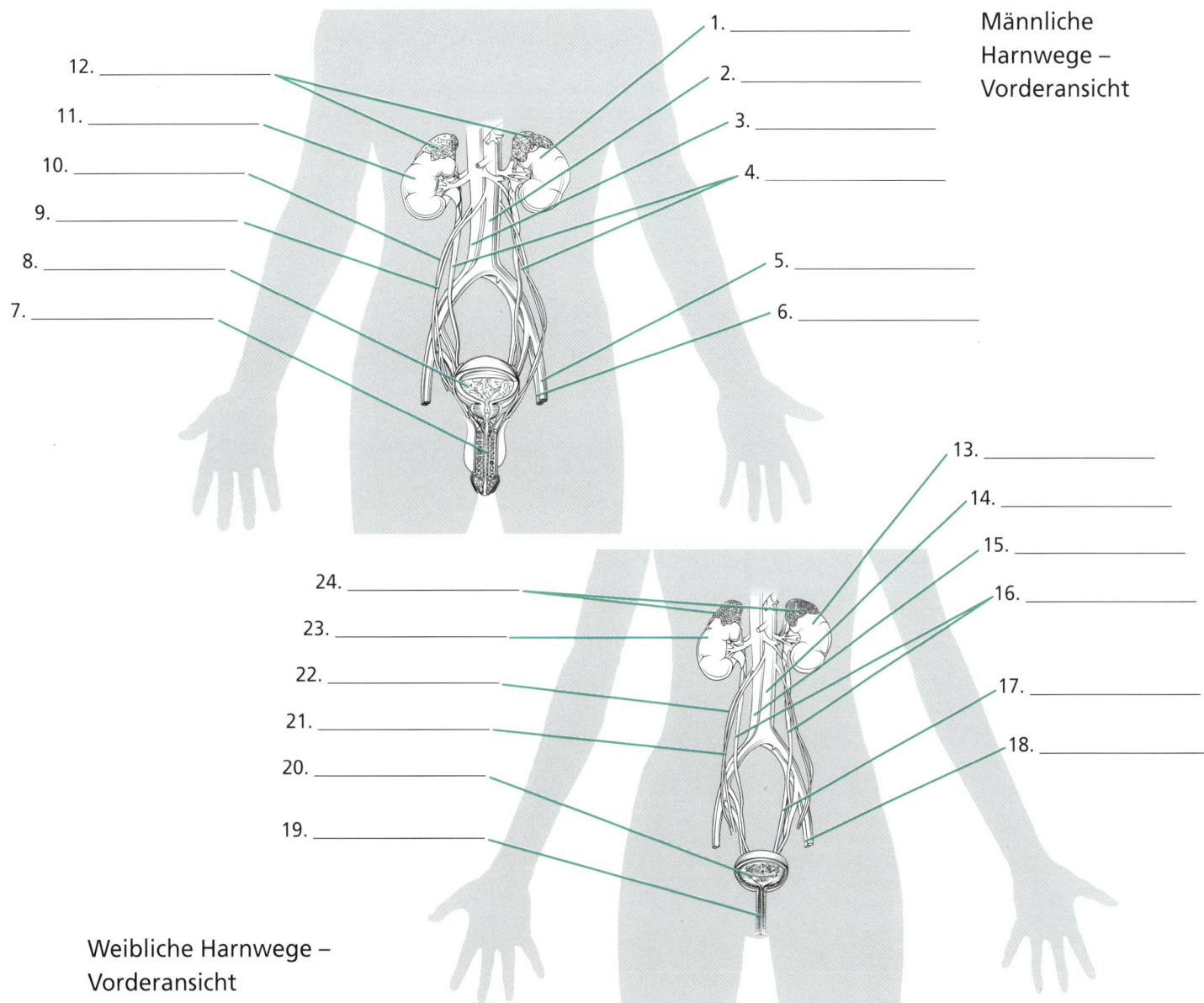

Männliche Harnwege – Vorderansicht

1. _____
2. _____
3. _____
4. _____
5. _____
6. _____
7. _____
8. _____
9. _____
10. _____
11. _____
12. _____

13. _____
14. _____
15. _____
16. _____
17. _____
18. _____
19. _____
20. _____
21. _____
22. _____
23. _____
24. _____

Weibliche Harnwege – Vorderansicht

Das Harnsystem dient primär der Ausscheidung von Stoffwechselabfällen. Durch Stoffwechselvorgänge werden Abfallprodukte wie Urin in das Blut freigesetzt. Das Blut läuft durch die Nieren, die Abfälle herausfiltern, sie mit Salz und Wasser mischen und in Urin umwandeln. Die Nieren erhalten zudem die Homöostase im Blut aufrecht, indem sie die Wasser- und Elektrolytkonzentration sowie den Blut-pH-Wert regulieren. Der Urin geht von den Nieren in die Harnblase und wird dann ausgeschieden.

Das Harnsystem besteht aus Harnblase, Harnleitern (Ureteren), Nieren und Harnröhre (Urethra). Urin wird durch die Harnleiter von den Nieren in die Harnblase geleitet. Die Harnblase dient als Urinspeicher. Wenn sich die Blase füllt, werden durch den Druck vom Urin Druckrezeptoren aktiviert, die Reize an das Gehirn senden. Ist die Harnblase voll, sendet das Gehirn einen Reiz zur Entspannung des Schließmuskels, der den Urin in der Blase hält, sodass der Urin durch die Harnröhre ausgeschieden wird. Bei Männern verläuft die Harnröhre durch den Beckenboden in den Penis, wo er als Leiter für Urin und Sperma dient. Bei Frauen ist die Harnröhre sehr kurz und hat ihre Öffnung vor dem Eingang zur Vagina.

Lösungen

1. linke Niere, 2. Bauchaorta, 3. Vena cava inferior, 4. Harnleiter, 5. Arteria iliaca externa, 6. Vena iliaca externa, 7. Harnröhre, 8. Harnblase, 9. Arteria testicularis, 10. Vena testicularis, 11. rechte Niere, 12. Nebennieren, 13. linke Niere, 14. Aorta abdominalis, 15. Vena cava inferior, 16. Harnleiter, 17. Arteria iliaca externa, 18. Vena iliaca externa, 19. Harnröhre, 20. Harnblase, 21. Arteria ovarica, 22. Vena ovarica, 23. rechte Niere, 24. Nebennieren

Näher betrachtet – Das Nephron

Die Nieren gesunder Erwachsener enthalten mehr als eine Million Nephrone. Jedes Nephron besteht aus einem Nierenkörperchen und einem Nierenkanälchen. Das Nierenkörperchen enthält eine kelchförmige Struktur, die Bowman-Kapsel genannt wird und ein kapilläres Gefäßknäuel, den Glomerulus, umgibt. Das Nierenkanälchen hat drei Abschnitte: den gewundenen proximalen Tubulus, der mit der Bowman-Kapsel verbunden ist; die Henle-Schleife, die durch das Nierenmark verläuft; und den gewundenen distalen Tubulus, der in das Sammelrohr mündet.

Jeder Teil des Nephrons trägt zur Filtration des Blutes und zur Resorption nützlicher Substanzen bei. Zur Filtration kommt es, wenn aufgrund des Drucks in den Kapillaren des Glomerulus Wasser und Salze durch die Bowman-Kapsel in den proximalen Tubulus gepresst werden. Zellen, die den proximalen Tubulus bedecken, resorbieren selektiv Salz, Wasser sowie Nahrungsmoleküle und übertragen sie dann auf nahegelegene Kapillaren. Die Flüssigkeit fließt in den absteigenden Ast der Henle-Schleife und Wasser wird durch Osmose an das hypertone Nierenmark abgegeben. Die Flüssigkeit wandert durch den aufsteigenden Ast der Henle-Schleife, wo Zellen aktiv Ionen, wie zum Beispiel Natrium, herauspumpen. Die Zellen des aufsteigenden Astes sind wasserundurchlässig. Während die Flüssigkeit durch den distalen Tubulus fließt, werden Ionen als Reaktion auf Körpersignale aktiv aus der Flüssigkeit hinaus und hinein transportiert. Urin geht in das Sammelrohr über, das für gewöhnlich wasserundurchlässig ist, aber seine Durchlässigkeit zur Aufrechterhaltung des Blutdrucks anpassen kann.

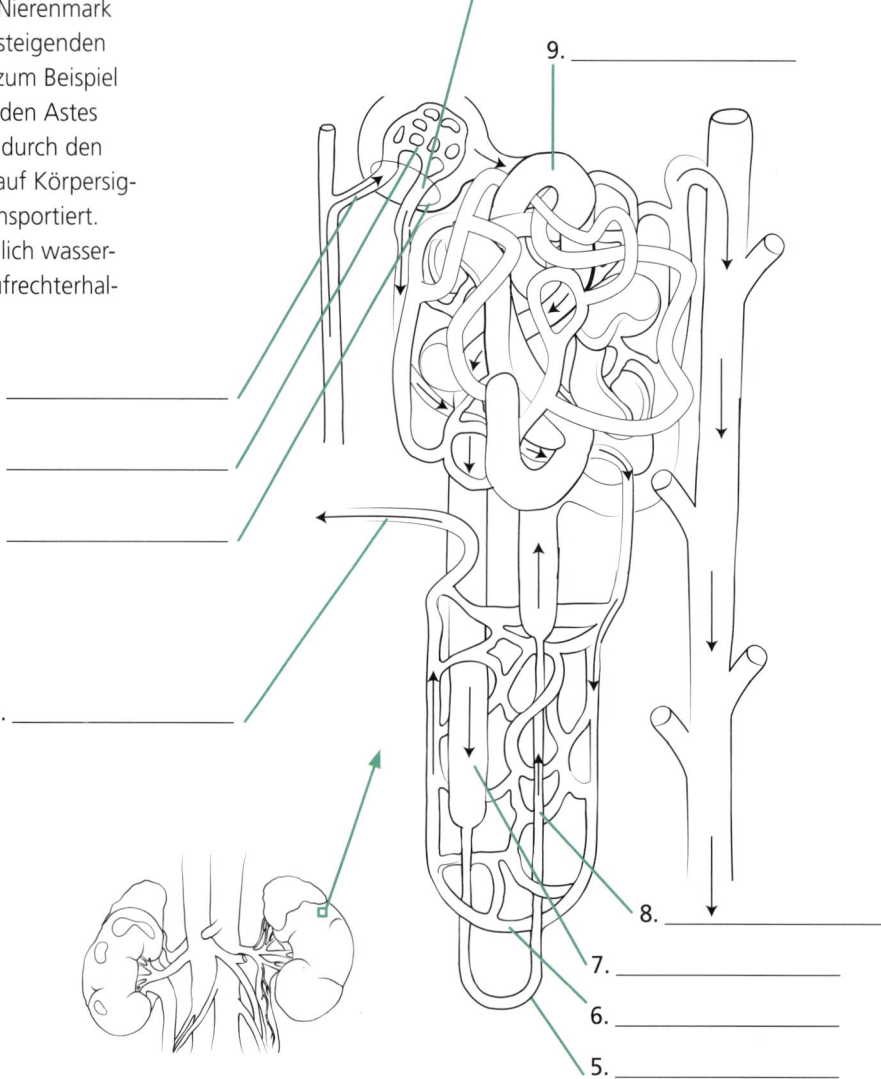

Nephron

10. _____

9. _____

1. _____

2. _____

3. _____

4. _____

8. _____

7. _____

6. _____

5. _____

Herz-Kreislauf-System

Kreislaufsystem – Vorderansicht

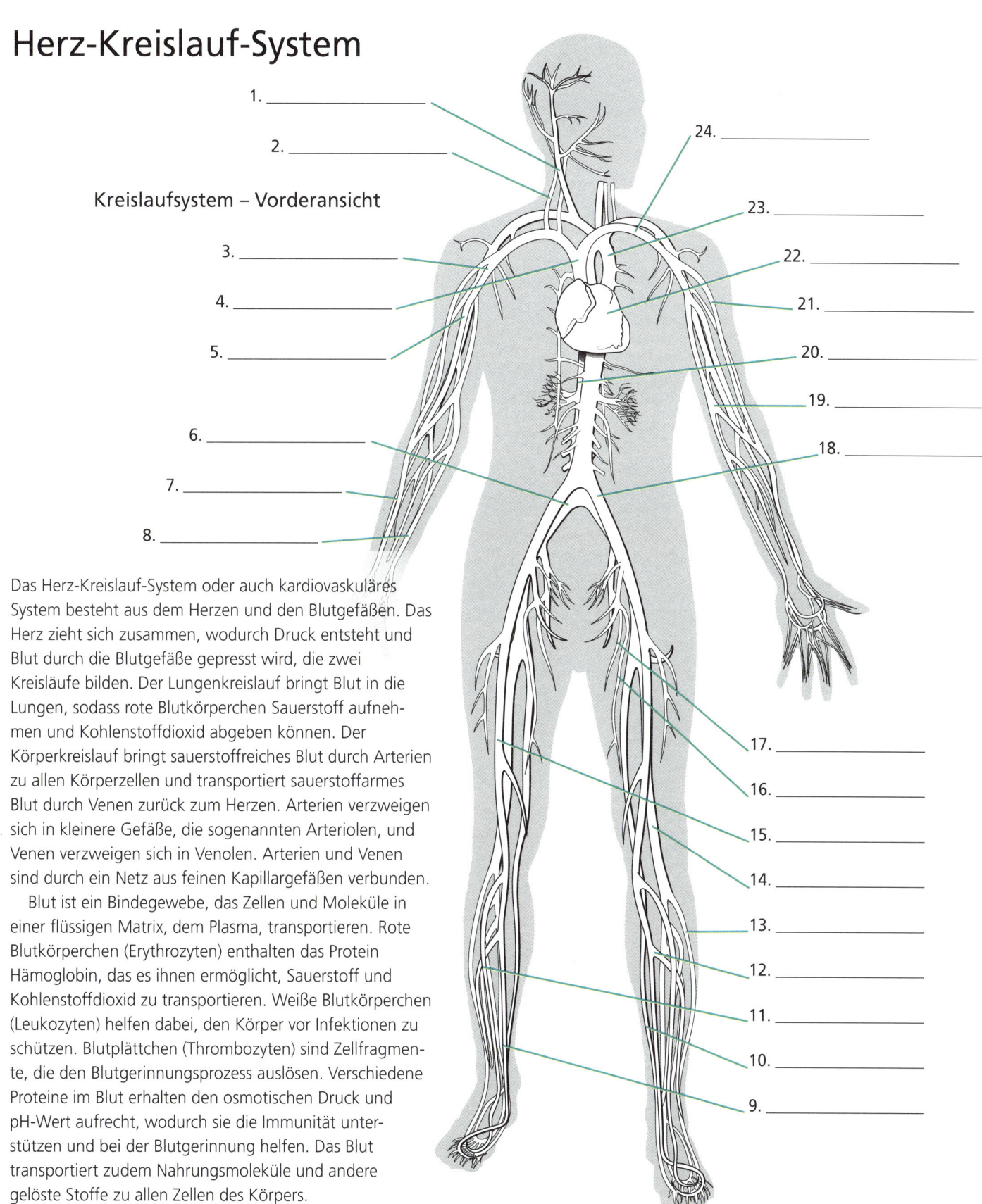

1. _____
2. _____
3. _____
4. _____
5. _____
6. _____
7. _____
8. _____

24. _____
23. _____
22. _____
21. _____
20. _____
19. _____
18. _____
17. _____
16. _____
15. _____
14. _____
13. _____
12. _____
11. _____
10. _____
9. _____

Das Herz-Kreislauf-System oder auch kardiovaskuläres System besteht aus dem Herzen und den Blutgefäßen. Das Herz zieht sich zusammen, wodurch Druck entsteht und Blut durch die Blutgefäße gepresst wird, die zwei Kreisläufe bilden. Der Lungenkreislauf bringt Blut in die Lungen, sodass rote Blutkörperchen Sauerstoff aufnehmen und Kohlenstoffdioxid abgeben können. Der Körperkreislauf bringt sauerstoffreiches Blut durch Arterien zu allen Körperzellen und transportiert sauerstoffarmes Blut durch Venen zurück zum Herzen. Arterien verzweigen sich in kleinere Gefäße, die sogenannten Arteriolen, und Venen verzweigen sich in Venolen. Arterien und Venen sind durch ein Netz aus feinen Kapillargefäßen verbunden.

Blut ist ein Bindegewebe, das Zellen und Moleküle in einer flüssigen Matrix, dem Plasma, transportieren. Rote Blutkörperchen (Erythrozyten) enthalten das Protein Hämoglobin, das es ihnen ermöglicht, Sauerstoff und Kohlenstoffdioxid zu transportieren. Weiße Blutkörperchen (Leukozyten) helfen dabei, den Körper vor Infektionen zu schützen. Blutplättchen (Thrombozyten) sind Zellfragmente, die den Blutgerinnungsprozess auslösen. Verschiedene Proteine im Blut erhalten den osmotischen Druck und pH-Wert aufrecht, wodurch sie die Immunität unterstützen und bei der Blutgerinnung helfen. Das Blut transportiert zudem Nahrungsmoleküle und andere gelöste Stoffe zu allen Zellen des Körpers.

Lösungen

1. Halsschlagader (Carotis), 2. Vena jugularis externa, 3. Vena cava superior (obere Hohlvene), 4. Vena axillaris, 5. Arteria brachialis, 6. Arteria iliaca communis, 7. Arteria radialis, 8. Arteria ulnaris, 9. Arteria tibialis posterior, 10. Vena saphena magna, 11. Arteria tibialis anterior, 12. Arteria fibularis, 13. Vena saphena parva, 14. Vena poplitea, 15. Arteria femoralis, 16. Arteria obturatoria, 17. Vena obturatoria, 18. Arteria iliaca communis, 19. Vena basilica, 20. Vena cava inferior, 21. Vena cephalica, 22. Herz, 23. Aortenbogen, 24. Vena subclavia

Die Anatomie des menschlichen Herzens

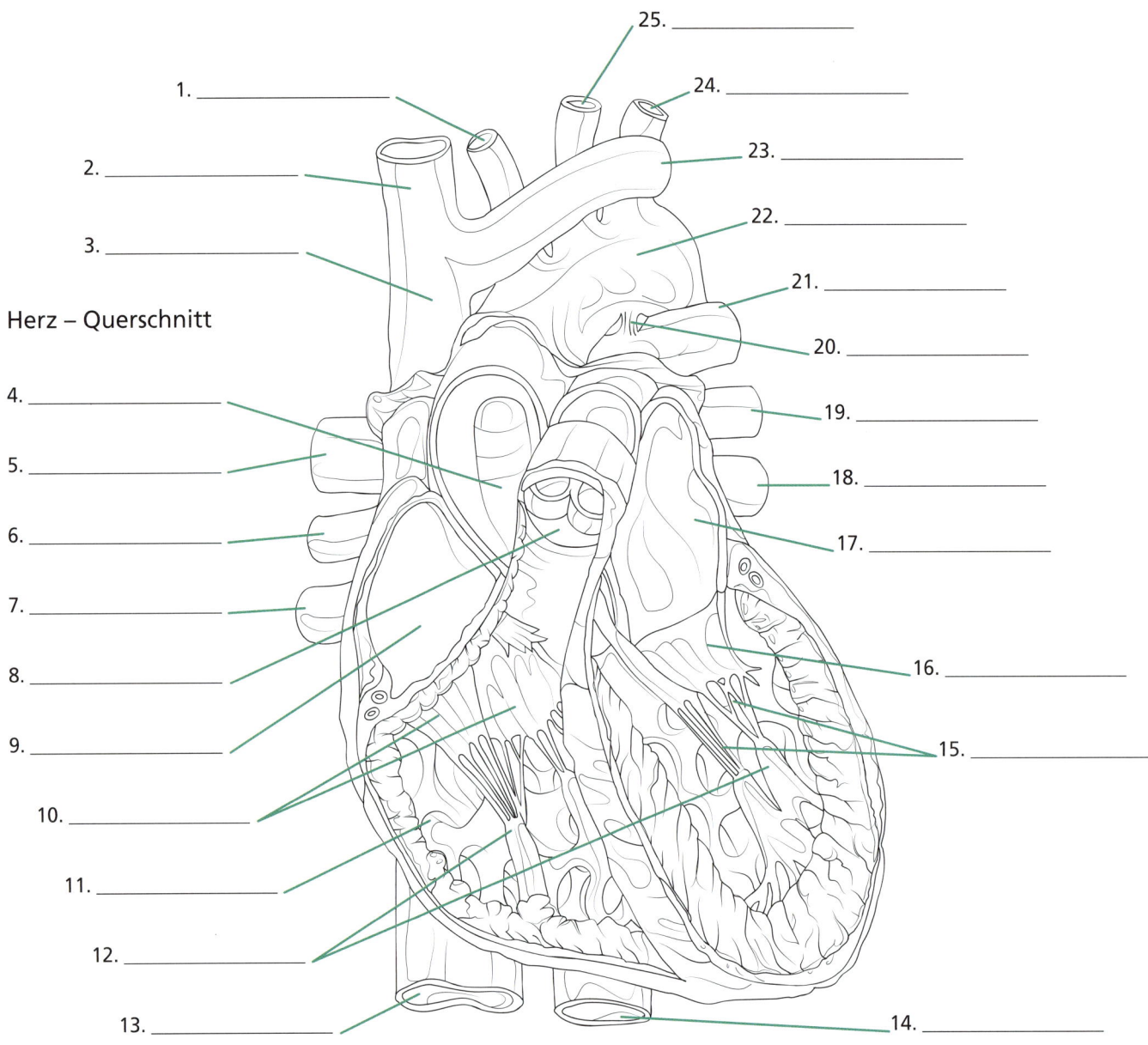

25. _____

1. _____

24. _____

2. _____

23. _____

3. _____

22. _____

Herz – Querschnitt

21. _____

20. _____

4. _____

19. _____

5. _____

18. _____

6. _____

17. _____

7. _____

8. _____

16. _____

9. _____

15. _____

10. _____

11. _____

12. _____

13. _____

14. _____

Das Herz ist durch eine Scheidewand in der Mitte und durch Herzklappen in Kammern unterteilt. Die oberen Kammern sind der linke und rechte Vorhof (Atrien) und unten befinden sich die linke und rechte Herzkammer (Ventrikel). Sauerstoffreiches Blut aus den Lungen tritt durch die Lungenvenen in den linken Vorhof ein, während sauerstoffarmes Blut aus dem Körper durch die obere und untere Hohlvene in den rechten Vorhof gelangt. Blut fließt aus den Vorhöfen in die jeweilige Kammer, was durch Vorhofkontraktionen unterstützt wird. Die Kammern kontrahieren (ziehen sich zusammen), um Blut aus der linken Kammer durch die Aorta und in den Körperkreislauf sowie aus der rechten Kammer durch die Lungenarterie und in den Lungenkreislauf zu pressen. Bei der Kammerkontraktion schließen sich die Herzklappen (Valva), um einen Rückstrom des Blutes zu verhindern. Zuerst schließen sich die Klappen zwischen den Vorhöfen und den Kammern, die Mitralklappe links und die Trikuspidalklappe rechts, wodurch ein dumpfer Herzton entsteht. Befindet sich Blut im Herz, schließen sich die Aortenklappe und die Pulmonalklappe, um einen Rückstrom zu verhindern, wodurch ein heller Herzton entsteht.

Lösungen

Skelettmuskeln

Muskelsystem –
Vorderansicht

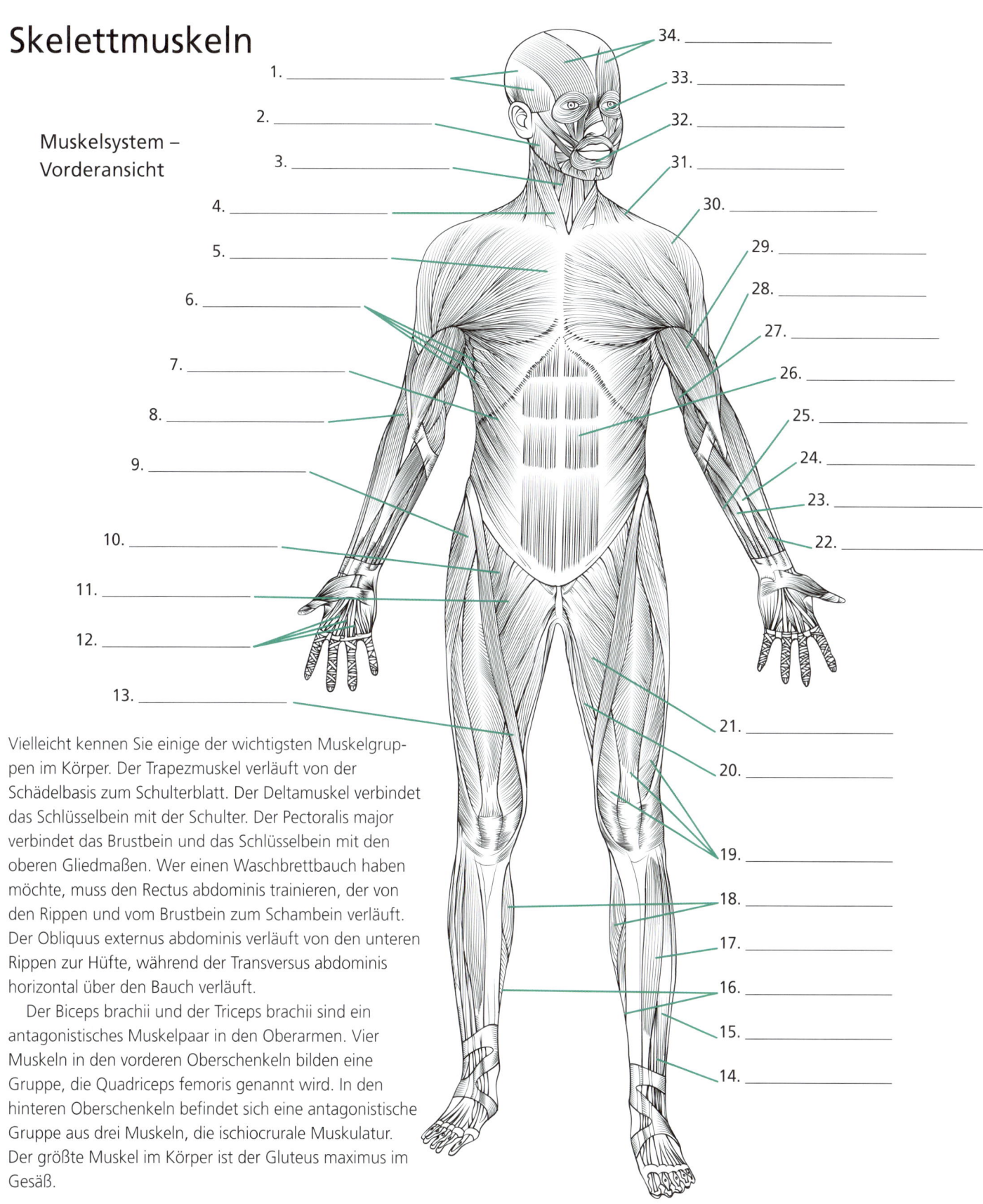

1. _____
2. _____
3. _____
4. _____
5. _____
6. _____
7. _____
8. _____
9. _____
10. _____
11. _____
12. _____
13. _____

34. _____
33. _____
32. _____
31. _____
30. _____
29. _____
28. _____
27. _____
26. _____
25. _____
24. _____
23. _____
22. _____
21. _____
20. _____
19. _____
18. _____
17. _____
16. _____
15. _____
14. _____

Vielleicht kennen Sie einige der wichtigsten Muskelgruppen im Körper. Der Trapezmuskel verläuft von der Schädelbasis zum Schulterblatt. Der Deltamuskel verbindet das Schlüsselbein mit der Schulter. Der Pectoralis major verbindet das Brustbein und das Schlüsselbein mit den oberen Gliedmaßen. Wer einen Waschbrettbauch haben möchte, muss den Rectus abdominis trainieren, der von den Rippen und vom Brustbein zum Schambein verläuft. Der Obliquus externus abdominis verläuft von den unteren Rippen zur Hüfte, während der Transversus abdominis horizontal über den Bauch verläuft.

Der Biceps brachii und der Triceps brachii sind ein antagonistisches Muskelpaar in den Oberarmen. Vier Muskeln in den vorderen Oberschenkeln bilden eine Gruppe, die Quadriceps femoris genannt wird. In den hinteren Oberschenkeln befindet sich eine antagonistische Gruppe aus drei Muskeln, die ischiocrurale Muskulatur. Der größte Muskel im Körper ist der Gluteus maximus im Gesäß.

Lösungen

1. Temporalis, 2. Masseter, 3. Sternohyoideus, 4. Sternocleidomastoideus, 5. Pectoralis major, 6. Serratus anterior, 7. Obliquus externus abdominis, 8. Brachioradialis, 9. Tensor fasciae latae, 10. Iliopsoas, 11. Pectineus, 12. Lumbricales, 13. Sartorius, 14. Extensor hallucis longus, 15. Extensor digitorum longus, 16. Soleus, 17. Tibialis anterior, 18. Gastrocnemius, 19. Quadriceps femoris, 20. Adductor magnus, 21. Adductor longus, 22. Flexor digitorum superficialis, 23. Palmaris longus, 24. Flexor carpi ulnaris, 25. Flexor carpi radialis, 26. Rectus abdominis, 27. Triceps brachii, 28. Brachialis, 29. Biceps brachii, 30. Deltamuskel, 31. Trapezmuskel, 32. Orbicularis oris, 33. Orbicularis oculi, 34. Frontalis

Struktur und Funktion der Skelettmuskulatur

Das Muskelgewebe besteht aus Bündeln von langen röhrenförmigen Muskelzellen, die Muskelfasern genannt werden. Jede Muskelfaser enthält viele Zellkerne sowie Bänder von linearen Proteinen, sogenannte Myofibrillen. Jede Myofibrille ist ein Bündel von Cytoskelettproteinen, die in abwechselnden Schichten von dünnen Filamenten (Actin) und dicken Filamenten (Myosin) angeordnet sind und zusammen als Actomyosin bezeichnet werden. Dicke Filamente haben einen kugelförmigen Kopf, der an die Bindungsstellen der dünnen Filamente binden und sich von ihnen lösen kann. Proteine, die an benachbarte Gruppen von dünnen Filamenten binden, bilden dunkle Linien im Muskel, die Z-Scheiben genannt werden. Der Abschnitt von Actomyosin zwischen den beiden Z-Linien wird als Sarkomer bezeichnet; jedes Sarkomer stellt eine unabhängige kontraktile Einheit im Muskel dar.

Sendet das Nervensystem ein Signal, lösen Motoneurone die Freisetzung von Calcium aus dem sarkoplasmatischen Reticulum der Muskelzellen aus. Calcium flutet die Muskelzellen, woraufhin ein regulatorisches Protein (Tropomyosin) bewegt wird und die Bindungsstellen auf den dünnen Filamenten freigegeben werden. Mithilfe von Energie aus ATP binden die dicken Filamente an die dünnen Filamente und ziehen an ihnen, wodurch das Sarkomer kontrahiert. Die dicken Filamente lösen sich und wiederholen dann den Vorgang mit mehr ATP. Solange ausreichend ATP sowie ein Signal aus den Motoneuronen vorhanden ist, wiederholt sich dieser Prozess, bis der Muskel vollständig kontrahiert ist.

Muskelfasern – Mikrostruktur

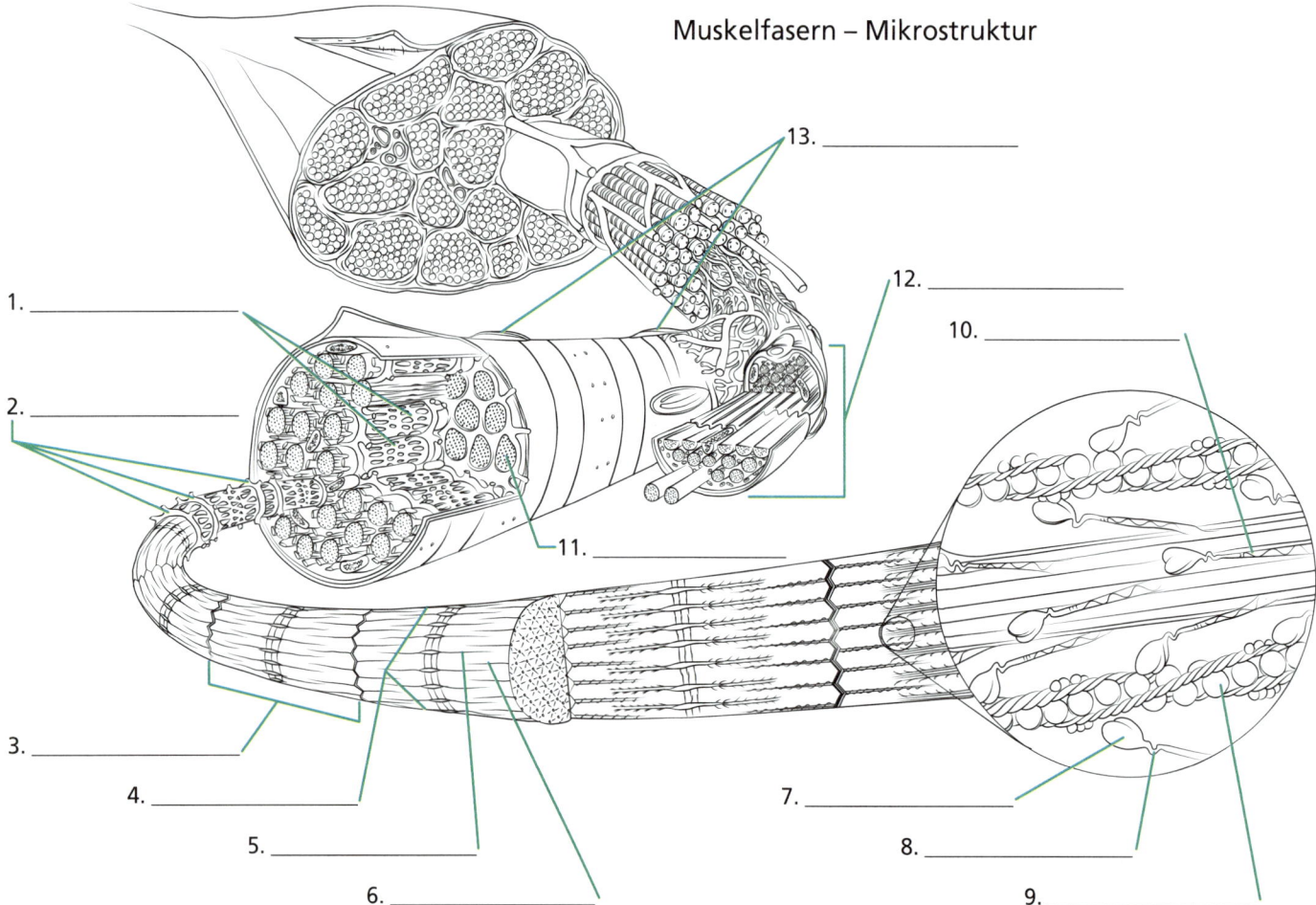

1. _____
2. _____
3. _____
4. _____
5. _____
6. _____
7. _____
8. _____
9. _____
10. _____
11. _____
12. _____
13. _____

Skelett

Skelettsystem –
Vorderansicht

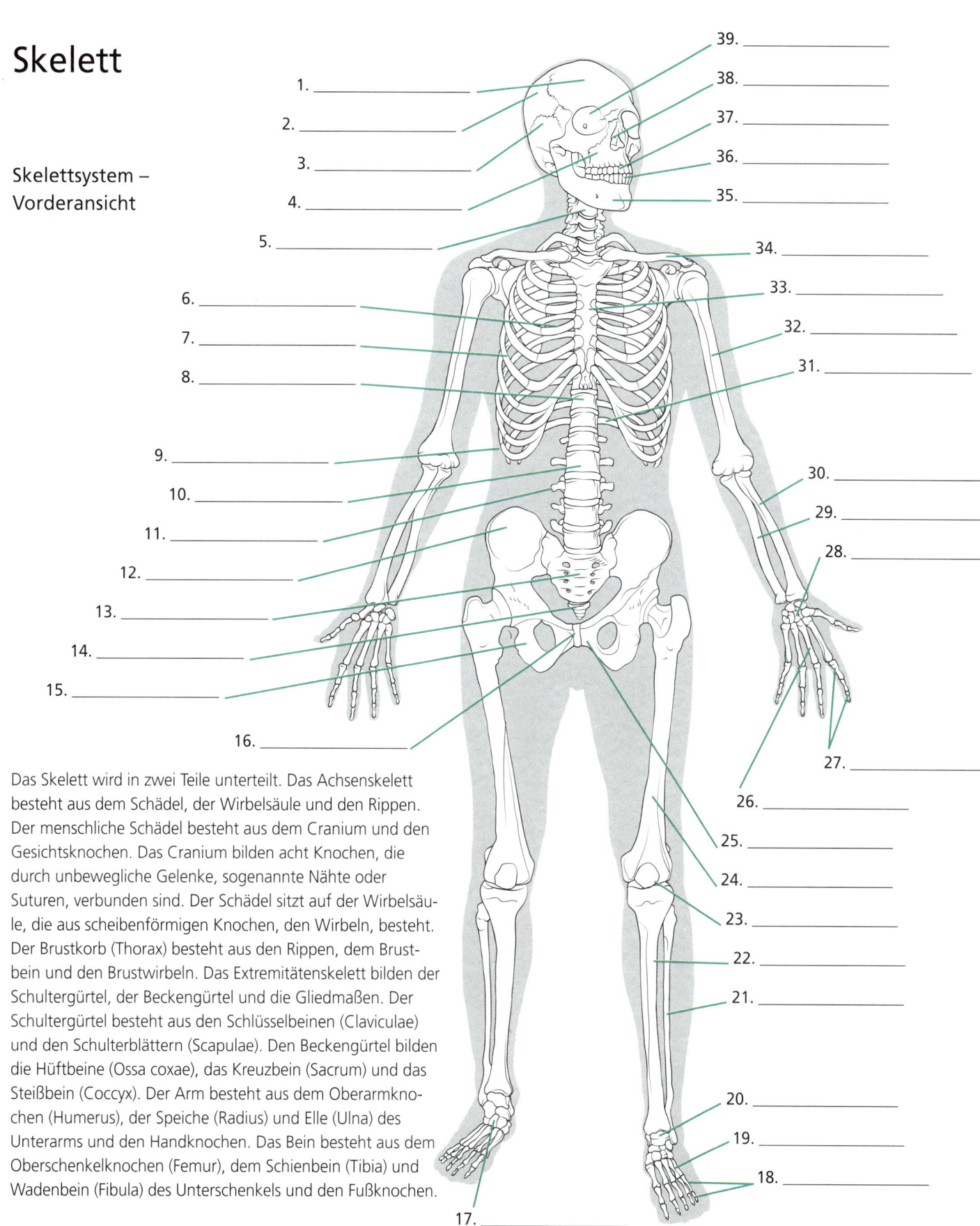

1. _____
2. _____
3. _____
4. _____
5. _____
6. _____
7. _____
8. _____
9. _____
10. _____
11. _____
12. _____
13. _____
14. _____
15. _____
16. _____
17. _____

39. _____
38. _____
37. _____
36. _____
35. _____
34. _____
33. _____
32. _____
31. _____
30. _____
29. _____
28. _____
27. _____
26. _____
25. _____
24. _____
23. _____
22. _____
21. _____
20. _____
19. _____
18. _____

Das Skelett wird in zwei Teile unterteilt. Das Achsenskelett besteht aus dem Schädel, der Wirbelsäule und den Rippen. Der menschliche Schädel besteht aus dem Cranium und den Gesichtsknochen. Das Cranium bilden acht Knochen, die durch unbewegliche Gelenke, sogenannte Nähte oder Suturen, verbunden sind. Der Schädel sitzt auf der Wirbelsäule, die aus scheibenförmigen Knochen, den Wirbeln, besteht. Der Brustkorb (Thorax) besteht aus den Rippen, dem Brustbein und den Brustwirbeln. Das Extremitätenskelett bilden der Schultergürtel, der Beckengürtel und die Gliedmaßen. Der Schultergürtel besteht aus den Schlüsselbeinen (Claviculae) und den Schulterblättern (Scapulae). Den Beckengürtel bilden die Hüftbeine (Ossa coxae), das Kreuzbein (Sacrum) und das Steißbein (Coccyx). Der Arm besteht aus dem Oberarmknochen (Humerus), der Speiche (Radius) und Elle (Ulna) des Unterarms und den Handknochen. Das Bein besteht aus dem Oberschenkelknochen (Femur), dem Schienbein (Tibia) und Wadenbein (Fibula) des Unterschenkels und den Fußknochen.

Lösungen

1. Stirnbein, 2. Scheitelbein, 3. Schläfenbein, 4. Oberkiefer (Maxilla), 5. Halswirbel, 6. Rippenknorpel, 7. echte Rippe, 8. unechte Rippe, 9. unechte Rippe, 10. Lendenwirbel, 11. Querfortsatz, 12. Darmbein, 13. Kreuzbein, 14. Steißbein, 15. Sitzbein, 16. Schambeinfuge, 17. Fußwurzelknochen (Talus), 21. Wadenbein, 22. Schienbein, 23. Kniescheibe (Patella), 24. Oberschenkelknochen, 25. Schambein, 26. Mittelhandknochen, 27. Fingerknochen, 28. Handwurzelknochen (Karpalknochen), 29. Elle, 30. Speiche, 31. zwölftes Rippenpaar (freie Rippen), 32. Oberarmknochen, 33. Kreuzbein, 34. Schlüsselbein, 35. Unterkiefer, 36. untere Zähne, 37. obere Zähne, 38. vordere Nasenöffnung, 39. Augenhöhle (Orbita)

Nervensystem

Das Nervensystem empfängt und verarbeitet Signale, steuert Bewegungen, speichert Wissen und reguliert die Organe. Das Zentralnervensystem besteht aus dem Gehirn und dem Rückenmark. Das periphere Nervensystem sendet Informationen an das Zentralnervensystem und leitet sie aus diesem weiter. Die funktionalen Einheiten des Nervensystems ist das Neuron oder auch Nervenzelle, die Signale, sogenannte Nervenimpulse, abgibt und weiterleitet. Jeder Impuls basiert auf Ionenbewegungen auf der Plasmamembran der Neurons. Afferente beziehungsweise sensorische Neuronen leiten Informationen von Sinneszellen an das Zentralnervensystem weiter. Efferente Neuronen übertragen Informationen vom Zentralnervensystem an Effektoren wie Muskeln oder Drüsen.

Das periphere Nervensystem kann unterteilt werden in das somatische (oder willkürliche) Nervensystem, das für die Kontrolle von Körperbewegungen verantwortlich ist, und das autonome Nervensystem, das Organe, Drüsen und die glatte Muskulatur kontrolliert. Das autonome System kann weiter in den Sympathikus und den Parasympathikus unterteilt werden. Der Sympathikus wird manchmal auch als „Kampf-oder-Flucht-System" bezeichnet, da es die Ausschüttung von Epinephrin (Adrenalin) auslösen kann, was zu einer erhöhten Herzfrequenz, erweiterte Pupillen, Schweißabsonderung und einem erhöhten Blutdruck führt. Der Parasympathikus wird auch als „Ruhe- und Verdauungssystem" bezeichnet, da es die Herzfrequenz verlangsamt und die Verdauung anregt.

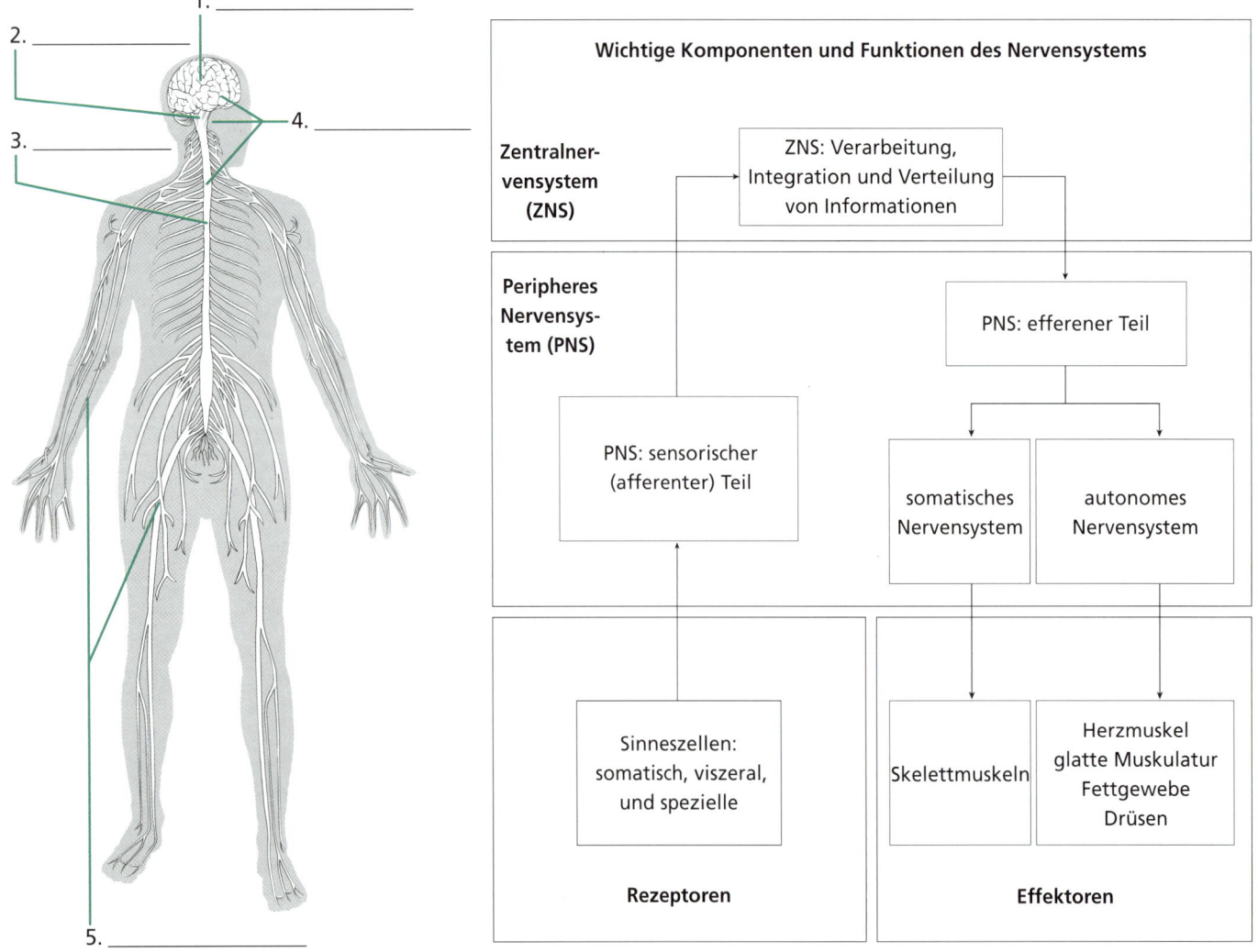

1. _____

2. _____

3. _____

4. _____

5. _____

Wichtige Komponenten und Funktionen des Nervensystems

Zentralnervensystem (ZNS)

ZNS: Verarbeitung, Integration und Verteilung von Informationen

Peripheres Nervensystem (PNS)

PNS: efferener Teil

PNS: sensorischer (afferenter) Teil

somatisches Nervensystem

autonomes Nervensystem

Sinneszellen: somatisch, viszeral, und spezielle

Skelettmuskeln

Herzmuskel glatte Muskulatur Fettgewebe Drüsen

Rezeptoren

Effektoren

Lösungen

1. Gehirn, 2. Hirnstamm, 3. Rückenmark, 4. Zentralnervensystem (ZNS), 5. peripheres Nervensystem (PNS)

Näher betrachtet – Neuronen und Aktionspotentiale

Neuronen bestehen aus einem Zellkörper, der einen Zellkern sowie Organellen enthält, und Fortsätzen, die Dendriten und Axone genannt werden. Dendriten empfangen Reize und leiten Impulse zum Zellkörper, während Axone Impulse weiterleiten. Axone können von einer fettreichen Schicht, der sogenannten Myelinscheide, bedeckt sein. Um Signale zu übermitteln, setzt ein Neuron chemische Stoffe, sogenannte Neurotransmitter, aus den präsynaptischen Endugungen seines Axons frei. Die Neurotransmitter gehen in den Bereich zwischen den Neuronen, den synaptischen Spalt, über und binden dann an Rezeptoren auf den Dendriten der Empfängerzelle.

Die elektrischen Veränderungen in einem Neuron als Reaktion auf ein Signal werden Aktionspotentiale genannt. Bevor ein Neuron ein Signal empfängt, ist das Zellinnere negativer geladen als das Zelläußere. Dieser Ladungsunterschied oder auch Polarisation wird als Ruhepotential der Zelle bezeichnet. Es wird von einem Protein erzeugt, der Natrium-Kalium-Pumpe, die jeweils drei Natriumionen (Na^+) aus der Zelle befördert und zwei Kaliumionen (K^+) nach innen befördert.

Empfängt ein Neuron ein Signal, öffnen sich in der Membran spannungsabhängige Natriumkanäle. So kann das Natrium in die Zelle diffundieren und die Membran depolarisiert. Nachdem das Zellinnere mit Natriumionen geflutet wurde, öffnen sich spannungsabhängige Kaliumkanäle und die Natriumkanäle schließen sich. Kalium diffundiert aus der Zelle, wodurch das Neuron repolarisiert wird, was dann zu einer Hyperpolarisation führt. Die Kaliumkanäle schließen sich und die Natrium-Kalium stellt die ursprüngliche Ionenverteilung wieder her.

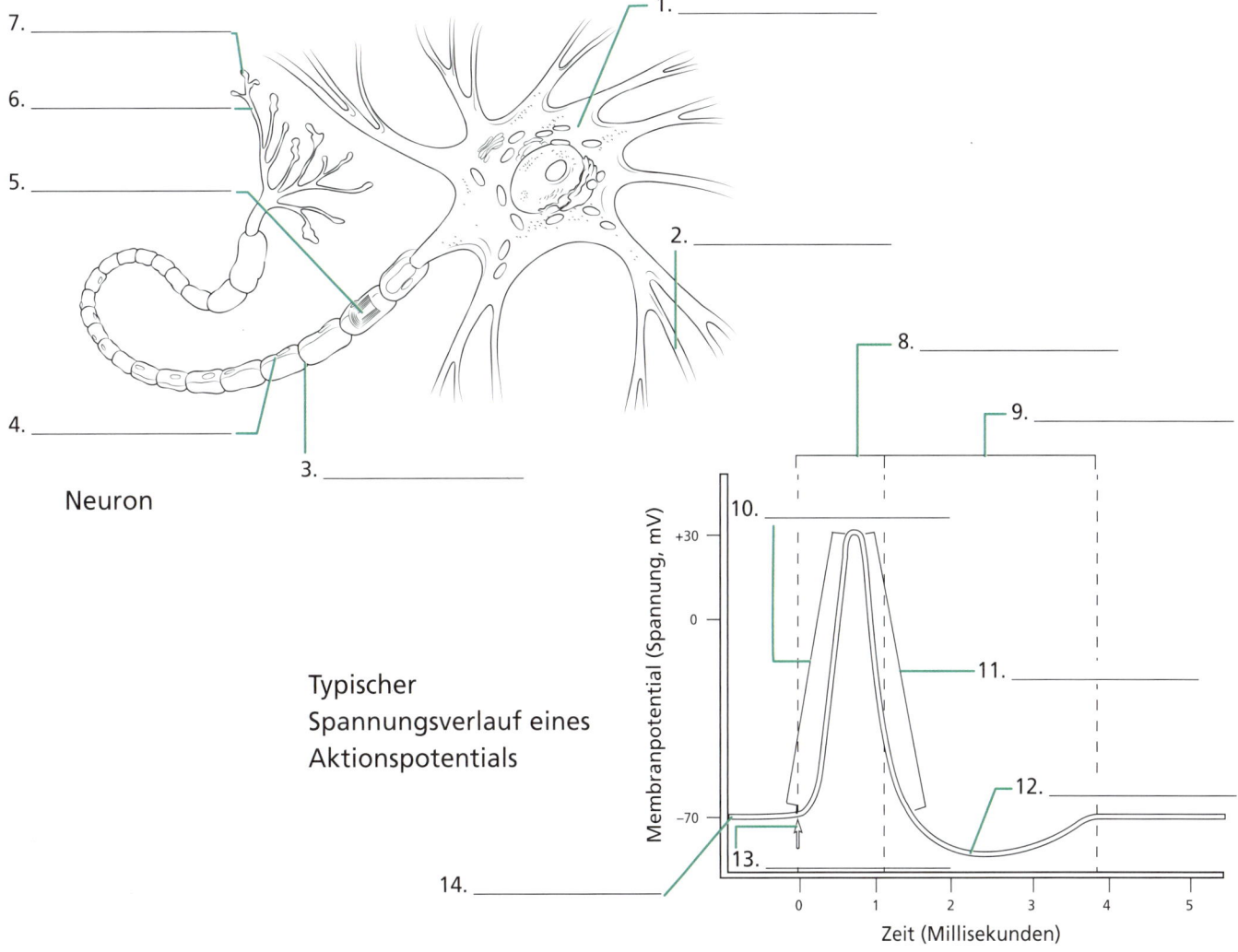

7. _____

6. _____

5. _____

4. _____

Neuron

1. _____

2. _____

3. _____

8. _____

9. _____

10. _____

11. _____

12. _____

13. _____

14. _____

Typischer Spannungsverlauf eines Aktionspotentials

Membranpotential (Spannung, mV)

+30

0

−70

0   1   2   3   4   5

Zeit (Millisekunden)

Das menschliche Auge

Das Auge bündelt und sammelt visuelle Informationen und überträgt sie dann über den Sehnerv an das Gehirn. Die äußere Schicht des Auges besteht aus der Hornhaut (Cornea) und der Lederhaut (Sclera). Die Hornhaut ist eine klare Schicht, die den vorderen Teil des Auges bedeckt, und die Lederhaut ist eine weiße Schutzschicht, die dem Auge seine Form gibt.

Die Linse und die Uvea – die aus der Aderhaut (Chorioidea), dem Ziliarkörper und der Iris besteht – bilden die mittlere Augenhaut. Die Iris ist der farbige muskuläre Teil des Auges, der sich zusammenzieht und dehnt, um sich an die Größe der Pupille anzupassen und so die richtige Menge an Licht eintreten zu lassen. Die transparente Linse bündelt Licht auf der Netzhaut (Retina) im Augenhintergrund. Die Aderhaut ist die Gefäßschicht des Auges. Im Ziliarkörper befindet sich der Ziliarmuskel, der die Form der Linse verändert, sowie das Ziliarepithel, das Kammerwasser produziert. Kammerwasser ist eine klare Flüssigkeit, die die vor der Linse gelegene vordere Augenkammer ausfüllt.

Die hintere Augenkammer befindet sich zwischen der Linse und der Netzhaut. Diese Kammer ist mit dem Glaskörper, einer klaren gelartigen Substanz, gefüllt. Die Netzhaut enthält zwei Arten von Photorezeptoren, die Stäbchen und Zapfen genannt werden. Die Stäbchen ermöglichen das Sehen bei schwachem Licht. Zapfen benötigen eine größere Menge an Licht, können jedoch Farben wahrnehmen.

Auge – Seitenansicht

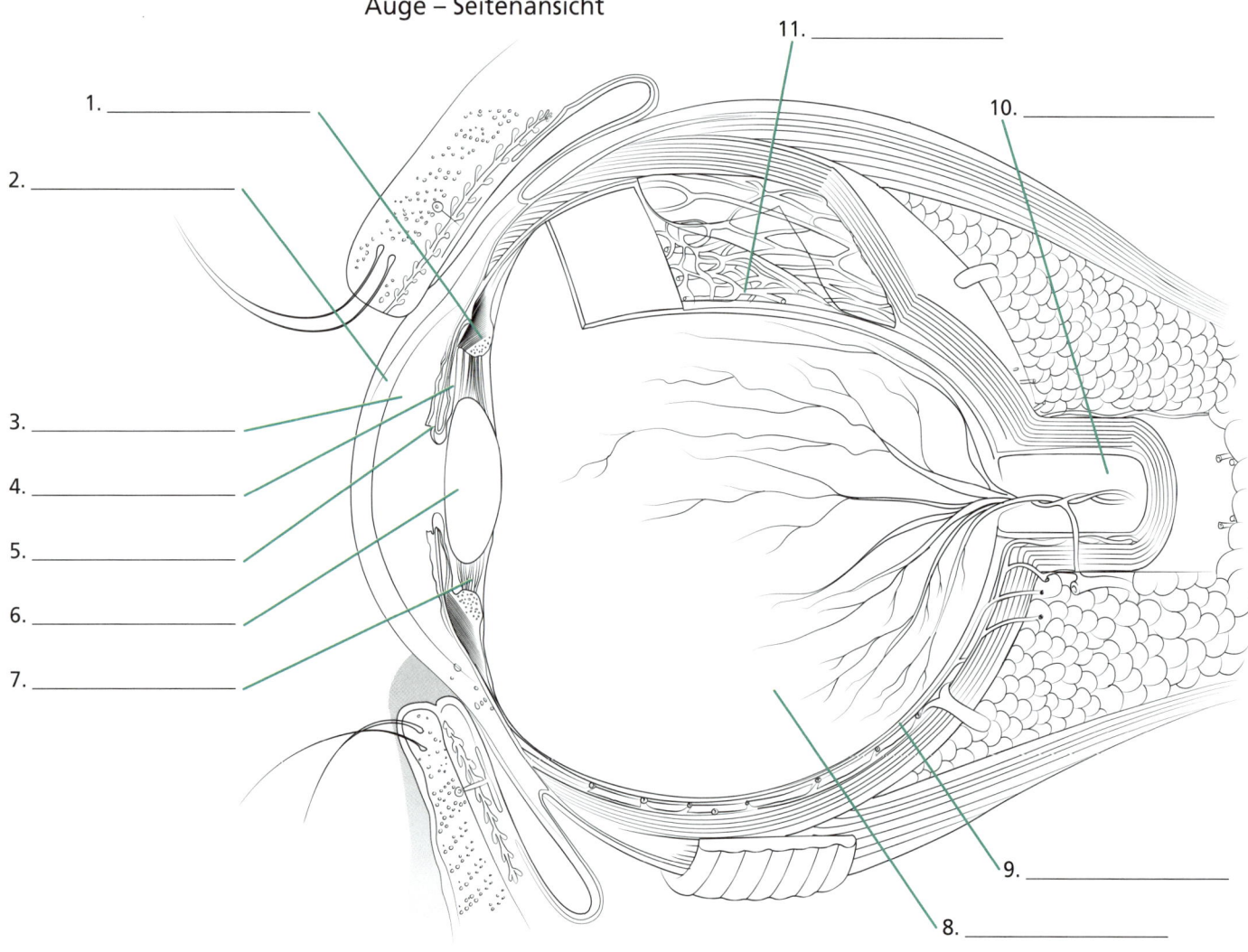

1. _____

2. _____

3. _____

4. _____

5. _____

6. _____

7. _____

11. _____

10. _____

9. _____

8. _____

Das menschliche Ohr

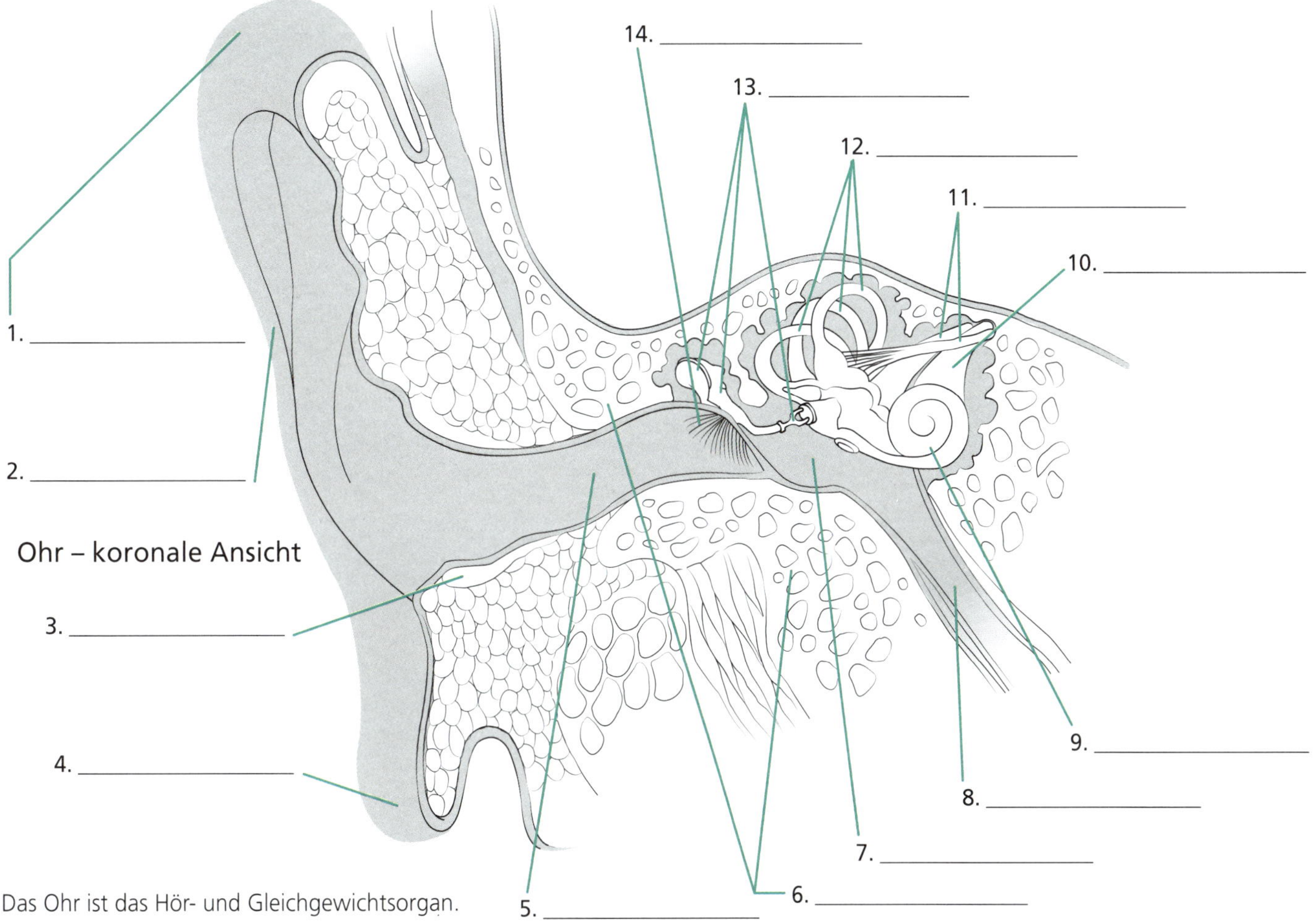

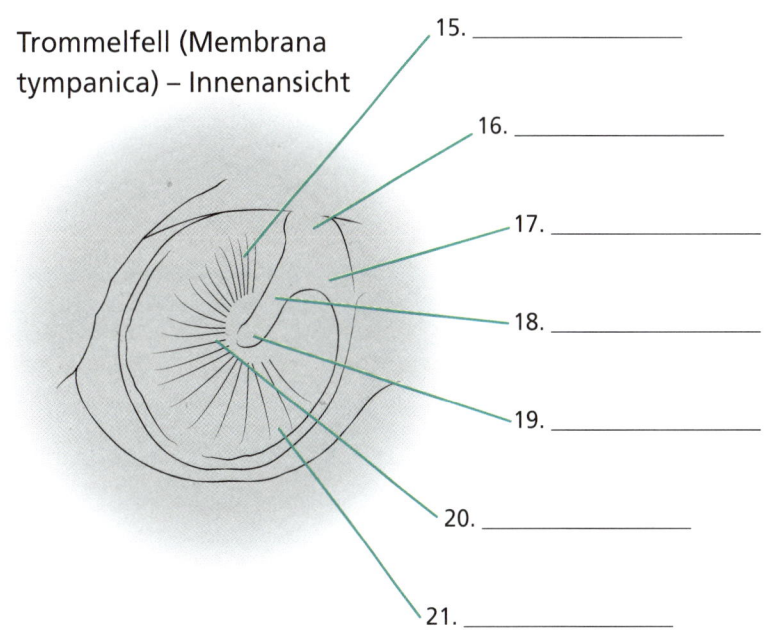

1. ________
2. ________
3. ________
4. ________
5. ________
6. ________
7. ________
8. ________
9. ________
10. ________
11. ________
12. ________
13. ________
14. ________

Ohr – koronale Ansicht

Das Ohr ist das Hör- und Gleichgewichtsorgan. Der äußere Teil des Ohres, die Ohrmuschel oder auch Pinna, dient als Trichter, der Geräusche zum Trommelfell (Membrana tympanica) leitet. Schallenergie trifft auf das Trommelfell und versetzt es in Schwingungen. Die Schwingungen werden in das Mittelohr geleitet, was wiederum kleine Knochen, sogenannte Gehörknöchelchen, in Schwingungen versetzt. Die drei Gehörknöchelchen heißen, von außen nach innen, Hammer, Amboss und Steigbügel. Die Knöchelchen übertragen die Vibrationen zum ovalen Fenster am Rand des Innenohrs.

Das Innenohr besteht aus mehreren Kammern und Gängen im Schläfenbein des Schädels, die im wissenschaftlichen Bereich knöchernes Labyrinth genannt werden. Dieses Labyrinth hat zwei Teile: die Hörschnecke (Cochlea), die Geräuschinformationen verarbeitet und an das Gehirn sendet, und das vestibuläre System zur Steuerung des Gleichgewichts.

Trommelfell (Membrana tympanica) – Innenansicht

15. ________
16. ________
17. ________
18. ________
19. ________
20. ________
21. ________

Lösungen

1. Helix, 2. Ohrmuschel, 3. Knorpel, 4. Läppchen, 5. äußerer Gehörgang, 6. Schläfenbein, 7. Mittelohr (Paukenhöhle), 8. Eustachi-Röhre, 9. Hörschnecke (Cochlea), 10. Hörnerv, 11. Gleichgewichtsnerven, 12. Bogengänge, 13. Gehörknöchelchen (Hammer, Amboss, Steigbügel), 14. Trommelfell, 15. hintere Hammerfalte, 16. seitlicher Hammerfortsatz, 17. vordere Hammerfalte, 18. Hammergriff, 19. Trommelfellnabel, 20. Pars tensa, 21. Lichtreflex

Die menschliche Nase

Die Nase ist das Geruchsorgan oder auch olfaktorische Organ. Riechzellen bedecken die obere Nasenhöhle und besitzen Chemorezeptoren zur Wahrnehmung von chemischen Stoffen in der Atemluft. Luft tritt durch den Nasenvorhof beziehungsweise die Nasenlöcher ein. Die chemischen Stoffe diffundieren in die Schleimhaut, die die Nasenhöhle bedeckt, und binden an die Zilien der Riechzellen. Die Riechzellen lösen in den sensorischen Neuronen Signale aus, die durch das Siebbein zu den Riechkolben geleitet werden. Die Riechkolben sind eine ovale Verlängerung des Riechzentrums im Gehirn und enthalten mehrere Arten von Neuronen. Die Axone der sensorischen Neuronen bilden Synapsen mit den Dendriten der Neuronen in den Riechkolben. Die Axone dieser Neuronen bilden Riechbahnen. Diese führen zu den Riechzentren im Gehirn, in denen Geruchsinformationen verarbeitet werden.

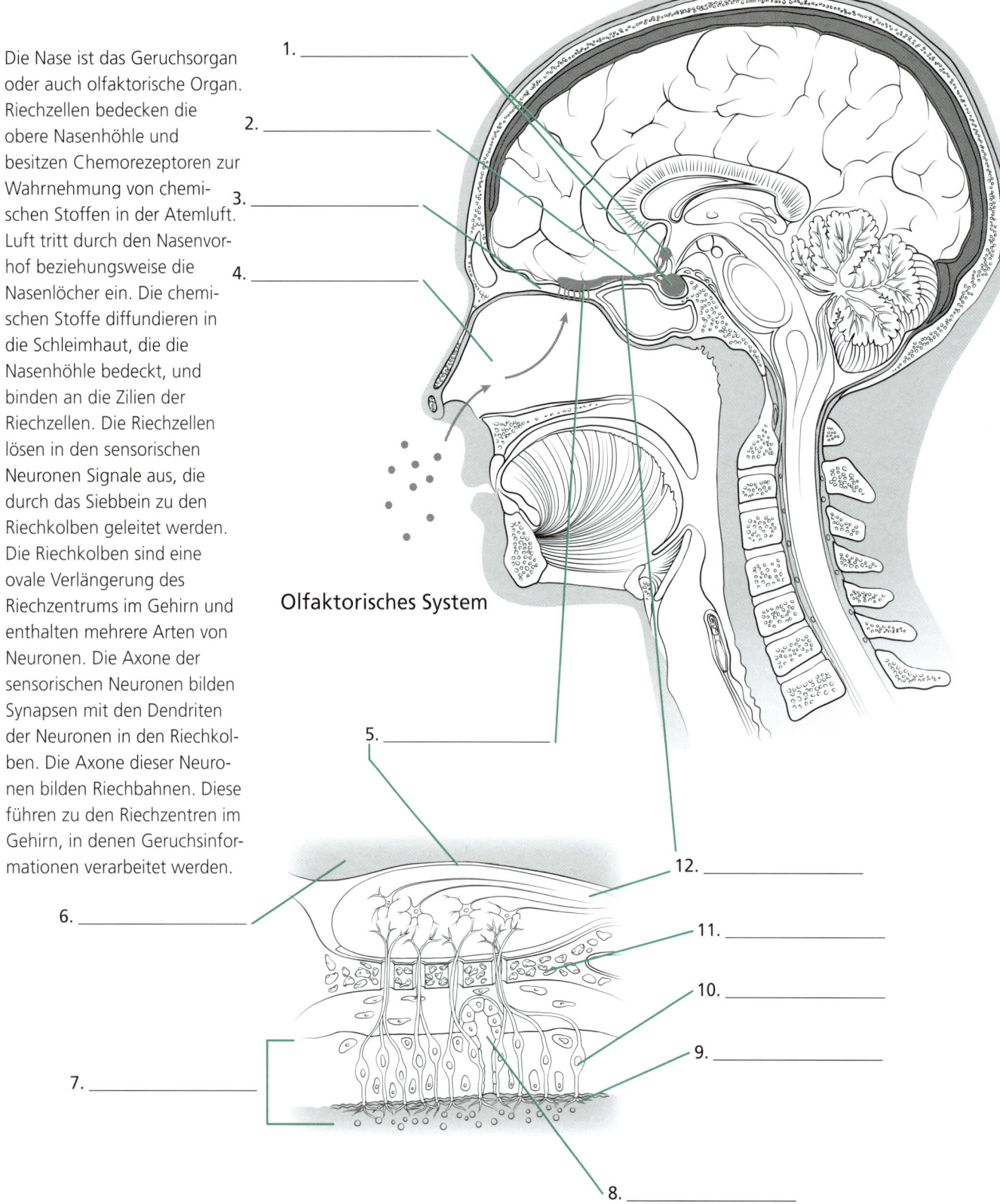

1. _____
2. _____
3. _____
4. _____

Olfaktorisches System

5. _____
6. _____
7. _____
8. _____
9. _____
10. _____
11. _____
12. _____

Die Zunge

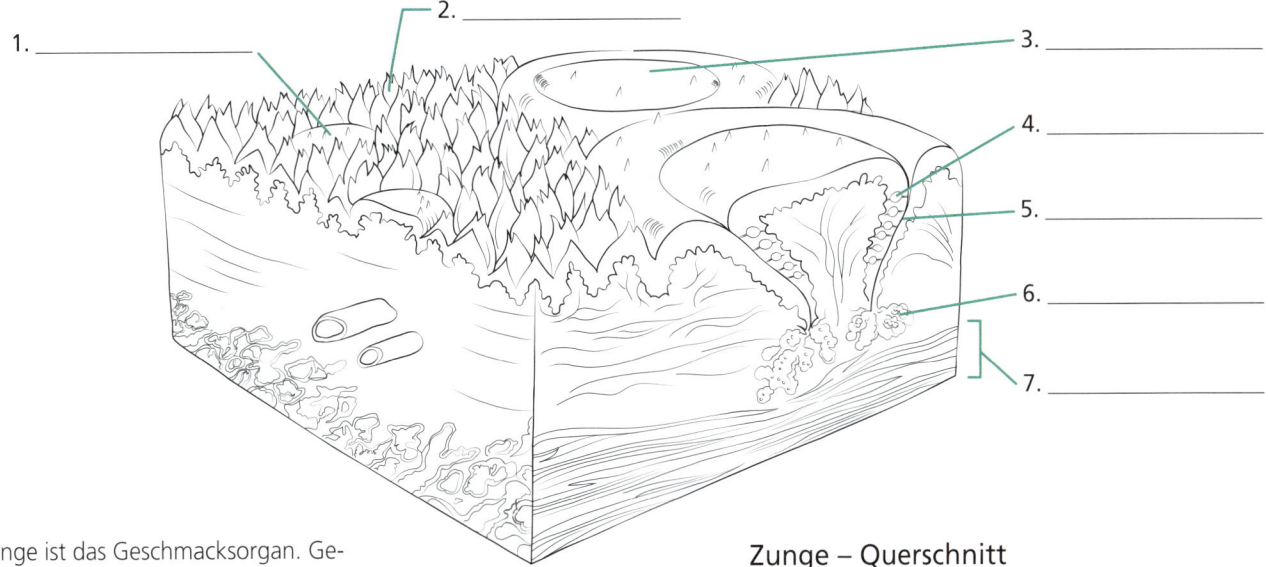

1. _____
2. _____
3. _____
4. _____
5. _____
6. _____
7. _____

Zunge – Querschnitt

Die Zunge ist das Geschmacksorgan. Geschmacksrezeptoren (Geschmacksknospen) liegen um die Zungenpapillen, auf dem Gaumen, dem Kehldeckel (Epiglottis) und dem Racheneingang. Die Zunge hat drei Arten von Papillen: keulenartige Pilzpapillen, konische Fadenpapillen und kuppelförmige Wallpapillen. Jede Geschmacksknospe besteht aus mehreren sensorischen Rezeptorzellen, die von Stützzellen umgeben sind. Die zersetzte Nahrung geht durch eine Pore an der Spitze der Geschmacksknospe und bindet an Rezeptoren im Inneren der Knospe, wodurch Nervenimpulse ausgelöst werden, die durch die Hirnnerven an das verlängerte Rückenmark im Hirnstamm, dann an den Thalamus und schließlich an die Geschmacksareale im Parietallappen der Großhirnrinde weitergeleitet werden.

Geschmacksknospen können fünf verschiedene Geschmacksrichtungen wahrnehmen: süß, salzig, bitter, sauer und umami (herzhaft). Jeder Geschmack aktiviert bestimmte Geschmacksrezeptoren. Viele Jahre lang wurde eine Karte der Zunge fälschlicherweise so interpretiert, dass sich diese unterschiedlichen Rezeptoren in verschiedenen Bereichen der Zunge befinden. Wissenschaftler zeigten jedoch, dass die Rezeptoren für alle Geschmacksrichtungen auf der ganzen Zunge zu finden sind.

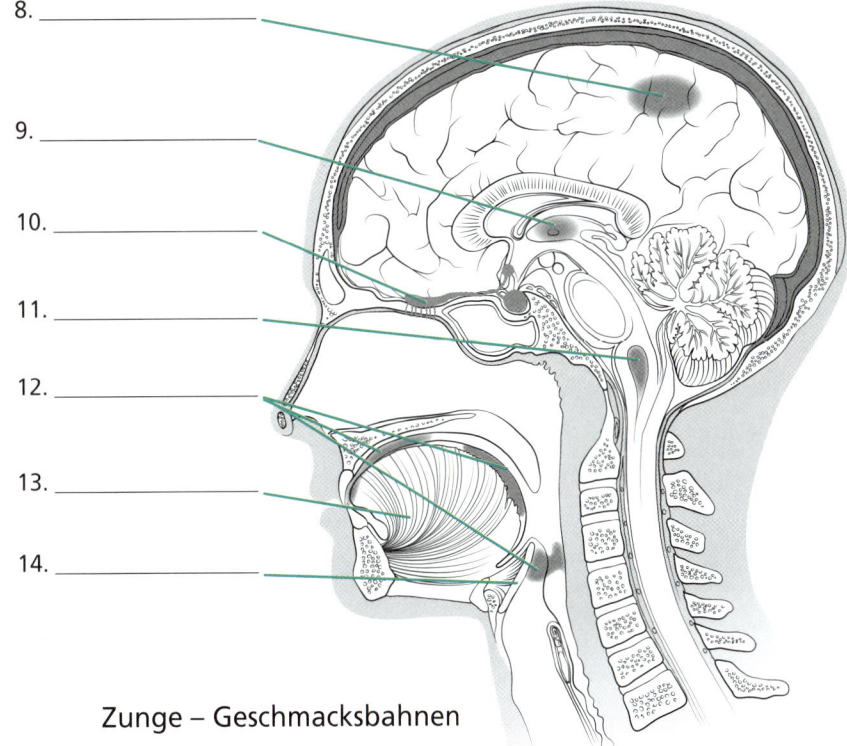

8. _____
9. _____
10. _____
11. _____
12. _____
13. _____
14. _____

Zunge – Geschmacksbahnen

Lösungen

Hormonsystem

Das endokrine System stellt Hormone her; Botenstoffe, die von endokrinen Zellen produziert werden und durch den Körper transportiert werden, bis sie die Aktivität anderer Zellen und Gewebe steuern. Viele Hormone, wie Östrogen oder Testosteron, sind Steroidhormone. Nichtsteroidale Hormone, wie Insulin und Adrenalin (Epinephrin), sind Proteine oder ähnliche Moleküle. Wenn Steroidhormone ihre Zielzelle erreichen, dringen sie durch die Zellmembran und binden sich an Rezeptoren im Cytoplasma der Zelle. Nichtsteroidale Hormone binden sich an Rezeptoren in der Zellmembran und übertragen ihre Signale durch Signaltransduktion. Das Hormonsystem arbeitet bei der Regulation des Körpers und der Aufrechterhaltung der Homöostase mit dem Nervensystem zusammen.

1. _____
3. _____
4. _____
2. _____
5. _____
6. _____
7. _____
8. _____

Hormonsystem (Mann) – Vorderansicht

9. _____
10. _____
11. _____
13. _____
12. _____
14. _____
15. _____
16. _____

Hormonsystem (Frau) – Vorderansicht

Männer und Frauen haben viele endokrine Organe gemeinsam, zum Beispiel die Hypophyse, die Zirbeldrüse, den Thymus, die Schilddrüse, die Nebenschilddrüsen, die Nebennieren und die Pankreasinseln. Zu den endokrinen Organen, die für Männer spezifisch sind, zählen die Hoden. Für Frauen sind die Eierstöcke und während der Schwangerschaft die Plazenta spezifisch. Hoden und Eierstöcke produzieren Hormone, die an der Regulation der Sexualfunktion und der Entwicklung der sekundären Geschlechtsmerkmale (zum Beispiel Gesichtsbehaarung und Adamsapfel beim Mann sowie Brustwachstum und breite Hüften bei der Frau) beteiligt sind.

Lösungen

1. Zirbeldrüse, 2. Schilddrüse, 3. Hypophyse (Hirnanhangsdrüse), 4. Nebenschilddrüse), 5. Thymus, 6. Pankreas, 7. Nebennieren, 8. Hoden, 9. Zirbeldrüse, 10. Hypophyse 11. Nebenschilddrüse, 12. Schilddrüse, 13. Thymus, 14. Pankreas, 15. Nebennieren, 16. Eierstöcke

Das männliche Fortpflanzungssystem

Die biologische Funktion des männlichen Fortpflanzungssystem ist die Produktion und Übertragung von Spermien an eine Frau, damit Eizellen befruchtet werden können. Die äußeren Organe des männlichen Fortpflanzungssystems sind der Penis und der Hodensack. Der Hodensack enthält zwei Hoden, die Gonaden für die Produktion von Spermien und männlichen Geschlechtshormonen. Bei der Ejakulation verlassen Spermien die Hoden durch die Nebenhoden und werden über die Samenleiter zur Prostata geleitet. Sie bilden mit Sekreten aus der Prostata und der Bläschendrüse die Samenflüssigkeit (Samen), die den Penis durch die Harnröhre verlässt.

Die Spermienproduktion findet in den Hoden statt, die durch Bindegewebe in Läppchen unterteilt werden. Die Läppchen enthalten gewundene Samenkanälchen. Die Spermatogenese beginnt mit den Spermatogonien, die die Wand der Samenkanälchen bedecken. Andere Zellen in den Kanälchen, die sogenannten Sertolli-Zellen, versorgen die sich entwickelnden Spermien mit Nahrung. Reife Spermien können in den Nebenhoden und den Samenleitern bis zu sechs Wochen überleben.

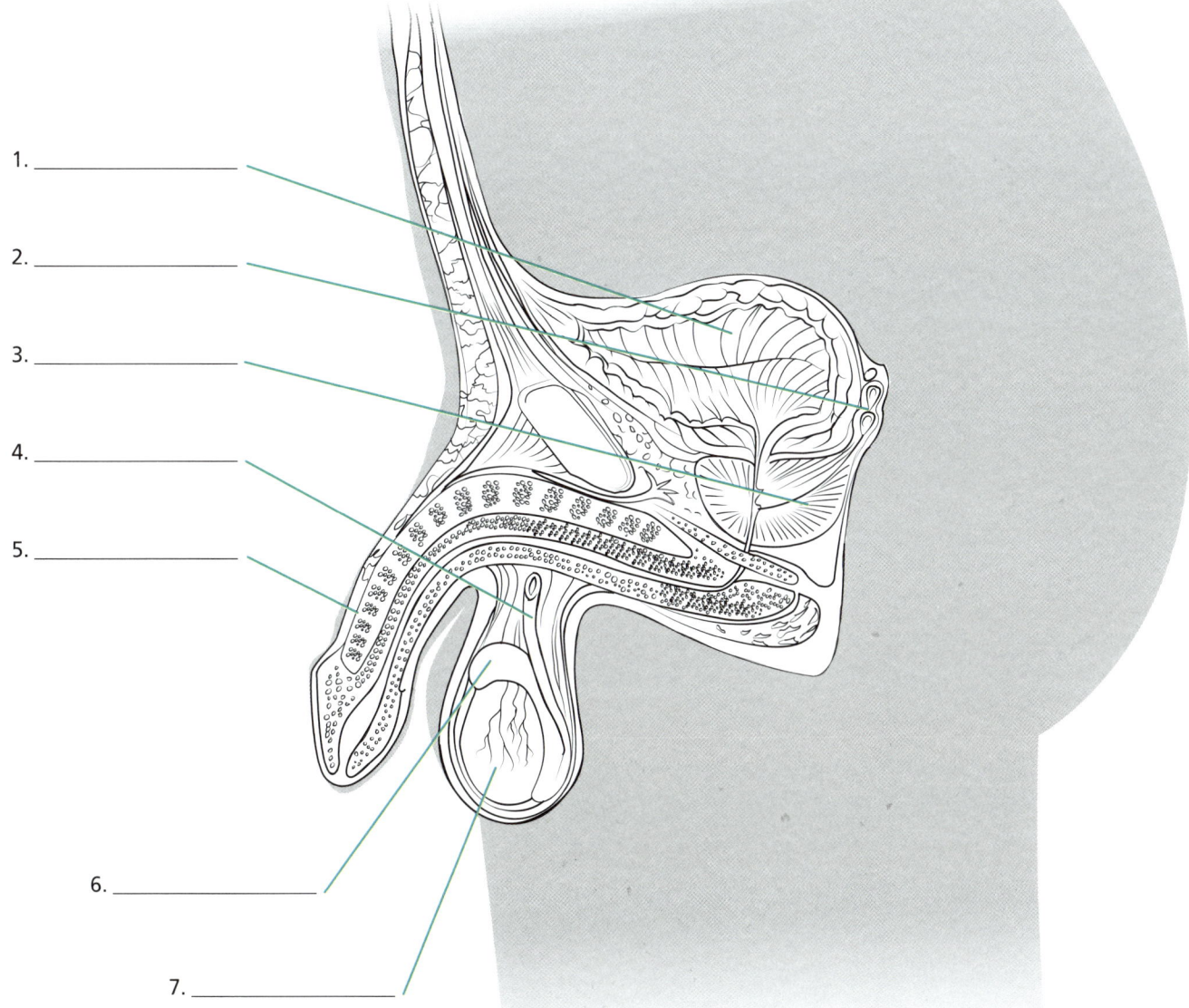

1. _____

2. _____

3. _____

4. _____

5. _____

6. _____

7. _____

Fortpflanzungssystem (Mann) –
sagittale Ansicht

Lösungen

1. Harnblase, 2. Bläschendrüse, 3. Prostata, 4. Samenleiter (Vas deferens/Ductus deferens), 5. Penis, 6. Nebenhoden (Epididymis), 7. Hoden (Testikel)

Das weibliche Fortpflanzungssystem

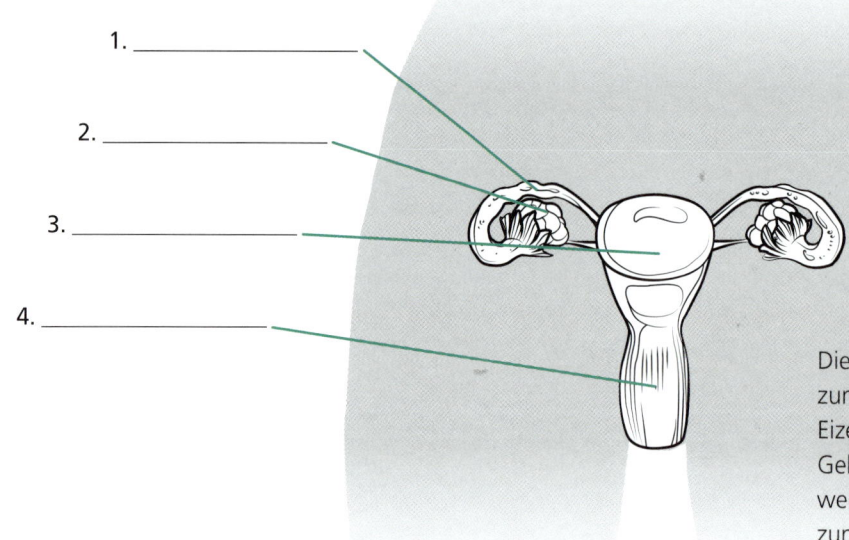

1. _____

2. _____

3. _____

4. _____

Weibliches Fortpflanzungssystem – Vorderansicht

Die biologische Funktion des weiblichen Fortpflanzungssystems ist die Produktion der zu befruchtenden Eizellen und der Transport der befruchteten Eizellen zur Gebärmutter (Uterus), wo sie bis zur Geburt versorgt werden. Der äußere Teil des weiblichen Fortpflanzungssystems ist die Vulva, die aus den kleinen und großen Schamlippen (Labia minora und majora) sowie der Klitoris besteht. Die Schamlippen sind Gewebefalten, die den vaginalen Eingang schützen; die Labia majora befinden sich außen, während sich die Labia minora innen befinden. Die Klitoris ist ein Gewebeknoten, der empfindlich für sexuelle Stimulation ist.

Die inneren Organe des weiblichen Fortpflanzungssystems sind: Eierstöcke (Ovarien), Eileiter, Gebärmutter (Uterus) und Vagina. Die Ovarien sind die Gonaden zur Produktion von Eizellen und weiblichen Geschlechtshormonen. Die Eizellen werden durch die Eileiter zum muskulösen Uterus geleitet. Die Gebärmutterschleimhaut (Endometrium) baut sich im Laufe des Menstruationszyklus auf und wird abgestoßen. Das untere Drittel des Uterus, der Gebärmutterhals (Cervix), öffnet sich in die Vagina, einen muskulösen Schlauch, der in die Vulva führt.

Die Eizellen werden in den Ovarien produziert. In den frühen Entwicklungsphasen weiblicher Föten durchlaufen die Oogonien in den Eileitern eine Mitose, wodurch primäre Oocyten entstehen. Zellgruppen umgeben die Oocyten und bilden in den Ovarien mehrschichtige Follikel. Die primären Oocyten beginnen die Meiose, treten aber in der Prophase I in eine Ruhephase ein und beenden diese erst mit der Geschlechtsreife der Frau. Dann stimulieren weibliche Geschlechtshormone, die im Menstruationszyklus produziert werden, die Entwicklung der Follikel und die Vollendung der Meiose, um Eizellen zu produzieren.

Weibliches Fortpflanzungssystem – sagittale Ansicht

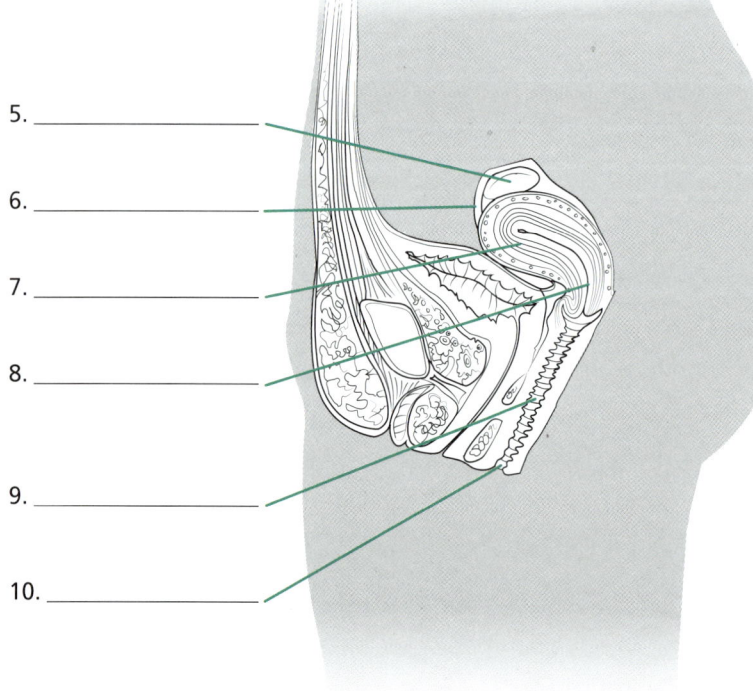

5. _____

6. _____

7. _____

8. _____

9. _____

10. _____

1. Eileiter, 2. Eierstock, 3. Gebärmutter, 4. Vagina, 5. Eierstock, 6. Eileiter, 7. Gebärmutter, 8. Gebärmutterhals, 9. Vagina, 10. vaginale Öffnung zur Vulva

Der Menstruationszyklus

Der Menstruationszyklus ist eine sich wiederholende Reihe von Vorgängen, die Eizelle und Gebärmutter auf eine mögliche Schwangerschaft vorbereitet. Der Ovarialzyklus beginnt mit der Sekretion des follikelstimulierenden Hormons (FSH) durch die Hypophyse. Dadurch wird der Follikelwachstum angeregt, woraufhin die primäre Oocyte erneut mit der Meiose beginnt und zu einer sekundären Oocyte wird. Der reife Follikel sondert Östrogen ab. Erreicht der Östrogenspiegel eine bestimmte Grenze, signalisiert der Hypothalamus der Hypophyse, die FSH-Produktion zu stoppen. Bei der Ovulation platzt der Follikel und setzt die sekundäre Oocyte frei.

Bei der Ovulation produziert die Hypophyse große Mengen des luteinisierenden Hormons (LH). Dieses Hormon löst die Umwandlung des Follikels in den Gelbkörper (Corpus luteum) aus, der das Hormon Progesteron produziert. Der steigende Progesteronspiegel regt den Hypothalamus dazu an, der Hypophyse zu signalisieren, die Produktion von LH zu stoppen. Der Gelbkörper baut sich ab und der Progesteronspiegel sinkt. Der gesamte Ovarialzyklus beginnt von vorn, wenn der niedrige Östrogenspiegel den Hypothalamus zur Sekretion von Gonadoliberin (Gonadotropin-Releasing-Hormon) anregt, wodurch die Hypophyse wieder FH produziert.

Die beim Ovarialzyklus freigesetzten Hormone steuern auch den Uteruszyklus. Ist der Östrogen- und Progesteronspiegel niedrig, baut sich die Gebärmutterschleimhaut ab und wird bei der Menstruation abgestoßen. Steigt der Östrogenspiegel wieder, geht die Gebärmutter in die Proliferationsphase über und die Schleimhaut regeneriert sich. Wenn der Gelbkörper Progesteron absondert, tritt die Gebärmutter in die Sekretionsphase ein, die Schleimhaut baut sich auf und produziert Schleim, in den sich eine befruchtete Eizelle einnisten kann.

Hormonelle Veränderungen und Vorgänge während des menschlichen Menstruationszyklus

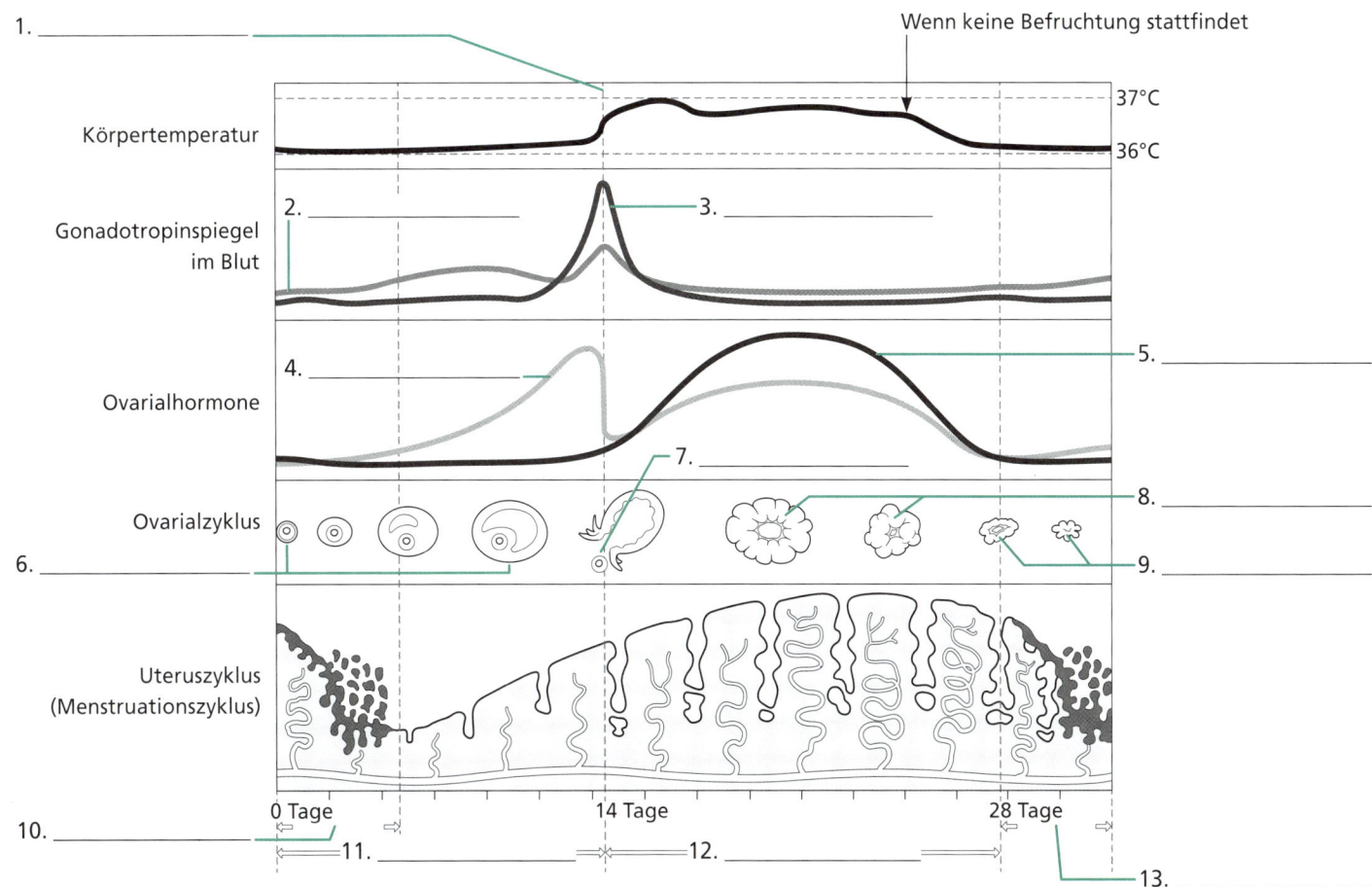

Embryogenese und Fetalentwicklung

Die Embryogenese bezieht sich auf die Prozesse in den ersten acht Wochen einer Schwangerschaft. Nach der Befruchtung spaltet sich die Zygote durch Mitose und wird zu einer Blastozyste. Die Schwangerschaft beginnt, wenn sich die Blastozyste in die Gebärmutterschleimhaut einnistet und mit der Produktion von humanem Choriongonadotropin (hCG) beginnt, dem Hormon, das bei Schwangerschaftstest gemessen wird. Die Schleimhaut baut sich auf und entwickelt sich zur Plazenta. Das Chorion und das Amnion der Eizelle bilden sich zur Fruchtblase heraus und der sich entwickelnde Mensch erreicht die embryonale Phase. Die Fruchtblase füllt sich mit Fruchtwasser.

Alle Organe entstehen in der embryonalen Phase und sind bis ungefähr zehn Wochen nach der Befruchtung vollständig entwickelt. Das Herz und die wichtigsten Blutgefäße entwickeln sich und das Herz beginnt ungefähr 20 Tage nach der Befruchtung zu pumpen. Gehirn und Rückenmark beginnen zu wachsen und entwickeln sich im Laufe der Schwangerschaft weiter. Extremitäten, Finger und Zehen beginnen sich zu bilden. Da während der Embryogenese so viele Entwicklungsvorgänge stattfinden, kann der Embryo besonders in dieser Zeit durch Teratogene wie Drogen, Alkohol, Viren und Strahlung geschädigt werden.

Der Embryo wird ungefähr in der neunten Woche nach der Befruchtung zum Fötus. Alle Organsystem sind ausgeformt und der Fötus beginnt zu wachsen. Die Bewegungen des Babys werden kräftiger und sind von der Mutter zu spüren. Das Geschlecht des Babys kann bestimmt werden. Gegen Ende der Schwangerschaft sammelt sich Fett unter der Haut des Fötus an. Der Fötus rotiert und rutscht kurz vor der Geburt im Uterus nach unten.

Vorgänge während der menschlichen Embryogenese und Fetalentwicklung sowie Empfindlichkeit gegenüber Teratogenen

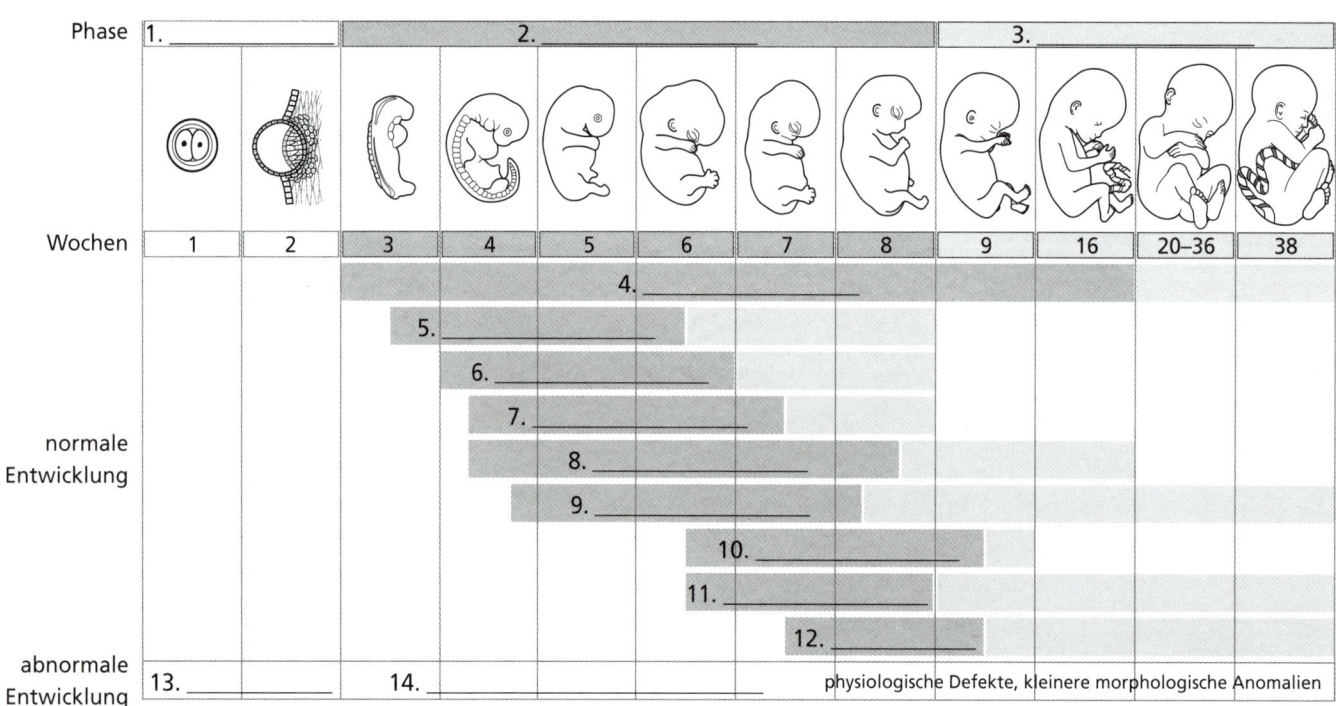

Das Lymphsystem

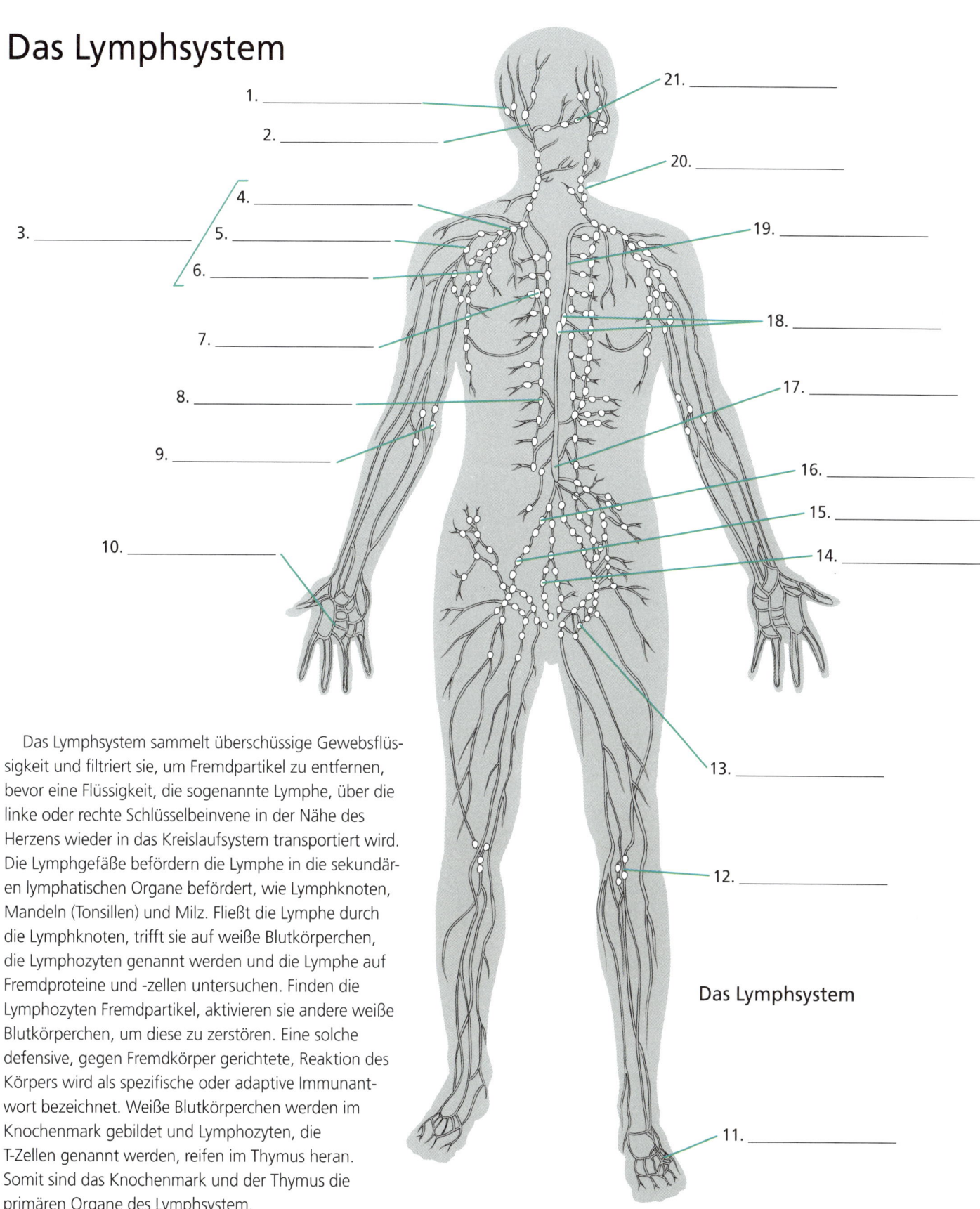

1. _____
2. _____
3. _____
4. _____
5. _____
6. _____
7. _____
8. _____
9. _____
10. _____
11. _____
12. _____
13. _____
14. _____
15. _____
16. _____
17. _____
18. _____
19. _____
20. _____
21. _____

Das Lymphsystem sammelt überschüssige Gewebsflüssigkeit und filtriert sie, um Fremdpartikel zu entfernen, bevor eine Flüssigkeit, die sogenannte Lymphe, über die linke oder rechte Schlüsselbeinvene in der Nähe des Herzens wieder in das Kreislaufsystem transportiert wird. Die Lymphgefäße befördern die Lymphe in die sekundären lymphatischen Organe befördert, wie Lymphknoten, Mandeln (Tonsillen) und Milz. Fließt die Lymphe durch die Lymphknoten, trifft sie auf weiße Blutkörperchen, die Lymphozyten genannt werden und die Lymphe auf Fremdproteine und -zellen untersuchen. Finden die Lymphozyten Fremdpartikel, aktivieren sie andere weiße Blutkörperchen, um diese zu zerstören. Eine solche defensive, gegen Fremdkörper gerichtete, Reaktion des Körpers wird als spezifische oder adaptive Immunantwort bezeichnet. Weiße Blutkörperchen werden im Knochenmark gebildet und Lymphozyten, die T-Zellen genannt werden, reifen im Thymus heran. Somit sind das Knochenmark und der Thymus die primären Organe des Lymphsystem.

Das Lymphsystem

Antigene und Antikörper

Antigene sind Moleküle wie Proteine, Lipide (Fette) oder Kohlenhydrate, die groß genug sind, um vom Immunsystem erkannt zu werden und die Produktion von Antikörpern auszulösen. Antigene, die eine Immunantwort auslösen, sind Kohlenhydrate und Lipide in der bakteriellen Zellwand sowie Proteine, die bakterielle Flagellen und Pili bilden.

Antikörper sind Abwehrproteine, die von Zellen des Immunsystems, den Lymphozyten, hergestellt werden. Sie haben hochspezifische Antigenbindungsstellen, die an Antigene binden, wodurch es dem Körper erleichtert wird, sie zu eliminieren. Jeder bivalente Antikörper besteht aus vier Polypeptidketten – zwei langen und zwei kurzen Ketten –, die von kovalenten Bindungen zusammengehalten werden. Die Ketten falten sich, um zwei neue Antigenbindungsstellen auf jedem Antikörper zu erzeugen. Antikörper sind Teil der humoralen Immunabwehr, da sie im Blut und anderen Körperflüssigkeiten vorkommen.

Einzelne Antigene können die Produktion mehrerer Gruppen von Antikörpern auslösen, von denen jede einen bestimmten Teil des Antigens, das sogenannte Epitop oder antigene Determinante, erkennt und an ihn bindet. Während einer Immunantwort auf einen Krankheitserreger (Pathogen) stellt der Körper diverse Gruppen von polyklonalen Antikörpern her, die mehrere Epitope erkennen. Für Forschungszwecke arbeiten Wissenschaftler oft mit gereinigten monoklonalen Antikörpern, die nur ein Epitop erkennen.

Die Struktur von Antigenen und Antikörpern

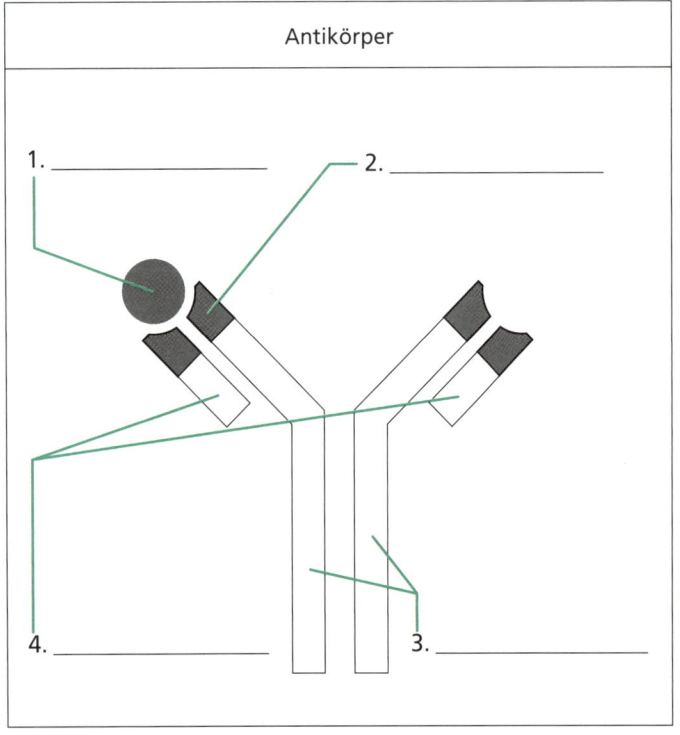
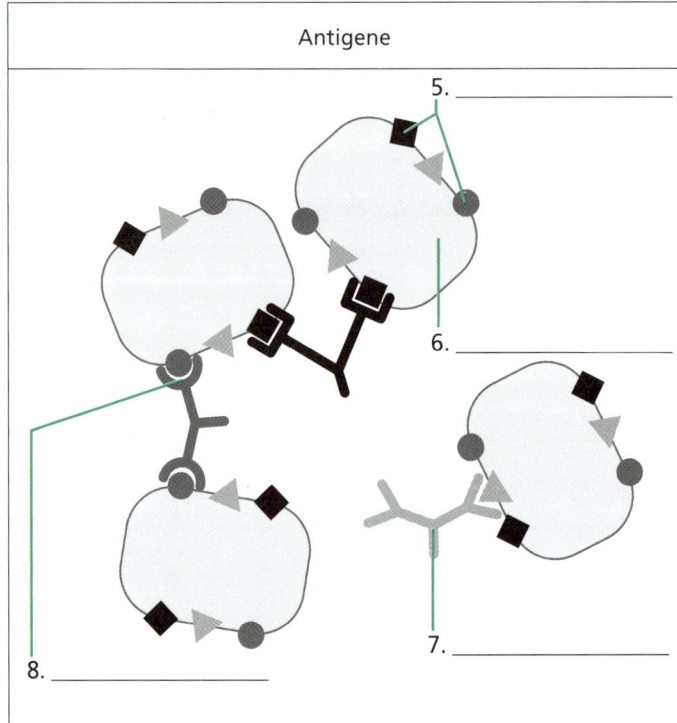

Lösungen

1. Epitope (antigene Determinanten), 2. Antigenbindungsstelle, 3. schwere Ketten, 4. leichte Ketten, 5. Epitope, 6. Antigen, 7. Antikörper, 8. Antigenbindungsstelle

Klonale Selektion und Expansion

Menschen werden mit vielfältigen Lymphozyten geboren, die eine Vielzahl von Antigenen erkennen und auf sie reagieren können. Bis sie einem Antigen begegnen, das sie erkennen, bleiben diese Zellen als naive Lymphozyten inaktiv. Erkennt das Immunsystem ein Antigen als Gefahr für den Körper, aktiviert eine Kombination von Signalen eine bestimmte Gruppe von Lymphozyten, die an die Epitope dieses Antigens binden können. Der Prozess der Identifizierung und Aktivierung der richtigen Lymphozyten, um ein bestimmtes Antigen anzuzielen, wird klonale Selektion genannt. Die aktivierten Lymphozyten vermehren sich, indem sie sich klonen. Dieser Prozess wird klonale Expansion genannt. Zudem kann dabei eine Zelldifferenzierung zur Herstellung spezialisierter Zellen stattfinden. Vermehren sich zum Beispiel aktivierte B-Zellen, differenzieren die meisten Zellen zu Plasmazellen, die auf Antikörperproduktion spezialisiert sind, während einige zu Gedächtniszellen werden, die später eine schnelle Reaktion auf dasselbe Antigen ermöglichen.

Die menschliche Immunantwort ist sehr effektiv und werden zu viele Zellen auf einmal aktiviert, kann die Antwort negative Folgen haben und zum Beispiel zu einem Schock führen. Jedoch brauchen Menschen eine große und vielfältige Population von Lymphozyten, um auf die Vielzahl von Antigenen, denen sie durch potentielle Krankheitserregern begegnen können, reagieren zu können. Die kombinierten Prozesse der klonalen Selektion und Expansion halten diese beiden widersprüchlichen Bedürfnisse im Gleichgewicht, indem sie sicherstellen, dass das Immunsystem zuerst nur die richtigen Lymphozyten aktiviert, um auf ein bestimmtes Antigen zu reagieren, und dann nur diese Zellen vermehrt.

Reaktion einer Immunzellen auf die Stimulation durch ein Antigen

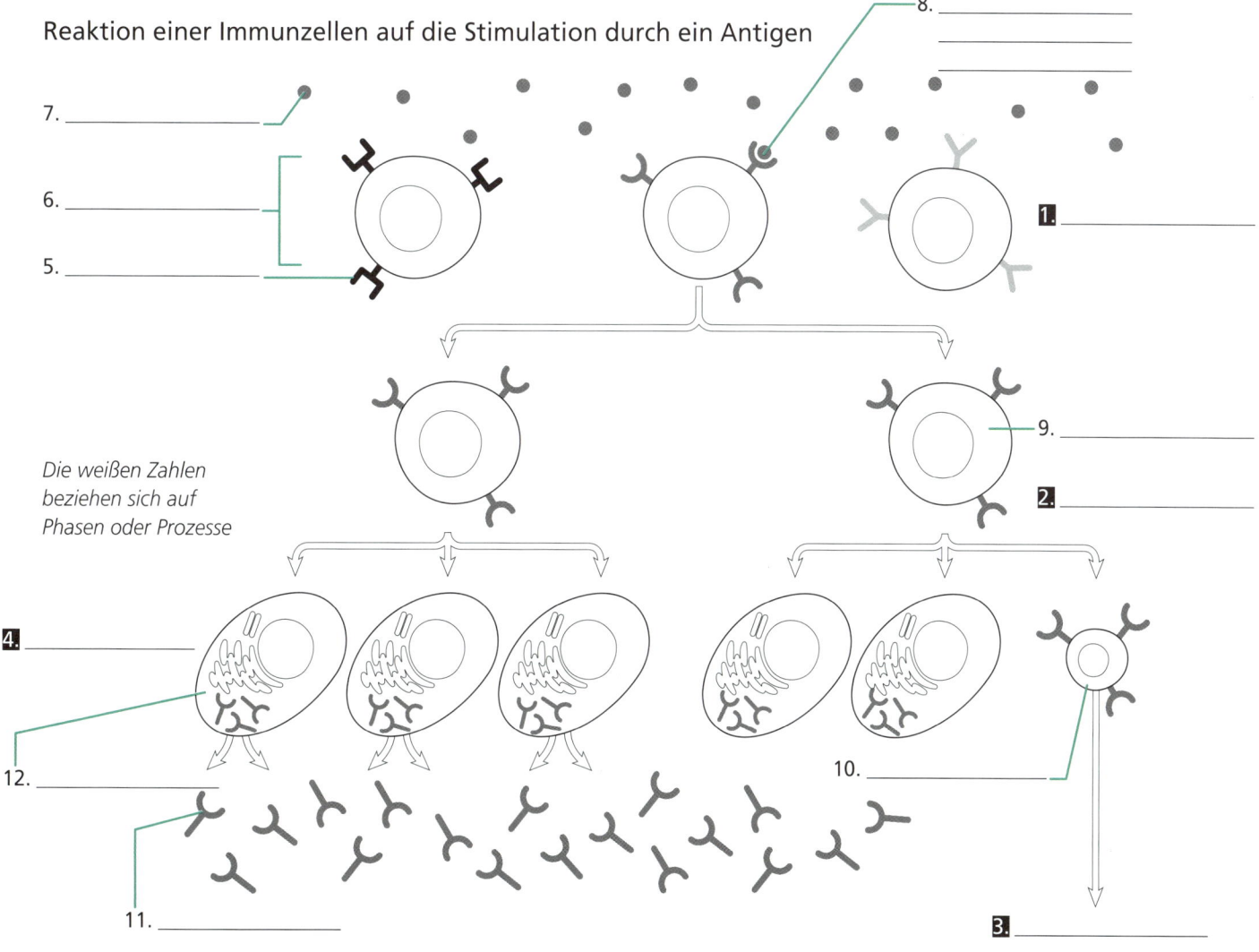

Die weißen Zahlen beziehen sich auf Phasen oder Prozesse

Zelluläre Immunität: T-Helferzellen (CD4-T-Zellen)

T-Helferzellen, auch als CD4-T-Zellen bekannt, spielen bei der adaptiven Immunantwort eine wichtige Rolle. Sind sie einmal aktiviert, aktivieren sie wiederum Zellen, die für beide Arten der Immunität benötigt werden: humorale Immunität, durch die im Blut oder in der Lymphe zirkulierende extrazelluläre Antigene bekämpft werden können, und zelluläre Immunität, durch die intrazellulare Antigene bekämpft werden können.

T-Helferzellen können nur an ein Antigen binden, das ihnen von antigenpräsentierenden Zellen präsentiert wird. Antigenpräsentierende Zellen verarbeiten ein Antigen und präsentieren es auf ihrer Oberfläche in einem Proteinkomplex, dem sogenannten Haupthistokompatibilitätskomplex Klasse II (MHCII). T-Helferzellen binden mit ihrem T-Zellrezeptor an diesen Komplex. Wenn T-Helferzellen an einen Antigen-MHC-II-Komplex binden und andere Signale von Immunsystemzellen erhalten, werden sie aktiviert und durchlaufen eine klonale Selektion und Expansion.

Naive T-Helferzellen können nur durch antigenpräsentierende Zellen, sogenannte dendritische Zellen, aktiviert werden. Wenn eine dendritische Zelle durch den Kontakt mit einem als potenziell gefährlich eingestuften Moleküls aktiviert wird, binden die Oberflächenproteine der dendritischen Zelle an die Oberflächenproteine der T-Helferzelle. Dieses kostimulatorische Signal, zusammen mit der Erkennung und Bindung an den MHC-II-Antigen-Komplex, aktiviert die naive T-Helferzelle. Als Reaktion auf chemische Signale von ihr selbst und anderen Immunzellen differenzieren sich die Klone der T-Helferzellen zu Typ-1-T-Zellen und Typ-2-T-Zellen. Typ-1-Zellen aktivieren die zelluläre Immunität, während Typ-2-Zellen die humorale Immunität aktivieren.

Aktivierung einer T-Helferzelle (CD4-T-Zelle)

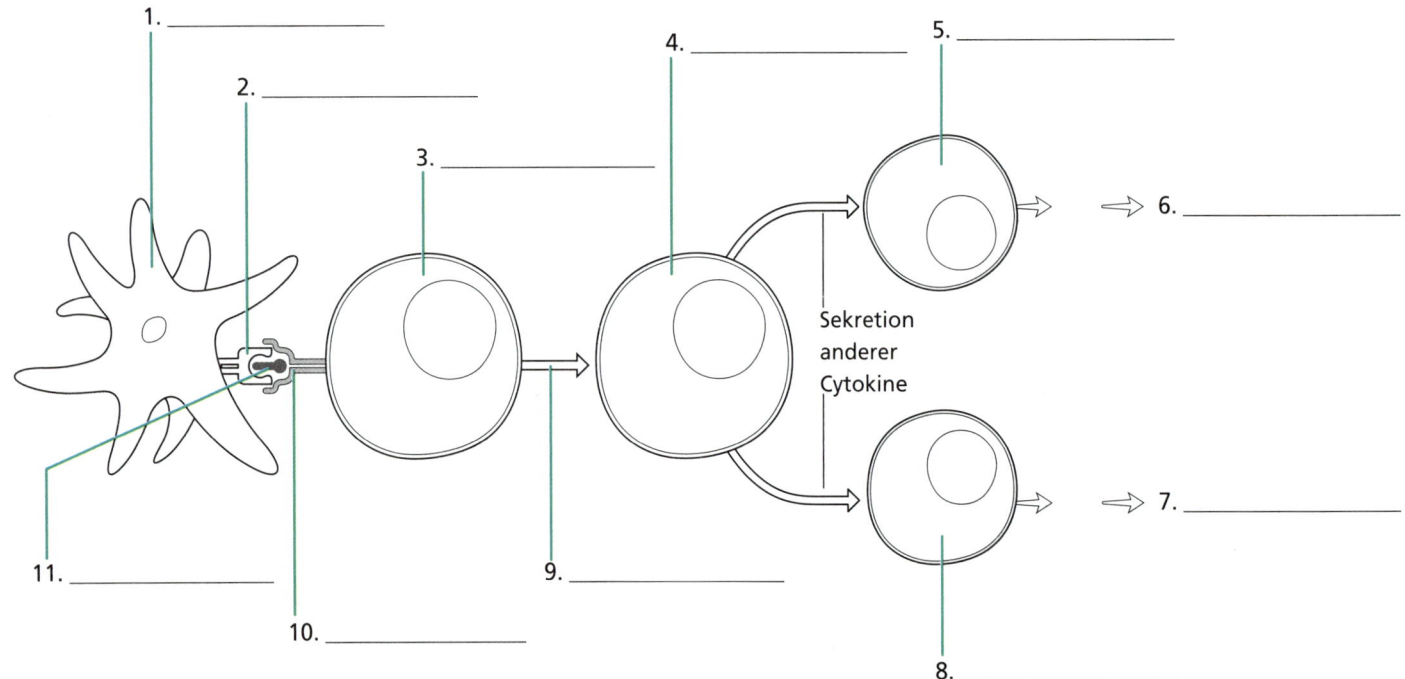

1. _____

2. _____

3. _____

4. _____

5. _____

6. _____

7. _____

8. _____

9. _____

10. _____

11. _____

Sekretion anderer Cytokine

1. dendritische Zelle, 2. MHC II, 3. naive (Th0), 4. naive (Th0), 5. T-Helferzelle Typ 1 (TH1), 6. zelluläre Immunität, 7. humorale Immunität, 8. T-Helferzelle Typ 2 (TH2), 9. Sekretion von Interleukin-2 (IL-2), 10. T-Zellrezeptor, 11. Antigenepitop

Humorale Immunität: B-Zellen

B-Zellen sind wesentlich für die humorale Immunität, die Art von Immunität, durch die im Blut oder in der Lymphe zirkulierende extrazelluläre Antigene bekämpft werden können. B-Zellen werden aktiviert, wenn sie mit ihren B-Zellrezeptoren Antigene binden. Sind sie einmal aktiviert, haben sie das Potential, Klone zu produzieren, die sich zu Plasmazellen und B-Gedächtniszellen differenzieren. Plasmazellen produzieren Antikörper, während B-Gedächtniszellen in einem aktiven Stadium verbleiben, damit sie bei einem erneuten Kontakt mit einem bereits bekannten Antigen schnell reagieren können. B-Gedächtniszellen sind ein wichtiger Teil des immunologischen Gedächtnisses, das Menschen erlaubt, gegen Krankheiten, mit denen sie sich bereits einmal infiziert haben oder gegen die sie geimpft sind, resistent zu sein.

Eine T-Zell-abhängige Aktivierung ist für eine vollständige Differenzierung der B-Zellklone zu Plasmazellen und B-Gedächtniszellen nötig. Während dieser Interaktion verarbeitet und präsentiert eine aktivierte B-Zelle ein Antigen auf ihrer Oberfläche im Haupthistokompatibilitätskomplex Klasse II (MHCII). Eine aktivierte T-Helferzelle bindet an Oberflächenproteine auf der B-Zelle und bietet der B-Zelle dadurch ein wichtiges kostimulatorisches Signal. Die Kombination von Signalen aus einer unabhängigen Erkennung eines Antigen und der kostimulierenden Signale von der T-Helferzelle lösen die Expansion und Differenzierung von B-Zellklonen aus.

Wie T-Helferzellen B-Zellen aktivieren

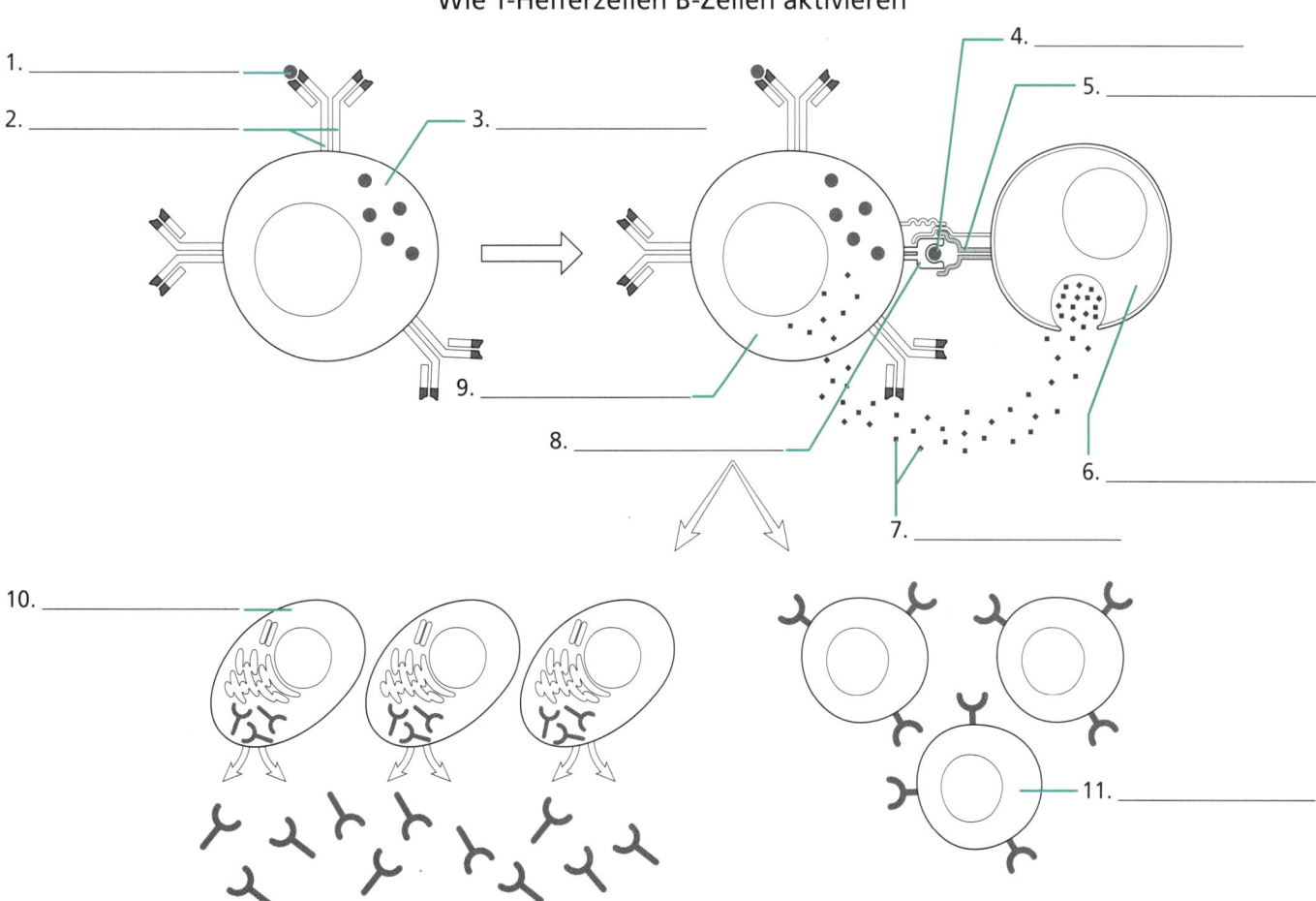

Lösungen

Zelluläre Immunität: Cytotoxische T-Zellen (CD8-T-Zellen)

Cytotoxische T-Zellen, auch CD8-T-Zellen genannt, spielen bei der zellulären Immunität eine wichtige Rolle. Wie auch T-Helferzellen können sie nur durch ein Antigen aktiviert werden, das auf der Oberfläche einer antigenpräsentierenden Zelle präsentiert wird. Cytotoxische T-Zellen binden jedoch an ein Antigen, das vom Proteinkomplex Haupthistokompatibilitätskomplex Klasse I (MHCI) präsentiert wird. Dieser Proteinkomplex befindet sich auf der Oberfläche aller kernhaltiger Zellen.

Naive cytotoxische T-Zellen werden aktiviert, wenn sie ein Antigen erkennen, das im MHCI auf der Oberfläche von dendritischen Zellen präsentiert wird. Wenn die dendritische Zelle aktiv ist, binden ihre Oberflächenproteine an die cytotoxische T-Zelle. Die Kombination dieser beiden Signale löst eine klonale Expansion in der cytotoxischen T-Zelle aus.

Aktivierte cytotoxische T-Zellen suchen die Oberfläche von Körperzellen ab, indem sie versuchen, mit ihren T-Zellrezeptoren an ihre MHCI-Komplexe zu binden. Wenn die Körperzelle mit einem Pathogen, zum Beispiel einem Virus, infiziert ist, verarbeitet sie alle fremden intrazellulären Antigene und präsentiert sie in ihren MHCI-Komplexen.

Kann sich eine aktivierte cytotoxische T-Zelle an den MHCI-Antigenkomplex binden, schüttet sie Proteine aus, die Granzyme genannt werden, wodurch ein programmierter Zelltod oder auch Apoptose der infizierten Zelle ausgelöst wird. Perforine sind röhrenförmige Proteine, die auf der Plasmamembran der infizierten Zelle eine Pore bilden. Granzyme sind Enzyme, die in die Zelle eindringen und eine Apoptose auslösen. Die infizierte Zelle stirbt, wodurch eine weitere Vermehrung des Pathogens verhindert wird.

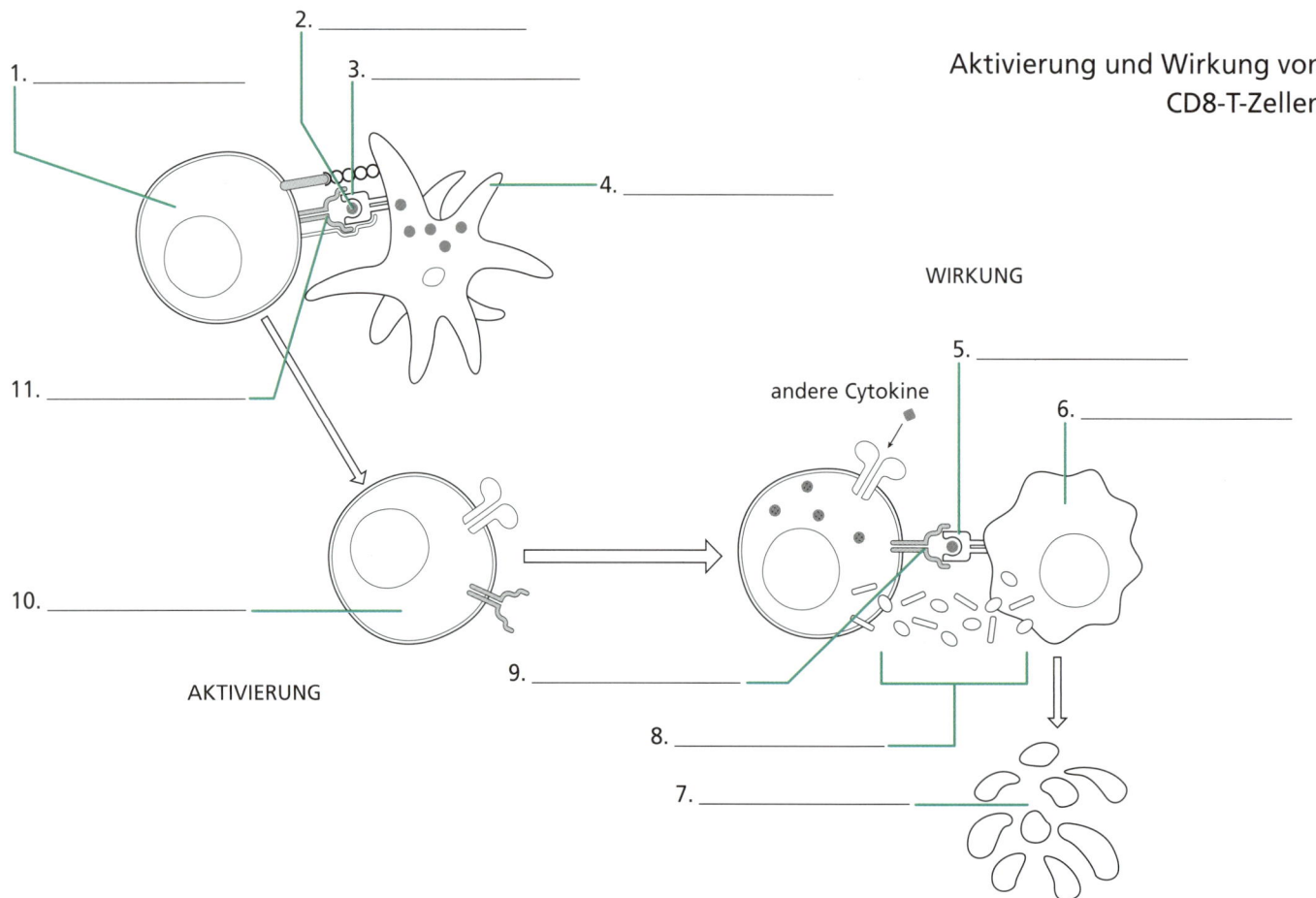

Aktivierung und Wirkung von CD8-T-Zellen

WIRKUNG

AKTIVIERUNG

andere Cytokine

1. _____
2. _____
3. _____
4. _____
5. _____
6. _____
7. _____
8. _____
9. _____
10. _____
11. _____

Breitengrad und Sonneneinstrahlung

Die Biogeografie befasst sich mit der globalen Verteilung von Organismen. Die Anzahl und Diversität von Lebewesen in einem bestimmten Gebiet hängt von einer Kombination aus belebten (biotischen) und unbelebten (abiotischen) Faktoren ab. Die Verbreitung beziehungsweise geografische Verteilung einer jeden Spezies hängt davon ab, inwiefern sie sich an die klimatischen Bedingungen des Gebiet anpassen, Nahrung finden, Prädation (Räubertum) vermeiden und ihre Nachkommen verbreiten kann.

Klima bezieht sich auf die typischen langfristigen Wetterbedingungen in einem Gebiet. Viele Faktoren, unter anderem Breitengrad, Windverhältnisse und geografische Merkmale, zum Beispiel Berge, bestimmen zusammen das Klima in einer Region. Der Breitengrad ist wichtig, da er die Menge an Sonnenstrahlung in einem Gebiet bestimmt. Im Allgemeinen sind Regionen, die eine große Menge an Sonnenlicht erhalten, zum Beispiel jene in der Nähe des Äquators, wärmer als Gebiete, die weniger Sonnenlicht erhalten, zum Beispiel jene an den Polen.

Die Erdkrümmung beeinflusst die Menge an Sonnenstrahlung in einem Gebiet. Am Äquator gibt es oft eine direkte Sonneneinstrahlung. Die Sonnenstrahlen treffen somit parallel zum Breitengrad auf die Erde, was zu einer maximalen Sonneneinstrahlung pro Fläche führt. Die Erdoberfläche krümmt sich vom Äquator weg, sodass die Sonnenstrahlen polwärts in einem immer niedriger werdenden Winkel auftreffen. Die Strahlung ist somit diffuser und die Gesamtenergie pro Fläche geringer.

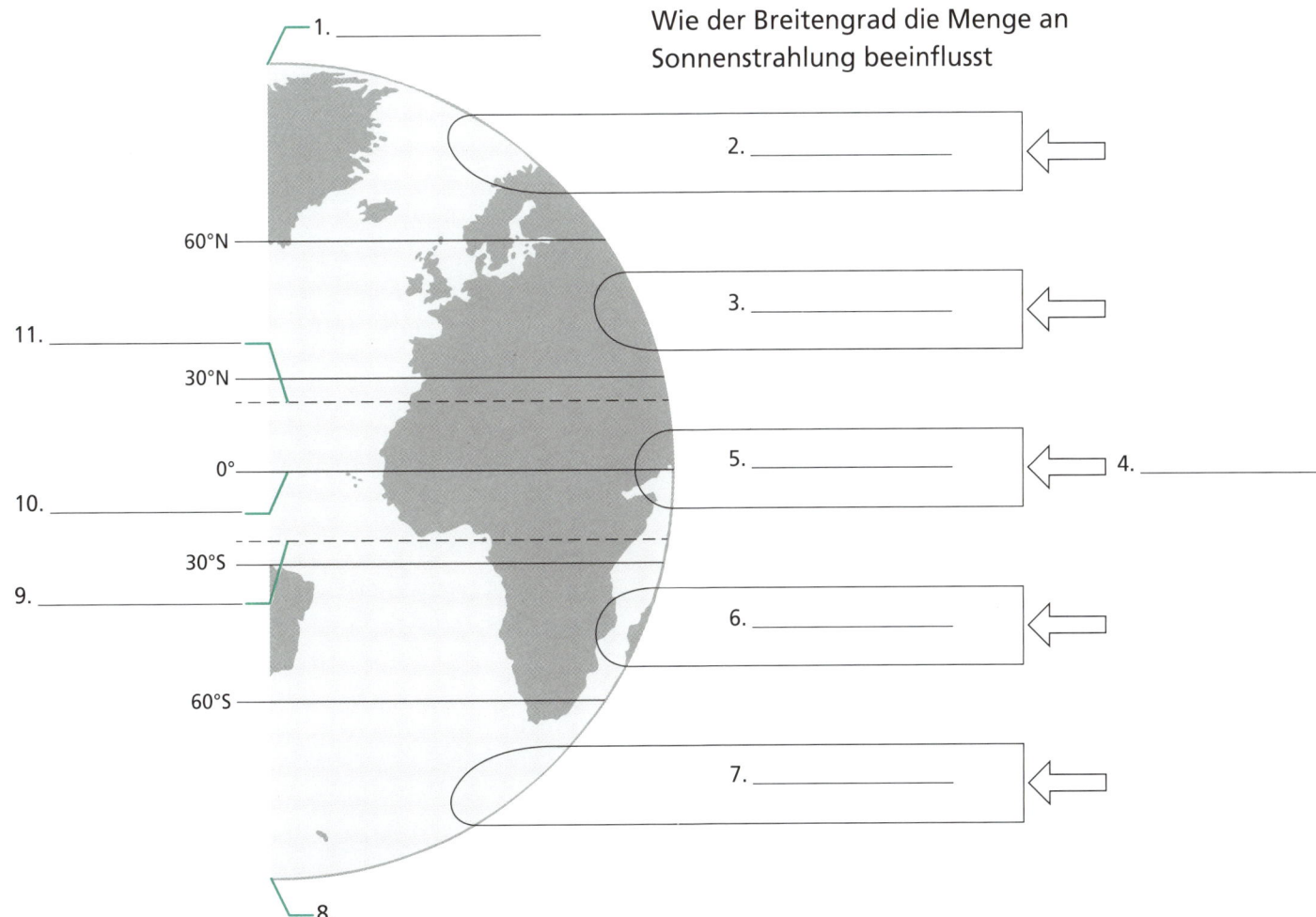

Wie der Breitengrad die Menge an Sonnenstrahlung beeinflusst

Lösungen

Globale Luftzirkulation

Die Luft in der Erdatmosphäre ist aufgrund von Druck- und Temperaturveränderungen ständig in Bewegung. Während sich die Erde um die Sonne dreht und um ihrer schrägen Achse rotiert, erhalten bestimmte Teile der Atmosphäre mehr Sonnenstrahlung als andere. Die Gase dehnen sich, wenn sich die Luft erwärmt, wodurch die Luft an Dichte verliert und aufsteigt. So entsteht auf der Erdoberfläche ein Tiefdruckgebiet. Die warme Luft breitet sich in der oberen Atmosphäre aus, wo sie abkühlt und dichter wird. Die kühlere Luft sinkt wieder ab und bewegt sich dort, wo sie auf die Oberfläche trifft, hin zum Tiefdruckgebiet. Dadurch schließt sich ein Kreislauf, der als Konvektionszelle bezeichnet wird. Die Luftbewegungen in der Konvektionszelle verdrehen sich leicht aufgrund des Corioliseffekts, der durch die Erdrotation ausgelöst wird.

Da warme Luft mehr Feuchtigkeit speichert als kühle Luft, beeinflussen Konvektionszellen den Niederschlag. Die warme Luft steigt auf und trägt dabei Feuchtigkeit in die Atmosphäre. Kühlt die Luft ab, kann sie nicht dieselbe Menge Wasser speichern und gibt somit Niederschlag ab. Wenn die kühle, trockene Luft wieder zu sinken beginnt, erwärmt sie sich und kann so wieder mehr Feuchtigkeit speichern. Die warme Luft nimmt auf ihrem Weg Wasser aus der Umgebung auf, wodurch das Land sehr trocken wird.

Darstellung der globalen Luftzirkulation

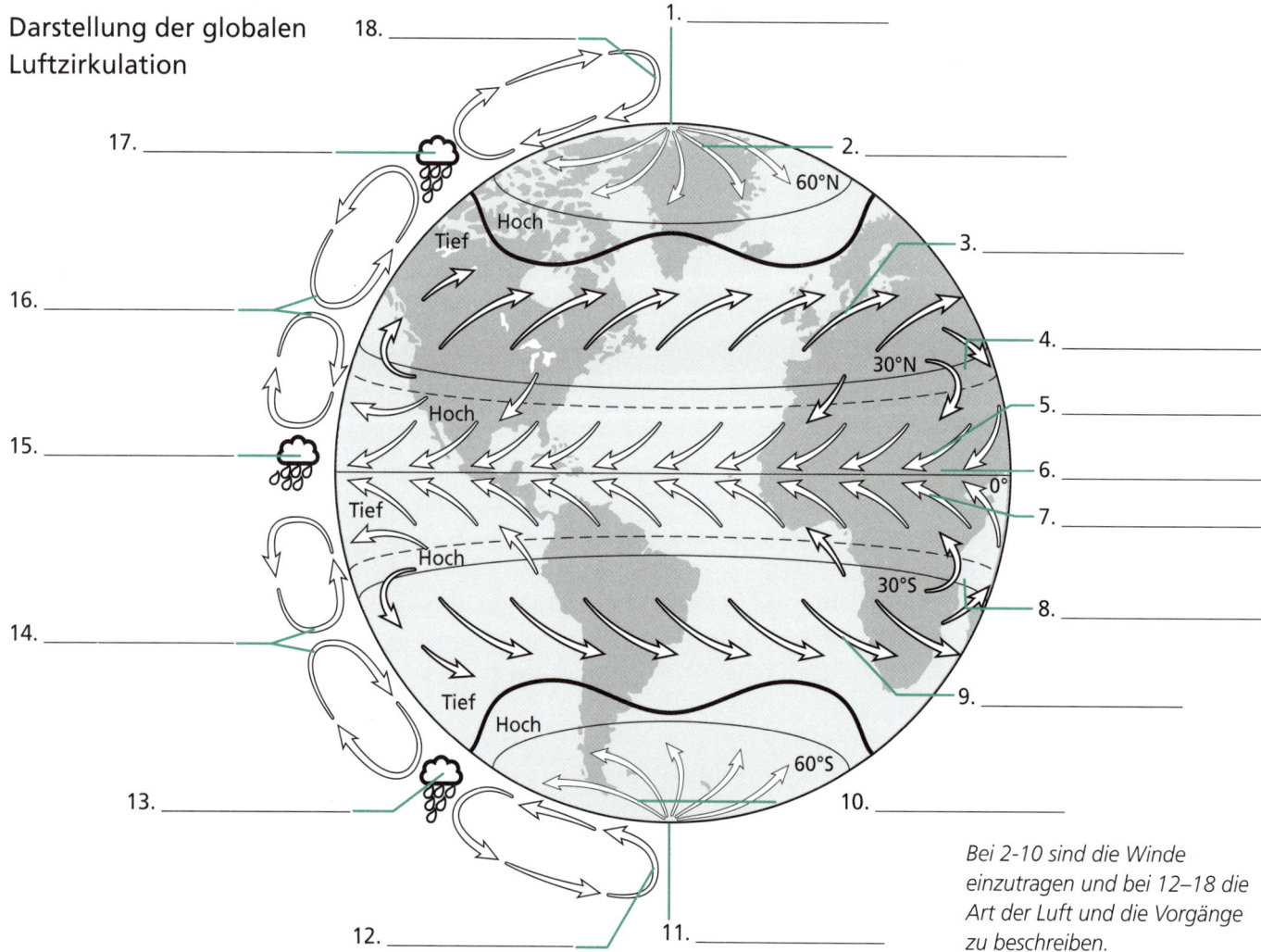

Bei 2-10 sind die Winde einzutragen und bei 12–18 die Art der Luft und die Vorgänge zu beschreiben.

Lösungen

1. Nordpol, 2. polare Ostwinde, 3. Westwinde, 4. Westwinde, 5. Nordost-Passatwinde, 6. Kalmen (Windstillen), 7. Südost-Passatwinde, 8. Rossbreiten, 9. Westwinde, 10. polare Ostwinde, 11. Südpol, 12. absinkende kühle, trockene Luft, 13. aufsteigende warme, feuchte Luft, 14. absinkende kühle, trockene Luft, 15. aufsteigende warme, feuchte Luft, 16. absinkende kühle, trockene Luft, 17. aufsteigende warme, feuchte Luft, 18. absinkende kühle, trockene Luft

Der Regenschatteneffekt

Landmassen in der Nähe eines Meeres haben oft ein milderes Klima, weil Wasser Wärmeenergie speichern kann. Meere nehmen während des Sommers Wärme aus der Atmosphäre auf und helfen so dabei, nahegelegene Landmassen kühl zu halten. Im Winter geben die Meere Wärme in die Atmosphäre ab und halten Küstenregionen dadurch wärmer als Inselregionen.

   Wenn Luft über ein Gebirge zieht, können die Höhenunterschiede den Niederschlag auf der anderen Seite des Gebirges beeinflussen. Zieht warme, feuchte Luft über eine Bergkette, kühlt sie ab, wenn sie höhere Lagen erreicht. Durch das Abkühlen kann die Luft immer weniger Wasser speichern und gibt Niederschlag ab. Die kühle, trockene Luft sinkt auf der anderen Seite der Bergkette ab und erwärmt sich, wenn sie niedrigere Lagen erreicht. Diese warme, trockene Luft nimmt Feuchtigkeit aus ihrer Umgebung auf, wodurch Wüstenbedingungen entstehen. Diese austrocknende Wirkung aufgrund einer Gebirgskette wird als Regenschatten bezeichnet.

Wie ein Regenschatten den Niederschlag beeinflusst

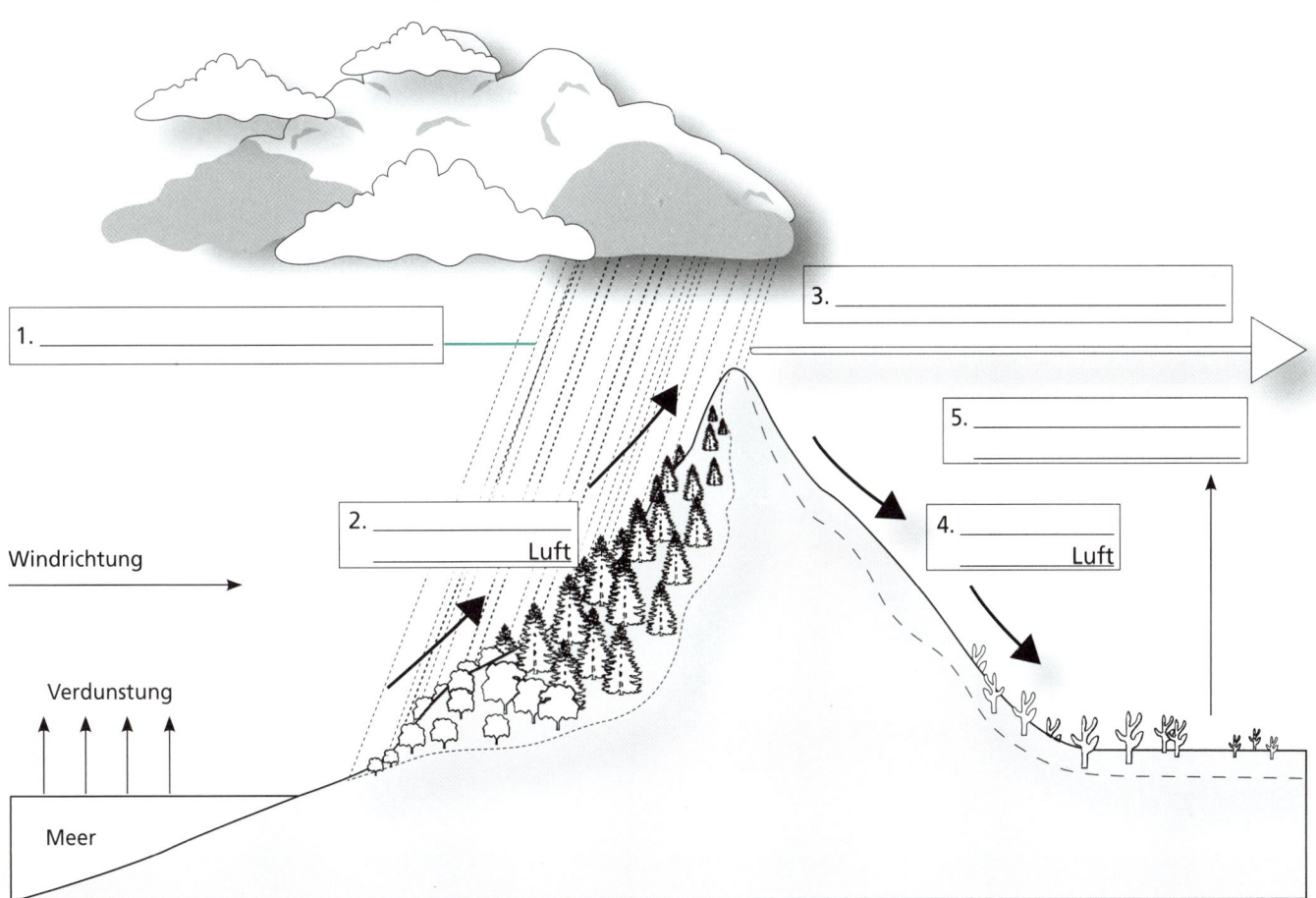

1. _____

2. _____ Luft

3. _____

4. _____ Luft

5. _____

Windrichtung

Verdunstung

Meer

Lösungen

Meeresströmungen

Die Meeresströmungen werden von Faktoren wie Wind, Wasserdichte und Gezeiten beeinflusst. Regionale geografische Merkmale, zum Beispiel Küstenlinien und Unterwassergebirge, können ebenso einen Einfluss haben. Wenn Meeresströmungen fließen, verdrehen sie sich aufgrund des Corioliseffekts leicht, wodurch kreisförmige Strömungen, sogenannte Meereswirbel, entstehen. Wirbel drehen sich in der nördlichen Hemisphäre im Uhrzeigersinn, während sich jene in der südlichen Hemisphäre gegen den Uhrzeigersinn drehen.

Dichteunterschiede führen dazu, dass die Meeresspiegel sinken und steigen. So entstehen Tiefenströmungen, die sich mit Oberflächenströmungen verbinden und Wassermassen bewegen. Wenn sich in den Polarmeeren Eis bildet, wird reines Wasser aus der Lösung entfernt, sodass das übrig bleibende flüssige Wasser einen höheren Salzgehalt hat. Dieses kalte, salzige Wasser sinkt, da es dichter als das darunterliegende Wasser ist. Wasser fließt ein und ersetzt das salzigere Wasser, wodurch ein Konvektionskreislauf entsteht, der die Tiefenströmungen antreibt.

Globale Winde erzeugen Oberflächenströmungen, indem sie die vorbeifließenden Gewässer antreiben. Diese Oberflächenströmungen haben einen großen Einfluss auf das örtliche Klima. Zum Beispiel bringt der Golfstrom warmes Wasser aus den tropischen Regionen der Karibik in viele Regionen Nordeuropas, wodurch das Klima in diesen Regionen wärmer ist als in anderen nördlichen Gebieten. Im Gegensatz dazu ist es in Peru kühler als in vielen umliegenden Ländern, da der küstennahe Perustrom oder Humboldtstrom entlang der südamerikanischen Küste kühleres Wasser bringt.

Meeresströmungen auf der Erde

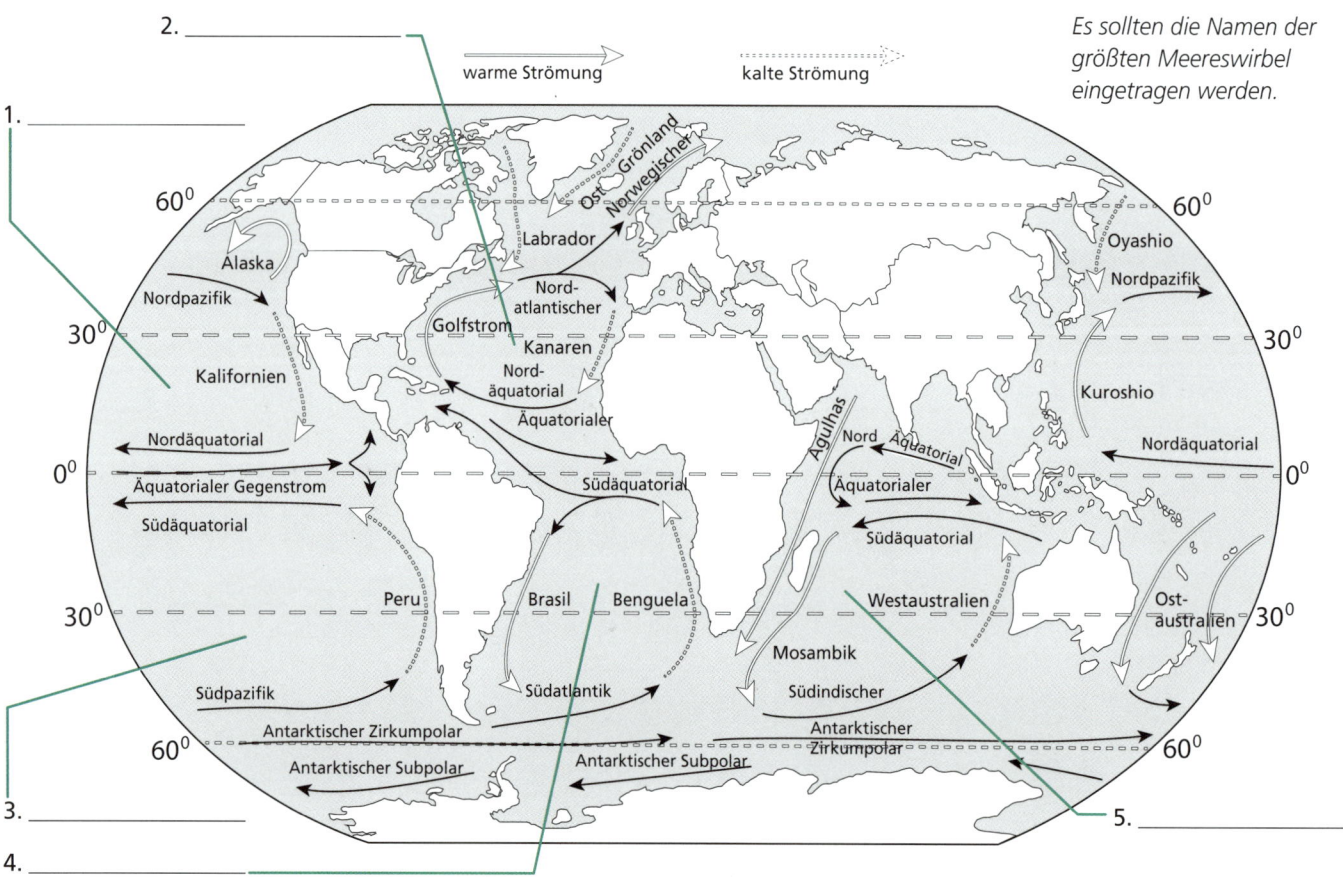

Es sollten die Namen der größten Meereswirbel eingetragen werden.

Terrestrische Biome

Der mittlere Jahresniederschlag und die mittlere Jahrestemperatur einer Region haben einen großen Einfluss darauf, welche Organismen dort leben können. Es gibt etwa 10 Hauptgruppen von Pflanzen und Tieren, die ökologische Gemeinschaften, sogenannte Biome, bilden. Biome können in Ökosysteme unterteilt werden, die alle miteinander und mit den abiotischen Faktoren in ihrer Umgebung interagierenden Organismen beinhalten. In einem Biom können verschiedene Ökosysteme existieren.

Zu den terrestrischen Biomen gehören tropische Regenwälder, Wüsten, Steppenlandschaften gemäßigter Breiten, Laubwälder gemäßigter Breiten, boreale Nadelwälder und die arktische Tundra. Jedes dieser Biome hat ein einzigartiges Profil von mittlerer Jahrestemperatur und mittlerem Jahresniederschlag. Warme Temperaturen und hoher Niederschlag, wie es beim tropischen Regenwald der Fall ist, führen zu einem der produktivsten und vielfältigsten Biome der Erde. Hohe Temperaturen und kein Regen führen jedoch zu einer niedrigen Produktivität aufgrund des langsamen Pflanzenwachstums, so wie zum Beispiel in Wüsten. Biome in gemäßigten Breiten befinden sich in der Mitte, mit einem moderaten Niederschlag und einer Temperatur, die den Großteil des Jahres Pflanzenwachstum ermöglicht. Kalte Temperaturen verringern die Vegetationsperiode und führen zu Biomen mit niedriger Produktivität, zum Beispiel boreale Nadelwälder und die arktische Tundra. In diesen Gebieten ist die mittlere Temperatur das meiste Zeit des Jahres unter dem Gefrierpunkt und ein Großteil des Bodens ist permanent gefroren (Permafrost).

Legende

1. _____
2. _____
3. _____
4. _____
5. _____
6. _____
7. _____
8. _____
9. _____
10. _____

Die verschiedenen terrestrischen Biome der Erde

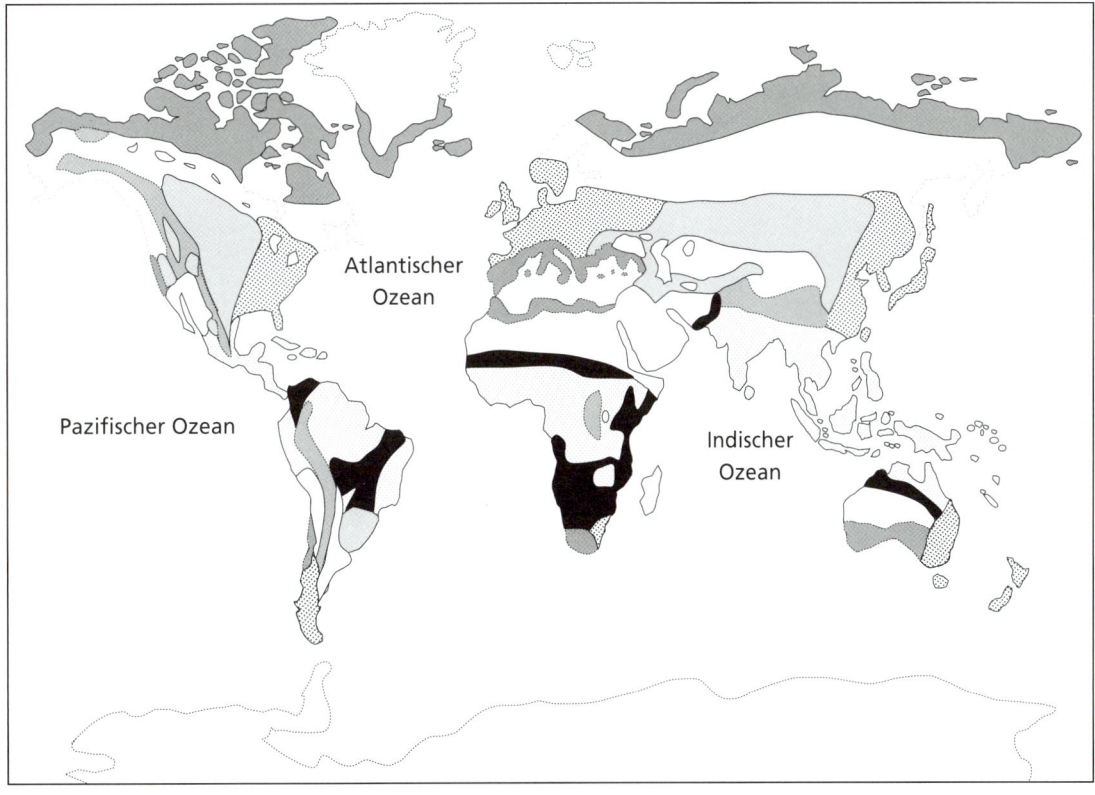

Lösungen

Zonen in Meeren und Seen

Salzgehalt, Wasserfluss und auch die Verfügbarkeit von Licht sowie Nährstoffen erschaffen einzigartige Biome wie Seen, Ströme, Süßwasserfeuchtgebiete, Ästuare oder Ozeane. Feuchtgebiete sind Habitate mit Niedrigwasser, in denen der Boden zumindest einen Teil des Jahres mit Wasser gesättigt sind. Ästuare sind Bereiche, in denen Süßwasser und Salzwasser aufeinander treffen. Bei Seen und Meeren erzeugt die Menge an vorhandenem Licht einzigartige Zonen, die von vielfältigen Organismen bewohnt werden. Der von Licht durchdrungene Bereich wird als euphotische Zone bezeichnet; Bereiche, die kein Licht erhalten, befinden sich in der aphotischen Zone.

Die größte Vielfalt von Meeresleben ist entlang des Kontinentalschelfs zu finden, ein relativ flaches Gebiet in der Nähe des Küste. Die Gezeitenzone, die am nächsten bei der Küste ist, erhält genügend Sonnenlicht, um die Photosynthese zu unterstützen, jedoch ist sie dem Wind ausgeliefert, während sich Ebbe und Flut abwechseln. Die neritische Zone reicht von der Gezeitenzone bis zum Kontinentalschelf, wo die ozeanische Region beginnt. Der Ozeanboden wird als Benthal bezeichnet.

Wie Meere können auch Seen in Bereiche wie euphptische Zone, aphotische Zone und Benthal unterteilt werden. Die Region entlang eines Seeufers, die für ein Wachstum verwurzelter Pflanzen flach genug ist, wird Litoral genannt. Der Bereich des Sees, der für verwurzelte Pflanzen zu tief ist, aber Licht erhält, wird als Limnion bezeichnet.

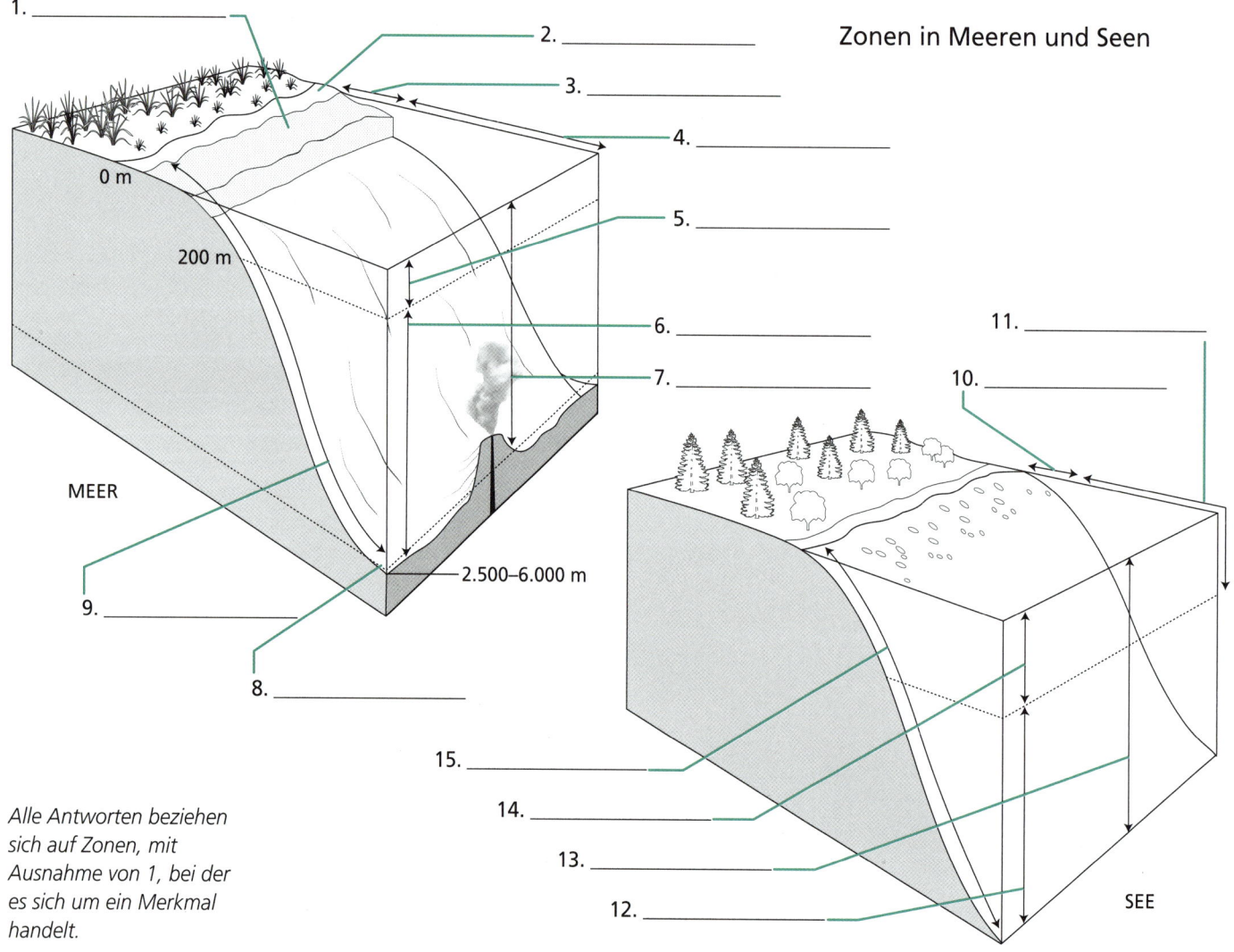

Zonen in Meeren und Seen

1. _____
2. _____
3. _____
4. _____
5. _____
6. _____
7. _____
8. _____
9. _____
10. _____
11. _____
12. _____
13. _____
14. _____
15. _____

0 m
200 m
2.500–6.000 m
MEER
SEE

Alle Antworten beziehen sich auf Zonen, mit Ausnahme von 1, bei der es sich um ein Merkmal handelt.

Lösungen

1. Kontinentalschelf, 2. Gezeitenzone, 3. neritische Zone, 4. ozeanische Region, 5. euphotische Zone, 6. aphotische Zone, 7. Pelagial, 8. abyssal zone, 9. Benthal, 10. Litoral, 11. Limnion, 12. aphotische Zone, 13. Pelagial, 14. euphotische Zone, 15. Benthal

Auftrieb und Umschichtung

Durch Auftrieb und Umschichtung wird die Nährstoffverfügbarkeit in Meeren und Seen erhöht. Da die Verfügbarkeit von Nährstoffen das Wachstum photosynthetischer Organismen beeinflusst, wirkt sie sich auch auf Organismen aus, die in diesen Ökosystemen versorgt werden.

Beim im Meer stattfindenden Auftrieb wird das Oberflächenwasser durch Wind von der Küste weggeschoben, wodurch kaltes Wasser aus den tiefer liegenden Schichten aufsteigt. Das Wasser bringt Nährstoffe vom Ozeanboden mit sich, wodurch das Wachstum photosynthetischer Organismen wie Phytoplankton unterstützt wird. Phytoplankton ist die Grundlage für Nahrungsnetze, durch die größere Organismen wie Fische versorgt werden. Für gewöhnlich befinden sich gute Fischgründe dort, wo es Auftrieb gibt.

Die Umschichtung in Seen ist auf jahreszeitliche Temperaturveränderungen zurückzuführen. Im Sommer ist das Oberflächenwasser wärmer und weniger dicht als das Wasser darunter. Das Seewasser wird in Schichten unterteilt, das wärmere Epilimnion ist oben und das kühlere Hypolimnion unten. Solche Temperaturübergänge werden Thermokline genannt. Im Herbst kühlt das Wasser im Epilimnion ab und wird dichter, wodurch es sinkt und das nährstoffreiche Wasser im Hypolimnion verdrängt. In der Übergangszeit zwischen Winter und Frühling findet aufgrund von Dichte- und Temperaturveränderungen wieder eine Umschichtung statt.

Prozesse des Auftriebs und der Umschichtung

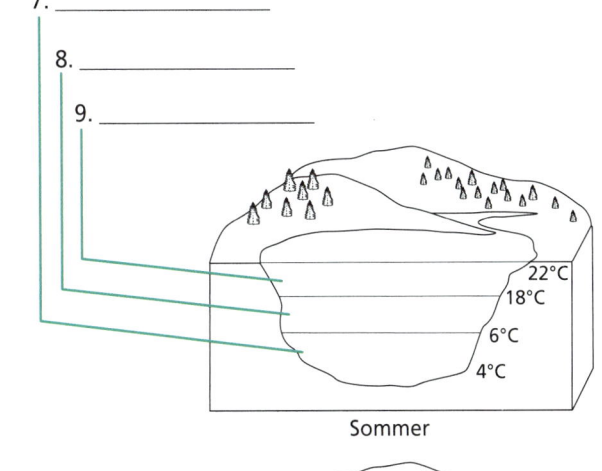

7. _____

8. _____

9. _____

22°C
18°C
6°C
4°C

Sommer

10. _____

Herbst

11. _____

12. _____

13. _____

14. _____

0°C
2°C
4°C
4°C

Winter

Es sind die Wasserarten und Vorgänge im Wasser oder die Bezeichnungen für Schichten einzutragen.

15. _____

4°C
4°C
4°C

Frühling

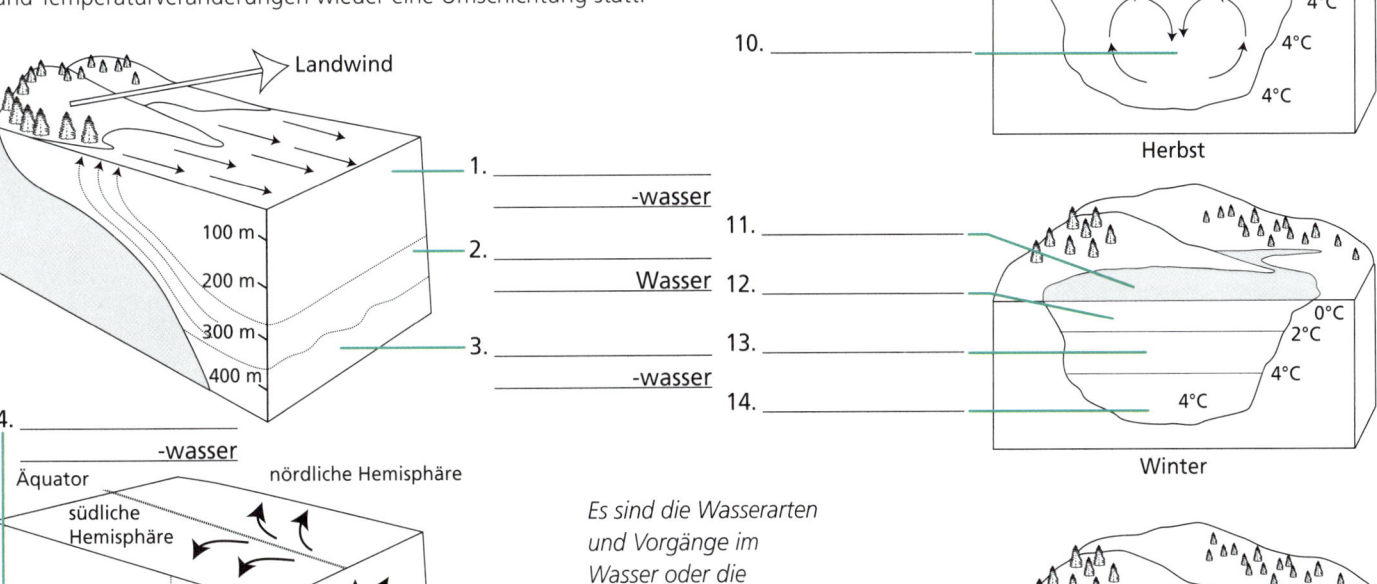

Landwind

100 m
200 m
300 m
400 m

1. _____
-wasser

2. _____
Wasser

3. _____
-wasser

4. _____
-wasser

Äquator

nördliche Hemisphäre

südliche Hemisphäre

5. _____

6. _____
-wasser

Lösungen

Der Energiefluss in Ökosystemen

In einem Ökosystem können viele unterschiedliche Arten von Interaktionen stattfinden, zum Beispiel der Kampf um Ressourcen, Sexualpartner oder Lebensraum. Ein wichtiger Zweck solcher Interaktionen besteht in der Energiegewinnung. Primärproduzenten können Energie aus abiotischen Ressourcen wie der Sonne gewinnen. Pflanzenfresser erhalten Energie, indem sie Produzenten essen. Konsumenten essen Pflanzenfresser und andere Konsumenten. Destruenten essen alle Arten von Organismen, wenn diese gestorben sind.

Energie fließt durch Ökosysteme fließt. Schlussendlich dient die Sonne nahezu allen Lebewesen als Energiequelle. Photosynthetische Organismen, wie zum Beispiel Pflanzen, absorbieren Sonnenlicht und nutzen es zur Produktion von Kohlenhydraten aus Kohlenstoffdioxid und Wasser, um schließlich Lichtenergie in chemische Energie umzuwandeln. Jedes andere Lebewesen isst Pflanzen oder einen Organismus, der sich von Pflanzen ernährt. Beim Prozess der Energieübertragung von Nahrung auf ATP, der für gewöhnlich in Form von Zellatmung stattfindet, geben alle Lebewesen einen Teil dieser Energie im Form von Wärme an die Umwelt ab. Somit fließt Energie aus der Sonne in das Ökosystem, wird in Pflanzen gespeichert, auf andere Organismen übertragen und endet schließlich als Wärme in der Atmosphäre. Die Wärme in der Atmosphäre wird dann zurück in den Weltraum abgegeben.

Wie Energie in Ökosystemen fließt

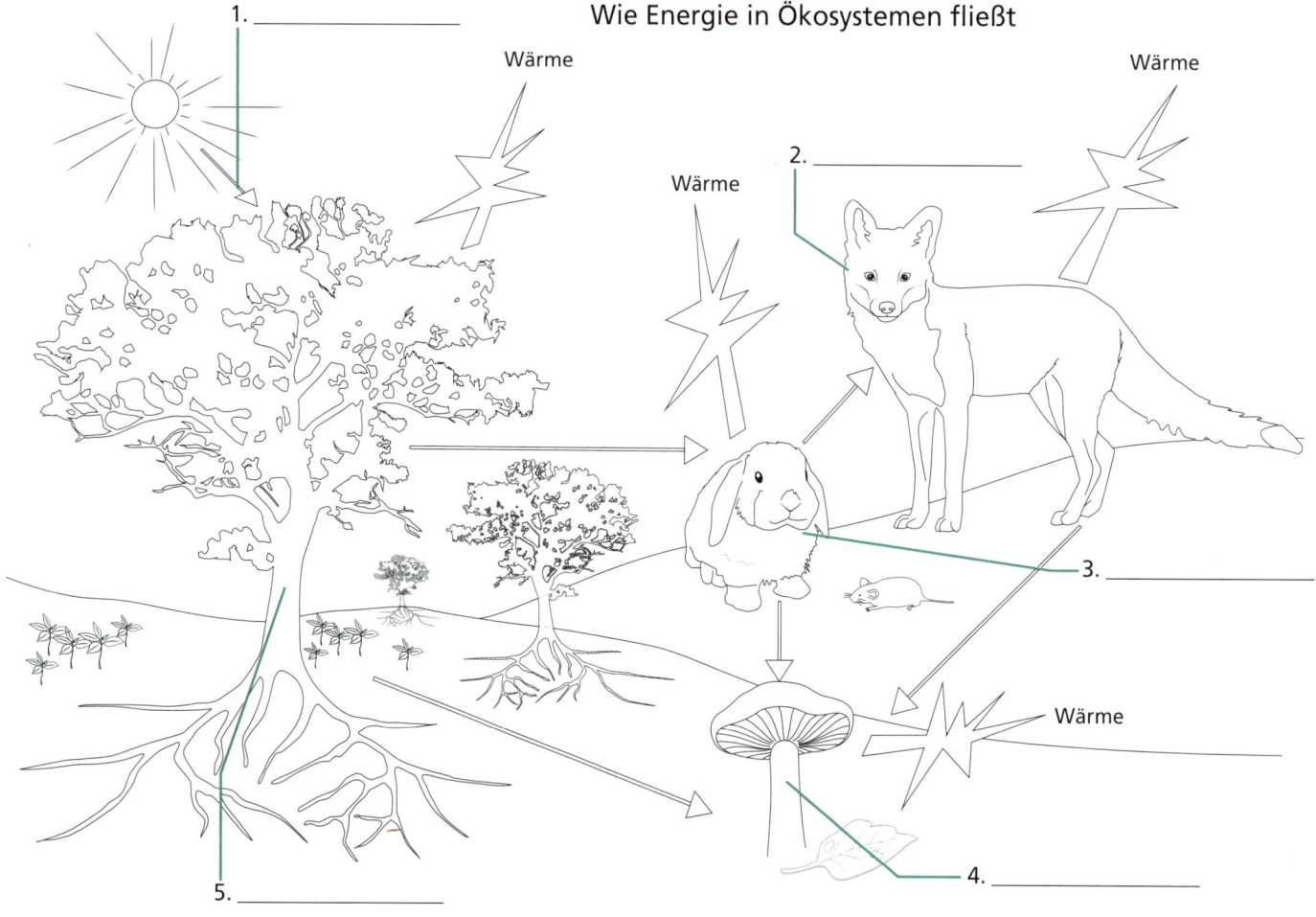

1. _____

Wärme

Wärme

Wärme

2. _____

3. _____

Wärme

4. _____

5. _____

Lösungen

Nahrungsnetze

Nahrung ist für alle Organismen eine unerlässliche Energie- und Stoffquelle. (Selbst photosynthetische Organismen brauchen Nahrung; sie erzeugen sie nur selbst.) Nahrungsketten zeigen Verbindungen zwischen Organismen auf und stellen dar, wie Nahrung durch Prädation von einem Organismus in den nächsten übergeht. Zum Beispiel könnte eine Nahrungskette ein Blatt, eine Raupe und einen Vogel miteinander verbinden. Das Blatt ist ein Produzent. Die Raupe ist ein Primärkonsument, da sie sich direkt vom Blatt ernährt. Der Vogel ist ein Sekundärkonsument, da er den Primärkonsumenten frisst. Diese Organismen werden dann in der Nahrungskette mit einem Pfeil verbunden, wobei die Pfeilspitze in Richtung des Energie- und Stoffflusses zeigt.

Die meisten Organismen ernähren sich nicht nur von einer Nahrungsquelle. Werden mehrere Nahrungsquellen miteinbezogen, sind die Nahrungsketten ineinander verflochten und es entsteht ein Nahrungsnetz. Nahrungsnetze stellen die Beziehungen zwischen den Organismen in einem Ökosystem dar. Diese Information kann genutzt werden, um bestimmte Sachverhalte zu verstehen oder die Auswirkungen des Verlusts einer Spezies vorauszusagen. Wenn zum Beispiel eine Spezies vom Aussterben bedroht ist, hat dies auch einen negativen Einfluss auf Organismen, die diese Spezies fressen. Die potentiellen Auswirkungen hängen von der Anzahl an Verbindungen innerhalb des Netzes dar. Generalisten, die viele unterschiedliche Sachen essen, sind weniger betroffen, während Spezialisten mit begrenzten Nahrungsquellen ein höheres Risiko haben auszusterben, wenn ihre Nahrungsquellen verringert werden.

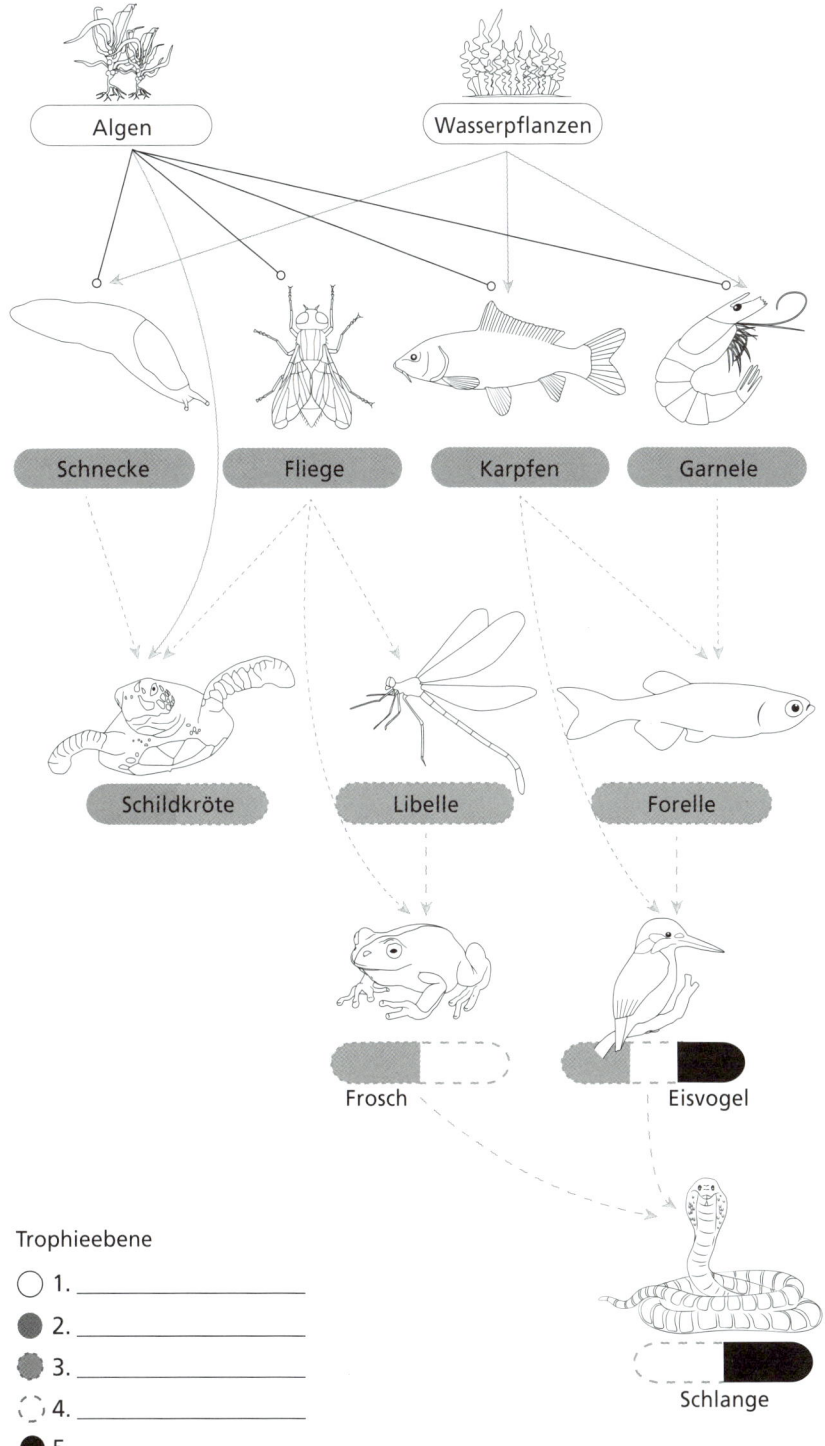

Trophieebene

○ 1. _____

● 2. _____

⬡ 3. _____

⬭ 4. _____

● 5. _____

Beispiel eines Nahrungsnetzes

Lösungen

Die Energiepyramide

Energiepyramiden sind eine weitere Möglichkeit zur Darstellung des Energieflusses in Ökosystemen. Hier sind die einzelnen Kategorien von Organismen aufeinandergestapelt, wobei sich die Produzenten ganz unten befinden. Jede Stufe der Pyramide wird auch Trophie-stufe genannt (Trophie bedeutet „Ernährung"). Die Pyramidenform zeigt optisch, was in einem Ökosystem mit der nutzbaren Energie geschieht, wenn sie von einer Stufe in die nächste fließt. Die erste Trophiestufe stellt die Produzenten dar, hat die meiste gespeicherte Energie und ist somit die größte Stufe, während die oberste Trophiestufe am wenigsten Energie hat und die kleinste Stufe ist.

   Pflanzen übertragen 1 Prozent der verfügbaren Lichtenergie auf chemische Energie in Kohlenhydraten und nutzen dann diese gespeicherte Energie, um zu wachsen und sich zu vermehren. Bei jeder Energieübertragung im Metabolismus wird ein Teil der verfügbaren Energie als Wärme in die Umwelt freigesetzt. Da Produzenten einen großen Teil der gespeicherten Energie selbst nutzen und einen Teil in Form von Wärme an die Umwelt abgeben, stehen nur 10 Prozent der ursprünglich in der Nahrung gespeicherten Energie den Primärkonsumenten in der zweiten Trophiestufe zur Verfügung. Ebenso nutzen die Primärkonsumenten einen Großteil der Energie, die sie aufnehmen, indem sie Produzenten fressen, für ihr eigenes Wachstum und ihre Vermehrung. Generell stehen ungefähr 10 Prozent der Energie, die in einer Trophiestufe aufgenommen wurde, der nächsten Stufe zur Verfügung. Dies wird auch als „10-Prozent-Regel" bezeichnet.

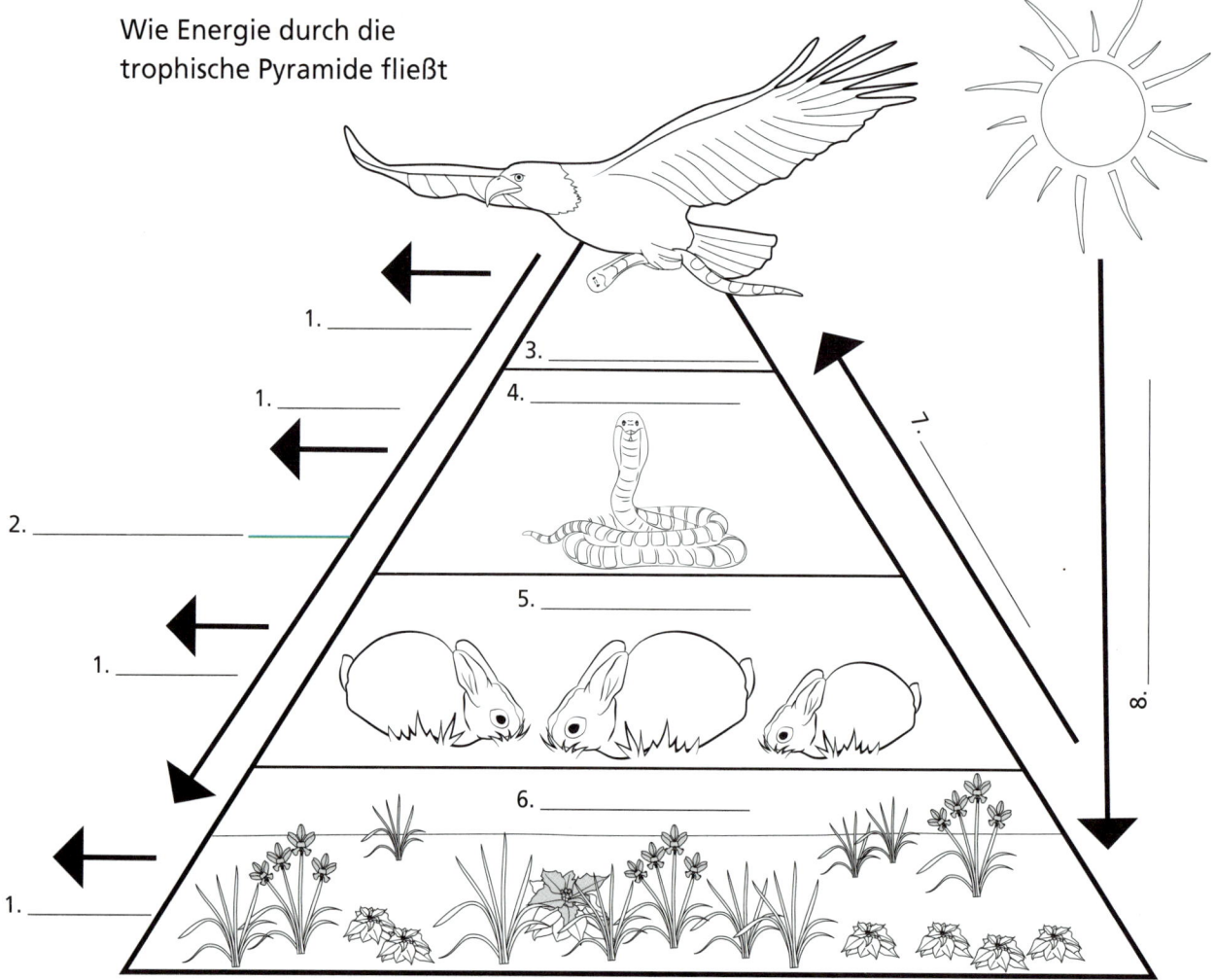

Wie Energie durch die trophische Pyramide fließt

1. _____
3. _____
1. _____
4. _____
2. _____
7. _____
5. _____
1. _____
8.
6. _____
1. _____

Nährstoffkreisläufe

Stoffe in einem Ökosystem durchlaufen einen Kreislauf. Nahezu alle Stoffe auf der Erde existieren bereits seit der Entstehung dieses Planeten vor etwa 4,6 Milliarden Jahren. Atome werden in Moleküle eingebaut, Moleküle ändern ihre Form und Lebewesen werden geboren und sterben dann, aber die Atome verschwinden nicht, sondern werden ständig wiederverwertet und wiederverwendet. Die Benutzung eines Propangasgrills (C_3H_8) ist ein bekanntes Beispiel. Wird in Gegenwart von Sauerstoff (O_2) ein Funke entzündet, brennt das Propangas. Auch wenn das Gas im Tank weniger wird, verschwinden die Atome nicht, sondern wechseln lediglich ihre Bindungspartner und werden zu Kohlenstoffdioxid und Wasserdampf in der Atmosphäre.

Fixierung und Assimilation sind Prozesse, bei denen Atome aus der Umgebung aufgenommen und in die Moleküle von Lebewesen eingebaut werden. Diese Atome werden durch Verdauung, Ausscheidung und Zersetzung wieder an die Umgebung abgegeben. Unter bestimmten Bedingungen fossilisieren die Überreste von Lebewesen und werden so zu Fossilien oder fossilen Energieträgern. Durch die Verbrennung von fossilen Energieträgern werden Atome wieder in die Atmosphäre freigesetzt.

Die Form von Atomen wird auch durch physikalische Prozesse verändert. Minerale in Sedimenten können zu Sedimentgestein verdichtet werden. Gestein wird durch starken Druck oder Hitze in der Erde verändert. Die im Gestein enthaltenen Minerale sind einer Assimilation durch Lebewesen nicht zugänglich. Wind, Eis und Wasser führen mit der Zeit jedoch dazu, dass das Gestein verwittert und erodiert, wodurch die Minerale in kleine Sedimente zurückkehren, die Organismen zugänglich sind.

Überblick des Nährstoffkreislaufs in einem Ökosystem

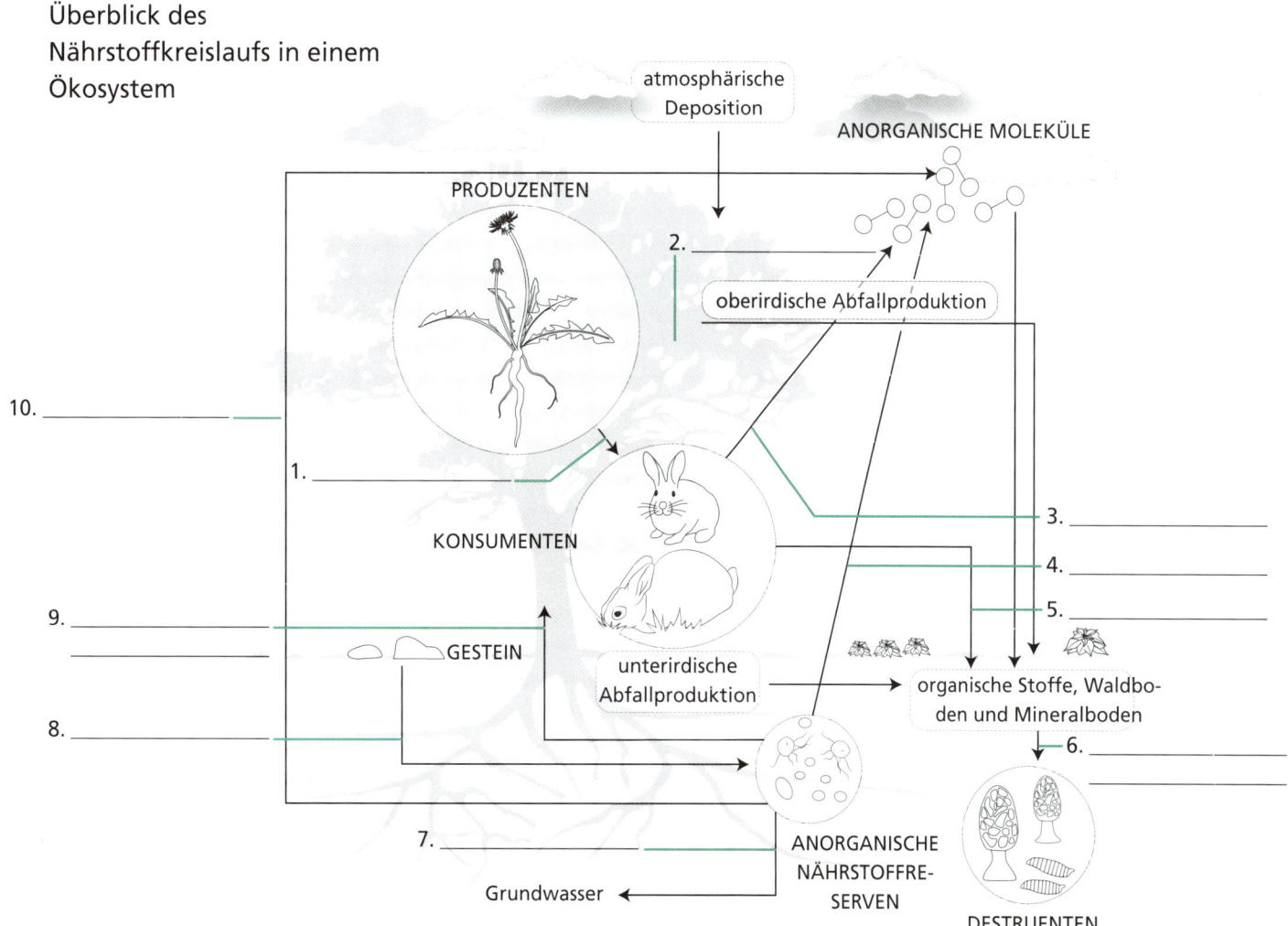

Der Wasserkreislauf

Der Wasserkreislauf stellt die Bewegungen des Wassers zwischen Meeren, Festland und Atmosphäre dar. Während es diesen Kreislauf durchläuft, wechselt das Wasser zwischen seiner festen, flüssigen und gasförmigen Form. Da Organismen auf die Verfügbarkeit von Wasser angewiesen sind, hat der Wasserkreislauf einen großen Einfluss auf das Ökosystem.

Ein Großteil des Wassers auf der Erde befindet sich in den Meeren. In Gletschern und Eiskappen befinden sich geringere Mengen, so auch in Gewässern wie Seen und Flüsse. Die Atmosphäre enthält nur einen kleinen Teil des Wassers in Form von Wasserdampf, jedoch wirkt sich dieser kleine Teil stark auf das Wetter aus. Wasserdampf ist ein Treibhausgas, das Wärme speichert und auf die Erdoberfläche zurück reflektiert.

Niederschlag wie Schnee oder Regen entsteht durch Kondensation von Wasser in der Atmosphäre. Der Niederschlag kann direkt in die Gewässer fallen oder kurzzeitig als Schnee gespeichert werden. Wenn der Schnee schmilzt, rinnt das Wasser in die Flüsse und wird schließlich in die Meere getragen. Wasser kann auch als Grundwasser durch poröse Steine sickern, bevor es wieder in die Meere gelangt. Durch die Energie aus der Sonnenstrahlung wird das flüssige Wasser wieder zu Wasserdampf, wodurch das Wasser in die Atmosphäre zurückkehrt. Organismen können ebenfalls Wasserdampf abgeben, zum Beispiel durch Transpiration oder Zellatmung.

Schritte im Wasserkreislauf

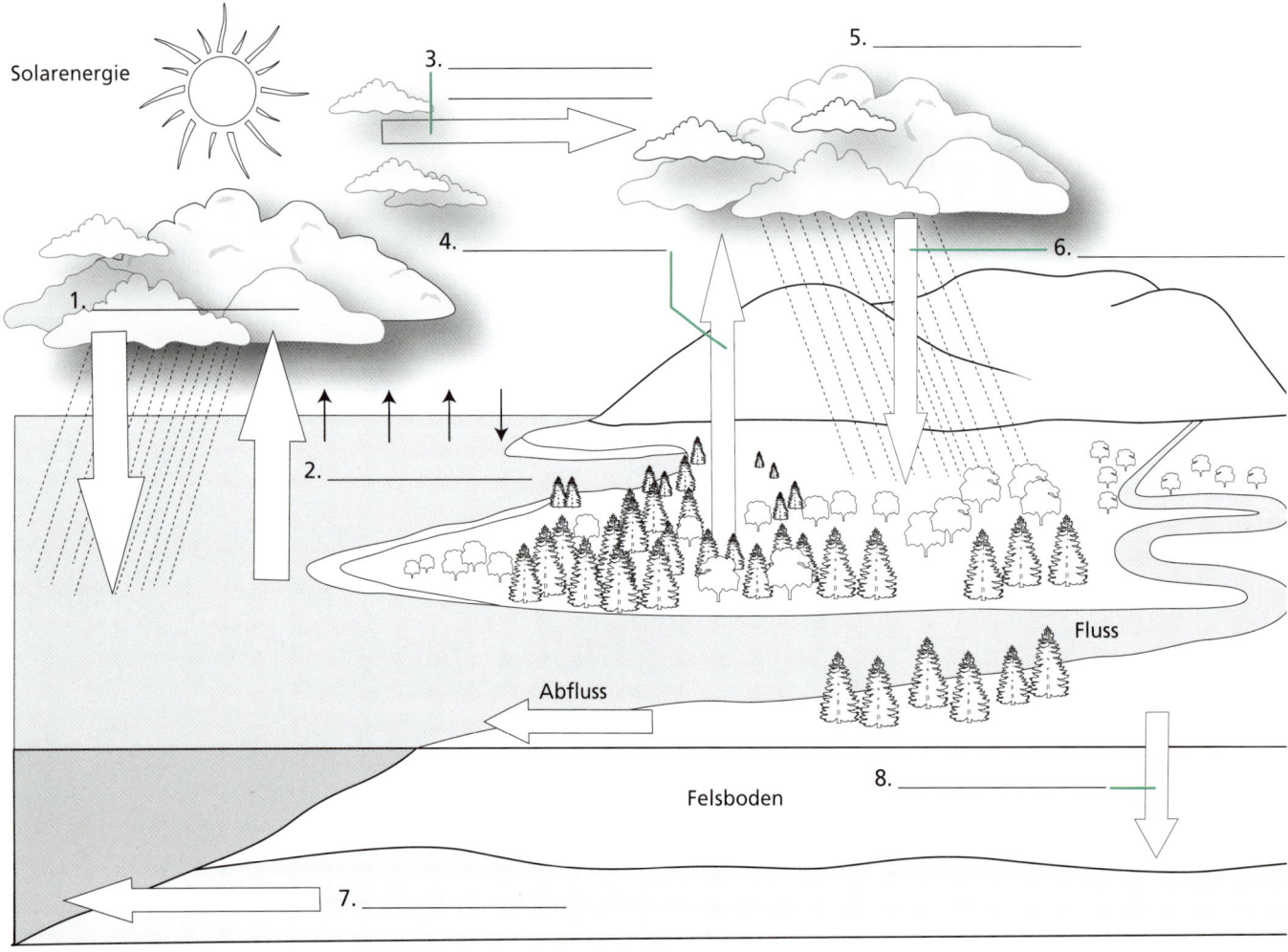

Lösungen

1. Niederschlag über dem Meer, 2. Evaporation über dem Meer, 3. Bewegung des Wasserdampfs über dem Land, 4. Evapotranspiration, 5. Transport über dem Land, 6. Niederschlag über dem Land, 7. Grundwasser rinnt ins Meer, 8. Versickerung

Der Kohlenstoffkreislauf

Der Kohlenstoffkreislauf stellt den Weg des Kohlenstoffs in einem Ökosystem dar. Kohlenstoff ist in der Atmosphäre und in Meeren in Form von Kohlenstoffdioxid enthalten. Photosynthetische Organismen nehmen Kohlenstoffdioxid auf und wandeln ihn in organische Stoffe wie Zucker um. Wenn Organismen andere Organismen essen, tragen diese organischen Stoffe Kohlenstoff durch die Trophiestufen des Nahrungsnetzes. Nach dem Tod eines Lebewesens wird der Kohlenstoff in seinem Körper kurzzeitig Teil der organischen Stoffe im Boden, bis seine Überreste von Destruenten zersetzt werden. Wenn Destruenten und andere Organismen Zellatmung nutzen, um Energie aus Nahrungsmolekülen zu erhalten, setzen sie Kohlenstoff als Kohlenstoffdioxid wieder in die Atmosphäre frei. Durch die Verbrennung von Holz und fossilen Energieträgern gelangt ebenso Kohlenstoffdioxid in die Atmosphäre.

Menschen üben seit mehr als 300 Jahren einen enormen Einfluss auf den Kohlenstoffzyklus aus. Die Industrielle Revolution trieb durch die Verbrennung fossiler Energieträger wie Kohle oder Öl die Stadtentwicklung voran. Die kohlenstoffhaltigen Brennstoffe entwickelten sich aus den Organismen, die während der Karbonzeit (vor 359–299 Millionen Jahren) in der Erde gespeichert wurden. Indem sie große Mengen dieser Energieträger verbrannten, erhöhten die Menschen die Konzentration von Kohlenstoffdioxid in der Atmosphäre. Da Kohlenstoffdioxid ein Treibhausgas ist, begann die globale Temperatur zu steigen. Die wärmeren Temperaturen wirken sich auf den Wasserzyklus sowie das Klima aus und führen auch dazu, dass die Meere weniger gelöstes Kohlenstoffdioxid speichern können.

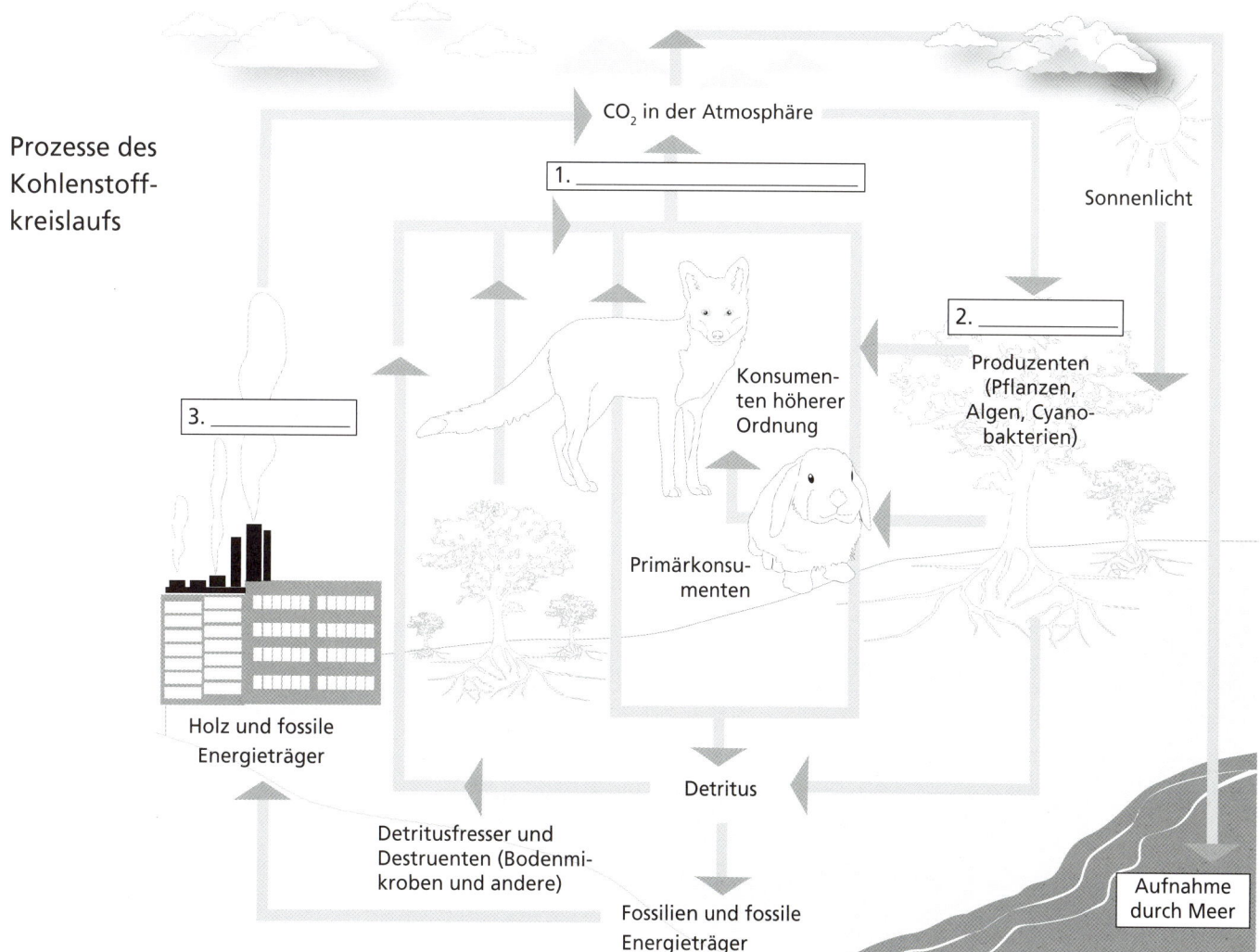

Prozesse des Kohlenstoffkreislaufs

CO_2 in der Atmosphäre

1. _____

Sonnenlicht

2. _____

Produzenten (Pflanzen, Algen, Cyanobakterien)

Konsumenten höherer Ordnung

3. _____

Primärkonsumenten

Holz und fossile Energieträger

Detritus

Detritusfresser und Destruenten (Bodenmikroben und andere)

Fossilien und fossile Energieträger

Aufnahme durch Meer

Lösungen

1. Zellatmung, 2. Photosynthese, 3. Verbrennung

Der Stickstoffkreislauf

Der Stickstoffzyklus stellt den Weg des Stickstoffs in einem Ökosystem dar. Das größte Stickstoffreservoire ist die Atmosphäre, die zu fast 80 Prozent aus Stickstoff besteht (N_2). Stickstofffixierende Bakterien binden diesen Stickstoff, wandeln ihn in Ammoniak (NH_3) um und nutzen ihn zur Herstellung ihrer eigenen Proteine und Nukleinsäuren. Die Freisetzung von Ammoniak in den Boden durch Bakterien wird als Ammonifikation bezeichnet. Sogenannte nitrifizierende Bakterien nutzen Ammoniak als Energiequelle und produzieren Nitrit (NO^{2-}) und Nitrat (NO^{3-}). Denitrifizierende Bakterien nutzen Nitrat bei der Zellatmung als Sauerstoffersatz und stellen Nitrit oder Stickstoff her.

Pflanzen können Ammoniak oder Nitrat aus dem Boden aufnehmen und diese Formen von Stickstoff für ihre Proteine und Nukleinsäuren nutzen. Der Stickstoff wandert im Rahmen des Nahrungsnetzes durch die Trophiestufen des Ökosystems. Wenn Lebewesen sterben, ernähren sich Destruenten von ihren Überresten. Beim Proteinabbau durch die Destruenten wird überschüssiger Stickstoff in den Boden freigesetzt.

Blitze und Vulkane tragen ebenfalls zum Stickstoffkreislauf bei: durch Blitzeinschläge entsteht Nitrat und Vulkane emittieren eine geringe Menge Ammoniak. Menschen nutzen Energie zur Fixierung von Stickstoff in chemischen Düngern, die sie nutzen, um dem Boden für ein besseres Pflanzenwachstum mit Nitrat anzureichern. In Fabriken entstehen ebenso Stickstoffverbindungen als Abfallprodukte bei industriellen Prozessen.

Schritte des Stickstoffkreislaufs

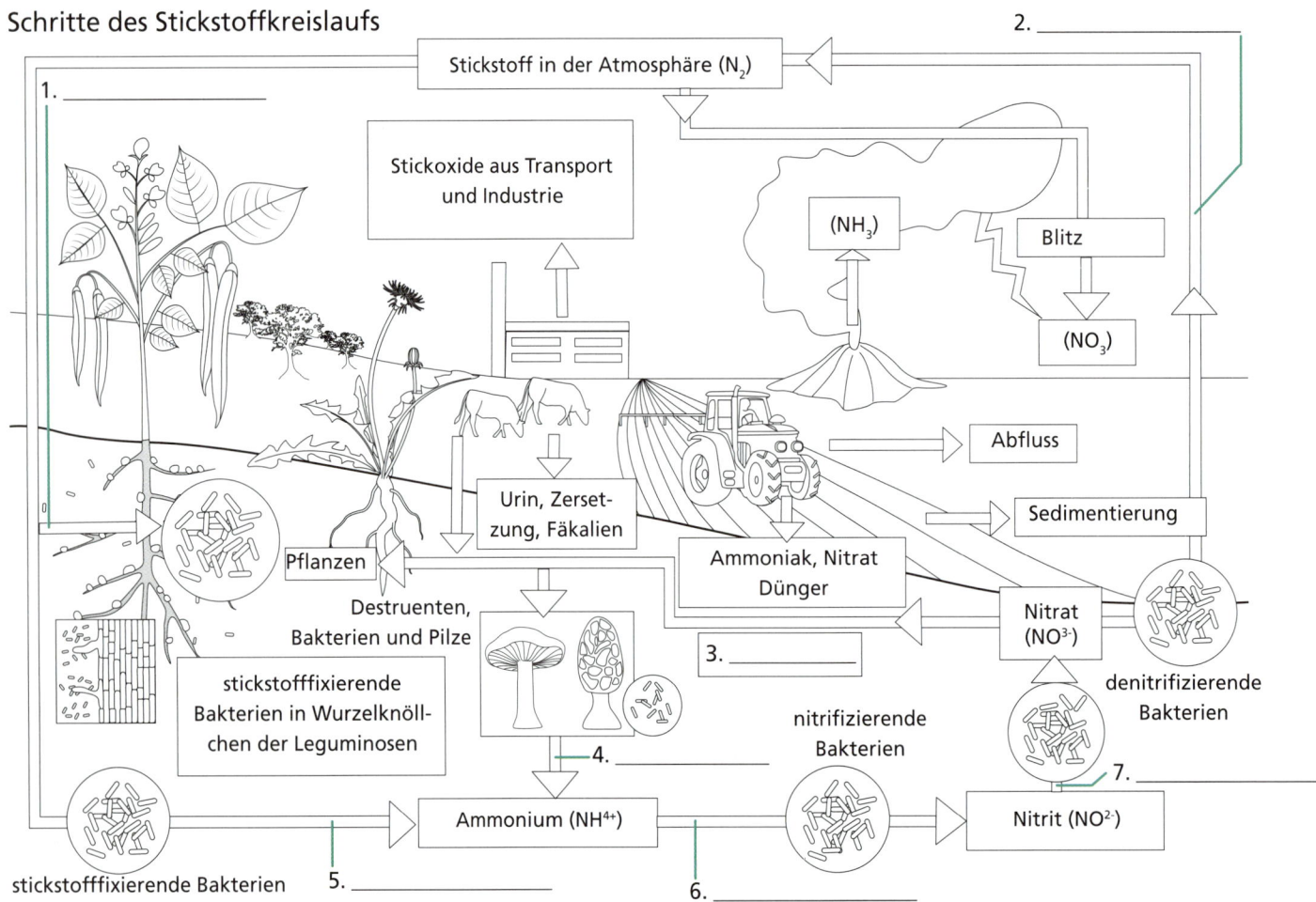

Stickstoff in der Atmosphäre (N_2)

1. _____

2. _____

Stickoxide aus Transport und Industrie

(NH_3)

Blitz

(NO_3)

Abfluss

Sedimentierung

Urin, Zersetzung, Fäkalien

Ammoniak, Nitrat Dünger

Pflanzen

Nitrat (NO^{3-})

3. _____

Destruenten, Bakterien und Pilze

stickstofffixierende Bakterien in Wurzelknöllchen der Leguminosen

denitrifizierende Bakterien

nitrifizierende Bakterien

4. _____

7. _____

stickstofffixierende Bakterien

Ammonium (NH^{4+})

Nitrit (NO^{2-})

5. _____

6. _____

Lösungen

Der Treibhauseffekt

Der Treibhauseffekt ist die wärmende Wirkung, den die Atmosphäre auf die Temperatur der Erdoberfläche hat. Wie das Glas eines Treibhauses die Wärme drinnen hält, so hält auch die Atmosphäre Wärme auf der Erde zurück. Wenn Sonnenenergie auf die Erde trifft, wird ein Teil davon absorbiert und ein weiterer Teil von der Oberfläche reflektiert und wieder in das Weltall gestrahlt. Die absorbierte Sonnenenergie wird schließlich von der Erdoberfläche als Wärme abgegeben. Ohne Atmosphäre würde die Sonnenenergie im Weltall enden und die Erde wäre so kalt wie der Mond. Treibhausgase in der Atmosphäre wie Kohlenstoffdioxid und Wasserdampf absorbieren Energie auf ihrem Weg in den Weltraum und strahlen sie wieder auf die Oberfläche zurück. So bleibt die Energie länger auf der Erdoberfläche und erwärmt den Planeten.

Der Treibhauseffekt ist wichtig für den Erhalt des Lebens, wie wir es kennen. Jedoch wurde die Temperatur auf der Erde in jüngster Zeit durch menschliches Handeln beeinflusst. Seit der Industriellen Revolution wurden große Mengen an fossilen Energieträgern verbrannt, wodurch viel Kohlenstoffdioxid in die Atmosphäre abgegeben wurde. Das führte zu einer Verstärkung des Treibhauseffekts und in weiterer Folge zu einem Anstieg der globalen Temperatur, zur Polareisschmelze und zur Anhäufung extremer Wetterereignisse. Wissenschaftler sagten gravierende Folgen für die Menschheit und andere Organismen voraus, wenn die CO_2-Emissionen nicht reduziert werden.

Faktoren, die den Treibhauseffekt beeinflussen

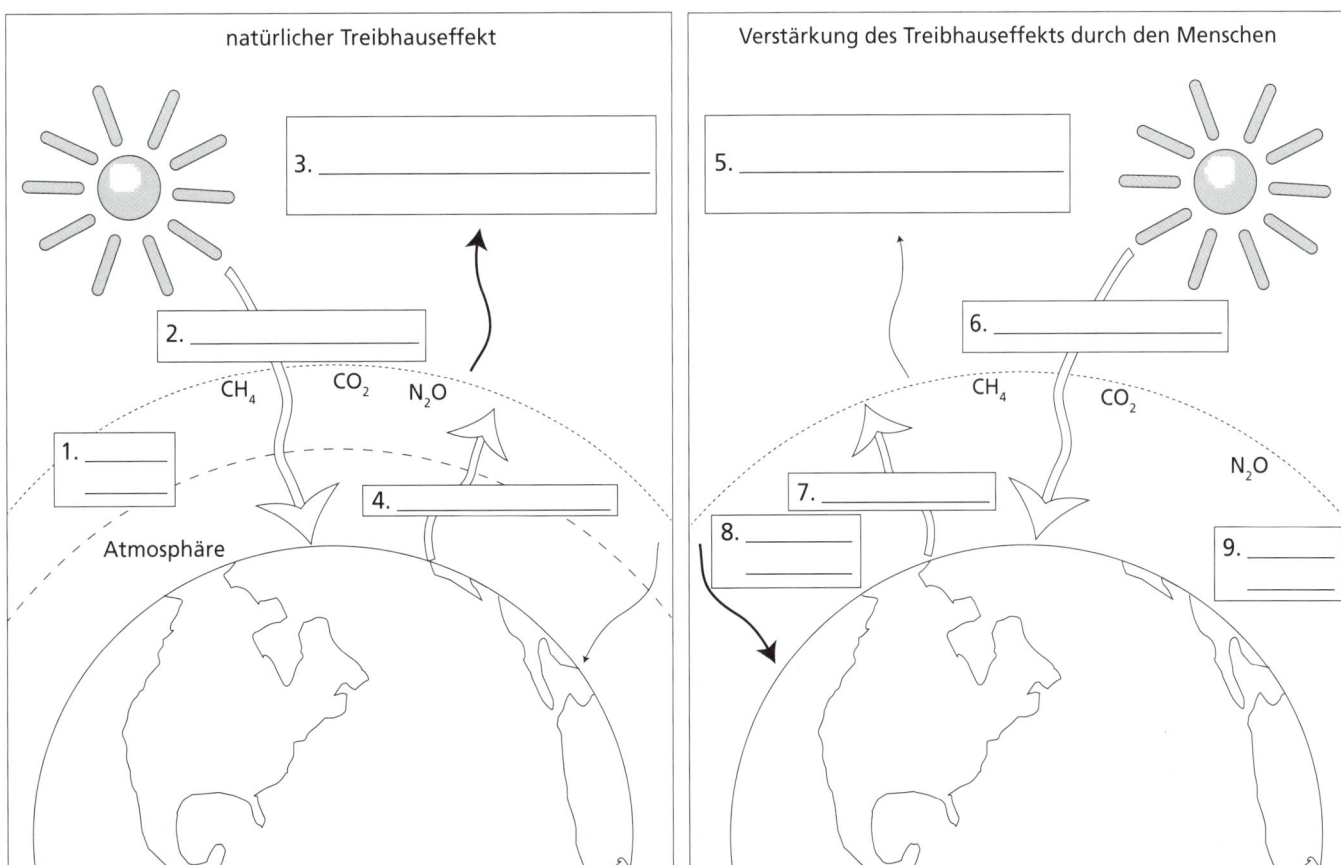

Bioakkumulation und Biomagnifikation

Bei der Bioakkumulation kommt es zur Anreicherung (Akkumulation) von Toxinen im Körper eines Organismen. Einige Giftstoffe wie polychlorierte Biphenyle (PCB) bleiben lange in der Umwelt, wodurch die dort lebenden Organismen solchen Stoffen über einen längeren Zeitraum ausgesetzt sind. Organismen können die Stoffe über die Haut, Nahrung oder Wasser aufnehmen. Werden diese Stoffe schneller aufgenommen, als sie ausgeschieden werden, führt das zu einer Konzentration der Toxine im Gewebe. Insbesondere fettlösliche Stoffe stellen für Tiere ein Problem dar, weil sie sich in ihren Fettreserven ansammeln. Erreicht die Menge der Toxine eine bestimmte Grenze, kann das enorme Auswirkungen haben, unter anderem auf das Nervensystem oder das Fortpflanzungssystem.

Die Bioakkumulation kann zum Problem der Biomagnifikation führen. Damit ist die Erhöhung der Toxinkonzentration im Zuge der Durchquerung einzelner Trophiestufen gemeint. Wenn ein Organismus einen anderen isst, nimmt er alle Toxine aus dem Organismus in sein eignes Gewebe auf. Da sich jeder Organismus von vielen anderen ernährt, erhöht sich die Schadstoffkonzentration mit jeder weiteren Stufe der Nahrungspyramide. Zum Beispiel enthält Meerwasser sehr geringe Mengen an Quecksilber, jedoch wird es in Algen angereichert (akkumuliert), wenn diese es aufnehmen. Zooplankton isst die Algen und die Quecksilberkonzentration beginnt sich zu erhöhen. Kleine Fische fressen das Zooplankton und größere Fische fressen die kleinen Fische. In weiterer Folge haben Raubtiere höherer Ordnung wie der Schwertfisch (*Xiphias gladius*) und Tunfisch eine größere Menge an Quecksilber als das Meerwasser selbst.

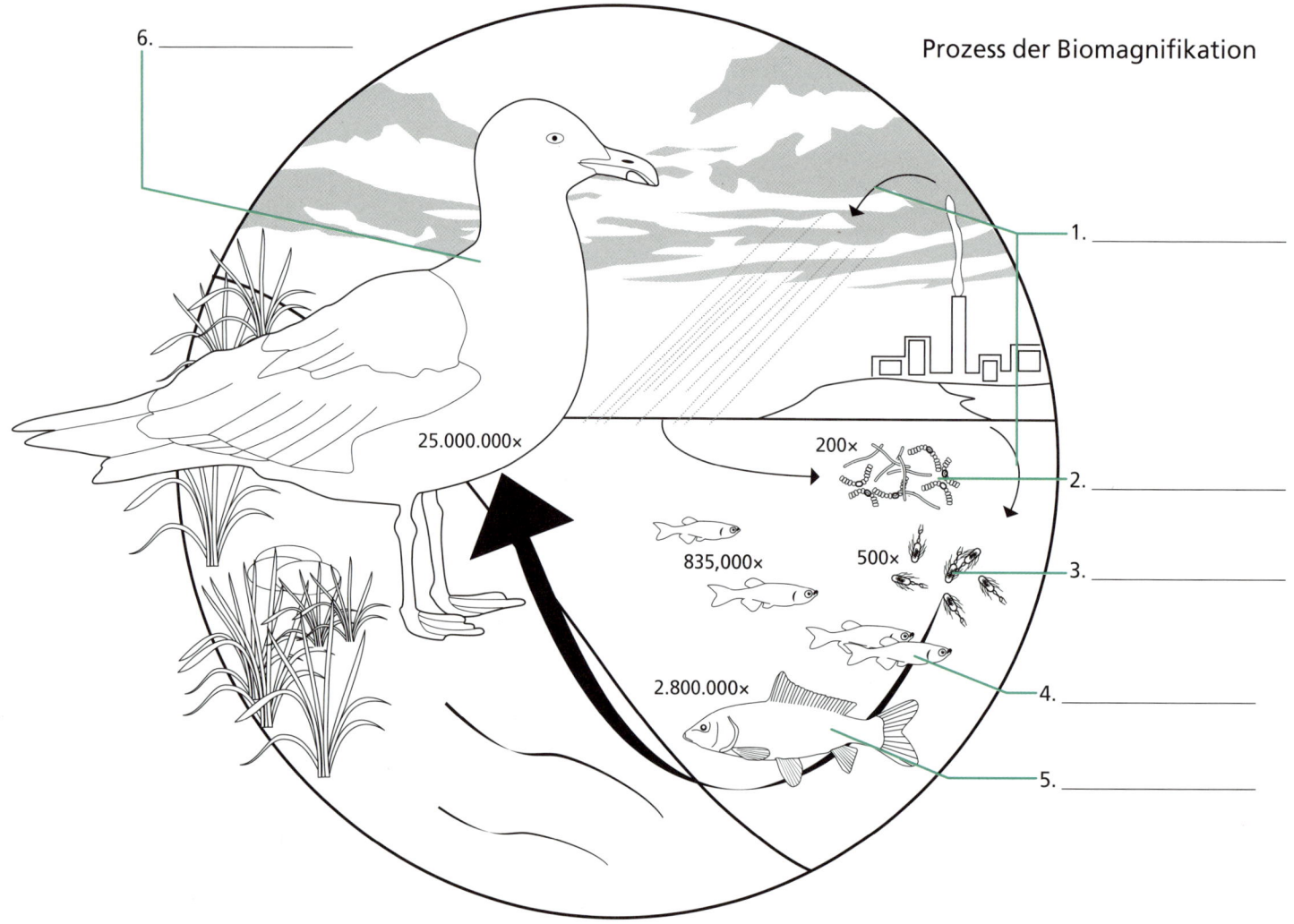

Prozess der Biomagnifikation

6. _____

1. _____

25.000.000×

200× 2. _____

835.000× 500× 3. _____

4. _____

2.800.000× 5. _____

1. Freisetzung des chemischen Stoffs, 2. Phytoplankton, 3. Zooplankton, 4. kleiner Fisch, 5. großer Fisch, 6. fischfressender Vogel

Verteilung der Population

Eine Population ist die Gesamtheit aller Individuen einer bestimmten Spezies, die in einem Gebiet leben. Die Wissenschaft der Demografie untersucht die Struktur einer Population und wie sie sich im Laufe der Zeit verändert. Zwei der aussagekräftigsten Messgrößen ist die Populationsgröße, die Gesamtanzahl aller in einem Gebiet lebenden Individuen, und die Populationsdichte, die Anzahl an Individuen geteilt durch die Größe des Gebiets (Anzahl pro Flächen- oder Volumeneinheit).

Ökologen untersuchen zudem die Verteilung einer Population. Diese kann eine zufällige Verteilung aufweisen, bei der die Individuen ohne ein vorhersagbares Muster in zufälligen Abständen zueinander verteilt sind. Populationen können auch eine regelmäßige Verteilung aufweisen. Hierbei nehmen die Individuen regelmäßige Abstände ein. Viele Populationen haben eine gehäufte Verteilung, bei der einige Gebiete eine größere Anzahl an Individuen aufweisen als andere.

Die Populationsdichte erlaubt eine grobe Einschätzung, wie stark ein Gebiet bevölkert ist, jedoch kann sie abhängig von der Population irreführend sein. Wenn eine Population regelmäßig verteilt ist, gibt die Bevölkerungsdichte sehr gut wieder, wie eng die Individuen beieinander leben. Jedoch stellt die durchschnittlicher Bevölkerungsdichte eines Landes bei der menschlichen Bevölkerung mit ihrer gehäuften Verteilung die Dichte in den Städten oder dem ländlichen Gebiet nicht korrekt dar.

Verteilungsmuster

1. _____

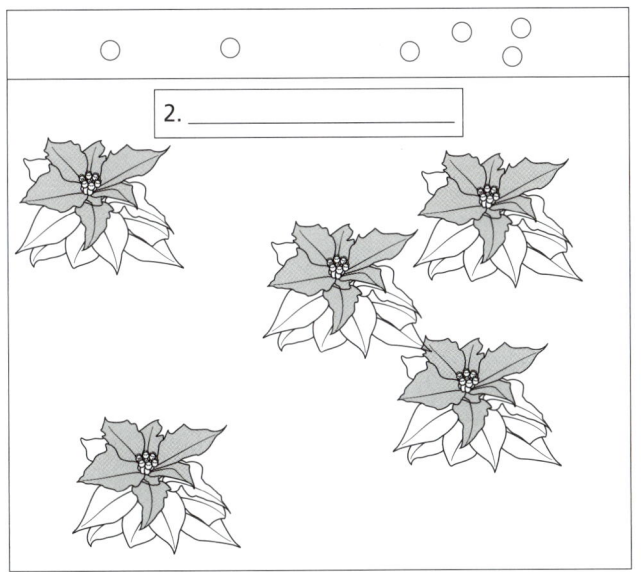

2. _____

3. _____

Lösungen

Populationswachstum

Das Populationswachstum wird bestimmt durch die Anzahl an Organismen in einer Population (N), ihrer Reproduktionsrate (r) und der Anzahl an Organismen, die ein bestimmtes Ökosystem erhalten kann und die als Umweltkapazität (K) bezeichnet wird. Unterschiedliche Fortpflanzungsstrategien könnten in unterschiedlichen Bedingungen vorteilhaft sein. In einer sich schnell verändernden Umgebung haben zum Beispiel Organismen, die sich schnell fortpflanzen können, einen Vorteil, da sie sich schneller an günstige Bedingungen anpassen können. Explosionsartiges Fortpflanzen kann jedoch auch zu einer Überschreitung der Kapazitätsgrenze und in weiterer Folge zu einem Zusammenbruch der Population führen. Da diese Strategie mit einer hohen Reproduktionsrate zusammenhängt, werden solche Organismen auch als r-Strategen bezeichnet. Ist die Population bereits nahe an der Kapazitätsgrenze, wäre es eine sinnvolle Strategie, weniger Nachkommen zu zeugen und in sie zu investieren, um ihr Überleben zu sichern. Organismen, die eine solche Strategie anwenden, werden auch K-Strategen genannt, da sie an der Kapazitätsgrenze leben.

   Ökologen untersuchen Populationen auch im Hinblick auf die Überlebensdauer von Kohorten. Eine Kohorte ist eine Gruppe von Organismen, die zur selben Zeit geboren wurden. Werden die Überlebenden einer Kohorte über eine längere Zeit aufgezeichnet, können sich drei verschiedene Muster ergeben. Kohorten, die einen Großteil ihres Lebens eine hohe Überlebensrate haben und deren Sterberate dann plötzlich steigt, zeigen eine Überlebenskurve des Typs I auf. Kohorten mit einer gleichbleibenden Sterberate zeigen eine Überlebenskurve des Typs II auf. Kohorten mit einer sehr hohen Sterberate in jungen Jahren haben eine Überlebenskurve des Typs III.

Unterschiedliche Strategien für den Wachstum einer Population

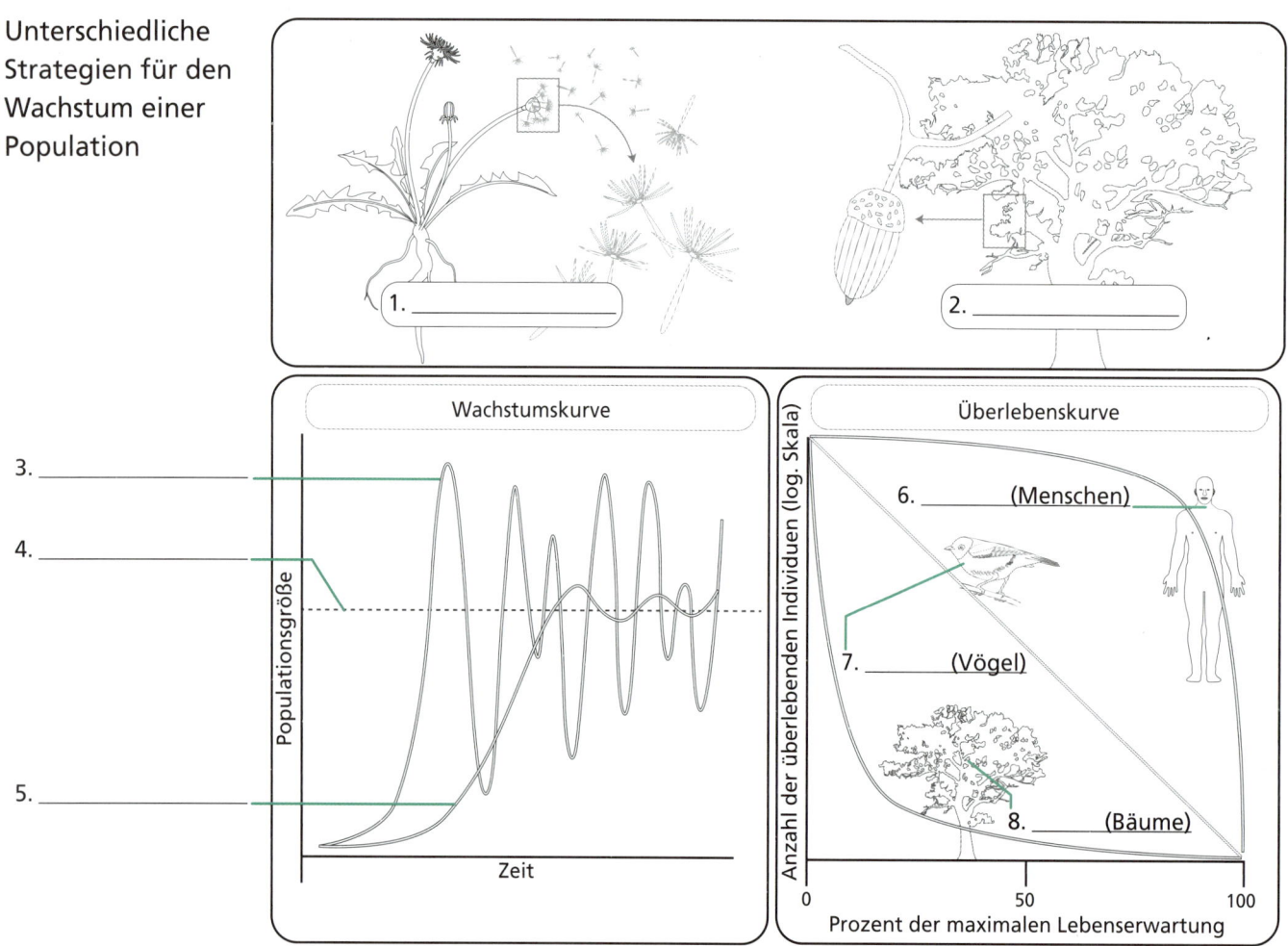

1. _____
2. _____

Wachstumskurve

3. _____
4. _____
5. _____

Populationsgröße

Zeit

Überlebenskurve

Anzahl der überlebenden Individuen (log. Skala)

6. _____ (Menschen)
7. _____ (Vögel)
8. _____ (Bäume)

0   50   100
Prozent der maximalen Lebenserwartung

Dichteabhängige Faktoren

Faktoren, die die Populationsgröße beeinflussen

Bei den weißen Zahlen ist die Überschrift für die unten stehende Bildreihe einzutragen.

1. _____ Faktoren

2. _____ Faktoren

3. _____

4. _____

5. _____

6. _____

7. _____

8. _____

Dichteabhängige Faktoren beeinflussen die Populationsgröße in einem größeren oder kleineren Ausmaß, abhängig von der Größe der Population. Infektionskrankheiten sind ein dichteabhängiger Faktor, da sich Krankheitserreger in dicht bevölkerten Regionen schneller verbreiten. Außerdem steigen und fallen einige Raubtierpopulationen mit der Populationsgröße ihrer Beute. Wenn Organismen dicht beieinander leben, konkurrieren sie miteinander um Raum, Nahrung und andere Ressourcen. Somit ist Konkurrenz ebenfalls ein dichteabhängiger Faktor, der sich auf die Populationsgröße auswirken kann.

Der Einfluss von dichteunabhängigen Faktoren ändert sich nicht mit der Populationsgröße. Zerstörung von Lebensraum reduziert Populationen, ob sie nun dicht beieinander leben oder nicht. Der Klimawandel wird alle Lebewesen in einem Ökosystem beeinflussen, unabhängig von der Populationsdichte. Ebenso sind Naturkatastrophen wie Brände oder Überflutungen dichteunabhängig.

Lösungen

1. dichteabhängig, 2. dichteunabhängig, 3. Prädation, 4. Zerstörung des Lebensraums, 5. Krankheit, 6. Jagd durch Menschen, 7. Konkurrenz, 8. Naturkatastrophen

Altersstruktur der menschlichen Bevölkerung

Bei der demografischen Untersuchung der menschlichen Bevölkerung werden Bevölkerungspyramiden, auch Alterspyramiden genannt, zur visuellen Darstellung der Verteilung von Altersgruppen in einer Bevölkerung verwendet. Die Grafik stellt die Anzahl an Personen in einer Altersgruppe als horizontale Balken dar. Die Balken sind aufeinandergestapelt, mit der jüngsten Altersgruppe ganz unten. Die Form der Pyramide zeigt, ob eine Bevölkerung wächst, schrumpft oder unverändert bleibt.

Nimmt die Altersstruktur in der Grafik die Form einer Pyramide an, deutet das auf ein Bevölkerungswachstum hin. Die Bevölkerung hat mehr Individuen im zeugungsfähigen Alter als ältere Menschen und sogar noch mehr junge Menschen, die das zeugungsfähige Alter noch nicht erreicht haben. Wenn die jungen Menschen zeugungsfähig werden, wird sich die Anzahl an Personen mit Kindern vergrößern. Das bedeutet: Je breiter die Basis der Pyramide im Verhältnis zu ihrer Spitze ist, desto schneller wächst die Bevölkerung.

Eine Alterspyramide, die eher eine Säulenform aufweist, deutet darauf hin, dass die Bevölkerung nicht mehr wächst. Die Anzahl an Personen im zeugungsfähigen Alter ist in etwa dieselbe wie die Anzahl an Menschen, die ihre sexuelle Reife erst erreichen werden. Die Anzahl an älteren Personen, die nicht mehr zeugungsfähig sind, ist ein wenig geringer, da die Menschen das Ende ihrer Lebensdauer erreichen.

Beispiele für unterschiedliche Altersstrukturen in einer Bevölkerung

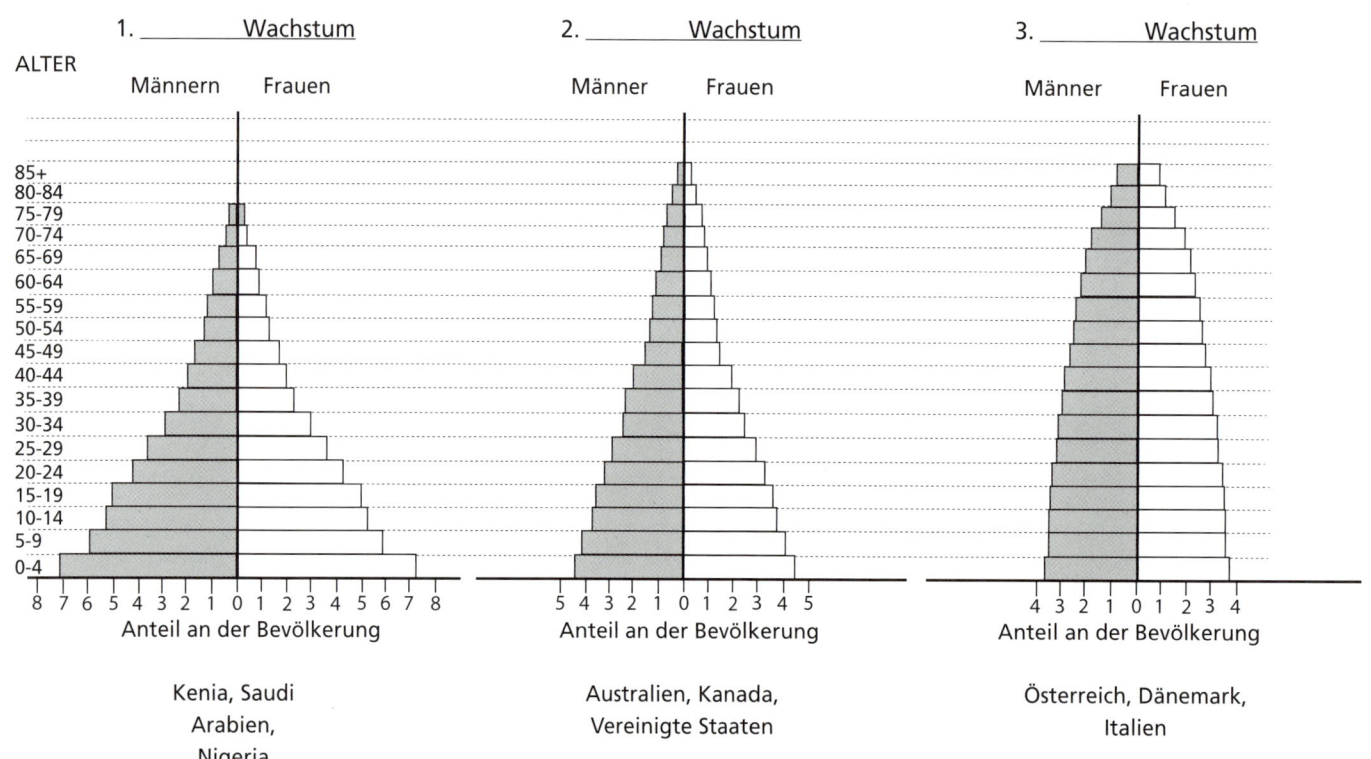

1. _____ Wachstum

Kenia, Saudi Arabien, Nigeria

2. _____ Wachstum

Australien, Kanada, Vereinigte Staaten

3. _____ Wachstum

Österreich, Dänemark, Italien

Lösungen

1. schnelles, 2. langsames, 3. kein

Gefahren für die Biodiversität

Biodiversität bezieht sich auf das Vorhandensein vieler unterschiedlicher Organismen in einem Ökosystem. Die Biodiversität ist für die Gesundheit des Ökosystems und auch für die Menschen wichtig. Gesunde Ökosysteme produzieren Sauerstoff, reinigen Luft und Wasser, haben einen nährstoffreichen Boden und Bestäuberpopulationen. Zusätzlich bieten Ökosysteme mit einer hohen Biodiversität Menschen eine Vielzahl von Nahrungs- und Heilpflanzen, Baustoffe, Möglichkeiten für den Tourismus und Erholung. Außerdem haben viele indigene Völker eine starke kulturelle Bindung zur Natur ihrer Heimat.

Leider wirkt sich das Wachstum der menschlichen Bevölkerung negativ auf die Biodiversität aus. Der weltweite Temperaturanstieg belastet viele Spezies. Populationen gehen aufgrund der Zerstörung von Lebensräumen, um für den menschlichen Lebensraum und die Landwirtschaft Platz zu schaffen, zurück. Menschen verbrauchen oft mehr natürliche Ressourcen, als reproduziert werden können, was zu Ausbeutung von Ressourcen wie Bäumen oder Fischen führt. Umweltverschmutzung kann ebenso Habitate zerstören oder anderen Spezies direkt schaden, wenn diese die Schadstoffe der Menschen fressen. Beim Reisen bringen Menschen viele andere Spezies mit sich und führen sie so in neue Habitate ein. Diese Spezies können invasiv werden und einheimische Arten verdrängen, die ein wichtiger Teil des Nahrungsnetzes sind. Zudem können Krankheitserreger zu einem tödlichen Problem werden, wenn sie in neue Populationen eingeführt werden. Wenn die Auswirkungen unkontrolliert bleiben, wird es laut Wissenschaftlern zu einem rapiden Verlust von Spezies kommen, was zu einem Massenaussterben führen wird, das sie als sechstes Massensterben bezeichnen.

Beispiele für Gefahren für die Biodiversität

1. _____

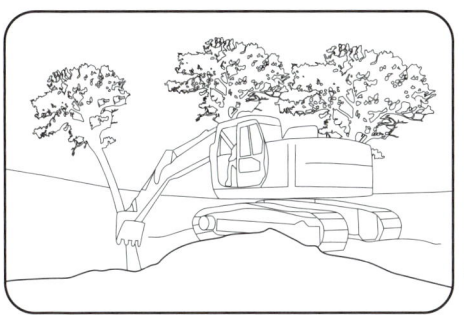

2. _____

3. _____

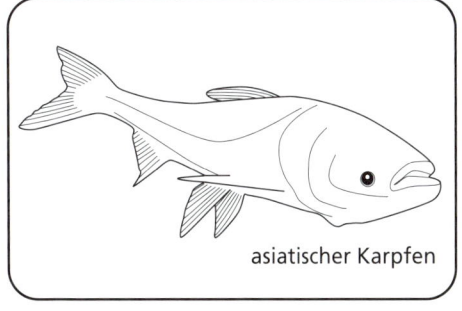

asiatischer Karpfen

4. _____

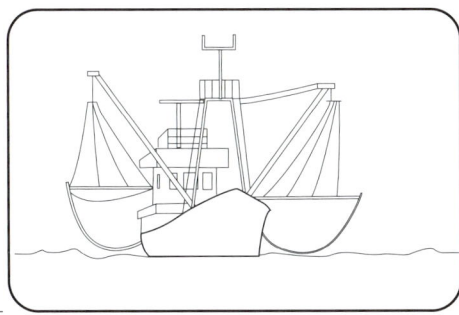

5. _____

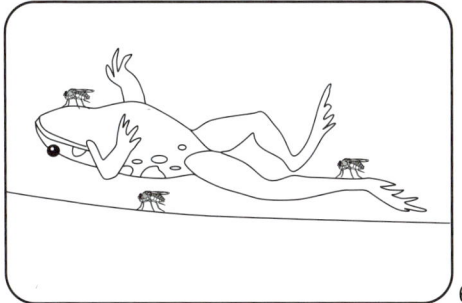

6. _____

Lösungen

1. Klimawechsel, 2. Lebensraumverlust und -zerstörung, 3. Verschmutzung, 4. invasive Arten, 5. Raubbau, 6. Krankheiten

Register